Beuth

[澳] 马克 • 鲍德温 (Mark Baldwin) 著
魏 来 张学生 总编译

BIM 经理

BIM 项目管理指南

同濟大學出版社
TONGJI UNIVERSITY PRESS
· 上海 ·

Permission for this translation from the English has been granted by Beuth Verlag GmbH, Am DIN-Platz, Burggrafenstrasse 6, 10787 Berlin, Germany
Original written in English by Mark Baldwin
将英文版翻译成中文版已获得 Beuth Verlag GmbH 公司（地址：Am DIN-Platz, Burggrafenstrasse 6, 10787 Berlin, Germany）允许
Original written in English by Mark Baldwin
原著由 Mark Baldwin 以英文撰写

图书在版编目（CIP）数据

BIM 经理：BIM 项目管理指南 /（澳）马克 · 鲍德温著；魏来，张学生总编译．—上海：同济大学出版社，2023.12

书名原文：The BIM Manager
ISBN 978-7-5765-0623-5

Ⅰ.①B… Ⅱ.①马… ②魏… ③张… Ⅲ.①建筑设计—计算机辅助设计—应用软件 Ⅳ.① TU201.4

中国国家版本馆 CIP 数据核字（2023）第 001811 号

BIM 经理——BIM 项目管理指南

［澳］马克 · 鲍德温（Mark Baldwin）**著**
魏　来　张学生　**总编译**

责任编辑 朱　勇　　**责任校对** 徐春莲　　**封面设计** 张　微

出版发行 同济大学出版社 www. tongjipress. com. cn
（地址：上海市四平路 1239 号　邮编：200092　电话：021-65985622）
经　销 全国各地新华书店
排　版 南京文脉图文设计制作有限公司
印　刷 上海安枫印务有限公司
开　本 889mm × 1194mm　1/16
印　张 21.5
字　数 537 000
版　次 2023 年 12 月第 1 版
印　次 2023 年 12 月第 1 次印刷
书　号 ISBN 978-7-5765-0623-5

定　价 128.00 元

编 委 会

序一

魏来
中国建筑标准设计研究院
副总建筑师，BIM 总监

毕达哥拉斯说：“万物皆数。”

保罗·狄拉克在黑板上写道：“一个物理定律必须具有数学美。”

艾萨克·牛顿于 1686 年写完一本书，命其名为“自然哲学的数学原理”。

当工程遇到数学，一切都会非常美好。除艺术之外，严谨也是工程的魅力。几千年来，从金字塔、明清皇城，到流水别墅，建筑在几何尺度上展示着数学的韵律。我曾经在展览中看到德国 GMP 事务所的资料，在冯·格康手稿中，数学的工整至今仍然让我难忘。是的，当以数字、数据、公式、指标、关系等等这些“枯燥”的学术词汇去看待工程时，秩序美学便会更加清晰地浮现。

精准，是工程从业者的崇高追求，即便是那些言必称“艺术”的建筑师。精准不仅仅包括思维的表达、意图的传递，更涵盖对工程特征的把握，即决策。实际上，人们从没有停下追求控制力的脚步，然而，控制力的强弱与对事实的了解程度息息相关，因此，对控制力的追求，常常首先转化为对事实精准的感知能力。感知是双向的，一是信息的表达，二是信息的获取。任何工程从业者，有必要，也有责任将信息准确地表达和获取，恣意妄为显然不是工程该有的行为。翻开《营造法式》，通过“材”“栔”“分”(梁思成先生记为“分°”)，我们可以清晰感觉到使用数学去表达建造规则。

无论是信息的表达还是获取，都与手段有关。即便是我们有时会惊叹于古代建筑的巧夺天工或精美绝伦，但是那些建筑的精准程度仍然是有限的，尤其是在细节上，与现代建筑仍然不具备可比性。当建筑成为产业之后，信息的精准性甚至成为行业协作的基本需求。我们无法想象，一套浅陋不堪的图纸，能够指导工程的高质量建造过程。

通过工程的数字化表述共享信息，并依此进行决策，这便是建筑信息模型（BIM）。BIM 既是一种技术，更是一种方法。在计算机中，建筑“活生生”地呈现在眼前，各种指标数据精准齐备，建造行为也犹如亲身实践，是的，数字孪生，虚拟现实。

言及此处，建筑信息模型（BIM）能够给工程领域带来的效益已毋须多论。

接下来的问题便是“如何做 BIM”。基于前述，不难推论出，做 BIM 需要以下几条原则：

• 以数学的观点去看待。BIM 是工程实践的数学过程，能够较好地保障工程中决策的科学性，这其中包括设计合理性、施工规范性、运维高效性。

• 精准描述客观情况。数据是决策的驱动力，决策有赖于数据的精确性和正确性。因此，BIM 天然的责任就是能够以数学方法去描述工程事物，形成计算机可读、可执行的数据源。

• 建立协调统一的秩序。BIM 数据在流转和应用中产生价值。与以往不同，由于计算机的高度介入，产业链中需基于共同的范式进行数据的生产、共享和使用。

由于 BIM 带有强烈的计算机技术色彩，对于工程项目而言，有关 BIM 的认知同步、目标设置、资源配置、行为模式都应协调一致，其背后的原因不难理解：BIM 相当于在虚拟世界进行建设，同样需要足够的客观性、规范性和真实性，才能体现数字化的价值。其中认知同步是基础工作，也是当前 BIM 深入发展的瓶颈。百家争鸣对于理论研究有益，却是项目规范化的障碍，遑论认知偏差。这对工程项目的 BIM 人员，特别是管理者提出了要求，既要熟知 BIM 基本原理知识，又要具化为面向生产的 BIM 实践能力。

ISO、buildingSMART 等组织建立了国际公认的 BIM 知识体系，其框架完整、条理清晰、逻辑严谨、定义明确，具有很强的指导意义。Mark Baldwin 先生对此进行了很好的总结和阐释，形成了 BIM Manager 这本书，包括了基本概念、通用知识、操作方法、实践案例，在理论和实践的双重维度上为我们提供参考。

本书由 buildingSMART 中国分部引进，并在中设数字的支持下进行了翻译。特别感谢中国分部张学生、黄爽、王思蕴及整个翻译团队的辛勤工作。更有很多人为本书中文版的完成付出了大量的劳动，无法一一列举，在此一并感谢。

盖因水平有限，时间仓促，难免有粗鄙之处，恳请读者大度谅解之余，不吝指出，联系 buildingSMART 中国分部即可。

读者诸君有所收获，是以为盼。

2022 年 11 月 12 日
成都简阳

序二

克莱夫·比亚尔（Clive Billiald）
buildingSMART 国际首席执行官

塞利纳·本特（Céline Bent）
buildingSMART 国际认证主管

我们欣然推介《BIM 经理——BIM 项目管理指南》一书，此书重点描述了 BIM 经理通过更智能的信息共享和沟通系统在促进可持续建筑环境方面所扮演的关键角色。作为 buildingSMART 国际的首席执行官和认证主管，我们坚信 BIM 可以减少浪费、提高效率、提升建筑和基础设施的质量，从而彻底改革建筑行业。

要应对全球建筑行业在可持续性和生产力方面面临的双重挑战，意味着我们需要提升项目决策的准确性，并推动更为全面的流程自动化。在 buildingSMART 国际，我们致力于创建和维护开放且可靠的数据标准，以支持来自不同组织、应用程序和生命周期阶段的 BIM 数据融合。这种 BIM 数据的融合，是我们解锁决策优化、流程自动化并为建筑行业创造更光明未来的关键所在。

《BIM 经理——BIM 项目管理指南》对于那些探索 BIM 技术潜力的专

业人士、学子和研究者而言，是无价之宝。它全面阐述了要成为该领域内一名高效的领导者和沟通者，BIM 经理所需要掌握的技能、知识和能力。此书涵盖了从 BIM 工作流程、数据管理到合同问题等广泛的主题，同时还包括了实际案例研究和例证，为阅读者生动展示了 BIM 在应用领域的经验教训和最佳实践。

我们非常荣幸能为此书的出版贡献力量。这本书的出版也与我们致力于为建筑环境创建和维护开放可靠的数据标准，以及支持这些标准在全球范围内被广泛采纳的使命完美契合。我们期望此书能够鼓舞并赋能 BIM 经理们推动可持续实践的发展，为我们所有人共同创造更富生产力的未来做出贡献。

序三

马克·鲍德温（Mark Baldwin）
瑞士卢塞恩应用科学与艺术大学
数字建造项目联席主管

建筑信息模型当然不是什么新鲜事。在过去十年，全球数以万计的项目在实施过程中成功应用了 BIM 技术，对项目配套的技术和流程进行了开发和改进，人员也积累到国际通用的项目知识和经验。随着 BIM 应用的发展，相关技术人员创建了用来支持 BIM 项目设计、实施和交付的具体原则和指导文件。本书旨在以简单直接的方式表达这些原则。

BIM 是一个不断创新和发展的领域，包括 openBIM 的奠基石——IFC（参见第 3 章）在内的许多理念仍处于更新迭代的过程中，我们不能停下前进的脚步。在 BIM 世界中，还有很多需要定义和改进的地方，我们会对接收到的不完整且会相互矛盾的信息感到困惑。本书澄清了一些错误陈述，利用公认的标准和最佳实践，为 BIM 实施和项目管理提供可靠的方法论。

本书分为三部分：第 1 部分介绍 BIM（建筑信息模型）技术的背景和概念知识；第 2 部分阐述组织内部进行 BIM 战略规划和实施的方法；第 3 部分描述 BIM 项目管理中包含项目定义、计划执行和设施移交在内的各项活动和流程。

BIM 是一个复杂的话题，涵盖多个专业、阶段和项目类型。本书内容仅限于一般建设项目的设计和建造阶段，主要是从建筑工程设计公司的角度出发，对于市政和基础设施项目以及运维和设施管理，并未深入介绍，但基本原则适用于建筑行业的所有项目利益相关方。

致　谢

这绝不是一项孤立的工作。这是一条仍在编织的全球织锦中的一根细线。我已尽一切努力标注出本书中讨论过的观点的起源和作者。然而，这个领域正在快速发展中，我们无法精准地追溯到所有概念的来源。对于参考文献及作者的确认，若本书中出现的任何错误或遗漏，我预先表示歉意。

首先，我要感谢自己数十年来进行的具有开拓性和创新性的工作，深刻影响着我对建筑信息模型领域的理解，并做出自己的贡献，让我们可以从前人的经验中学习和挑战早期的发展情况。而我们的贡献仅仅是正在展开的故事的一角缩影。就此而论，我认为下一代也会基于我的小小贡献，进一步发展、挑战并继续改进这一共享的知识体系。

如果说全球 BIM 运动有一个核心、一个知识源泉的话，毫无疑问它就是 buildingSMART——一个负责开发 openBIM 标准的国际非营利组织。我要感谢支持 buildingSMART 组织的一些个人：那些推动 openBIM 发展的知名的先锋者们，以及从事开发和管理活动的默默无闻的工作人员。buildingSMART 社区一直是支持我在 BIM 领域进行知识学习、灵感迸发、与同行交流的最大源泉。

我整个职业生涯中对于 BIM 的理解始于 2005 年悉尼建筑设计总监罗德·佩瑞（Rodd Perrey）为我敲开 BIM 的大门，这其中贯穿了许多人的帮助和启发。在中东期间，感谢奥格国际阿布扎比公司博学的总监杰拉德·库蒂里耶（Gerard Couturier），以及我杰出的同事和 BIM 经理亚历山大·科尔帕科夫（Alexander Kolpakov）、李·库姆斯（Lee Coombs）。我也要感谢我在人和机器公司的同事和好朋友，感谢多年来我们之间的愉快合作。

如果没有人和机器公司 AEC 总监莱纳·赛勒（Rainer Sailer）的鼓励和支持，以及分部主任托马斯·穆勒（Thomas J. Müller）的远见和持续鼓励，这本书就不会问世。我要感谢格马尔·瓦姆巴赫（Germar Wambach）对于插图和图表的设计，感谢肖娜·莱萨德（Shawna Lessard）的编辑工作以及雷默·迪雅兹（Reimer Dietze）将这本书翻译成德语。我还要感谢贝特出版社（Beuth Verlag）的团队，特别是莎拉·梅茨（Sarah Merz）、斯温·贝甘德（Sven Bergander）和凯瑟琳·福斯特（Katharina Förster）。

最后，我要感谢我亲爱的妻子玛丽·路易斯（Maria-Luise），她既是我最坚定的拥护者又是最严厉的批评者，同时还兼任了翻译、忠实的领航员和伙伴等角色。玛丽·路易斯和我们美丽的女儿米娅·索菲（Mia-Sophie），让我想起 BIM 世界之外的一切美好！

目 录

1 导 论

用高效的方式完成不应该做的事情，
是世上最无用之举。
——彼得·德鲁克（Peter Drucker）

建筑信息模型（BIM）给我们提供了一个重新思考工作方式的机会。它能让我们以一种动态和实时的方式进行协同，以极快的速度和高精准度来测试和验证设计决策，并能访问、整合和分析所有项目参与者的成果。BIM 能促进整个项目团队之间的沟通，并通过自动检测设计错漏碰缺来支持质量管理。

最重要的是，BIM 是一个项目管理工具，让项目团队能准确估算成本，减少材料浪费，优化进度，模拟施工过程，提高运维效率。它也是一种支持合同管理、工作分配、任务跟踪、变更管理以及对项目进展进行总体规划和报告的机制。

BIM 其实并不像许多人担心的那样，会威胁到建筑和工程专业。一个建筑项目的成功与否，和其他行业一样，还是取决于参与人员的专业能力。因此，现在和以前一样，行业需要受过良好教育和有经验的专业从业人员。

然而，BIM 确实改变了我们的工作方式。手工和重复性的劳动现在转向自动化，这意味着一些传统工作将被淘汰。数字化的工作方式逐渐替代了很多陈旧的技术，随之也涌现出一批新的职业（信息经理、BIM 协调员和 BIM 经理）。

尽管如此，实际情况往往无法达到 BIM 的预期目标，许多期望就目前情况而言似乎是不切实际的。

那么，我们如何将美好的愿景落实到日常业务呢？我们真正需要知道的是什么？我们应采取哪些步骤来实现呢？

本书的目的就是要回答这些问题，让大家了解建筑信息模型具体是什么以及在实际项目工作中如何应用。

1.1 建筑业与数字化转型

数字技术正在改变我们的生活。互联网技术在我们大部分业务中不可或缺。随着智能手机和其他移动设备的普及，数字化技术几乎改变了我们工作和生活的方方面面，包括我们的沟通、理财、购物、规划度假、学习、分享观点以及社交方式。

创新也正在不断地改变游戏规则（图 1–1）。谷歌和维基百科改变了信息的所有权和交换方式（几乎替代了百科全书和其他静态信息来源）；亚马逊、eBay、Zalando 和其他公司颠覆了零售业，将市场从卖场转移到了网上；iTunes 则改变了音乐行业；缤客、猫途鹰等公司改变了休闲商业。

小型和大型供应商之间的差距已经缩小，但更值得注意的是，消费者还是处于主导地位。日常消费者的经验和评论影响着这些公司的运作方式。我们现在有机会和资源将选择直接转化为行动，只要点一点按钮就能完成购物、交流和交易。事实上，现在连按键都不需要——取而代之的是触屏。

行业	被颠覆的业务	数字化产业
旅游	旅行社	缤客, Expedia, 天巡
	汽车租赁	Rhina Car hire, Kayak
	出租车	优价
零售	时尚界	Zalando, Outfittery
	超市	eBay, Wayfair
	书店/音乐	亚马逊, Alibris
媒体	百科	谷歌，维基百科
	音乐	iTunes, Spotify
	电影	YouTube, Netflix

图 1–1　被颠覆的行业
来源：TradeShift Blog

1.1.1 BIM 案例

这种数字化转型并没有影响到所有经济领域，作为最古老、最低效的行业之一，建筑业一直保持原状。回顾过去几十年，不难看出，其他行业在生产力方面都超过了建筑业。斯坦福大学 CIFE 部门 2004 年的一项研究表明，以 1964 年为基准年，在过去的 40 年里，建筑业生产力降低了约 20%，同期其他行业的生产力增长超过了 100%（图 1–2）。[1]

1　尽管这项研究不包括农业，但美国农业部指出，在同一时期，农业产业的生产力也有 100% 的增长。

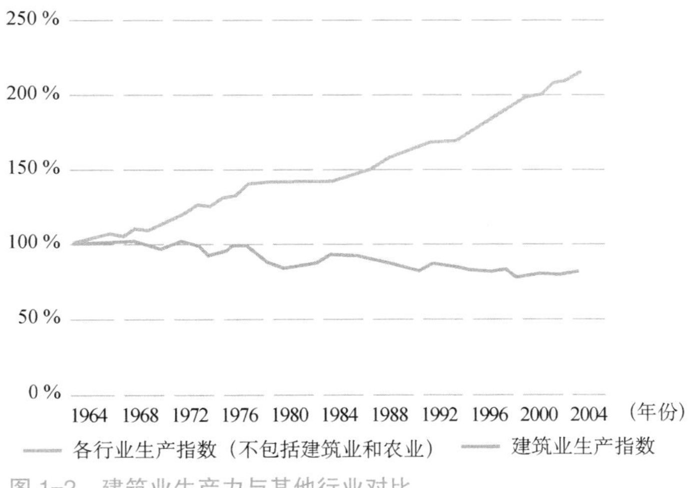

图 1–2 建筑业生产力与其他行业对比

来源：保罗特霍兹博士（Teicholz, Ph.D. Paul），斯坦福大学土木与环境工程系荣誉教授（研究）

德国也进行了一项类似研究（图 1–3）。这项研究表明：1991—2015 的 24 年间，与德国其他行业的生产力平均增长率达到 70% 相比，建筑业的生产力几乎停滞不前。

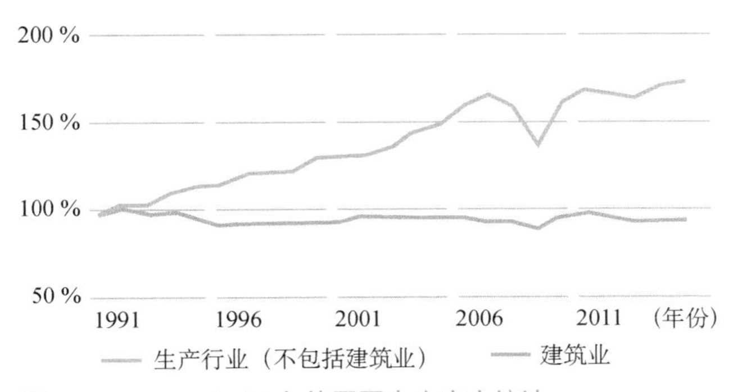

图 1–3 1991—2015 年德国国内生产力统计

来源：德国联邦统计局（Federal Statistics Office, Germany）

有人会乐观地以为，建筑业生产率没有增长是因为它已经达到了最大效率。但事实并非如此，建筑业产生的垃圾比任何其他行业都多。据统计，2014 年德国建筑垃圾占欧盟垃圾总量的 33.5%，而对欧盟 GDP 的贡献仅为 5.4%。[1]

那么，造成这些低效率的原因是什么？主要原因有以下三点。

1. 行业分散

建筑业正在变得更加复杂和分散，每 10 年就有新的细分专业和岗位产生。随着专业化分工越来越细，项目要求变得更加复杂，沟通和决策

1 基于 28 个欧盟成员国。来源于欧盟统计局，2016 年 10 月。

也更加费力。对于大多数承包公司而言——其中不足 10 人的小公司占多数——大型项目的沟通管理难度非常大。[1]

2. 人工、低效和落后的工作过程

许多设计和施工做法已经过时。像砌筑工和木工这样的工种在过去几个世纪里变化不大，但将逐渐被预制和机器人辅助装配取代。同样，从文艺复兴时期延续下来的制图做法，也将不再被视为在大型建设项目中进行信息交付的切实可行的方式了。

CAD（计算机辅助设计）
使用数字工具进行绘图和设计。CAD 通常指的是二维绘图工作，但也可以包括三维空间建模。

设计图纸都必须随附大量工程资料文件（建筑规范、设备清单、进度计划、运维手册、合同、变更单）。附加资料与图纸经常出现重复或矛盾的情况。现实情况驱使我们寻找更好的工作方法以解决此类问题！

3. 技术阻力

建筑业整体是保守的，新技术应用大多停留在试验层面上。当然，也存在一些特例，如钢铁、木材等行业的数字化制造工艺（CAD、CAM）的发展。然而，这些发展一般都是孤立的，并没有对整体供应链产生影响。

CAM（计算机辅助制造）
使用数字工具实现机器控制制造。

1.1.2 应对

那么，我们该如何解决这些问题呢？建筑信息模型又在其中发挥了什么作用？

行业分化似乎无法逆转。基于此，我们更应该欣然接受和拥抱这些变化，以网络化、灵活的、敏捷的方式来实现交流和信息的共享。为了改变对于技术的认知和使用，我们需要进行一场建筑行业的文化变革，新的流程可以取代陈旧的工作流，支持更多集成式、数字化的工作方式。

云计算
在数据中心而非个人电脑上远程完成的数据处理过程。个人计算机和移动设备通过互联网访问应用程序，而实际计算则在“云”端进行。

数字化转型需要的许多技术已经出现——云计算、移动设备、数字制造技术和 GPS 控制的现场设备等。我们需要将这些技术更多地运用于常见场景中。

而建筑信息模型就是建筑业数字化的技术之一！

数字化让集成式、结构化和高度灵活的工作方式成为可能。从此，建筑业摆脱了庞杂、繁重、集中的工作流程，也转变了分散、无序的状态。BIM 帮助我们消除许多陈旧的、手工的和乏味的工作流程并使之自动化。利用 BIM 衍生的技术应用，可以在办公室、施工现场和运营维护的建筑中轻松完成工作。

1 美国建筑公司的平均规模为 10 人（美国人口普查局，2016 年）。在英国，66% 的建筑公司只有 3 个或更少员工（英国国家统计局，2016 年）。

1.2 建筑信息模型的定义

建筑信息模型是建筑业的数字支撑。BIM 不会取代作为产业核心的设计、施工和运维行业，而是将项目信息转化为计算机可读的、开放的、可交换的数据，从而为核心行业提供有力支持。这与我们目前正在使用的 CAD 等数字技术有很大不同（图 1–4）。

参数化
基于可变属性或参数建造的实体。参数通常用于定义或修改几何对象，例如一扇门的高度和宽度都属于几何参数。但有时参数（也称为材质或属性）也可以是非几何的，例如材质或防火等级属性。

2D/3D CAD	BIM
数字化的 人工为主的 静态的	数字化的 面向对象的 参数化的 动态的

图 1–4　传统 CAD（左）与 BIM（右）的特点比较

传统的“平面 CAD”仅仅是绘图过程的数字复制品。在传统绘图板上画的线和在电脑上画的线略有不同。有了 CAD，我们可以不费吹灰之力地编辑、复制或再现（打印）绘图过程，然而，它对信息的呈现形式仍是静态的。事实上，不断增长的项目信息是一个动态的、共享的知识体系。

BIM 构件

BIM 是面向对象和参数化的技术（图 1–5）。每个对象代表一个建筑单元（如一面墙或一扇门），并与其他单元相关联（门在墙里，墙组成房间，房间位于一个楼层，楼层在一个建筑里）。这些关系是动态的；如果墙被重新定位，相关联的门窗也会被重新定位；如果楼层的高度增加了，相关联的墙也会自动延伸。

面向对象
来自软件开发的一个术语，指的是在软件应用程序中使用预定义的元素。不一定是指物理对象，可能只是某概念。在 BIM 中，“面向对象”通常指将建筑单元识别为特有的命名或对象的软件。

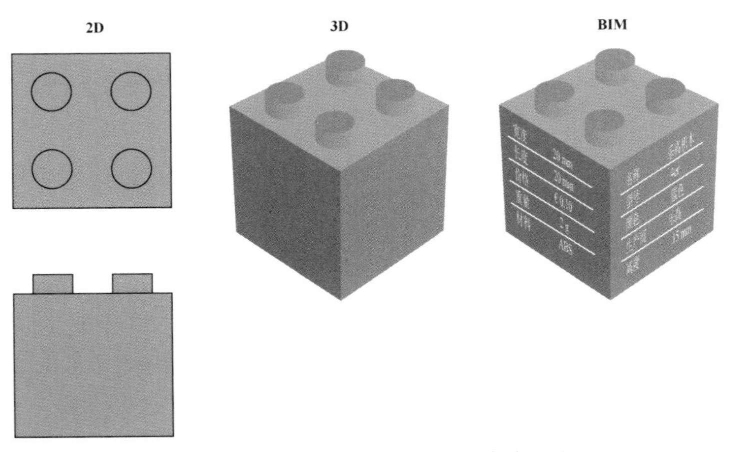

图 1–5　从二维 CAD 到面向对象的 BIM（乐高类比）

最重要的是，每个建筑单元都有属性。对象属性描述了对象的性质——尺寸、材质、功能（承重或不承重）、成本和审批状态等。事实上，任何单一对象相关联的属性几乎是无限的。它们是 BIM 的隐藏价值，其用途只受限于我们的创造力。

可以把对象的属性作为一个识别机制（图 1–6）。在模型环境中，我们可以快速选择一个对象的所有实例进行可视化。例如，利用对象属性，将模型里的门过滤出来，创建一个单独的门视图，用于统计门的数量；甚至可以更具体地去搜索所有具有某一特定材料饰面的门；或者使用逻辑搜索来识别墙内所有具有明确防火等级的门，以便检查门的防火等级是否符合设计要求。这些详细的搜索功能可以帮助我们发现模型中存在的设计问题，并在施工开始前予以纠正。

图 1–6　对象属性实现了强大的搜索和分类功能（乐高类比）

基于模型对象的工作方式，支持设计师之间进行更好的交流。我们可以通过名称来识别特定的建筑部件，例如选中一个灯具，并对其照度进行修改；基于固定的参照点，设计人员就可以很清楚地识别出正在查询的单元或属性，而不会产生混淆。

对于设计评估和验证，模型也能发挥巨大价值。验证指成本估算（根据工程量统计的结果），或者复杂结构分析、能耗模拟等。凭借基于模型分析时的卓越速度和强大计算能力这个优势，BIM 成为辅助项目过程中进行设计方案、测试场景和模拟结果比较的强大技术手段。

工程量统计（QTO） 从项目模型中提取建筑单元数量统计表的过程。

本书的第 1 部分（第 2—4 章）对 BIM 的这些概念和应用进行了更详细的探讨。

1.3　实施

并非所有运用了 BIM 技术的项目都取得了成功，也有些项目并未获得预期回报，打击了项目团队的积极性，影响了项目进度。成功项目与不成功项目的区别在哪里呢？简单来说是战略规划。

影响 BIM 项目能否成功的因素很多：项目复杂性、范围定义、设计变更、成本或进度影响、技术壁垒以及团队能力和经验等。这些因素中只有一部分是可以预见的，但都可以通过战略规划得到更有效的管理。

一个成功的 BIM 项目交付应包含以下三个组成部分：设定现实的目标，管理整个团队的期望，以结构化的方式设计和开展项目。

以上内容构成了本书的第 2 部分（第 5 章和第 6 章），该部分内容为组织内实施 BIM 提供了路线图和资源。

1.3.1 BIM 过程

要在一个项目中有效地应用 BIM，需要对 BIM 的概念和技术方面有一定了解，同时还需要扎实的项目管理经验。BIM 金字塔展示了 BIM 的多层次性及其对应的应用范围（图 1–7）。

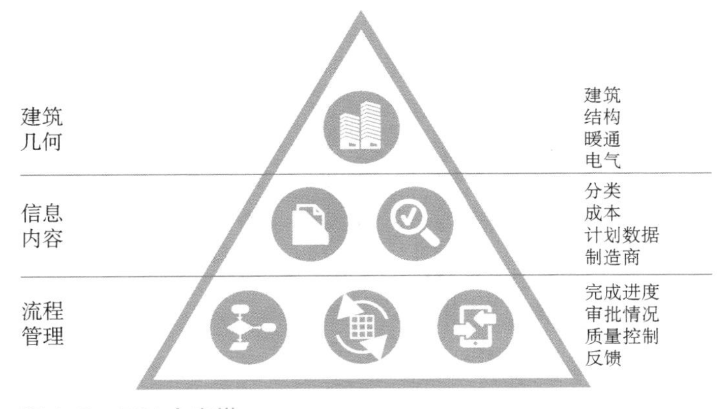

图 1–7 BIM 金字塔

对于许多组织来说，BIM 的第一个概念是三维几何模型。这是 BIM 的一个重要组成部分。在更广义的语境下，它实际上只是 BIM 所代表的一小部分。

几何模型带来的好处是巨大的，但是它掩盖了信息内容的价值。模型中包含的数据才是其真正的价值所在。对象数据或属性是检索规则、模拟和分析的基础。信息内容是 BIM 概念的第二层。

BIM 经理的主要工作既不是几何建模，也不是数据创建，而且围绕这些工作进行流程管理：确定模型内容和交付要求；制订数字工作流程；变更管理；质量控制；分派、追踪和汇报各类工作。BIM 经理是流程的指挥者，是内容的管理者（并非创建者）。

为了说明这三个工作领域，在 BIM 金字塔图示中将 BIM 定义为建筑、信息、管理三层概念。

BIM 项目管理将在本书的第三部分（第 7—9 章）进行阐述。

1.3.2 迈出第一步

BIM 的应用范围十分广泛，不同使用者有不同的应用内容。它可以应用于建筑设计、施工和运维的各个阶段。宛如“盲人摸象”（图 1-8），不同使用者都站在自身的角度去理解和应用 BIM，BIM 的展现形式也各有不同。

图 1-8 BIM 大象

因为缺乏统一的认识，造成 BIM 术语和原理阐述比较混乱，不断产生争议。接下来，以一个典型的设计公司为例开启我们的 BIM 之旅，并引出 BIM 的部分相关概念。

1.4 BIM 能力和模型使用进度

大多数组织都在逐步过渡到使用 BIM，实现从二维工作流到面向对象的协同流程的转变。这一过程中可以有多种路线，但通常存在一个通用的模式。下面我们将给出一个设计公司在项目中运用 BIM 时最可能遵循的普遍路径。

［阶段 1］三维模型

可视化

这里理解为“BIM 应用点”之一，可从建筑模型生成渲染视图或动画。

建筑设计通常以早期体量和模型研究开启 BIM 之旅，模型更多是用于建筑内部设计分析、可视化展示或基本的日照分析，而这些工作并不能体现模型的“智慧”。模型通常只会在常规建筑确认建筑外形时得到简单的应用，三维建模会与二维设计同步进行。这种重复的工作量意味着在进入后期设计阶段时，三维模型会因无法满足设计要求而被放弃使用。

与建筑设计相比，早期的工程部门通常以传统的方式开始项目（二维草图、绘图或计算），然后在后期阶段创建三维模型，以达到协同的目的。

［阶段 2］文件协同

对建筑和工程部门而言，第二阶段是使用模型导出用于协同的文件。在这个阶段，尽管模型可以建得十分详细，但是创建的模型更多地被视为是协助使用者达到其目的的一种手段（如用于导出平面图或明细表）。这种情况下，BIM 的价值体现在其参数化和面向对象的功能。调整一个窗户的尺寸只需要修改“宽度”参数，在这个模型的所有视图里均会被自动修改，包括平面图、剖面图、立面图、窗户明细表，以及相关的工程量清单。这能节约重复修改的时间，并且能保证项目文档信息的一致性。

在这个阶段，使用者通常很少考虑模型的信息内容，除了构件类别和一些材质属性外，构件属性也使用较少，对模型的关注点集中在如何创建出几何尺寸准确的构件，并导出用于协同的高质量文档。对建筑师而言，此阶段的工作是投入大量精力配置软件以导出好看的平面图，公司也开始建立自己的构件库，并制定 CAD 和 BIM 标准。

［阶段 3］模型分析和模拟

很多公司在投入精力研发软件功能并可创建出高质量模型后，开始探索模型更多的应用价值。其中，成本估算时的工程量统计、面积管理和模型分析是最容易实现的模型应用。

相对于建筑师，工程师一般会做更多的分析工作，因此在 BIM 领域更为活跃。对结构工程师来说，“结构分析”或许是他们建立模型的首要动力。对于机电工程师而言，应用重点通常集中在空间协调上，但设计模型用于进行系统计算的价值也很快得到了认可。这使工程师变得更关注独立的建筑空间单元和系统属性的准确性。

建筑师也可以使用模型完成各自分析项目，例如立面研究需要做的光反射分析、热负荷计算，又或是风向模拟、光照分析（自然采光、人工采光）等；进阶分析包括逃生路线计算、合规性自动检查等。这些分析可以确保特定房间拥有足够的自然采光，确保走廊符合最低宽度要求，检查楼梯和扶手是否合规等。

日照阴影分析

一种建筑分析指标，分析拟建建筑物在日照下产生的阴影对邻近建筑或开放空间的影响。通过数字建筑模型可以很容易地生成传统二维图纸，进行日照阴影分析。

构件库

可以在多个项目模型中重复使用的模型对象（建筑单元）的合集。构件库一般是逐步建立起来的，其中的构件可以是从外部购买的，也可以是业主定制的。

仿真模拟或模型分析

指使用数字模型来计算建筑物或建筑单元的性能（例如能耗性能或结构完整性）。

1.4.1 little bim/BIG BIM

无论合同内有没有要求使用 BIM，在项目内均可以使用上述 3 个阶段提到的 BIM 应用。在合同没有要求的情况下，设计团队只是应用技术来满足自身的需求，这是一种仅限于在组织内部应用 BIM 的形式，为内部流程和利益而设计，但没有考虑到协同工作。

little bim
在有限的环境中使用建筑信息模型，特别是在单个组织内，不与其他合作伙伴进行模型交换。

这种 BIM 的应用称之为“little bim”，是一种在某个单一团队内，如某个专业或者是一家公司内使用建筑信息模型的 BIM。“little bim”具有在组织内进行参数化和基于模型工作的优势，但未达到为项目级协同而进行模型交换，即“BIG BIM”的程度。[1]

little bim 作为组织成熟使用 BIM 迈出的第一步，让组织能够在这个过程中建立符合自己业务需求的应用流程，积累相关技术经验，避开协同工作的挑战。更重要的是，little bim 可以培养组织内人员使用 BIM 的意识。它能帮助组织设计流程，并能从满足他们需求的流程再造中获益。这一点在更大型的 BIM 协同项目中很难实现。

1.4.2 过渡 BIM

过渡 BIM
相比于根据具体的项目导则使用 BIM 这种情况，更多是在项目中自愿的运用 BIM 完成模型交换的过程。

通常，从 little bim 到 BIG BIM 的发展是逐步实现的。在那些 BIM 还处于早期应用阶段的地区，项目中有两个或更多团队成员在组织内独立实施了 little bim 流程这种情况十分常见。这些团队可能会主动共享模型以完成最基本的项目协同，在这种情况下，BIM 并不是项目强制要求的，并且二维图纸依然作为合同要求的主要交付物。过渡 BIM，正如字面意思，是一个过渡期，可以在加强协作和沟通方面带来明显的项目收益，同时也能让各参与方在协同过程中提升各自的 BIM 能力（图 1–9）。

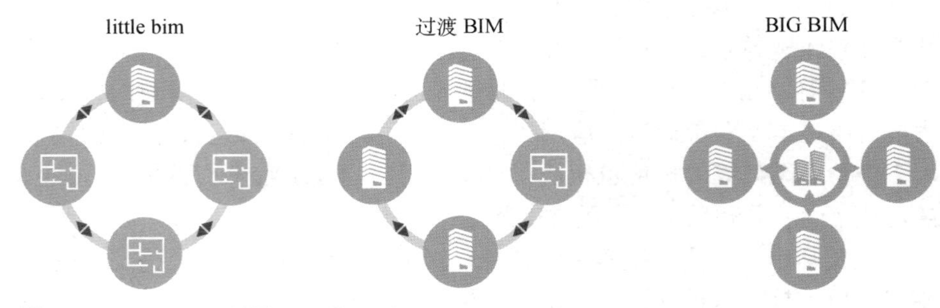

图 1–9　little bim、过渡 BIM 和 BIG BIM

［阶段 4］协同 BIM（BIG BIM）

BIG BIM
指在项目范围内基于模型中心文件（模型交换）进行的协同 BIM 工作流。

协同 BIM 是我们的终极目标——基于项目中心数据库的集成交流和信息交换。这里我们称之为一个共享的知识（项目信息）库。它横跨项目全生命周期，随着项目从一个阶段向另一个阶段的推进不断丰富，并且涵盖所有专业。

假如设计公司已经在用 little bim 的流程开展工作，千万不可低估从 little bim 到 BIG BIM 转换的难度。协同 BIM（BIG BIM）的工作流要求

---

1 “little bim”和“BIG BIM”由菲尼斯 • 杰尼根（Finith E. Jernigan）于 2007 年在其著作 *BIG BIM little bim* 中定义。

使用者创建一系列新的规则来完成工作。

当一个公司第一次参与 BIG BIM 项目时，最常犯的错误就是他们会默认符合自身需求的模型也会符合整体项目团队的需求。BIM 需求框架需要包含行为准则和前期策划的内容。在 BIG BIM 项目中，项目主导方必须先建立严格的实施导则来确认各参与方对项目需求的定义和理解达成一致。

1.5 项目需求定义和交付策划

在 BIM 规范中，业主在项目一开始就必须确定项目需求。在英国，这被称为“信息交换需求”(Exchange Information Requirement，EIR)。在其他地区，也被称为 BIM 工作任务书、BIM 规范或项目信息需求。

BIM 规范（也称为 BIM 工作任务书或信息交换需求）
从业主的角度描述 BIM 项目需求，通常会作为招标文件中合同内容的组成部分。

BIM 规范的核心是对项目过程中以及项目完成时要交付给业主的信息进行定义（图 1-10）。理想情况下，BIM 规范也应包含协议和技术要求，例如支持 BIM 交付所需的交互文档和协同流程。有时，BIM 规范会附带一份 BIM 指南以补充技术细节。

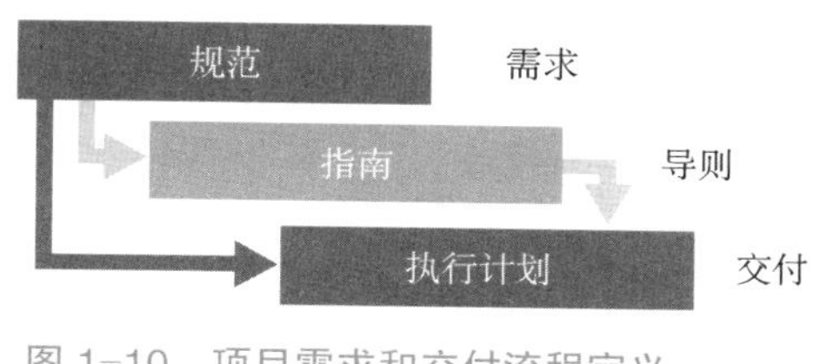

图 1-10 项目需求和交付流程定义

BIM 指南
关于如何在组织或项目内交付 BIM 的技术或操作手册，一般包含模型标准、命名规则和文件存储和管理协议。

BIM 执行计划
由项目团队定义在特定项目上交付 BIM 的方法而制定的文件，它为响应业主需求（BIM 规范）而编写。

为了满足业主的需求，设计和施工团队必须明确在项目各阶段 BIM 模型需要包含什么信息，并需要指定由哪一方来交付这一信息。这也许是 BIM 项目在进行协同工作时面临的最大挑战。

BIM 交付策划的直接产物是“BIM 执行计划”。建立执行计划本身就是一个费时费力的活动，它不只是任务的分配，还要求能详尽理解并清晰规划出项目各参与方为完成工作需要接收的信息，以及为满足项目下一步需求要提供的信息。

我们需要投入时间和精力来对 BIM 项目在交付时产生的收益进行合理的定义和规划，这有助于项目内成员建立共识，明确 BIM 的预期，减少不必要的误解和分歧。此外，通过沟通，可以精简流程并指导项目团队完成任务。

1.6 BIM 经理

前文提到的在整个流程中起到关键作用的就是 BIM 经理。BIM 经理可以是一个组织内负责 BIM 实施的人，也可以是负责项目整体 BIM 实施的参与方代表。大中型企业一般会将这两个角色进行区分，一名 BIM 经理负责企业内部的 BIM 实施，另一名或多名 BIM 经理负责项目整体的 BIM 实施。

能力和职责

BIM 经理既是具备施工、技术、项目管理能力的全能人才，也是具备谈判、指导、沟通和市场营销等软技能的通才（图 1-11）。对于组织内部的 BIM 实施和发展，BIM 经理的职责包括建立 BIM 指南、员工培训、技术支持及软硬件安装和维护。在项目上，BIM 经理可能是个技术支持的角色或是在 BIM 协调会上代表自身组织利益的项目领导者（在公司内部执行项目要求）。

BIM 经理是 T 型人才，是在特定领域有一定知识深度的通才（图 1-12），这一特定领域根据该 BIM 经理所属组织的性质不同而有所区别。许多 BIM 经理都有较强的 IT 或者 CAD 背景，这是公司特定属性决定的，但是一般建议 BIM 经理需要有较强的施工或项目管理背景。BIM 经理的能力背景必须与所在企业的核心业务保持一致。[1]

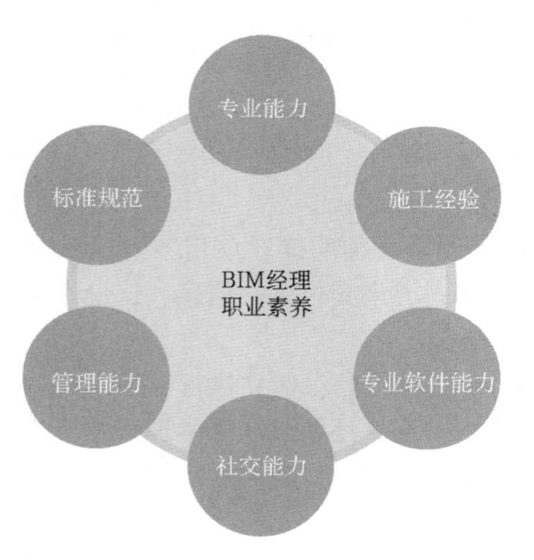

图 1-11　BIM 经理能力分布

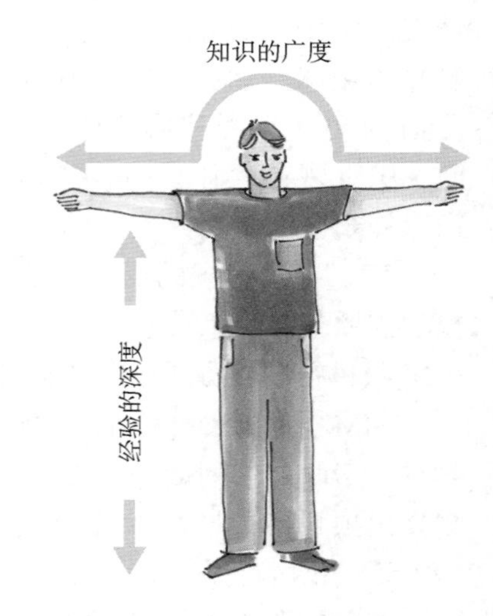

图 1-12　T 型人才——BIM 经理

本书的主要读者是 BIM 经理，在书中既介绍了每个 BIM 经理都应了解的 BIM 核心概念，同时也对 BIM 经理在项目过程中，特别是在 BIM 实施和项目交付阶段应该承担的职责提供了实用指导。

1　感谢比尔吉塔·肖克（Birgitta Schock）的“BIM 经理是 T 型人才”的概念。

[专家分享] 日常应用

迈克尔 · 德罗布尼克 (Michael Drobnik)

Herzog & de Meuron 的高级建筑师以及数字技术小组的 BIM 经理。从 2008 年起就致力于设计阶段数字工具软件的理论研究和实际应用，2011—2014 年期间担任慕尼黑工业大学建筑信息学主席，2016 年起担任苏黎世联邦理工大学 CAD ARC DIGITAL 课程的委员和讲师。

坚实的基础对于 BIM 项目的成功实施至关重要。BIM 应用目标需要在项目初期就在各参与方的协商下达成一致，并记录在案，然后才能在此基础上建立基于“模型”的协作。我们作为一家建筑事务所，项目的难点在于撰写 BIM 执行计划，例如过程描述、数据交付、交付节点，这是模型运用过程中需要考虑的问题。高效和成功的模型应用取决于整个项目团队各参与方之间的合作，而不是取决于某一位 BIM 经理。作为 Herzog & de Meuron 数字技术部门的一员，BIM 经理需要建立流程、模板和标准，对 BIM 的具体实施进行持续的沟通，对员工不间断地进行培训，使用 API 对软件进行功能拓展。每栋建筑由于设计、类型、位置还有业主需求的不同，会触发不同的设想。考虑到这种情况，Herzog & de Meuron 对每一个 BIM 流程进行独立的设计和管理。归根结底，我们始终聚焦于建筑物本身，而非建筑信息模型。

API (Application Programming Interface) 应用程序接口
一套允许软件被定制的程序功能接口，例如访问另一个软件或外部数据库。

[动态的系统]

步骤和技术

建筑师以往使用二维图纸来表达设计。BIM 项目中，基于模型或基于数据的表达取代了传统的二维图纸，成为合同要求的交付内容。事实上，标准化和参数化的建筑单元是数字模型的基础，比起传统图纸，数字模型与建筑的建造过程以及最终建成的建筑物有更多的相通性。

在建筑设计上使用模型其实不是什么新鲜事。历史上，早在二维图纸成为沟通方式前，物理缩尺模型就是建立和描述建造项目过程的重要工具。即使是在数字时代，运用三维模型协调建筑造型，或者在 CGI 的协助下用于项目可视化，也已经有数十年的历史。另外，随着数字建造如 CNC 技术和 3D 打印技术的发展，物理模型和数字模型之间的界限变得更加模糊。

CGI
(Computer Generated Imagery) 计算机合成图像：一种生成 3D 图形进行可视化的方法，常用于电影制作领域。

CNC
（Computer Numerical Control）计算机数控：一种使用计算机控制机器制造物体的技术。通常用于加工工艺，例如车切、铣切材料。

3D 打印
一种将数字模型转换成三维物理模型的技术，通过机器将材料（液体或颗粒）进行逐层叠加。

新技术的出现让协议的定义变得极为必要，这样才能建立需要的接口，使得结构化的信息在设计过程中能被很好地交互传递。这些步骤构成了 BIM 方法论的基础。因此，每个新的 BIM 模型并不是从零开始，而是在一个预先设定好的结构化、数字化的系统中进行整合。

表面上，这些发展并没有发生创新性的骤变，但令人激动的是使用新的方法论所带来的实际变化。从一个建筑事务所的角度出发，应用 BIM 带来了各方面的改变，如公司战略、合同管理、人力规划。在项目层面，我们需要解决和沟通由于团队运行方式包括 BIM 经理角色所带来的问题。

动态模型

BIM 的概念基石之一就是通过标准化的数字模型和数据来提升设计阶段各专业间的协同。项目各参与方对于这一理念的期望可能会有不同，比如：期望 BIM 能增加信息透明度和计划质量，或者期望能优化成本和项目节点。为了将协同的概念带进我们的任务计划和工作流程中，理解单个模型的作用变得非常重要。CAD 的世界聚集着很多手工参照的数据孤岛，它们或多或少地是同步的，而 BIM 模型试图将建筑的所有数字化信息集中起来。BIM 模型的建立是一个对构件及其信息进行增加、编辑以及删除的过程，其性质可以和实际工地上的工作进行类比。只有在这种情况下，施工过程不是依次进行的，而是各个承包商根据不同的详细程度同时进行工作。项目协作团队的所有成员同时都是模型的创建者，可以说模型是动态且不断变化的。相比之下，IFC 模型代表着交付的一个确定的状态，不能像原模型那样不停进化。

BIM 模型的这种动态性为日常工作带来巨大的挑战。对所有团队成员来说，计划的每一步都变得可视化，不仅是信息，连同计划中包含的每一处错误和不一致都随时在全球范围内传播。这就产生了模型单元和其属性间的紧密联系，设计工作经常被拆分成独立的子项以降低其复杂性。如果两个建筑师同时从不同角度对同一个对象进行设计，单元类型和属性的改变可能会对其他专业产生巨大影响，甚至影响到项目其他方面。不过，也正因为这种设计上的冲突能很容易被发现，因此才能更快地做出修正。但是，这种迭代式的、相互参照的工作方式给每个人的工作都带来了挑战。无论数据最终是以图纸形式、表格形式还是 IFC 模型的形式呈现，模型内容都需要在交付前进行复核，以确保和其他项目成员或其他专业交互时没有任何错误、遗漏或是存在矛盾的地方。

消除数据孤岛，意味着不再存在独立的工作范围。实现的基础是模型——一个共享的、相互链接的、中心化的平台，是信息网络，是工作的

“单一数据源”。这种工作方式的挑战是将一个变更传递到整个系统，并让其关联关系显而易见。如果能将数据库拓展到跨专业、云协同或单元数据库，这一切会更有价值。因此，我们需要提出一种可靠的和智能的解决方案，在技术可行性、简易性和重要性、易读性之间取得平衡。最终目标是最大化信息创建者的自主性，弱化对特定技术的依赖。我们需要认识到，信息的动态化已经成为这种工作方式的固有属性。BIM 模型本身不会自己解决问题，它只是让问题变得更明显（图 1-13）。

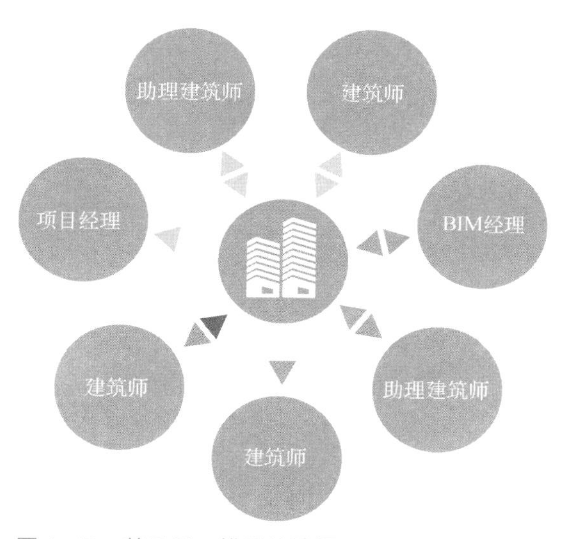

图 1-13　基于同一模型的协同
来源：Herzog & de Meuron

图谱

设计不是线性的过程，而更像是通过迭代方式处理手中的任务，方案比选是设计中的一个必要过程。例如，经常需要抛开可用的数字或模拟工具快速手绘一个可能的解决方案。这个工作可以不考虑模型的当前状态，用抽象的方式来完成。尽管 BIM 建模软件功能很广泛，但是使用专业软件能更好地支持设计流程。比如，高性能渲染引擎能渲染出高分辨率的效果图，这一过程并不需要对全部对象进行属性定义，因此简化模型和手绘图在设计中依然十分重要。正因为如此，在整个过程中会有许多平行的“子模型”围绕着“主模型”，就像卫星一样（图 1-14）。在日常工作中，项目信息会通过会议纪要、备忘录和报告等其他媒介进行传播，从这个意义上说，模型只代表项目的一部分。重要的是在正确的时间把所有变化的部分更新到模型中。

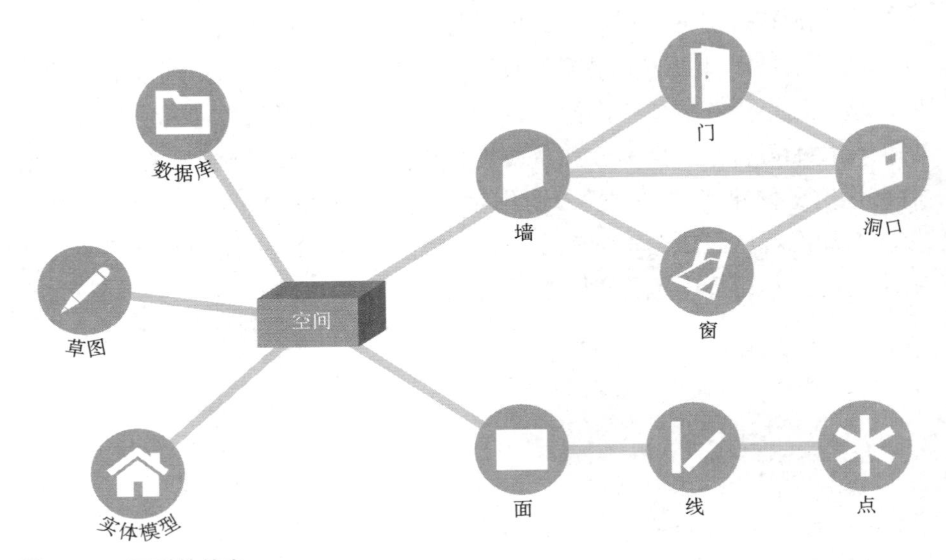

图 1–14　互联的信息
来源：Herzog & de Meuron

[展示形式]

模型中的平面图

提到基于模型工作带来的结果，人们首先想到的一个场景就是图纸的消失。如果绘制一个三维建筑的平面图和剖面图，相同尺寸会被冗余地定义两次。一旦设计发生变更，这种冗余的描述不可避免地会带来信息不一致的问题。作为一种组织系统，BIM 模型能使同一内容的不同展示方式之间保持同步，因此保证了内容的一致性。如三维视图、二维平面、剖面和其他视图，甚至是构件的明细表以及一个参数化类型目录，都是同一内容的不同表现形式。

BIM 系统提供了图纸的管理功能。而模型通常由不同的”图纸“视图构成。这句话可以理解为：平面图并不是模型的副产品，与此相反，在大量的二维剖面视图绘制工作完成的基础才上产生了模型。模型和图纸相互关联，高效的设计会利用这种不同媒介间的相关性。我们必须准确定义设计任务，这样才能决定通过什么样的媒介最高效、最准确地完成该任务。修改几何模型显然比编辑表格要慢得多，因此，平面图及一些二维图例上的习惯表达依然被沿用至今，可是这些平面图是由不同的数据源生成的。与绘制出的二维平面图不同，通过模型生成的平面图中的构件是可编辑的，其表达的详细程度也可随着模型变化自动调整。然而，模型也有它的局限性，一些定性的描述依然要通过二维详图来表达。综上所述，BIM 的优势并不是作为媒介取代图纸，而是将它们整合进数字化的模型。它们相互关联，并且其元素会以超链接的形式关联到信息模型。

信息提取带来的好处

如果将 BIM 模型视为一个大型数据库，随之而来的一个问题是二维表达是否只是一种必要的过渡性解决方案。尽管我们没有在大数据方面实际运营过，但我们能在大数据应用中找到相似的问题。在商业智能（BI）中，会自动生成具有视觉吸引力的自动化仪表板，形成汇总报表。数据的体量通过对搜索引擎的定向查询被转换成信息，此类信息是可追溯和可分析的。数据的可追溯性是建立基于数据的工作方法的必要条件。这种抽象化的沟通存在于我们生活的方方面面。导航系统也使用这种信息的简化表达来让用户能更容易理解。这一简化策略同样能被迁移到模型中的平面图上。由于使用图形技术，如高亮、隐藏或在二维图纸上颜色的运用进行信息传递，模型单元的内容也可系统地减少，就如手绘时只有最重要的那些构件会被画出来。当然，使用模型检查器等工具能够辅助用户进行信息检查。但这类工具通常仅限于团队中的专家使用，对于普通用户来说（例如需要对模型数据质量负责的人），他们必须具备对工作进行自查的能力。

大数据（Big data）
大量而复杂的数据集。

模型检查
一种用于 BIM 模型质量检查的应用，一般指碰撞检测，或者是针对建筑规范、其他要求进行更复杂的检查。

变革

新技术的引入不可避免会导致原有工作方法的改变。这就需要对工作情况进行严格评估，并将合适的工具整合到现有的软件环境中。在大多数情况下，现有的技术在一段时间内将继续平行使用。有些任务在计划过程中将以全新的方式执行，有些任务可以很容易地移植到新的系统中，还有些任务则变得过时或情况变得更加复杂，甚至很难处理。为了最大限度地减少变革过程中的风险，深入的沟通在工作中发挥着核心作用。数字化战略的成功取决于软件用户的技术能力，因此对培训和知识的投入成本必不可少。项目团队内部的知识共享也发挥着至关重要的作用。为此，Herzog & de Meuron 的 BIM 经理在不断尝试新的模式（图 1-15）。例如搭建内部维基百科、定期地分享，或是制订内部工作执行计划均有助于建

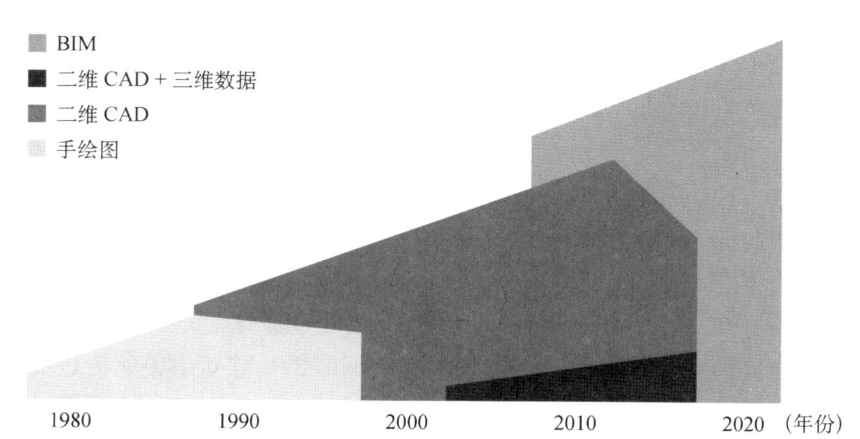

图 1-15　Herzog & de Meuron 在项目中使用的工具
来源：Herzog & de Meuron

立一个坚实的知识库。同样，在敏捷软件开发的过程中，Scrum 被用于常规开发模式管理。这个过程的目的是资源整合，明确谁在多长时间内完成什么工作，需要克服哪些障碍。这些与 BIM 模型和数据开发相关的设计沟通，有助于设计师判断问题是否与技术、认知或流程有关。这不是在讨论必须如何工作，而是在讨论我们想要如何工作。

未来，我们会逐渐清晰地认识到行业中的策略和流程哪些能提高生产效率，哪些有实用性，哪些被过度开发了以及哪些仍有待开发。人们对新方法有很多期待，它为解决遗留问题和重新讨论工作界面提供了机会。

[案例研究] BayWa 高层建筑

提供方：希尔德和 K 建筑事务所

BayWa 高层建筑的改建和整修工程

德国　慕尼黑

业　　主：BayWa Hochhaus 公司
建 筑 师：希尔德和 K 建筑事务所
项目规模：总建筑面积 74 000 m^2
项目状态：已竣工
竣工时间：2017 年

项目概况

位于德国慕尼黑阿拉贝拉公园的 BayWa 公司总部是一座建于 20 世纪 60 年代末的 18 层办公大楼。现在这座办公楼的空间已无法容纳现有员工，BayWa 公司希望对大楼进行改扩建。这需要对所有的办公楼层进行重新设计，并更换外立面以满足能耗要求。在基于原有结构进行设计时，现有的结构比例无法满足设计需求，通过将整体结构分成 8 个多层区块，这些区块相互之间微量偏移，形成一个星形来解决这个问题。建筑内部的老旧基础设施则根据当代标准要求进行了调整，同时杂乱无章的空间布置也被开放式的布局所取代。

BIM 方法论

该项目开始于 2012 年，当时 BIM 在德国已受到越来越多的关注。由业主向建筑师提出要在该项目中使用 BIM。希尔德和 K 建筑事务所为进度管理、工程量统计和成本核算创建了可靠的三维模型，为 BIM 的运用过程打下了坚实的基础（图 1-16、图 1-17）。项目过程中主要用到 Autodesk Revit 建模平台，并通过 Dynamo 和 Solibri Model Checker 对软件进行功能扩展。Dynamo 用于自动运行重复性较强的任务，Solibri Model Checker 用于质量保证。使用 BIM 模型工作有效促进了整个项目进行基于目标导向的协同。因此，业主和专业工程师以及施工团队都能及时得到一致且可靠的进度文件。在整个过程中，项目的成本预算都是从模型中直接提取工程量。最终，这些模型都用于支持现场复杂的施工过程的计划、组织和实施，以此确保建筑按时和无误地移交给建筑运营商。

图 1–16 BayWa 大厦 1
来源：照片（左）Falk Hartmann, Catterfeld Welker GmbH; BIM 可视化（右）Hild und K Architekten

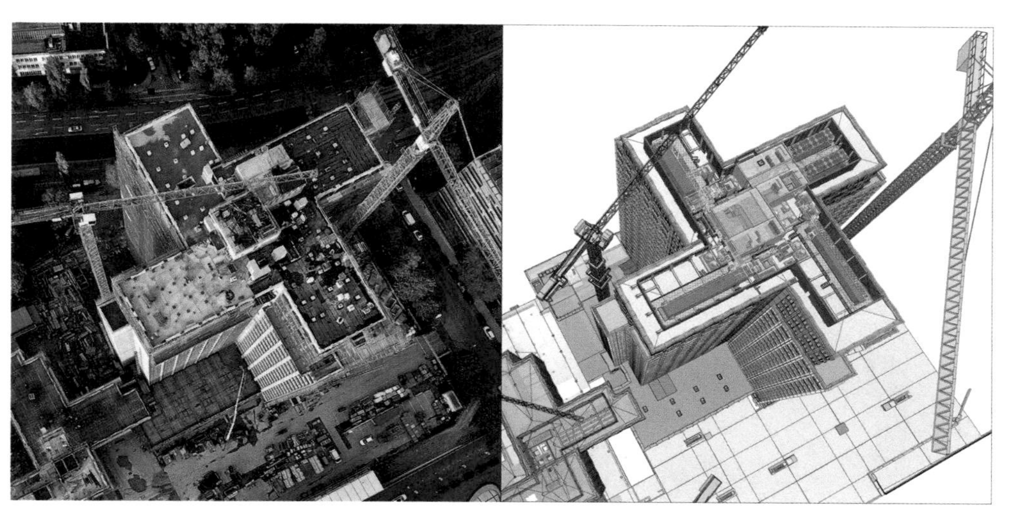

图 1–17 BayWa 大厦 2
来源：照片（左），Catterfeld Welker GmbH；BIM 可视化（右）Hild und K Architekten

2 基本概念和原则

整体比部分之和更简单。

——威拉德·吉布斯（Willard Gibbs）

如前文所述，BIM 模型是由单个模型单元即 BIM 对象构成的。一个模型单元可以表示为三维几何图形及 / 或作为信息内容（对象属性）。BIM 实践中的核心问题之一是确定这些对象在项目的不同阶段（转换点）应该如何表示和交互。一个模型的建立必须是有目的的，为了预期的用途可以包含适量的信息，但不能过多。例如，对于早期的可行性研究来说，要求提供高精细度模型是不切实际的，反而会适得其反。

每个阶段都需要适当的几何表达和数据内容来对模型单元进行描述，特别是：

- 几何图形的详细程度；
- 应该包含的信息；
- 信息的提供方和接收方。

在 BIM 执行计划中，会对这些与项目相关的具体问题进行详细说明（见第 5 章）。然而，总的来说，我们可以把这个对象表示的问题归结为三个核心因素（图 2–1）：

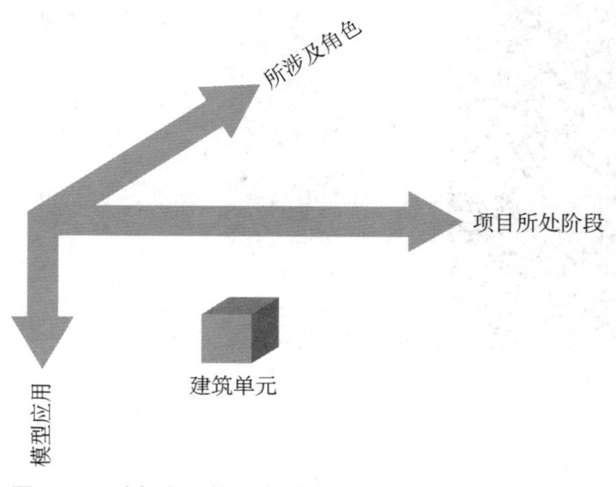

图 2–1　对象定义的三个维度

• 模型应用；
• 项目所处阶段；
• 所涉及角色（各参与方）。[1]

这三个要素是在项目中定义 BIM 对象的基本参数。事实上，它们也是 BIM 执行过程中定义项目需求的基础。在下面的章节中，我们将逐个讨论这些要素，并综合三要素，形成能够定义对象表达的矩阵。

2.1 BIM 应用

确定项目的 BIM 范围，首先应定义项目的 BIM 应用内容。它是估算所需投入（资源、成本和时间）的基础，对设计建模和信息交换需求至关重要。目前有许多已确定的 BIM 应用清单，宾夕法尼亚州立大学在 2009 年首次出版的《BIM 项目执行计划指南》中提出的 BIM 应用清单是最早的清单之一，2011 年的第 2 版中描述了 21 种独立的 BIM 应用：[2]

BIM 应用或称应用点
利用建筑信息模型可完成的应用。模型创建、能耗分析、碰撞检测和工程量统计都是 BIM 应用。

① 场地建模（Existing Conditions Modelling）
② 场地分析（Site Analysis）
③ 成本核算（Cost Estimation）
④ 阶段规划（四维模拟）[Phase Planning（4D Modelling）]
⑤ 规划设计（Programming）
⑥ 设计建模（Design Authoring）
⑦ 设计审查（Design Reviews）
⑧ 工程分析（Engineering Analysis）
  a）能耗分析（Energy Analysis）
  b）结构分析（Structural Analysis）
⑨ 建筑系统分析 [Building System Analysis]
⑩ 可持续性（LEED）评估 [Sustainability（LEED）Evaluation]
⑪ 三维协调（例如：碰撞检测）[3D Coordination（e.g., clash-detection）]
⑫ 建筑编码验证（Building Code Validation）
⑬ 三维控制和进度计划（BIM-to-Field）[3D Control and Planning（BIM-to-Field）]

1 虽然这个三轴概念是独立发展的，但笔者后来知道了 BIM 任务组的“数据立方体”概念，它也是用三个轴来定义模型单元：工作阶段（阶段）、利益相关者（角色）和数据类型（应用）。

2 美国宾夕法尼亚州立大学“计算机集成建筑研究计划”——《BIM 项目执行计划指南（第 2 版）》，2011 年 5 月。

⑭ 数字建造（Digital Fabrication）
⑮ 施工组织设计（Construction System Design）
⑯ 场地利用规划（场地物流）[Site Utilization Planning（site logistics）]
⑰ 竣工模型创建（建成后的）[Record Modelling（As-Built）]
⑱ 建筑维护计划（Building Maintenance Scheduling）
⑲ 空间管理和跟踪（Space Management and Tracking）
⑳ 防灾规划（Disaster Planning）
㉑ 资产管理（Asset Management）

2013 年，宾夕法尼亚州立大学发布了一份单独的文件（《BIM 的应用：BIM 应用的分类与选择》，2013 年 9 月 0.9 版，见图 2–2），基于用途对 BIM 应用进行了分类。尽管很抽象，却是一个相当有用的 BIM 应用分类。该分类主要有五个类别：收集、生成、分析、交流和实现，以及附加的子类别。[1]

主要类别	收集	生成	分析	交流	实现
子类别	质量	规定	协作	可视化	制造
	监控	尺寸	预测	绘图	集成
	采集	布置	评估	转换	控制
	数量			文档	规范

图 2–2 《BIM 的应用：BIM 应用的分类与选择》
来源：宾夕法尼亚州立大学，2013

尽管宾夕法尼亚州立大学的 BIM 应用清单可能是应用最广的版本，但其内容并不是确定不变的，实际工作中同时存在各种不同的 BIM 应用可供选择（如 BIM Excellence 的"模型应用清单"，其中包括 120 多个单独的应用）。这些应用范围将不断发展，并随着新需求的确定或新技术的出现而不断扩大。

无论运用哪种惯例，都必须在项目过程中明确各方应参考的 BIM 应用清单，这对项目工作任务书、投标文件和执行计划的制订非常重要。在没有国家标准的情况下，应该参考公认的国际定义。否则，就必须在项目的 BIM 工作任务书中定义 BIM 应用。

1 拉尔夫，克雷德（Kreider，Ralph G）./ 梅斯纳，约翰（Messner，John I）.《BIM 的应用：BIM 应用的分类与选择》，2013 年 9 月 0.9 版，宾夕法尼亚州立大学。

2.2 项目阶段

项目阶段对对象定义也有重大影响。在竞标阶段创建的模型与为设计深化或施工而创建的模型有截然不同的要求。在设计初期，通常使用没有太多属性定义的通用模型对象来建模。这样一来，模型就有了高度的灵活性，允许设计者在不涉及细节的情况下进行快速修改。随着设计的不断深化，模型变得更加稳定，关于成本、材料、保温和饰面的详细决策确定了下来。这些决策不仅反映在更多的几何细节上，也反映在模型单元的具体属性上。早期阶段，一堵墙可能只有一个通用的厚度定义（如 200 mm），而在后面的阶段，就需要定义墙体的具体材料（如钢筋混凝土或砖，明确的防水涂层和饰面）。

阶段
在这里指的是一个具体定义的项目阶段，比如英国的 CIC 阶段，或者德国的 HOAI 阶段。

在 BIM 的环境里，我们用“深度等级”（Level of Development, LoD）这个术语来定义项目各阶段的模型单元的表达深度（图 2–3）。简而言之，LoD 描述了一个模型单元的几何精度以及数据内容表达深度的递增过程。

深度等级
描述一个模型单元的表达深度等级。LoD 越高，代表包含的几何细节和信息内容就越多。

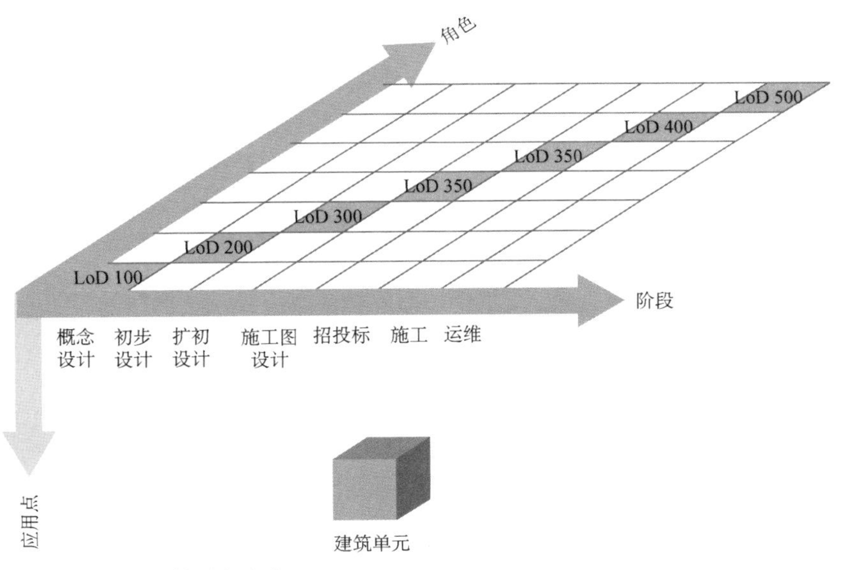

图 2–3　各阶段的对象定义

项目阶段和 BIM 应用

项目阶段不仅影响对象的精细度等级，还影响个别应用的执行方式。例如，在早期设计阶段的成本核算会比施工招标的成本核算的详细程度粗略得多（而且可能基于不同的计算方法）。因此，BIM 应用根据设计的阶段不同需要进行调整（图 2–4）。

规划	设计	施工	运维
场地建模			
成本核算	成本核算	成本核算	
规划设计			
设计建模			
设计审查	设计建模		
	设计审查		
	能耗分析		
	结构分析		
		场地利用规划	
		BIM-to-Field	
		竣工模型创建	竣工模型创建
			建筑维护计划
			空间管理和跟踪
			防灾规划
			资产管理

图 2–4　建筑全生命周期的 BIM 应用

来源：宾夕法尼亚州立大学《BIM 项目执行计划指南（第 2 版）》，2011

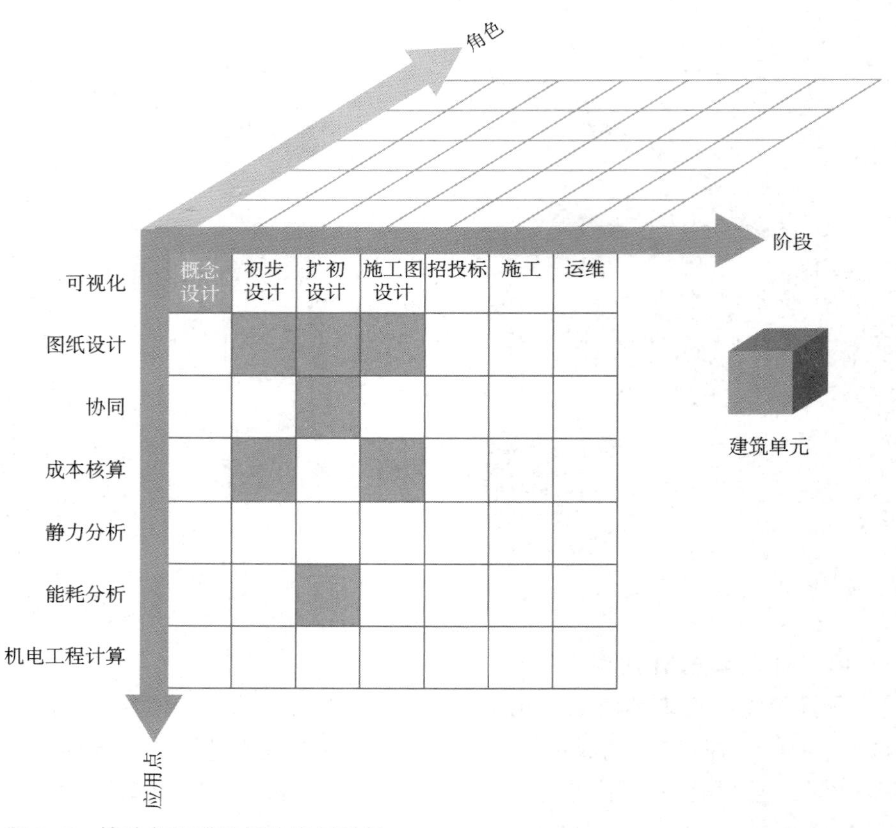

图 2–5　按阶段和用途划分定义对象

在项目前期规划设计阶段，项目团队成员可以按照阶段要求选择 BIM 应用内容，编制初步的项目策划和工作流程。这样，不仅可以对整个项目周期的活动流程有一个总体的了解，还可以帮助团队为不同阶段的 BIM 模型交互提前做准备。从设计创建到成本核算的过程中，模型创建者需要确定每个阶段的模型要包含的附加信息有哪些。

从图 2-5 可以看出，在概念设计阶段，模型只用于可视化，这意味着几何表达可能是主要关注点。在初步设计阶段，模型被用来生成平面图，进行成本核算，需要根据成本核算要求的信息交换需求来创建模型（如：包含材料定义、成本核算结构和其他参数的定义）。

2.3 角色 / 专业人员

对象定义的最后一个参数是所涉及的角色或专业人员。专业人员对于一个对象的表达有着微妙却十分重要的影响。每个专业人员可能会根据他们的观点和需求，以不同的方式来建模或查看对象。

角色
指项目中常见的专业或角色，如建筑师、项目经理、业主或造价师。

如果墙体对象是由建筑师创建的，重点可能是材料属性或装饰面；如果由结构工程师创建，墙体属性会注明是否为承重墙体，并包含做进一步的结构分析所需要的相关信息。不仅是对象属性不同，对象的创建和表达方式也有所不同。例如，建筑师可能将一栋六层楼的外墙建成从地面到屋顶的整体单元，而结构工程师可能会将墙体按层划分为单个单元，以进行结构分析。

因此，在策划一个 BIM 项目时，要考虑阶段和角色来定义 BIM 深度等级。每个对象类型（或对象组）都应该被赋予一个 LoD 和模型创建者，如图 2-6 及图 2-7 所示。

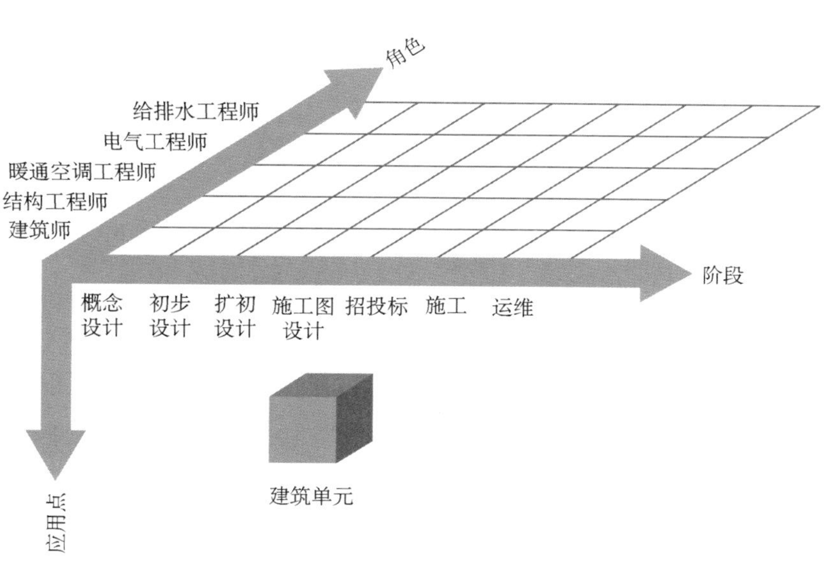

图 2-6　按阶段和角色定义对象

<table>
<tr><th colspan="2" rowspan="2">对象类型</th><th colspan="6">阶段</th></tr>
<tr><th>概念设计</th><th>初步设计</th><th>扩初设计</th><th>施工图设计</th><th>施工</th><th>运维</th></tr>
<tr><td rowspan="2">墙</td><td>LoD</td><td>100</td><td>200</td><td>300</td><td>400</td><td>400</td><td>500</td></tr>
<tr><td>模型创建者/所有者</td><td>建筑师</td><td>建筑师</td><td>结构工程师</td><td>结构工程师</td><td>制造商</td><td>设施管理方</td></tr>
<tr><td rowspan="2">楼板</td><td>LoD</td><td>100</td><td>100</td><td>200</td><td>300</td><td>300</td><td>500</td></tr>
<tr><td>模型创建者/所有者</td><td>建筑师</td><td>建筑师</td><td>建筑师</td><td>建筑师</td><td>制造商</td><td>设施管理方</td></tr>
</table>

图 2-7　墙及楼板对象在各项目阶段的 LoD 和模型创建者一览表

2.4　对象属性定义

通过叠加“模型应用”“项目所处阶段”和“所涉及角色”三个维度，我们对 BIM 对象的功能和内容有了更深的理解（图 2-8）。BIM 对象不是一个固定的定义，每个项目都有自己的范围，其赋予的对象属性会因阶段、应用和参与的角色而产生不同。这些维度形成一个矩阵，可以快速勾勒出特定状态下的对象。

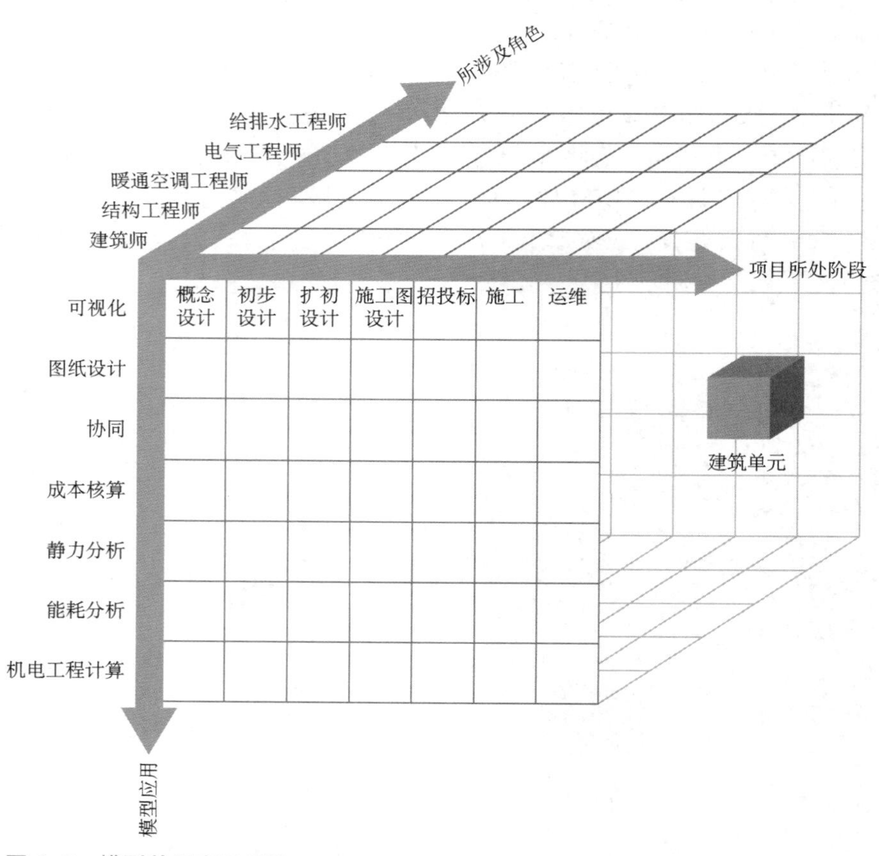

图 2-8　模型单元定义矩阵

在一种理想的情况下，对于已有的项目，可以根据专业和应用以及具体的项目阶段确定所有模型对象的要求。这就意味着 BIM 模型能够回答“在设计阶段中，建筑师（角色）应该为进行能耗分析（应用）的窗户（对象）提供什么信息”诸如此类的问题。

2.5 深度等级

深度等级（LoD），是描述特定阶段或状态下某个对象的表现形式（图 2–9）。在传统设计实践中，图纸表达信息多少受图纸比例影响。任何国家的建筑行业从业者对 1 ：100 的图纸表达深度或多或少地都有一些共识，但 1 ：20 或者 1 ：5 则分歧比较大。人们通常与行业内通用的 CAD 要求保持一致。

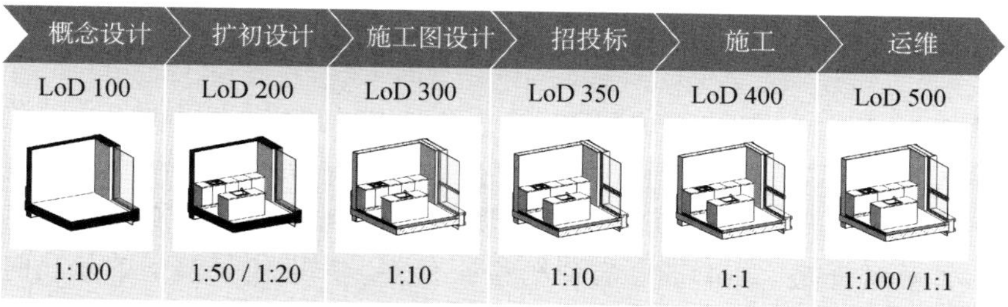

图 2–9　对象的 LoD（来自美国建筑师协会）与传统图纸比例之间的关系

但是在 BIM 领域并没有比例的概念，一切都是按 1 : 1 来建模。为此，我们引入了新规则用来描述图形和内容要求——LoD。LoD 这个术语十分常见，但各国对 LoD 的应用各不相同。同样的首字母缩写被用作不同的定义：Level of Development, Level of Detail 和 Level of Definition。这引起了许多歧义。

Level of Detail 这个定义最早来源于 20 世纪 70 年代中期的计算机图形行业，用来描述 3D 物体表达的阶段。2005 年，VICO 在《模型演化规定》（MPS）里采用这一概念，用于描述虚拟建筑模型或 BIM。随后，它被美国建筑师协会（AIA）吸收并改进为 Level of Development，并且在其建议的标准合同文件《建筑信息模型协议增编》(AIA E202–2008 BIM Protocol Exhibit）中引用。[1]

AIA 定义的 LoD 分为五个等级（LoD 100—LoD 500)，关联到项目的五个重要阶段：概念设计、扩初设计、施工图设计、深化设计（装配图）、竣工

1　“AIAE202–2008 BIM Protocol Exhibit”现在已经被文件“G202TM–2013–Building Information Modeling and Digital Data Exhibit”取代。

（图 2–10）。LoD 划分比较宽泛，既可以描述对象的几何和信息范围，也可以定义可能的模型应用。模型对应的工程阶段是非常重要的前提，因此 LoD 划分不仅严格定义了对象的详细程度，也适用于设定模型的预期应用。

LoD	LoD 100	LoD 200	LoD 300	LoD 400	LoD 500
对应阶段	概念设计	扩初设计	施工图设计	装配图	竣工
图形表现					

图 2–10　AIA 的 LoD 规则对应的大致图示表达深度

例如，LoD 500 主要定义了模型构件的应用或状态，即“竣工”。虽然 LoD 500 是最高等级，但 LoD 500 模型单元的详细程度可能低于 LoD 400 装配单元。一个混凝土墙体的装配模型可能包括钢筋和模板，而来自现场激光扫描或其他方法获取的同一等级的竣工模型可能只含有较少的几何参数。

自 2013 年以来，美国“BIM 论坛”为 AIA 的 LoD 定义提供了一份扩展性指南（2019 年发布了最新版）。该文件包含指导文件、工作表和模型单元示例，显示了升级的 LoD 设计的几何表达。LoD 500 并没有包含在模型示例中，其解释是“LoD 500 与现场验证有关，并不代表模型单元几何或非几何信息向更高级别发展”。[1]

有时也会使用一些插值的方法表达等级，比如 LoD 350 表示招投标或施工图深化设计阶段模型等级。

2.5.1　信息深度

过去，LoD 旨在定义对象几何表达。这是因为当时设计团队主要关注的是三维建模。近年来，BIM 的概念已扩展至项目全生命周期管理的所有方面。因此，信息内容变得越来越重要。典型的 BIM 应用也有所扩大，包括成本计划、能耗模拟、施工组织设计、运维和设施管理。因此，我们需要独立于几何表达之外的，能更准确定义相关信息内容的方式（图 2–11）。

举个简单的例子，在方案比选阶段，一个建筑师可能希望以高精度的几何细节来直观地展示建筑，但很少对材料或产品属性进行描述。在这之后的扩初设计阶段，有可能对象属性非常详细，但几何表达仍在初级阶段。LoD 规则应具备一定的灵活性，允许项目进行变动。

1　BIM 论坛《LoD 规范》，2016。

		概念设计	扩初设计	施工图设计	招投标	施工	运维
几何图形		LoG 300	LoG 100	LoG 200	LoG 300	LoG 400	LoG 300
		LoI	LoI	LoI	LoI	LoI	LoI
信息	描述	外墙	外墙	外墙	外墙	外墙	外墙
	厚度	—	26 cm	26 cm	26 cm	26 cm	26 cm
	长度	—	—	360 cm	360 cm	360 cm	360 cm
	高度	—	—	280 cm	280 cm	280 cm	280 cm
	材质	—	保温砖	保温砖	保温砖	保温砖	保温砖
	供应商	—	—	—	Swisspor	Swisspor	Swisspor
	类型	—	—	—	—	LAMBDA Vento	LAMBDA Vento
	成本/概量	—	€ 80,00	€ 80,00	€ 85,50	€ 88,75	€ 88,75

图 2-11　项目全生命周期过程中几何细节和信息深度的变化过程

LoG（Level of Geometry）
模型单元的几何精度级别。属于 LoD 定义的一部分。

将模型的几何信息和数据分开表达的方法获得了许多国家的推崇，比如丹麦、荷兰、澳大利亚和新西兰以及最积极的英国。2013 年，英国推出的国家 BIM 规范——PAS 1192 中提出了一种新的 LoD 划分规则。该规范采用了 Level of Definition，既包含了度量几何成熟度的 Level of Detail，又包含了代表数据内容的 Level of Information。它没有直接使用 AIA 制定的 LoD 100—LoD 500 的等级分类，而是采用了与英国建筑工业委员会（CIC）定义的阶段相吻合的 0—7 分级。它们与美国制定的 LoD 标准之间的映射关系如图 2-12 所示。[1]

LoI（Level of Information）
描述模型单元的非几何信息深度（元数据）的级别。属于 LoD 定义的一部分。

英国 CIC 阶段划分	英国 LoD (PAS 1192-2)	美国 LoD (AIA)
阶段 0: 战略分析定义	LoD 0	LoD 0
阶段1: 准备工作与设计任务书	LoD 1	LoD 0
阶段2: 概念设计	LoD 2	LoD 100
阶段3: 扩初设计	LoD 3	LoD 200
阶段4: 技术设计	LoD 4	LoD 300
阶段5: 施工	LoD 5	LoD 400
阶段6: 交付	LoD 6	LoD 500
阶段7: 使用中	LoD 7	LoD 500

图 2-12　英国 LoD 与美国 LoD（AIA）的映射规则

1　马尔齐亚・博尔帕尼（Marzia Bolpagni）在她的文章《LoD 的多面体》中简明扼要地概述了 LoD 定义的发展。

2015 年，美国 BIM 论坛（BIM Forum）对 LoD 规范进行了拓展，在几何定义之外，新增了对象属性（LoI）。

2.5.2 其他发展趋势

我们目睹了太多新术语出现，包括适用性深度（Level of Suitability，确定模型对象是否适合指定任务）、协调深度（Level of Coordination，确定对象是否与其他交互相匹配）和准确性深度（Level of Accuracy，容许偏差，主要用在竣工数据采集领域）。

目前，各种国家标准和规则对 LoD 的定义并未达成共识。来自 ISO 和 CEN 的最新倡议制定了一项新的规则用来部分替代 LoD，即信息需求水平（Level of information Need）。应当强调的是，信息需求水平明确用于指定信息需求，例如从业主或委任方的角度进行分析。它不局限于基于模型的内容，而是指广泛的信息需求，包括了几何模型、独立的信息数据库和非结构化的数据（或文档），如 PDF 计划、报告、产品规格、照片等。此外，信息需求水平概念刚诞生，尚未获得广泛的国际应用。实际业务中，项目团队仍在使用 LoD 定义模型成熟度水平。信息需求水平在以成熟度为主的规范中逐渐得到发展。

信息需求水平
委任方明确其所需信息需求的范围及精度，例如受托方需交付满足信息需求水平的几何数据或文档。

2.5.3 建议

建议在项目的初始阶段采用满足基本要求的几何等级和信息等级定义即可。一旦这些规则使用熟练，并且只有在对颗粒度水平有进一步要求时，可以循序渐进地在项目中逐步使用其他的规则，比如精度等级和协调深度。

建议使用美国 AIA 的 LoD 100—LoD 400 规则定义对象几何表达（LoG）。该规则已经被许多国家采用，它由“BIM Forum”规则扩展而来，目前仍然是几何表达时使用最广泛的国际规则。它能清晰、简洁、快速、广泛地描述期望的成果。在某种意义上，它与传统的图纸比例是相对应的。

我们认为模型所包含的信息内容是更为复杂和难理解的主题，AIA 的 LoD 定义并不能完全反映其全部内容。对于设计任务书或 BIM 服务合同中信息定义的通用条款采用等级划分（美国 LoD 100—LoD 500 或英国 0—7 级）是有效的。但是，对于项目交付来说，这种划分方式却过于笼统。在最佳实践中，我们需要为指定的信息交换定义具体的对象属性。对象信息内容和需求在本书中的其他章节中有详细的表述，详见第 7.9 节。

在本书的其余部分，采用以下术语。

- LoD（Level of Development）：深度等级，用于描述整体概念，包含

几何和信息内容；

• LoG（Level of Geometry）：几何表达精度，仅描述几何表达（使用美国 AIA 的 LoD 100—LoD 400 规则）；

• LoI（Level of Information）：信息深度，描述对象数据内容（使用独立的属性命名）。

总之

$$LoD = LoG + LoI$$

需要注意的是，LoD、LoG 和 LoI 都是对具体的模型单元进行描述，不能用于反映整个模型或项目的成熟程度。

［专家分享］4D-5D BIM

阿科斯·哈马尔（Akos Hamar）

自 2007 年以来，一直从事与建筑信息模型相关的工作。目前在圣戈班集团担任 VDC 实施经理（北欧国家），同时也是科技公司 LOD Planner 的技术顾问。其专业领域是基于模型的进度计划（也被称作“4D BIM”）和成本计划（“5D BIM”）。

目前，三维几何建模已成为中大型项目必选项。这种入门级 BIM 在跨专业合作、设计制图、沟通、施工水平和协同方面带来明显的价值。如果我们通过向几何模型添加设置好的结构化信息来扩展模型功能，那么，应用案例和通过设计、建造及运维所产生的效益将大大增加。

我们经常听说在 BIM 模型中可以增加更多的“维度”：“4D”表示时间进度，“5D”表示项目成本。“维度”这个词仅在做解释说明，通常指附加参数或在模型上增加信息。然而，随着所谓的“4D”和“5D”信息的加入，我们在预算和时间节点限制（当今建筑行业最大的挑战之一）下高质量交付设施管理的目标将变得更有可能实现。

4D
一种建筑信息模型的应用，其几何模型融合了时间进度信息，从而实现施工进度模拟。

4D 进度计划

研究显示，建造中关键阶段的完成时间可能会比计划时间延长 20%～50%。[1] 显而易见，从进度策划和施工管理过程中能够获得更多的价值。在这过程中有很多因素可能导致成本超支，但其中大部分是可控的。常见的问题如下：

5D
一种建筑信息模型的应用，其几何模型融合了成本数据，从而制订成本计划。

1 第五届 FMI/CMAA 业主调查，美国建筑管理协会（CMAA）、美国建筑业主协会（COAA）。

- 未完成图纸、错误或设计出现遗漏；
- 不完善的设计流程；
- 缺乏及时的决策；
- 过度的设计变更单和设计调整；
- 专业间的相互干扰；
- 施工人员调动；
- 天气情况。

我们发现，上述列出的一些问题通过入门级的 BIM 应用——三维建模就可以得到解决。使用几何模型可以提高设计质量和施工水平，并辅助模型使用者进行决策。其他问题可以通过 BIM 的进度管理得到解决。高质量模型不仅要表达出设计意图，还需要传递包含建筑单元数量（如体积、面积、长度、高度等）在内的有价值的信息。有了这些数量信息，管理人员可以排布出比以往更准确的项目进度表，在不考虑工作执行“窗口期”的前提下，快速计算出各阶段需要的准确工期。

以 BIM 模型为基础的更先进的进度计划工具，可以通过从模型中提取材料和对象数量并乘以预制装配或生产速率的方法导出建造计划。例如，可以在项目模型中提取出混凝土方量，乘以每日混凝土生产率，从而得到完成整个混凝土工程需要的时间。混凝土数量（修订后的模型）的更改或来自施工经理反馈的生产率的变化，将直接关联施工工期的变更。在施工进度管理过程中，这种基于模型的计算方法避免了因经验预估产生的误差，保证了工期精度的准确性和灵活性。

基于位置的进度计划

平衡线（LoB）
也被称为流程图流线，主要用于施工场地规划中的重复性工作，特别是在资源调动、进度管理和成本管理方面的流程控制（详见图 2-13 和图 2-14）。

通过介绍基于位置的流水线调度技术（也称平衡线），这些计算工时可与时间和位置关联反映在流程图上（图 2-13），而不是传统的 CPM（关键路径）计划方法。

这意味着进度计划表更灵活，通常聚焦于如何最高效地分配和使用资源和建筑区域：

- 在任何时候，都很容易发现不同的班组所处的工作区域，或不同建筑工作面当前应进行哪类施工工作。
- 通过展示不同的班组和工作如何从一个区域移动到另一个区域，很容易识别出进度计划中是否存在会导致危险且花费高昂的进场和退场事件发生的间断或干扰。

工地的施工效率显而易见。斜率的陡峭程度（代表各个任务）显示出指定工作区域的工作节奏。我们的目标是通过调整斜率、节奏和不同班组的最终效率优化进度计划表。这样，可以识别出那些未被使用的施工区域。

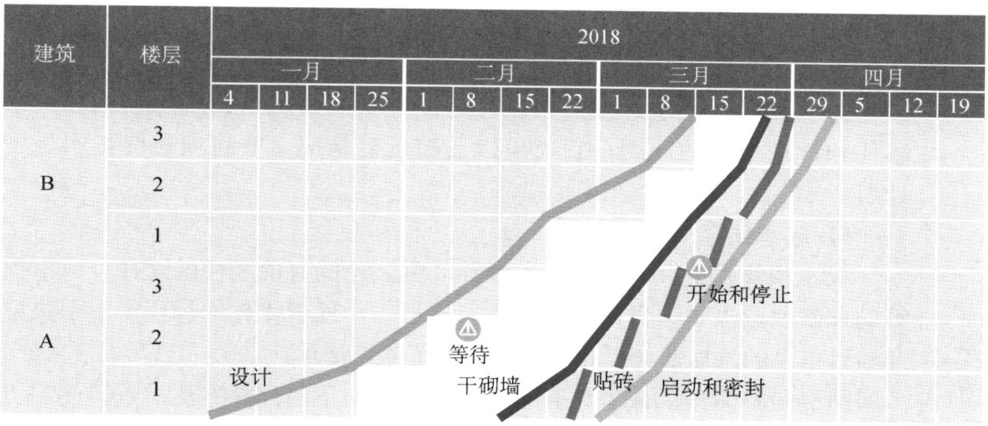

图 2-13 显示场地上基于时间和位置的工作关系的平衡线
来源：Vico Office

使用上述技术可以形成一个适用于施工阶段的、低风险、更优化的进度计划。当然，也有一些不可控因素，比如不可预测的天气变化等，但这些因素会被考虑到风险分析中。并非所有项目团队都能明白流水线或 CPM 进度计划表，通过将进度计划和项目模型相结合的处理方法，可以非常简单地创建施工模拟动画，将施工进度计划以最直观的方式展示给受众。

历史记录显示，通过数量驱动、资源调用、基于位置的进度计划等方法最多可实现项目工期缩短 17%。

在建造过程中，使用进度计划表既可以管理生产，也可以收集现场的完成情况。现场的实际生产信息可以用于计划和实际情况的对比（“目标—实际”），并且可以更准确地预测完成情况（图 2-14）。

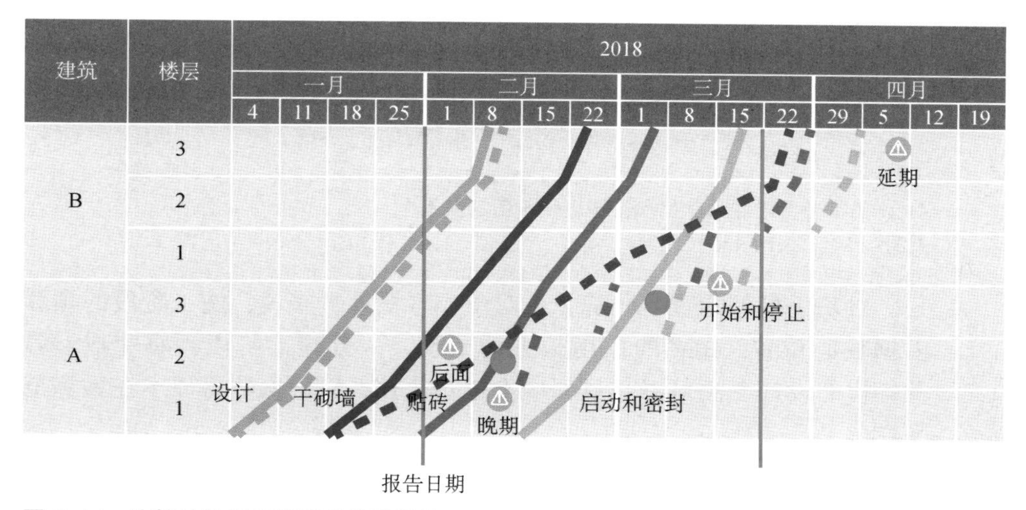

图 2-14 比较计划和实际情况的平衡线
来源：Vico Office

流水线作为最主要的施工组织方法，可以用于主动分析和优化现场队伍工作安排，有助于避免建筑物和项目各方之间的冲突。此外，它也可以作为项目过程记录，在某项工作超出计划的情况下，可以追溯导火索事件和计划偏离的原因；它还可以监控延迟情况，并将项目修正回进度计划。

5D 成本预算

成本预算

一种主动的成本预估行为，从项目早期阶段开始，即将成本与其他要素集成在设计中（也称为“按成本设计”）。

成本预算是支撑“面向成本设计”方法论的有前瞻性的途径。成本预算的准确性取决于项目所处的阶段。这是一个逐步优化的过程，每个决策和项目信息的添加都会提高准确性，直至项目结算。

概念设计阶段的成本核算采用的是自上而下的计算方法，直接使用历史积累的各种土建和安装项目的造价指标信息，粗略确定项目预算。后续阶段的成本核算采用的是自下而上的原则，将各个组成部分和系统的造价组合成项目总成本。

比较“自上而下”和“自下而上”两种方法的工程造价结果，可以在工作分解结构树（WBS）中识别出超出预算的成本项。基于此，做进一步的深入调查和研究。

成本核算

一种被动的成本计算方法，成本计算不随着设计更新迭代，主要是根据设计阶段的发展完成汇总。

成本预算必须支持项目中快速和频繁的成本信息反馈，以响应设计深化的需求。基于模型的工程量计算是确保准确性的唯一方法，成本计算的迭代更新反映了设计过程的情况，并与决策过程相关联（图 2–15）。

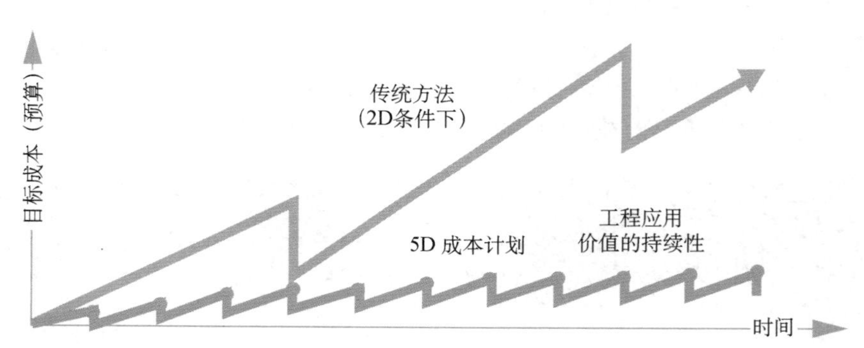

图 2–15　项目控制的迭代和工程应用价值的关系
来源：天宝（Trimble）

对基于模型的成本预算（相对于成本核算）来说，施工阶段的预算占据核心位置。BIM 的作用是主动干预。一旦施工阶段预算完成，各种各样的设计变更可以与目标成本进行比较，以确保项目成本在预算范围内。

基础的计算非常简单。三维模型包含了进行成本计算所需的所有数量，取代了当下非常耗时的人工统计工程量，繁重的体力劳动由计算机完成。一旦工程量统计完成，无论是早期设计元素（比如房间和区域），还是具有更多细节的建筑单元（比如墙和窗），都可以加入实际单价以丰富它们的数据。这些数据在构件和系统层级完成计算，之后汇总至项目级别，最终得到项目总成本。

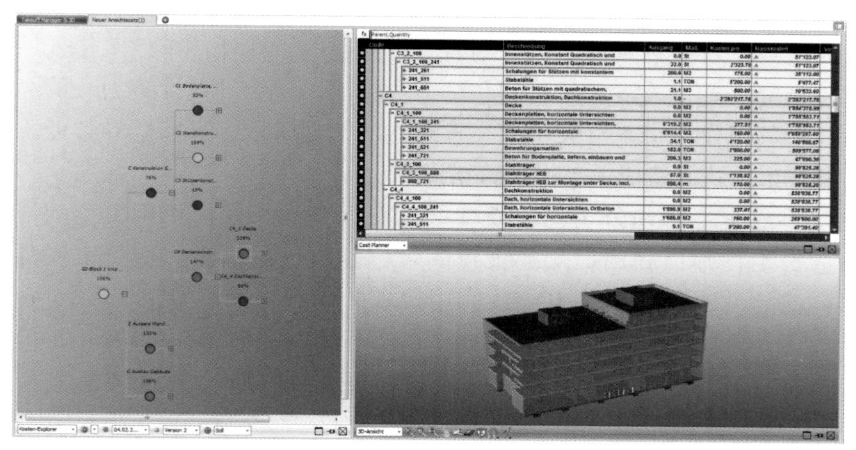

图 2-16 集成 BIM 进度计划和模型可视化的成本核算
来源：Vico Office

这种工程量与成本计算方法可以实现高度自动化。这使得在任何时候，都可以拿当下设计的造价成本与预算进行对比，明确其方案是否造价过低、过高或与目标预算相符。为了沟通成本计算，我们甚至可以把建筑构件及其成本之间的关系可视化，或把建筑中某些特征性部分的开发成本可视化（图 2-16）。

具体操作步骤

在上文中，我们对基于模型的进度安排与成本计划原理进行了概述。然而，在项目实践中，这些目标可能很难实现。这可能是由于组织内部缺乏 BIM 经验或能力，或者需要在项目成员之间建立模型数据交换规则。下面我们将为如何实现这些目标提供一些具体建议。

1）从设计师那里获得模型 VS 自己建模

成本与时间进度安排的首要挑战点之一，就是基础模型的质量。模型必须支持添加进度表和成本数据。成本与时间安排一般是由施工经理、总承包商、造价工程师控制，而基础模型一般是由设计团队创建。那么，谁拥有并负责创建这些模型呢？

模型可以由设计公司提供，也可以由项目或施工管理公司创建。

在理想状况下，甚至根本不需要讨论后者，因为其意味着增加重复工作量，以及设计模型与成本模型之间的误差。BIM 应用的初衷是减少浪费及重复工作量。然而，由于总体上 BIM 还处于初期推广阶段，因此必须投入额外的努力。

4D-5D BIM 意指设计师、造价工程师和进度管理员之间的协同。为实现合作成功，必须保证各方之间顺利交接。造价工程师必须准确了解他对模型的需求，而设计师必须了解如何把模型组装起来，从而满足工程算量的要求。这种设置，要求双方相互配合：建立密切的工作关系和各方之间分段交付；讨论建模方式与对象属性；确定建筑单元和文件的命名规则；选择一个交换平台并且制订交付计划表。上述这些，在任何有效工作开始前，看起来都需要投入巨大的时间和精力。然而，这类“设计策划”的会议会为日后的工作流带来巨大价值。省略这些策划阶段，可能会导致低质量的模型产出，从而造成返工或计算错误。

由项目或施工管理公司创建模型可能发生在没有任何可用模型的情况下，造价工程师可利用提交的报审图纸创建自己的模型。造价工程师可以用自己的方法和满足其 4D-5D 应用要求的模型精细度等级（Level of Detail）创建项目模型。创建“可算量 BIM”会带来一定的成本开销，但是考虑到包括施工水平、4D、5D 在内的多个 BIM 应用点，模型在后期应当能获得更多的投资回报。

2）建模内容

如前文所述，必须在建模开始前确定模型的内容。如果一个模型不是“为目的而建”的，那就不能期望它可以随时准备用来算量或用于其他应用点上。建筑信息模型并非设计或实施阶段中的一次性建模练习，而是将持续迭代直至项目完成，且每个阶段都具有不同的关注点。

在 BIM 设计阶段，必须考虑对每个项目阶段的模型要求和输出成果。这涉及确定特定阶段需要的模型属性和模型级别（图 2-17）。例如：在概念设计阶段，房间设计可能还不需要定义所有材质；随着设计的发展，材料、构件类型、尺寸、结构功能等都需要确定；这些性质需要以对象属性的形式承载到设计模型中，以便传达给项目中的其他参与者。

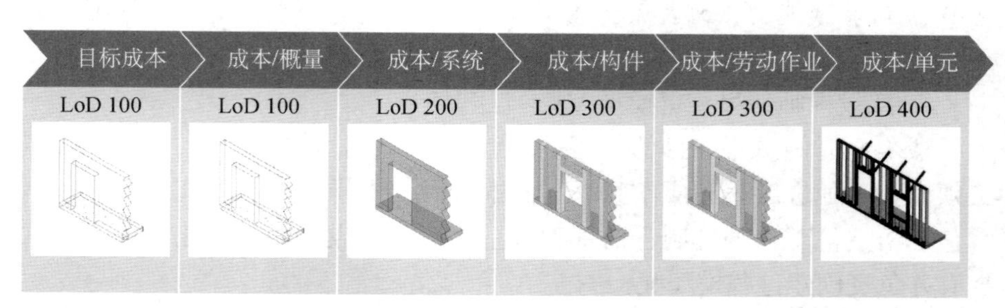

图 2-17 项目阶段的成本计算模型要求
来源：天宝（Trimble）

3）施工位置定位

建筑单元的定位对其成本和时间安排有很大影响。

与流水线的解释相符，通过引导工人以最小干扰方式穿梭于现场各施工位置，这种基于位置定位的进度安排能最大效率地完成工作。同样地，这种“定位思考”方式也可以应用到成本预算中。以多层建筑为例，混凝土在地面层和运送到高层的成本是不同的。因此，需要把位置定位进行分解量化，能从中获益的是施工经理而不是设计师。设计模型中未必需要包含所有必要的定位分割。在收到设计模型后，施工经理或造价工程师需要灵活地把单个模型单元切割成组件，以便进行更详细的设计。例如，一块楼板可细分为特定的浇筑段（图 2–18）。

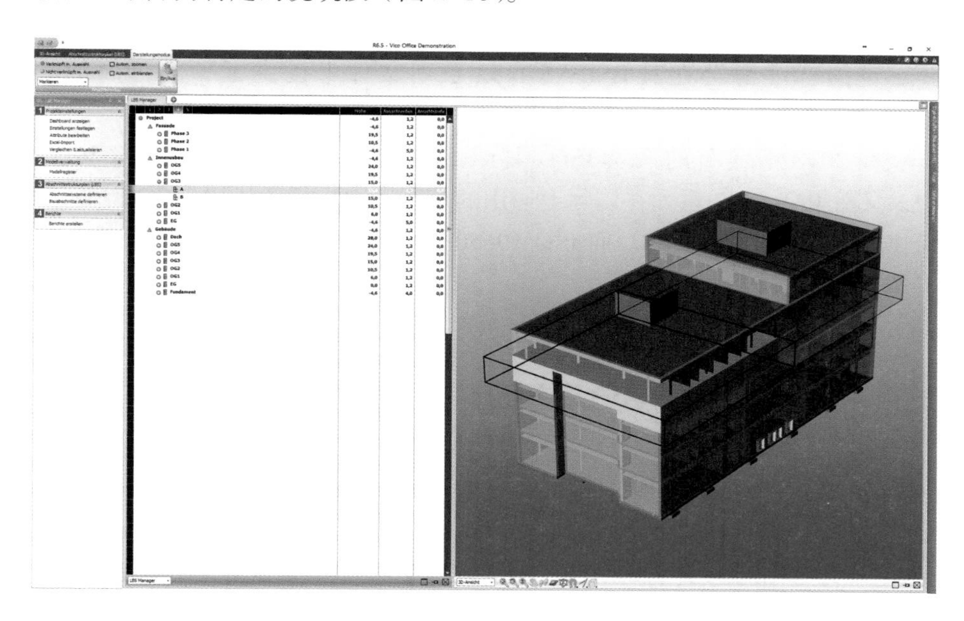

图 2–18 编辑一块 IFC 导入的楼板单元以反映施工浇筑段
来源：Vico Office

这些都可以通过更先进的 BIM 施工管理工具实现；[1] 之后，就可根据新创建的精细模型计算工程量。这些工程量是成本和进度计划的基础。这种方法使设计师专注于自身的职责，设计出更合适的建筑，以更高的自由度构建单元。

总结

建筑信息模型并不是简单的用一种软件创建三维模型。它为设施建设中的设计、施工和运维各阶段创造了公开、主动和协作的空间。传统做法缺乏透明度和信息可访问性，限制了施工经理达到预期的项目质量效果。

我们的目标是通过“虚拟建造”技术，质疑、挑战和改进设计和实施过程，以消除错误，优化现场工序和场地布置，改善沟通，最终为所有参与者带来更好的质量效果。

---

1 例如 Vico Office 平台和 Tekla 施工管理平台。

2.6 BIM 交付流程

BS/PAS 1192
描述了包括信息传递、规划设计、施工和运维、数据安全和FM移交等一系列BIM方法的英国标准和公开可用规范（PAS）。

很难用笼统的定义来描述BIM流程。世界各地已经制定了一些值得借鉴的指南和标准，如美国的国家BIM标准、芬兰的通用BIM要求（COBIM）、新加坡的BIM指南和澳大利亚的NATSPEC国家BIM指南。[1]

英国标准协会在其BS/PAS 1192系列文件中提供了一个更简洁的定义。[2]

在2018年发布的两套ISO国际标准（ISO 19650-1和ISO 19650-2）中，又对PAS 1192系列在国际上通用的核心原则进行了描述。ISO 19650-1提供了基本概念和定义，而ISO 19650-2则涉及设计和施工阶段的执行工作。

ISO 19650
描述BIM方法的一系列国际标准（于2018年发布）。ISO 19650主要基于英国PAS 1192系列规范制定。

2.7 PAS 1192/ISO 19650

在PAS 1192系列中描述BIM交付流程的重要参考以及前身是英国BIM成熟度模型（也称为“Bew-Richards模型”，以其两位作者Mark Bew和Mervyn Richards命名）。英国BIM成熟度模型已被世界各地广泛引用，经过优化后被纳入ISO 19650国际标准。

英国BIM成熟度模型
英国BIM成熟度模型将BIM能力等级划分为0级到3级。

这套成熟度模型描述了从0级到3级递增式的BIM能力水平。[3] 该模型最初是为了从国家层面上描述行业（指英国建筑业）的总体成熟度而开发的。而现在它被用来重新定义组织或项目层面上的成熟度水平（图2-19）。

0级　描述了基础级别的数字化实践（基本上是二维CAD和非结构化项目数据）。

1级　建议在大量CAD文件构成的环境中（无论是二维或三维模型），重点是形成结构化的数据。在最初的英国定义中，1级BIM能力水平要求项目数据必须按照COBie结构化数据规范的要求进行交付（在第3章中讨论）。

1　世界各地的BIM指南列表可在buildingSMART BIM指南维基项目中找到。

2　该系列标准包括：BS 1192:2007（协作生产）；PAS 1192-2:2013（项目交付信息规范）；PAS 1192-3:2014（设施运营信息规范）；BS 1192-4:2014（使用COBie的信息交换需求）；PAS 1192-5:2015（数据安全）。

3　在英国（见PAS系列文件定义），这些被称作为成熟度“级别”。而在ISO 19650中，级别被改成了“阶段”。虽然如此，这些阶段/级别的定义本质上相同。

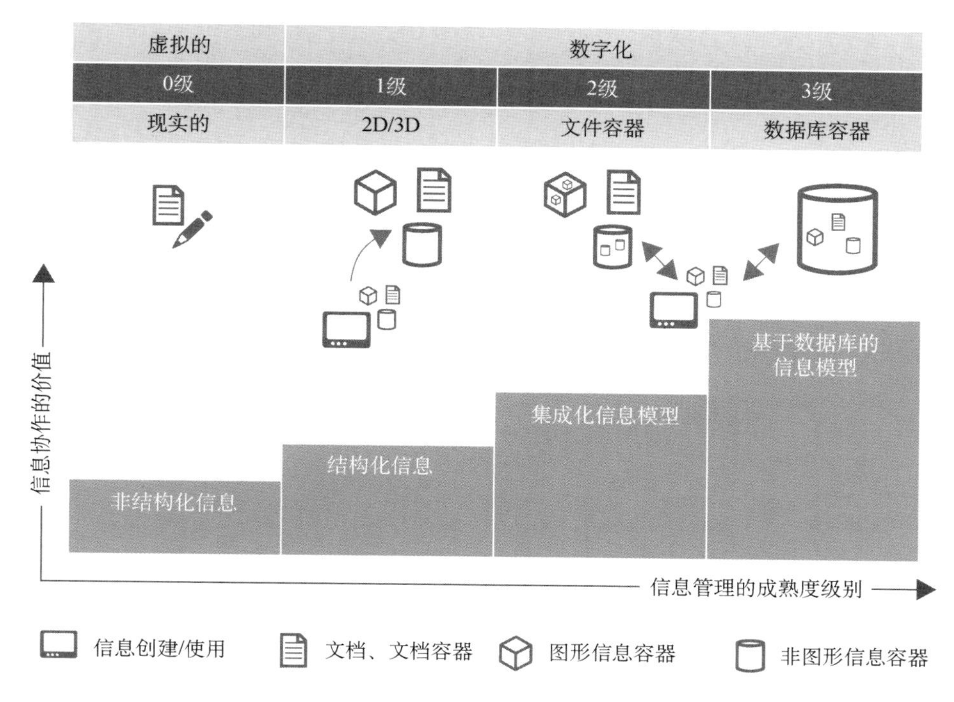

图 2-19 项目信息管理的成熟度级别
来源：基于 PAS 1192-2 和 ISO 19650-1 定义

2 级 描述了我们当前最常提到的 BIM 能力——数据之间相互关联的三维模型。从 2016 年 7 月起，英国规定所有工程费用超过 200 万英镑的政府项目要强制执行 2 级 BIM。BS/PAS 1192 系列文件组成了 2 级 BIM 能力的基本要求。

3 级 3 级 BIM 目前在英国也尚未有完整定义，其预期目标是通过 openBIM 标准支持的集成模型和数据库来实现 openBIM 流程。

ISO 国际标准概述

ISO 19650-1 和 ISO 19650-2 定义了信息管理的三个视角：

① 信息需求规范（从业主方和运营商的角度）；

② 信息交付计划（从设计和 / 或施工团队的角度）；

③ 信息交付（从设计和 / 或施工团队的角度）。

信息生命周期的核心原则如图 2-20 所示。图 2-20 较复杂，本章只对信息周期中的特定部分进行研究。

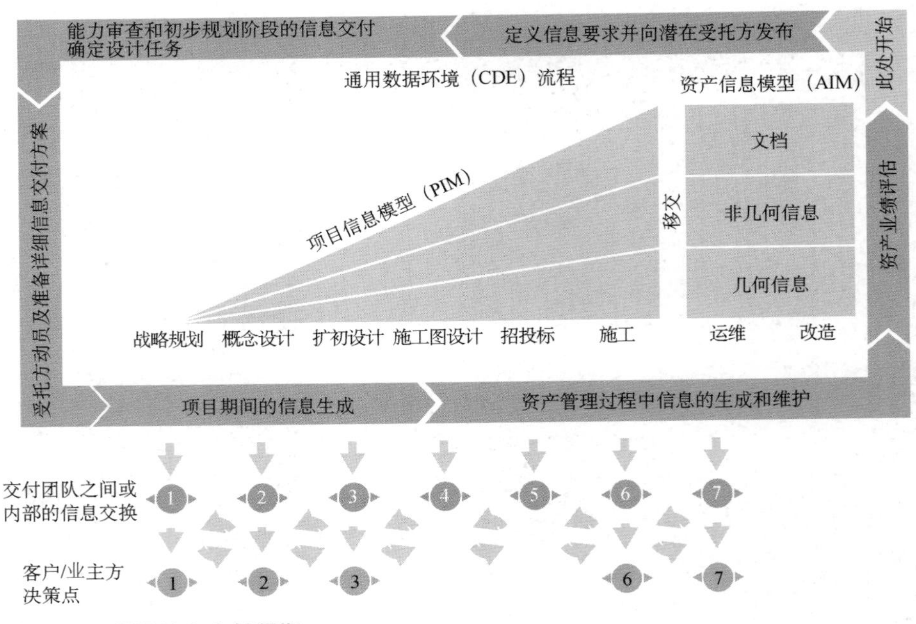

图 2-20　项目信息交付周期

来源：基于 ISO 19650-1

ISO 19650 将项目信息交付成果分为三大类：

- 几何模型；
- 信息内容；
- 一般文档（图纸、报告等）。

资产信息模型（AIM）
用于基于模型的设施运营和维护，资产信息模型由带有设施和设备信息的竣工几何模型组成。

几何模型和信息内容之间的区别极其重要。这套标准也承认了大多数项目中仍然需要使用到传统的文档。即使数字模型被视为是项目的核心信息，我们仍会继续使用图纸、报告和其他相关文档。随着时间的推移，我们对传统文档的依赖性会逐步降低。

项目生命周期进一步分为两个部分（图 2-21）：

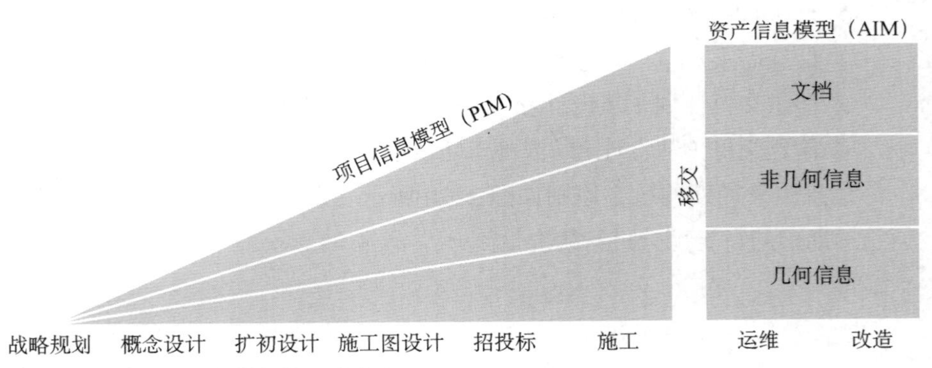

图 2-21　项目信息交付周期（节选）

来源：基于 ISO 19650-1

• 设计和施工阶段的项目信息模型（PIM）；
• 运维阶段的资产信息模型（AIM）。

项目信息（模型、数据和文档）产生于整个设计和施工阶段。这些信息大部分可用于设施运维，但也有大量信息仅对设计和施工阶段有用，在后续阶段会被丢弃。用于装配过程的高精度几何模型，例如混凝土钢筋或模板，很可能与运维阶段无关。同样地，某些对象属性，例如设计状态或施工组织工作，也可以在移交时从模型中删除。

项目移交时，交付的资产信息模型（AIM）就是在项目信息模型（PIM）基础上经过信息删减得到的。尽管如此，AIM 还应包含以数字化来描述和操作设施的必要信息。在运维期间，经过数据修改和积累，AIM 将进一步丰富。

项目信息模型（PIM）
用于项目设计和施工阶段的基础模型，其内容由商定的项目 BIM 应用决定。

在业主方看来，AIM 提供了最大的价值，而 PIM 则是达到目的的一种手段。

PIM 和 AIM 的所有协同活动（数据生成、交换、审查、交流）都发生在通用数据环境（CDE）当中。CDE 是一个共享的项目空间，类似于传统项目中的文档管理系统。它是模型、文档和其他数据源等所有项目信息之间进行交换和存储的机制。第 9 章将对 CDE 进行更全面的阐述。

通用数据环境（CDE）
共享的项目环境，用于存储和交换所有项目信息，即模型、图纸、文档和其他数据源。

ISO 19650 信息生命周期描述了与 BIM 流程相关的进一步活动。从图 2–22 中可以看到，在整个项目周期中都会定期发生信息交换（如蓝色圆圈所示）。此外，在关键决策点（如绿色圆圈所示）也会有阶段性的数据交付节点（或称“数据交付”）提供给业主。在图 2–22 中，我们可看到项目启动时（项目前三个阶段完成时）有三个节点，项目移交时有一个节点，项目运维阶段也有一个节点。

数据交付
预先约定好的向业主方交付项目信息的节点。

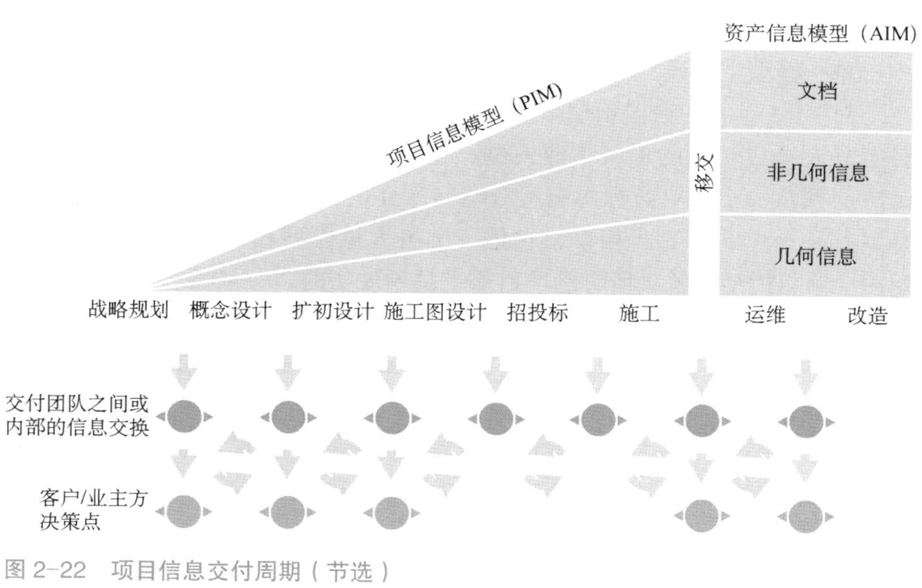

图 2–22 项目信息交付周期（节选）
来源：基于 ISO 19650–1

值得注意的是，ISO 19650 国际标准以及它们所依据的英国标准 PAS 是从采购方（业主）角度编写的，这两份标准在项目执行中具有很高级别。它们描述了在项目结束时必须交付的信息需求（AIM），以及在设计与施工阶段（PIM）必须向业主方交付的信息（数据交付节点）。为了在项目环境中实现这些原则，还需要考虑项目团队成员之间发生的所有协同工作，如模型数据的创建、交换、分析、协调和协同等。

ISO 国际标准和英国标准的文件里简单说明了设计和施工团队之间必须进行数据交换（从业主方的角度来看），这些信息交换和其他项目上的沟通必须在一个共享的项目平台上（CDE）进行。

虽然 ISO 19650 未对“BIM 项目管理”（定义 BIM 应用点、交换需求、协同和协调的协议）的组成进行详细阐述，但对于建立 BIM 全生命周期的通用定义和概述所涉及的大致流程来说，这些标准都非常具有参考价值。我们建议使用 ISO 19650-1 和 ISO 19650-2 作为参考框架，据此制订项目 BIM 规范和执行计划。

2.8 “谬误”和未兑现的承诺

很重要的一点是，我们要认识到目前 BIM 仍处于相对早期的发展阶段，在实践过程中会遇到各种限制，这要求我们不断创新，采取变通的方法实现我们需要的结果。这有点令人泄气，项目过程中遇到的阻碍以及对 BIM 实施的理想化描绘，可能会掩盖 BIM 带来的切实好处。尽管如此，在当前状态下实施 BIM 仍具有很多优势。我们需要了解并洞察真实情况，并由此设定贴合现实的切实可行的目标，从而在短期内为我们的业务带来价值。

单一模型“谬误”

对 BIM 最大的错误预期是 BIM 能提供一个包含了所有项目实时信息，对所有人开放访问的单一集成模型。这充其量只是半个事实。毫无疑问，BIM 必须从一个中央数据源向所有参与方提供项目信息，但在实践中并不是只有一个单一模型。相反，它是一个由大量模型和数据库组成的网络。用一个项目模型来解决所有的项目需求是不现实的。

对于单个设计专业来说，常规做法是多个用户使用同一个中心模型（通常由模型服务器发布）。但是，与面向所有专业的项目模型相比，中心模型的配置差别很大。只有在某些特定情况下，单个中心项目模型才可能实现。例如一个 BIM 应用点有限的非常小型的项目，且各方都使用相同的软件进行工作的项目，这种情况存在以下三个基本问题：

① 假设了每个人都使用相同的建模软件。

② 即使所有的团队成员都使用了相同的软件，BIM 应用内容也会被缩

减。没有一个软件可以覆盖所有阶段以及所有专业的所有应用点。[1]

③ 现阶段的技术条件（软件和硬件）还不成熟，无法实现同一个建模环境里高效处理所有的项目数据。在常规项目中，每个专业（建筑、管道工程、钢结构等）分别是一个单独的模型。对于中大型项目，每个专业可细分为更小的子模型（例如，建筑可分为外立面、室内、家装）。

子模型
由特定规程或专业（例如管道或外立面）生成的模型，仅包含与该专业相关的信息。

无论如何，单个模型打天下的观念是非常不切实际的。没有人希望看到在同一模型环境下工作时，项目其他参与方在不停修改信息。假使结构工程师准备导出结构计算书时看到建筑师在重新设计电梯位置的核心筒结构，这对他会有什么好处吗?

集成模型
由多个单独模型（通常一个模型代表一个子项）组成的项目模型。

实际上，项目信息的中心来源并不是单一的项目模型，而且如 ISO 19650 中描述的通用数据环境（CDE）。CDE 为模型、图纸、报告和其他项目信息的存储和交换提供了一个中央共享平台（图 2-23）。在这种情况下，交换的模型不是“实时”的版本，而是原生模型版本的副本。

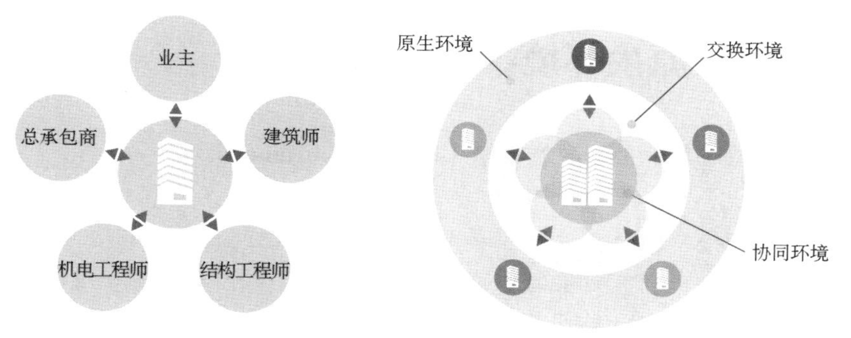

图 2-23 中心模型（左）和集成模型（右）

协同环境
模型进行发布、协调和审核的地方，通常是 CDE 的一部分。

模型创建者会在当前的原生环境中进行工作，并在固定时间周期内同整个项目团队交换更新版本的模型以完成协调工作。BIM 项目的协同工作就是项目中的成员不断从原生环境中切换到协同环境的过程（图 2-24）。

原生（或创建）环境
创建和修改模型与数据的环境。

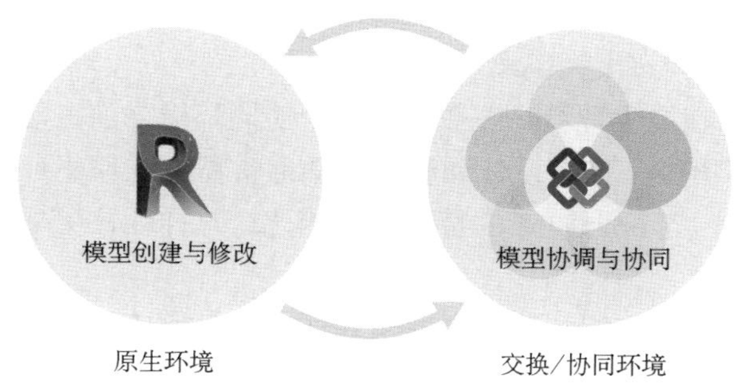

图 2-24 原生环境与交换 / 协同环境

交换环境
导出和传输模型的环境，通常是 CDE（通用数据环境）的一部分。

1 从某种程度上讲，一部分软件供应商为建筑、结构和机电专业提供了单一的设计环境，但无法覆盖所有专业，并且只能支持设计阶段的应用，无法拓展到装配、建造或运维阶段。换句话说，这些设计工具无法支持所有模型应用，例如能耗分析、结构计算、成本估算等。

不同专业都应拥有独立工作的时期（“闭门造 BIM”），在这期间 BIM 项目的管理工作可以参照传统项目进行，然后在事先约定好的信息交换或数据交付节点进行信息共享。这为项目实施周期的定制提供了参考框架，并有助于明确项目各参与方的责任范围。

为数据交付或信息交换而进行的模型导出过程本身就是一项非常重要的工作。通过这个类似质量保障的过程，我们可以进行模型完整性检查，并清理掉模型中不需要的参照信息。

总而言之，单一项目模型并不存在，网状的项目信息在实际工作中具有显著的优势。这种网状的工作环境可以清晰展示内容所有权和信息交换等问题，明确每个专业的工作范围和职责。

然而，这种工作方式本身也带来一些问题——即不同软件之间的项目数据交换，我们将在下一章展开讨论。

[专家分享]原生环境中的成本预算

休伯特·施莱纳（Hubert Schreiner）

人和机器公司高级 BIM 顾问及培训师。作为 BIM 专家，主要从事工程量统计及成本估算等工作，拥有多年的项目经验。近年来，以人和机器公司高级 BIM 顾问的身份参与了 BIM READY 研讨会的成立和发展。自 2009 年以来，为众多公司的 BIM 实施提供培训和技术支持。

BIM 提供了比传统方法更有效的统计工程量及成本核算的可能性。基于模型的工程量统计和成本核算可以帮助业主、设计师、施工方进行决策，并在项目的各阶段控制成本不会有太大偏离。

每个 openBIM 项目都存在原生环境。在数据上传至协同环境之前，每个设计团队都在本地软件环境中工作。设计和施工团队通常需要在原生环境中进行可靠的工程量统计。与 openBIM 的替代方案相比，这样往往更加直接、简单且可控。

Apps（应用程序）
基于网络的软件应用程序，其处理过程是在云端（数据中心）进行的，而不是在个人电脑中进行。应用程序特别适合处理能力有限的移动设备。

例如，在日常生活中我们会使用新技术来搜索餐厅或预订酒店。智能手机的 Apps（应用程序）提供了即时获得海量数据的机会。根据用户需求，仅通过一些设置便可将这部分数据筛选出来。

工程量统计也采用类似方法。在早期设计阶段，创建过滤器，根据大致的单元数目、同一类型或材质进行搜索。随着设计的推进，过滤器也会逐步变得更加详细，直至交付实际建筑构件或产品。

在原生环境中进行工程量统计时，我们遵循编码系统的原则查询建筑物，对建筑模型的所有属性、数值和计算结果进行检查和研究。在这一过程中，重要的是对数据进行快速、简便的筛选和分类以便后续可以发布成报告或移交给其他软件。

传统模式中，成本预算和招投标活动是通过将项目数据（如工程量清单）输入招标 / 采购软件中来实施的。然而，也可以直接在原生环境中执行这类招标采购活动，甚至可以将其链接到 ERP 系统或其他数据库。

ERP 系统（Enterprise Resource Planning） 用于管理核心业务流程的软件解决方案，尤其在财务、物流和人员规划领域。

在本地进行工程量统计的主要优点是其结果总是实时更新的。每次对模型进行更改时，都会立即同步更新工程量。由于模型数据不需要被导出为交换格式，因此干扰更少，手动错误或数据丢失的风险也更小。

模型信息易于获取且可以被快速审查，这对于质量控制非常重要。这意味着在原生环境中，通过合规性检查可以快速识别错误，并确保将其结果安全地传输到协同环境。我们也建议在原生环境中进行合规性检查的抽查，从而将其工程量与 openBIM 环境中生成的工程量进行比较。

在创建项目模型之前，我们需要提前考虑模型可能的应用场景以及明确建模目的。对于给定的目标，这个考量将转而明确建模标准以及模型组织结构。无论在 openBIM 还是在原生 BIM 环境中，工程量统计都不是一个自动过程，需要造价工程师的经验和专业知识来评估可用数据的质量并确保工程量的准确性。

原生环境中的工程量统计工具应快速、灵活、有效且易于使用（图 2–25）。

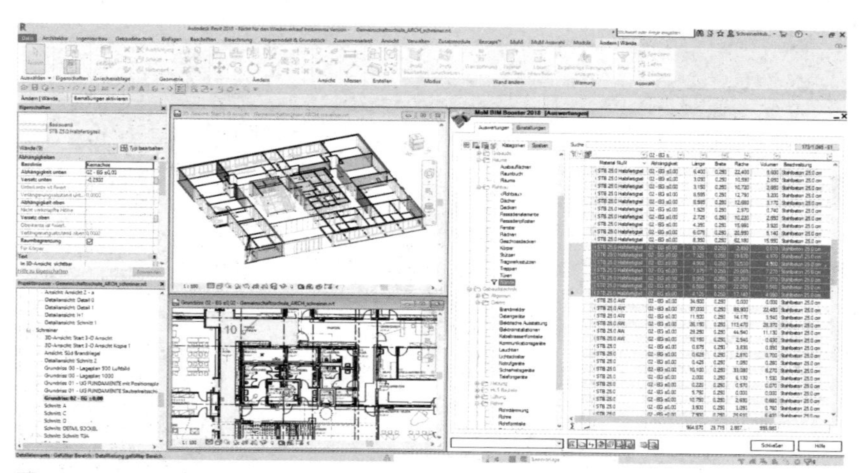

图 2–25　原生环境下的成本估算［使用关联了德国（GAEB）、奥地利（Ö-Norm）和瑞士（OBKPI）成本标准的 Autodesk Revit 及人和机器公司的 BIM Boostor］

[案例研究] Al Ain 医院

提供方：欧博迈亚工程咨询公司（OBERMEYER）

Al Ain 医院
阿拉伯联合酋长国　阿布扎比

所获奖项：2010 年 Autodesk BIM 奖
业　　主：SEHA（阿布扎比健康服务公司）
总 顾 问：欧博迈亚工程咨询公司
项目规模：总建筑面积 327 000 m^2
项目状态：已竣工
竣工时间：2020 年

项目概况

位于阿拉伯联合酋长国的 Al Ain 有绿洲城市之称，当地现有的综合医院要改扩建为一个拥有 700 张病床的大型园区，该医院在整个建设过程中将继续工作。“康复绿洲”的设计理念是以当地需求和类型为导向的。该医院综合大楼由一栋两层建筑和几栋病房楼、一个综合康复中心和多个私人病房组成。这些都集中在一个带有景观中庭的屋顶下（图 2–26、图 2–27）。

图 2–26　700 张床位医院的夜景
来源：vize

图 2-27　建设中的医院
来源：SEHA

BIM 方法论

Al Ain 医院由欧博迈亚工程咨询公司于 2008 年设计，是首批运用创新性 BIM 方法的大型项目之一，该项目的所有建筑数据都关联到一个虚拟的建筑模型中（图 2-28）。医疗和供应链工程的专业设计师在前期设计阶段就参与进来，并制作了一个主要用于与业主沟通的三维可视化模型。该模型除了有房间的三维布局外，考虑到沙漠气候，还可以对建筑进行热能模拟。不仅如此，数据模型意味着成本可以监管。

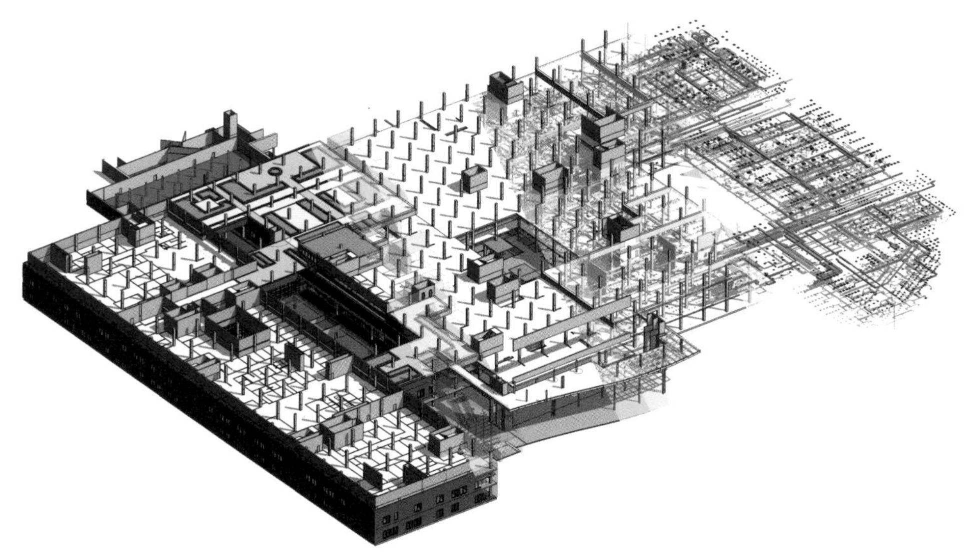

图 2-28　集成了建筑、结构和供应链工程（从左到右）三个专业的完整模型
来源：Obermeyer

大约有 50 名建筑师全程使用 BIM 为这家医院进行设计。在这一过程中需要协调大约 100 名专业设计师。这项耗资 8 亿欧元，包含 7 栋大楼的

园区，按照计划在短短 18 个月内完成了招标准备。

2010 年，欧博迈亚工程咨询公司凭借该重大项目的设计获得 Autodesk BIM 奖。

3 openBIM 和 buildingSMART 标准

可以将创建和共享建筑信息模型类比为编写和发布文档，这个过程我们可以选择使用任何软件创建文档，如 Microsoft Word、Apple Pages 或其他工具。通常，我们以 PDF 这一开放格式发布文档，目的是让任何人都可以在不购买创建文档所用软件的情况下查看文档，也是为了保护内容不被编辑。查看者在 PDF 格式下无法对文档进行大量更改。如果需要更改，查看者必须向作者反馈，然后由作者在原始文件中进行更改并重新发布 PDF。

如果以本地文件的格式（专有格式）交付文档，则称为“封闭式交换”。需要使用相同或兼容软件才能查阅文档。这种情况下，这类文档是可以被修改的。如果采用 PDF 文件（非专有格式）交付，就是“开放式交换”（图 3–1）。

专有格式
商业公司开发和拥有的数据结构。专有格式下的数据交换叫作“nativeBIM”或“closedBIM”。

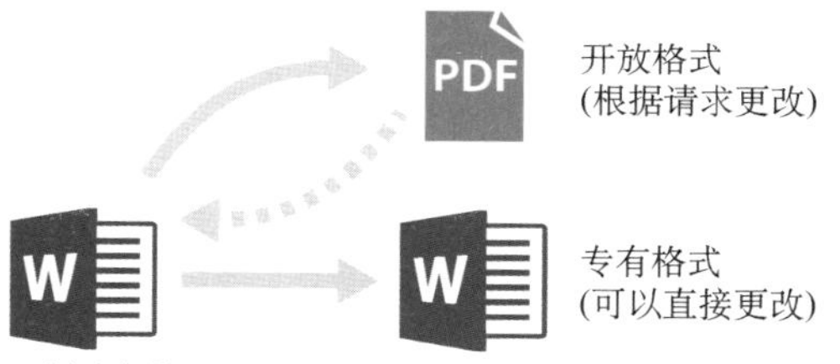

图 3–1 从创建到交换的文档工作流程
来源：基于托马斯 • 莱比希（Thomas Liebich）绘制的图表

BIM 的文件交换过程与这非常相似。首先，采用特定软件创建模型，例如 Autodesk Revit。如果采用 Revit 文件格式将模型传递给项目同事，则是本地交换或封闭式交换。接收方必须通过相同（或兼容）的软件才能查看文件，同时可以直接编辑原生模型。

如果先将该文件导出为非专有格式，即为 openBIM 交换。接收方可以直接查看文件，而不必使用相同的软件。

在 BIM 业内，认可度最高的开放交换标准是工业基础类（IFC）。其本质相当于是 BIM 的 PDF。IFC 是原生模型在一定限制下的复制品。IFC 架构包含对象的几何图形和特性，但不能被编辑。IFC 主要用于查看、分析和协调。如果涉及模型修改，需要向模型创建者提出修改变更请求，而不能直接在 IFC 文件中编辑模型几何信息。如图 3–2 所示，模型创建者将会在原生模型中进行所要求的更改，并重新将模型发布为新的 IFC 文件。

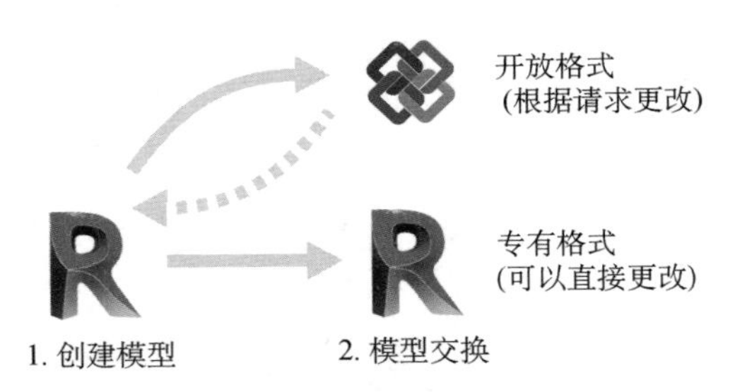

图 3–2 从创建到交换的 BIM 工作流程

openBIM
使用中立和公开可用标准的协作过程（数据交换），例如 IFC（工业基础标准）和 BCF（BIM 协作格式）。

closedBIM（也称为 nativeBIM）
完全基于专有系统和商业文件格式（例如 .rvt、.skp、.dgn 或 .pln）的协同过程（数据交换）。

“openBIM”一词的存在是为了区别于专有的商业化解决方案，即 closedBIM。这种区别很重要，但有时会导致误解。事实上，完全开放的环境是不可能的。模型数据几乎都是使用本地软件创建，并以开放标准进行交换的。

在大多数情况下，将创建模型的过程直接视为 closedBIM 流程这一认知带有局限性和误导性。在项目的任何阶段，都可以导出和交换 IFC 文件，从而开始 openBIM 流程。把在专有软件中的工作界定为 nativeBIM 流程更贴合实际。如果出现 IFC（或其他 openBIM 标准）交换，模型创建可以被视为在 openBIM 工作流程中进行的一项 nativeBIM 工作（图 3–3）。只有在 openBIM 标准被刻意排除的情况下，我们才提及 closedBIM 工作流程。

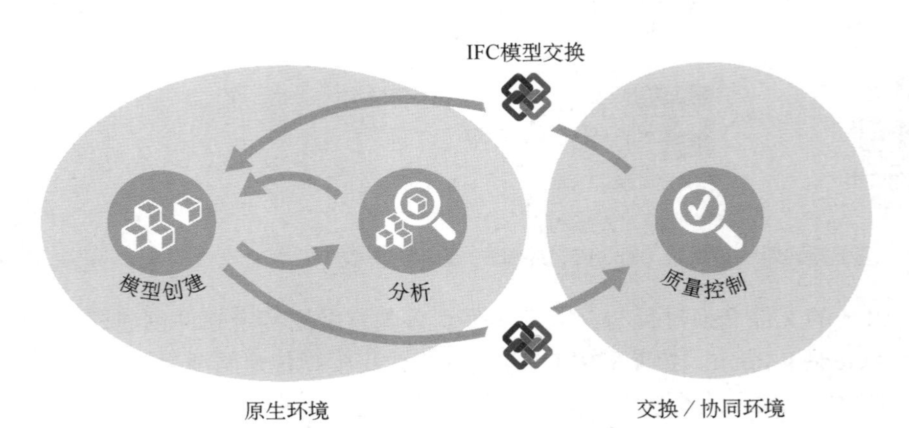

图 3–3 原生环境及开放环境的 BIM 工作流程

本书后续部分将使用通用术语“BIM”来指代发生在原生环境或开放交换环境中的所有建筑信息建模相关的工作。只有特别提到开放交换标准时，才会使用术语“openBIM”。类似地，只有在专用的工作流程中，才会使用术语“closedBIM”。

openBIM 不仅仅是 IFC 架构之间的数据交换，还包括许多描述术语、流程和数据交换需求的标准。这些标准与创建（原生环境）和交换（开放环境）场景都有关，将在下文中介绍。

3.1 openBIM 标准：概述

openBIM 标准旨在支持项目各方之间以及软件应用之间以一致和公开的方式进行信息交换（图 3-4）。

名称	说明 (功能)	标准
IFC 工业基础类	数据传输载体	ISO 16739
MVD 模型视图定义	IFC视图过滤器	buildingSMART MVD
IDM 信息交付手册	标准化过程描述	ISO 29481-1 ISO 29481-2
IFD 国际字典框架 (在buildingSMART数据字典中实现)	术语映射	ISO 12006-3
BCF BIM协作格式	报告和追溯	buildingSMART BCF

图 3-4 buildingSMART openBIM 标准
来源：buildingSMART

信息传递或更广泛的“交流”，是所有商业活动的核心。信息交流的形式可以是一个口头指令、一套方案、一项技术规范或一份合同。BIM 旨在支持最广泛意义上的项目信息交流。

我们之前介绍了 openBIM，特别是作为项目信息传输媒介的 IFC。然而，IFC 只是信息沟通周期的一个组成部分。为使信息沟通有效，还有许多其他必要的因素。

认识到这一需求，buildingSMART（负责开发 IFC 架构的组织）创建了一系列标准以支持整个信息沟通周期。其中一些现在被用作 ISO 和欧洲标准，其他标准也在效仿这一系列标准制定。

3.1.1 IFC

IFC 通常被认为是一种用于传递建筑的三维图形和信息的文件格式。在之前的章节中，将 IFC 比作 BIM 的 PDF，这有助于我们快速理解这种格式并了解如何使用 IFC。

然而，从更具技术性或功能性的角度看，更为恰当的理解是将 IFC 看作是组织、存储项目信息的容器或文件系统（图 3–5）。在这个意义上，它既是描述信息如何组织的一种结构，也是信息传递的媒介。[1]

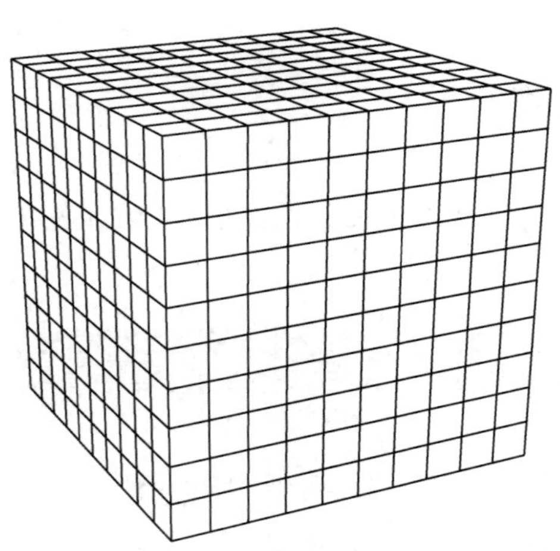

图 3–5　IFC 架构被认为是传递项目信息（如对象定义、几何形状和属性）的容器

由于 IFC 具有标准化的结构，因此它可以实现项目数据在不同系统之间的无缝传递（只要导入和导出的应用软件具有正确的 IFC 映射关系）。然而，IFC 本身并不能满足信息沟通周期的所有要求。如果没有相关场景或内容，IFC 就只是一个空载体，还需其他必要的部分才能让这个流程运转起来。

3.1.2　MVD

之所以导出 IFC 文件，是为了某种特定目的或应用场景的信息交换（如协调、能耗分析、成本估算）。每个应用场景都是不同的，且都有其独特的信息需求。

为了数据传递的有效性，模型导出在考虑应包含哪些信息的同时也要考虑应摒弃哪些信息。导出全部数据（一种“数据转储”方法）是错误的解决方案，这会让接收者由于信息冗余而不堪重负。我们必须要筛选出需要以 IFC 格式导出的交付信息，选定具体的对象和对象属性，决定导出的表达类型的偏好，如完整的几何信息、空间边界或仅用于分析的构件。

MVD
（模型视图定义）用于特定目的的 IFC 过滤视图，例如能耗分析。

通过 IFC 过滤器可以实现这类数据的筛选，即 MVD（模型视图定义）。模型视图定义是为特定应用场景设计的标准化 IFC“视图”（图 3–6）。

1　归功于托马斯 • 莱比希（Thomas Liebich）将 IFC 比喻成一个文档系统。

因此，当要导出用于工程量统计（QTO）的 IFC 模型时，我们需要用之前定义好的工程量统计模型视图（QTO MVD）；当用于协调时，用协调视图；当用于结构分析时，用结构分析 MVD。在每种应用场景中，我们要确保为特定任务传递必要的信息，并且不会向接收者提供他们不想要或不需要的项目数据。他们希望收到的是为当前目的而建立的 IFC 模型视图。

协调视图
IFC 2x3 版本中最常用的 MVD（模型视图定义），适用于通用协调和模型交换。

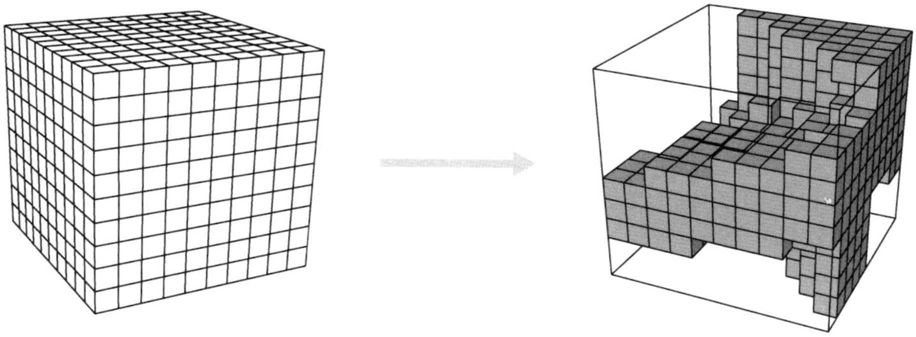

图 3-6　IFC 完整架构（以左侧立方体表示）从未用作文件导出。相反，我们生成特定的模型视图 MVD（以右侧的部分立方体表示）以满足 BIM 应用点需求

3.1.3　IDM

为了创建模型视图定义，必须分析和记录相关的交换过程。该分析涉及定义给定的 BIM 应用点需要哪些模型信息：需要建模的内容、可能需要哪些额外的输入、哪些数据必须从输入者传递 / 移交给接收者。为此，buildingSMART 开发了一种称为信息交付手册（Information Delivery Manual，IDM）的方法论。IDM 通常被理解为一种映射给定流程中任务的工作流程图解（图 3-7）。然而，它不仅仅是一个工作流程，它还有助于定义模型交换需求，用于创建 MVD。

IDM
（信息交付手册）是一种描述标准 BIM 工作的方式。IDM 主要由技术用户或软件开发人员使用。

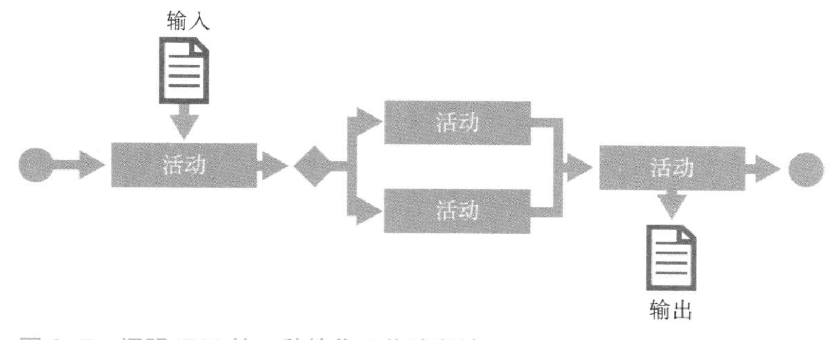

图 3-7　阐明 IDM 的一种简化工作流程演示

创建 IDM 的技术要求很高，没有将普通终端用户考虑在内。在大多数情况下，我们对后台流程（即 IDM）没那么感兴趣，更多的是关注具体

信息交换时的导出设置，即 MVD。然而，在复杂的项目中，制定出建模和交换过程是有用的。此时，可以将 IDM 作为模板或指南，用来策划交换过程中的各项工作。这些我们将在第 6 章详述。

3.1.4 bSDD/IFD

IFC 可以以一种标准化的方式在应用程序之间传递数据。因为 IFC 是结构化和静态的，所以信息的分类（归档）和检索变得十分容易。无论使用何种应用程序，特定的信息类型将始终被归入正确的“文件夹”中。IFC 不会去检查“文件夹”中的内容。无论信息是如何输入的，IFC 都会进行传输。

在多专业的项目团队里，对同一对象属性有各自不同的命名规则。建筑师可能将一种属性命名为“防火等级”，而消防工程师将同样的属性命名为“火灾反应”。两种命名在各自专业中都是公认的定义，但专业之间无法相互识别。

这种现象同样存在于使用不同对象分类和不同语言的跨国合作中。欲解决这个问题，要么所有项目成员都必须使用相同的命名规则，即同样的语言和分类系统，要么就必须有同义术语的映射。

bSDD
（buildingSMART 数据字典）一种将 BIM 内容翻译成多种语言和分类系统的应用程序。

针对这个问题，buildingSMART 开发了一个应用程序——buildingSMART 数据字典（the buildingSMART Data Dictionary，bSDD），来支持多专业和多语言术语的映射（图 3-8）。数据字典不是一项标准，而是一个应用工具。bSDD 的开发基础是 buildingSMART 和 ISO 标准，即国际字典框架（IFD）。

图 3-8 buildingSMART 数据字典（BIM 的谷歌翻译）

bSDD 是一种基于云的资源，存储了与 BIM 应用相关的对象列表、属性和概念。bSDD 的每一个条目都与其在不同语境和语言中的对应概念进行映射。数据字典就像 BIM 的谷歌翻译。

与 IDM 一样，bSDD 也不是为普通用户建立的，它主要面向软件开发人员和高级用户。

3.1.5 BCF

采用 IFC 开展工作通常是单向的。将 IFC 导出的模型用于协调或协同效果很明显，如碰撞检测或工程量统计。但是，IFC 无法将协同结果反向传回本地软件。要么将相互关联的 IFC 模型（包括所有专业模型和碰撞）单独发给各专业，要么生成 PDF 报告。不管是模型还是报告，都需要设计师进行手动识别，发现原生模型的问题再进行修正。

这种工作方式与项目管理的预期差距巨大。传送大型 IFC 文件或编辑 PDF 报告的工作相当繁重。另外，分配任务和问题解决后的跟进，难以形成固定程序，需要消耗很多人力去处理。

为了实现信息闭环，开发出了 BIM 协作格式（BIM Collaboration Format，BCF）。BCF 相当于是 IFC 关联模型和原生模型之间的沟通渠道（图 3-9）。简言之，可将 BCF 视为一种通信工具，一种服务于 BIM 的“WhatsApp”。[1]

BCF
（BIM 协作格式）一个用于在不同软件应用之间进行问题交流和信息传递的标准，特别是在 IFC 格式和原生环境之间。

图 3-9 使用 BCF 的工作流程

每个协调问题都会创建一个 BCF 文件。它包含模型的快照——识别所涉及的对象和问题状态，并分配给责任方。BCF 文件可以在协调方和建模软件之间轻松传输，并且可以在问题被解决或转发给其他方征求意见时更新该文件。

3.2 沟通理论与 BIM

buildingSMART 标准为 BIM 环境中的沟通提供了机制。为进行有效沟通，必须具备一些具体的因素。通过分析沟通的组成部分，有助于行业从业者理解这些标准的相关场景和关系，以及它们是如何在最广泛的意义上

1 BIM 协作格式的开发始于 2009 年，由 Solibri 的 Tekla 发起。2010 年，它被 buildingSMART 采纳后得到了逐步发展。

支持项目协同的。

根据沟通理论，沟通由六个核心部分组成（图 3–10）：[1]

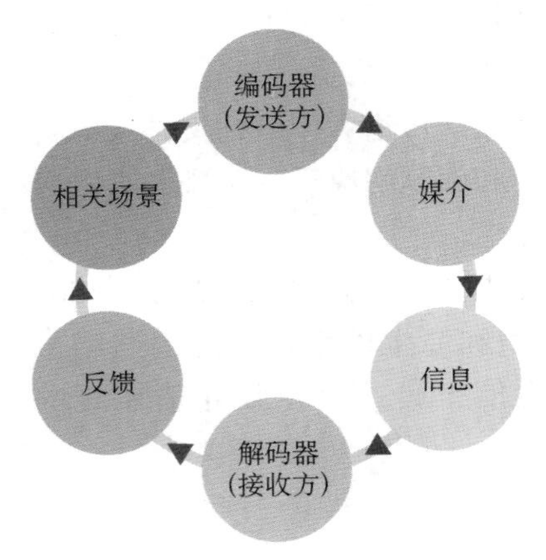

图 3–10 沟通周期

① 首先，一个相关场景描述了为什么需要进行信息传输以及涉及哪些执行者。

② 需要一个发送方充当信息的编码器，以可理解的形式传递信息，例如以书面或口头形式。

③ 活动的中心是信息本身（信息内容）。

④ 媒介是信息沟通的渠道（例如，媒介可以是电子邮件）。

⑤ 在接收端，接收方以与其领域相关且有意义的方式进行信息解码（理解）。

⑥ 沟通的最后一个组成部分是反馈或对信息的回应。

设计、施工和运维过程项目各方之间都需要持续而复杂地推送和获取信息。每个沟通行为都有一个相关场景来定义该交互的条件、需求和唯一参数。

就 BIM 而言，信息交付手册确定了参与者、实施过程以及最为重要的——信息交换的内容。IDM 输出的是执行特定任务所需的信息交换需求。这些需求可以描述为 IFC 架构的子集，即 MVD。因此，IDM 和 MVD 提供了信息交换的相关场景，描述了特定沟通的需求，并用 IFC 的语言定义了该沟通的内容。信息的媒介就是 IFC 模型本身，是容器。信息则是包括特定功能所需的模型内容、几何定义和对象属性。

1 参考克劳德・香农（Claude Shannon）、威尔伯・施拉姆（Wilbur Lang Schramm）和罗伯特・克雷格（Robert Craig）等人提出的沟通理论（Communication Theory）。在一些情况下，可以理解为定义了八个元素，其中编码器（发送方）以及解码器（接收方）表示为不同的实体。

因此，我们已知相关场景（IDM 和 MVD）、媒介（IFC 架构）和信息（模型几何体和属性），留下三个部分尚未确定：发送方对信息的编码、接收方对信息的解码以及反馈。

在每次沟通交流中，都有某种形式的编码和解码。最常用的信息编码机制是语言本身。对于两个用同一种语言和同一专业交流的项目参与者来说，这种编码和解码在他们工作中是固有的，不会被特别注意到。然而，对于跨专业的交流，或使用多种行业标准甚至多种语言的交流，情况要复杂得多，并且可能造成误解性。buildingSMART 数据字典是 BIM 的翻译器，用于解决不同项目专业软件之间的语言、专业和相关场景存在的错误理解的问题。放在沟通理论的背景下，可以将 bSDD 理解为信息的编码器和解码器。

现在，除了最后一个环节——反馈，整个沟通周期已基本补充完整。响应的格式取决于交换的类型，可能是审批、修订、后续活动（如运行能耗分析模拟）或信息请求。buildingSMART 标准中的 BIM 协作格式（BCF）是一种旨在支持和跟踪这些反馈响应的机制（图 3-11）。

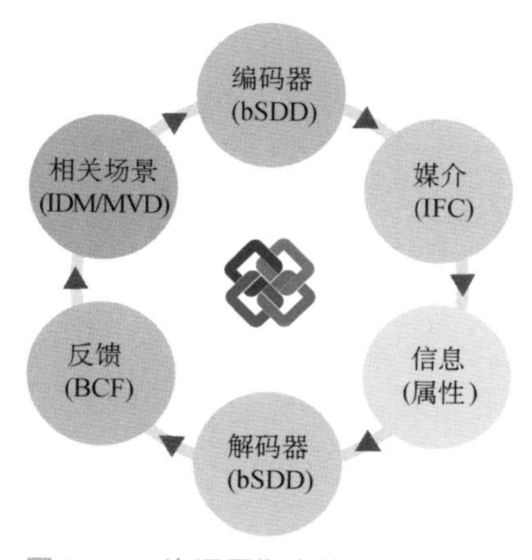

图 3-11　沟通周期中的 buildingSMART openBIM 标准

这些 buildingSMART 标准构成了 BIM 沟通的基础。理解这些标准的功能和关系，有助于理解 BIM 是数字环境中的一种交流活动。

第 4 章将更详细地探讨 buildingSMART 标准。

3.3　buildingSMART：openBIM 的起源地

buildingSMART 是一个通过开发 openBIM 标准来推动建筑生态转型的全球权威机构。buildingSMART 是一家国际非营利性组织，1995 年作为一项小型倡议被发起，旨在提高 CAD-BIM 软件应用程序之间的互操作性。[1] 该倡议的主要重点是开发 IFC 数据交换架构。

buildingSMART 目前在 25 个国家和地区拥有分部，开发了一系列重要的 openBIM 标准，并拥有一个吸引了全球行业领袖的国际网络。该组织在几个值得关注的层面上都很活跃：

- 战略层面，指导政府机构和政策制定者；
- 标准层面，在整个建造生命周期内制定和实施标准；
- 流程层面，定义结构化工作流和未来工作方式；
- 技术层面，推动创新并在软件中保证标准的实施；
- 用户层面，为最终用户提供指导和最佳实践。

buildingSMART 总部位于英国，拥有一个小型运营和管理团队。buildingSMART 由国际理事会（由所有分部负责人组成）、管理执行委员会和董事会组成，其任务是确定业务和战略目标，以及协调国际项目和活动。工作的落地主要由分部成员完成（图 3–12）。

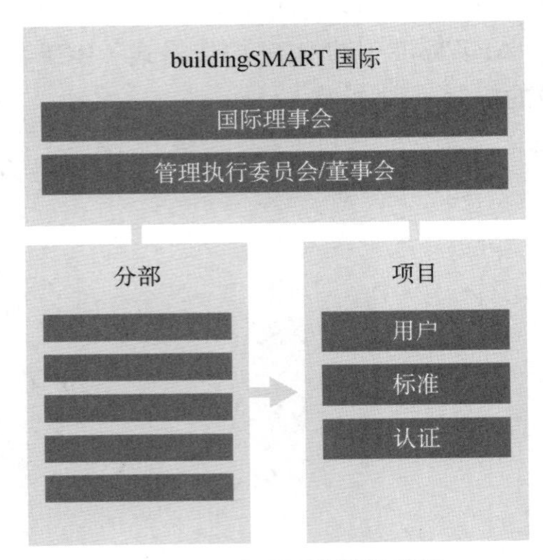

图 3–12　buildingSMART 国际组织

3.3.1　分部

buildingSMART 的国家和地区分部是该组织的命脉。分部在如何组织以及如何与当地行业接洽方面有一定的自由度。但是，这些分部也有其明确的义务，这些义务已写在与 buildingSMART 国际签订的分部协议中。其义务包括如实地反映 buildingSMART 国际的价值观（开放、中立和非营利）、推广 buildingSMART 标准、公正地代表行业需求，以及吸纳政策制定者到产品制造商的所有行业利益相关者都参与进来。

1　1996 年，该倡议被命名为国际数据互用联盟（IAI），2008 年被称为 buildingSMART。

各分部会被邀请对标准流程进行投票，并参与到三个核心项目的发展中。

3.3.2 buildingSMART 国际项目

buildingSMART 国际有三个核心项目，通过这些项目为行业提供服务（图 3-13）。

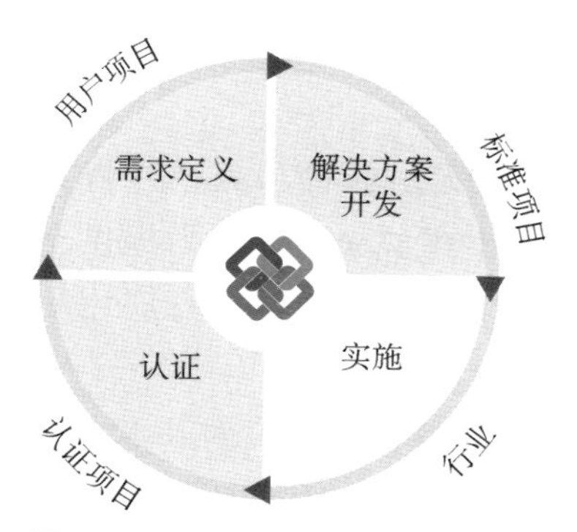

图 3-13 buildingSMART 核心项目

• 用户项目：主要为吸引行业的参与，目标是确定既有资产数字化工作方式在当前和未来的需求。该项目属于行业资源，旨在为公众提供 buildingSMART 标准和活动的相关信息。各分部为项目的主要组成，与此同时，国际用户群体针对不同的专业领域也成立了各自的工作组（如机场工作组、建筑工作组、医院工作组）。

• 标准项目：buildingSMART 的核心工作。从历史上看，标准项目负责 IFC 的开发，包括开发架构（模型支持组）和支持在商业软件中实施 IFC（实施支持组）。标准项目现在主要对所有 buildingSMART 标准、产品以及技术规范和指南负责。

• 认证项目：支持并认证 buildingSMART 标准的实施。认证项目里持续时间最长的一项工作是软件认证。这主要涉及支持 IFC 导入和导出的软件的认证。大约有 40 个软件解决方案通过了 IFC 先前版本的官方认证。[1] 当前的 IFC4 版本的认证开始于 2018 年。

buildingSMART 认证项目的一项最新举措是专业人员认证，其重点是认证具备 BIM 能力的个人。认证项目的未来举措将包括数据、流程和组织（公司）的认证。

这三个 buildingSMART 项目旨在为整个建筑行业提供支持。如果没有行业参与，buildingSMART 的工作就会变为空谈。事实上，行业可以被视

用户项目
特指利用 openBIM 吸引行业用户的 buildingSMART 项目。

标准项目
特指支持 openBIM 标准开发的 building SMART 项目。

认证项目
特指提供行业认证的 buildingSMART 项目（目前适用于软件和人员）。

1 具有先前 buildingSMART 认证（2017 年之前）的软件基于 IFC2x3 Coordination View V2.0。当前的 buildingSMART 认证 IFC4 基于参考视图 MVD。

为 buildingSMART 的第四个组成部分，使得这三个项目保持平衡。

用户项目与行业衔接，为开发标准定义信息的需求。从标准项目中开发的解决方案将返回给行业进行实施和测试。最后，认证项目可以为 buildingSMART 标准的具体运用提供支持和验证服务。

3.4 buildingSMART 专业人员认证项目

buildingSMART 专业人员认证
buildingingSMART 国际发起的一项计划，旨在支持 BIM 培训和认证。

buildingSMART 最近的一项举措是推出专业人员认证项目，并将其作为认证项目的一部分。专业人员认证旨在为评判 openBIM 能力提供全球统一标准，目前该认证项目主要在欧洲、亚洲和美洲地区进行应用和发展。

尽管 BIM 的应用范围在全世界不断扩大，但流程定义以及对基本术语和概念的认知仍未达成统一。负责管理和交付 BIM 项目的从业人员水平也参差不齐。影响 BIM 项目成功落地的重要因素有以下两点：

- 在使用标准化术语和流程方面达成共识；
- 具有衡量个人能力的基准机制。

为了推广应用这些影响 BIM 的重要因素，buildingSMART 专业人员认证项目有以下目标：

- 规范和推广 openBIM 培训内容；
- 支持和授权培训机构；
- 对个人进行考试和认证。

3.4.1 项目范围

我们需要不同级别的培训来支持 BIM 在行业内的推广和应用，包括从大学学位课程到行业主导的商业培训。

buildingSMART 国际并不提供培训业务，它主要通过提供全球通用的学习框架、在线认证平台和其他资源支持培训机构的工作。

该项目主要由两部分体系组成：

- 专业人员认证—基础类（Professional Certification-Foundation）或称基础知识学习（在 2017 年作为第 1 阶段发布）；
- 专业人员认证—管理类（Professional Certification-Practitioner）或称应用学习（在 2022 年作为第 2 阶段发布）。

3.4.2 学习结构

专业人员认证学习结构借鉴了布鲁姆的教育学习分类法。该分层系统确定了从知识到评价的六个学习阶段。buildingSMART 专业人员认证的阶段 1（基础类）只涉及布鲁姆分类法的前两个阶段——知识和理解。更全面的阶段 2 将包含整个学习分类法。

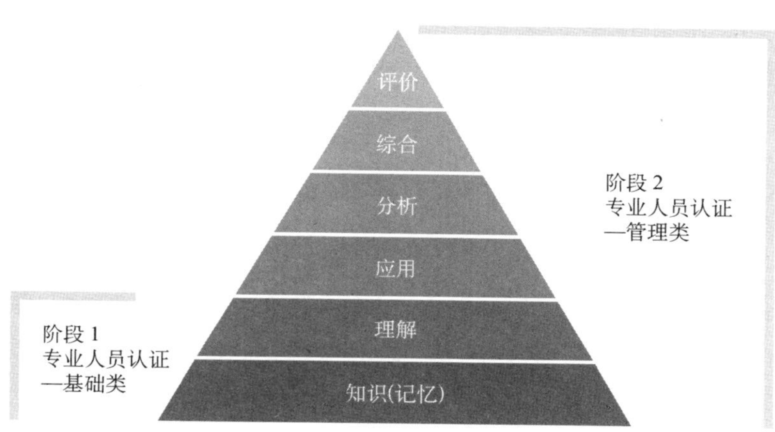

图 3-14 布鲁姆分类法

来源：本杰明・布鲁姆博士（Dr. Benjamin Bloom）

3.4.3 专业人员认证——基础类

专业人员认证项目——基础类（Foundation）是 2017 年推出的介绍 openBIM 基本概念和原则的“入门级”培训，侧重总体知识的学习，不包括软件培训或实操练习，主要通过项目案例和演示来加强对核心原则的理解。基础类培训由 8 门课程组成，每门课程为期 1～3 天。

基础课程针对人群：

— 经理（Manager）；

— 协调员（Coordinator）；

— 顾问（Consultant）；

— 承包商（Contractor）；

— 业主（Owner）；

— 设施经理（Facility Manager）；

— 制造商（Manufacturer）。

基础课程是所有专业课程的预备课程。大多数学员在学习时可选择基础课程配套一门专业课程。当然，如果学员们愿意，也可自由选修附加的课程。

3.4.4 专业人员认证——管理类

专业人员认证——管理类（Practitioner），已于 2023 年推出，该课程主要讲解 openBIM 原则在项目实践中的应用。它是一套以综合性实践为导向的方法论，由可配置的文档组成（如 BIM 经理、BIM 协调员、信息经理等）。每一个文档包括了一整套在具体应用环境中执行的工作任务。

3.4.5 项目管理和培训机构

专业人员认证项目由 buildingSMART 国际开发，并通过当地 buildingSMART 分部在其负责范围内进行管理和运作。参与的分部会与当地行业联合对学习框架内容进行本土化调整，确保课程符合本国的特定要求。

独立培训机构可以通过当地分部加入项目。通过采用 buildingSMART 学习框架，培训机构的课程可以获得 buildingSMART 授权。完成 buildingSMART 授权课程学习的个人可以参加在线考试而获得 buildingSMART 认证。

专业人员认证—基础类是 buildingSMART 专业人员认证项目的第一阶段。

[案例研究] 巴登州医院

提供方：尼克及合伙人建筑事务所（Nickl & Partner Architekten AG）

项目名称：巴登州医院大楼

业主：巴登州医院

项目地址：瑞士巴登
总 顾 问：尼克及合伙人建筑事务所
项目规模：总成本约 4.5 亿瑞士法郎
项目状态：已竣工
竣工时间：2022 年

项目概况

这座新的医院大楼将在现有的细密纹理的结构中形成一个新的城市建筑单元。为适应该片区的地形，建筑形态以两个互锁矩形的形状融入周边景观（图 3-15）。建筑内部与外部自然和环境联系在一起。当患者、访客和医护工作人员穿过入口大门进入绿色内部庭院时，会立即察觉到这种室内外的紧密联系（图 3-16）。

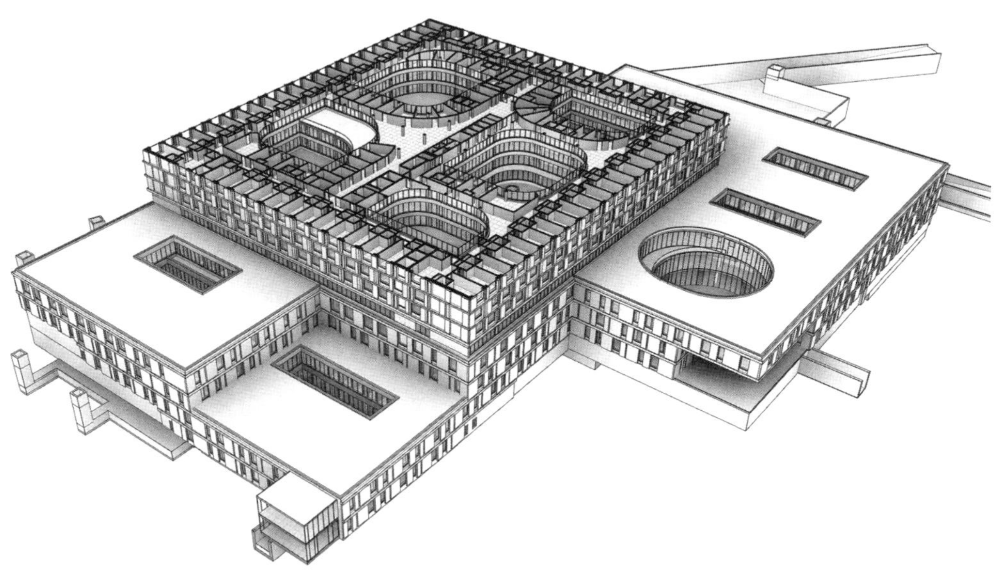

图 3-15 KSB 医院模型
来源：Nickl & Partner Architekten AG & BIM Facility AG

图 3-16 KSB 医院大楼内部庭院
来源：Nickl & Partner Architekten AG

该大楼由一栋三层楼高、开放式和半开放式结合的主体建筑（容纳了所有的检查室和问诊室），以及在该三层主体结构之上延展出的一个更加私密的翼楼组成。三层主体建筑的特点是结构紧凑，翼楼内部的特点则是造型柔和、线条流畅。

BIM 方法论

医院建筑是高度复杂、高技术含量的建筑物。因此，BIM 应用的一个主要关注点是建筑模型与众多建筑工种间的协调。通过检测模型并识别碰撞的方式可以实现精确和高质量的设计，并显著改进和优化整个设计过程。

从业主的角度看，除了优化设计以外，空间数据和将 BIM 移交给设施管理也是主要的关注点。空间数据规范包含了运营方对特定房间、设备设施等的要求，同时也是实现各专业设计师间沟通和协调的平台。该平台与设计师的建模软件直接相连，由此可以实现对所有决策和修改（无论来自业主或设计团队）的持续同步和跟踪。

项目早期阶段做出的设计决策会对后期运维产生影响。BIM 应用的目标是在规划设计和施工阶段运用“数字孪生”技术创建一个与房间使用手册或设施管理软件连接的虚拟建筑物，并使之直接过渡到建筑的后续运维阶段。

总之，引入 BIM 方法需要对设计和沟通流程进行严格定义和组织。在早期设计阶段更多地关注细节，有助于大幅提高设计质量和成本估算的准确性。

4 现行 openBIM 标准

4.1 工业基础类

buildingSMART 的核心标准是工业基础类标准（IFC）。严格来讲，IFC 不是一个交换格式，而是一种数据架构，即它是一个数据结构或规范。如前所述，可将 IFC 架构看作组织和传递数据的“文件系统”。IFC 架构本身可以用多种文件格式来表示，最常见的是产品模型数据交换标准（Standard for the Exchange of Product Model Data，简称 STEP 标准），表示为 IFC-SPF 文件，也可以表示为 XML 或 ZIP 文件。

- IFC-SPF 是一种用 EXPRESS 数据建模语言编写的文本格式。它所占存储空间较小，是使用最广泛的 IFC 格式。
- IFC-XML 是一种用可扩展标记语言（XML）编写的文件格式。虽然 XML 是一种更为常见的编程语言，但 IFC-XML 文件大于 IFC-SPF，而且较少采用。
- IFC-ZIP 是 IFC-SPF 文件的压缩格式。压缩后的 .ifcZIP 文件比 .ifc 文件小 60%～80%，比 .ifcXML 文件小 90%～95%。

IFC-SPF
是 IFC 最为广泛使用的格式，它是 EXPRESS 数据建模语言中的一种文本格式。

IFC-XML
一种较新的 IFC 格式。它使用更常见的可扩展标记语言（XML）。

IFC-ZIP
是 IFC-SPF 文件的压缩格式。

4.1.1 IFC 架构

IFC 是一种面向对象的规范，其核心是描述对象定义。这些定义可以指向现实世界中的对象，比如单独的建筑单元（如墙、门等），也可以指诸如参与者（角色）、过程或控制等抽象对象。

除了对象定义之外，IFC 也定义对象之间的关系（如一扇门位于某堵墙内，并与某个楼板相关联）。它还定义属性，即对象特征（高度、长度、宽度、材质、制造商等）。

对象、关系和属性定义是 IFC 的根概念（图 4-1）。

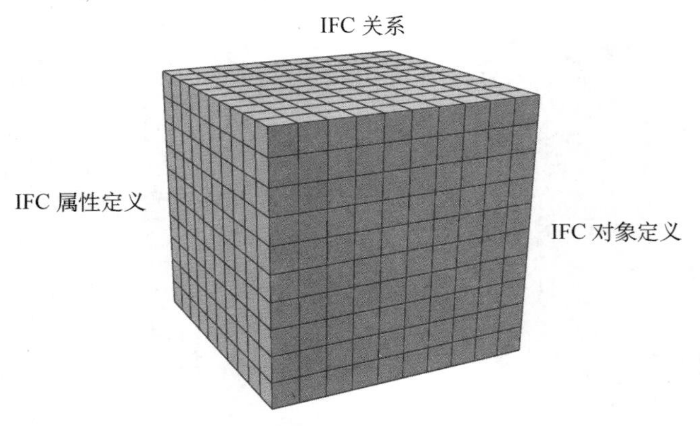

图 4-1　IFC 架构根概念示意图

这些根概念又进一步分为子概念（图 4-2）。例如，对象定义（ifcObject Definition）由以下概念组成。

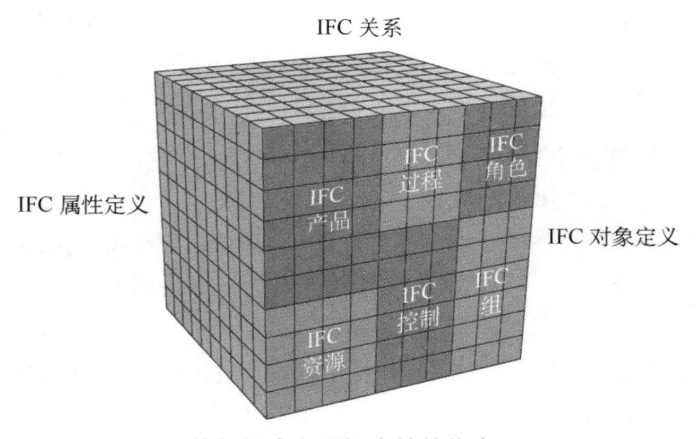

图 4-2　IFC 架构根概念和子概念的简化表示

- ifc 产品（ifcProduct）（真实的建筑对象）；
- ifc 角色（ifcActor）（个人或组织）；
- ifc 控制（ifcControl）（约束规则，比如时间、成本和范围等）；
- ifc 组（ifcGroup）（对象集合）；
- ifc 过程（ifcProcess）（任务或流程）；
- ifc 资源（ifcResource）（材料、人工或设备）。

尽管 IFC 结构是固定的，但它是可扩展的，这意味着它可以根据用户需求不断开发和扩展（图 4-3）。IFC 的扩展不改变其核心架构或现有属性。目前，针对基础设施项目做了许多 IFC 架构扩展工作。

IFC 架构通过层级结构对项目信息进行组织管理（图 4-4）。一个 IFC 文件首先定义一个项目场地（ifcSite），其中有一个或多个建筑（ifcBuilding）；每栋建筑由多个楼层（ifcBuildingStorey）组成，楼层可进一步划分为不同区域（ifcZone）和不同空间（ifcSpace）。单独的建筑单元通常与某一楼层关联，并可能进一步与特定区域或空间关联。

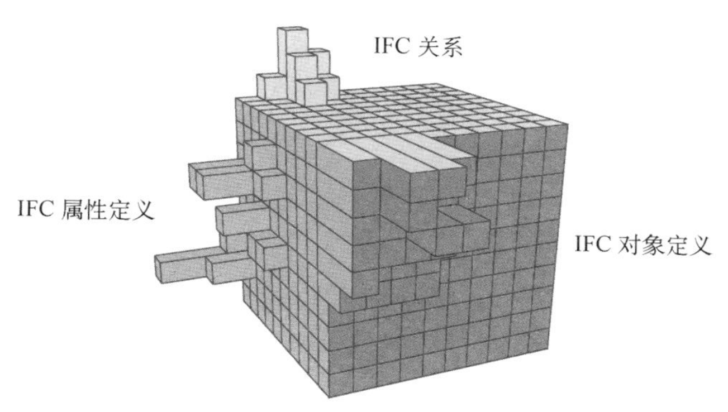

图 4-3　IFC 架构扩展的简化表示

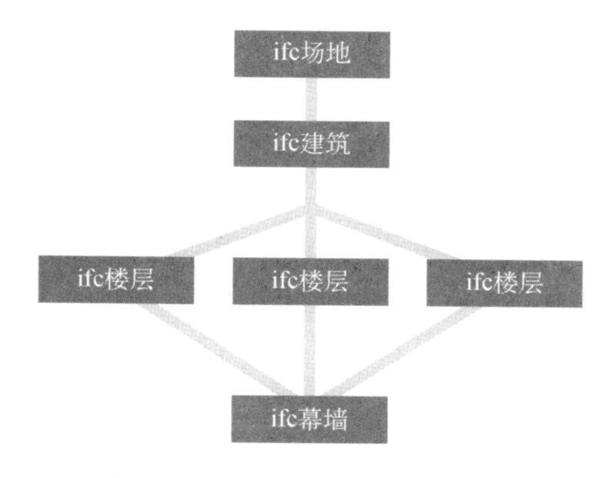

图 4-4　IFC 架构的层次结构

4.1.2　基础设施行业 IFC

IFC 最初是为建筑行业设计的，但在最近几年，基础设施行业也对 IFC 产生了需求。为此，buildingSMART 内部成立了很多工作组（遵照 IFCInfra 准则），致力于将 IFC 扩展到公路、铁路、桥梁和其他基础设施领域。由于本书的讨论范围仅限于建筑行业，因此不对基础设施行业作详细阐述。

4.1.3　IFC 版本及软件认证

自 1995 年问世以来，IFC 标准经历了多个发展阶段（图 4-5）。从 IFC1 到当前版本 IFC4（包括 ifcXML 和 IFCzip 的发布），已经进行了多次迭代更新。

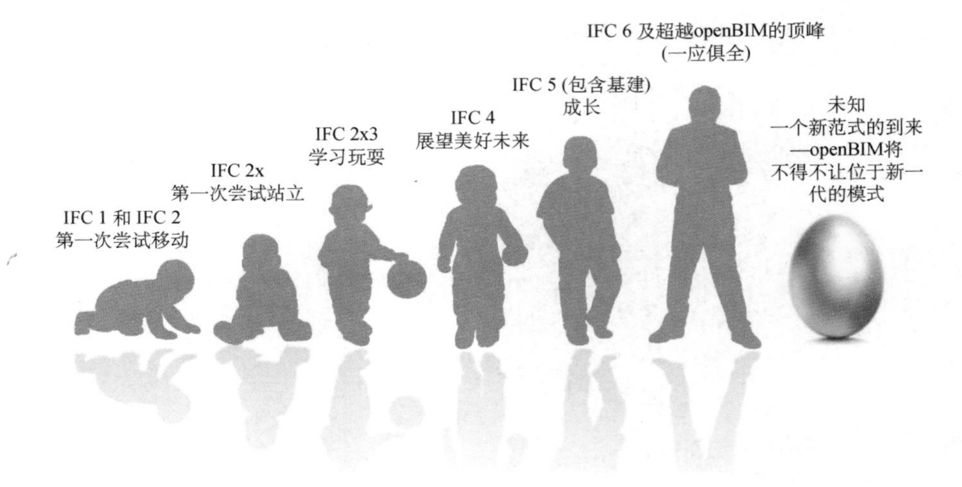

图 4-5　IFC 架构的发展和成熟
来源：Keenliside/Liebich/Grobler

IFC4
最新发布版本的 IFC 架构，并首次成为 ISO 标准（ISO16739：2013）。

IFC2x3
是 IFC 架构早期最常用的版本。

IFC4 于 2013 年 3 月正式发布。然而，在行业软件中实施这个最新版本花费了数年时间。自 2018 年以来，buildingSMART 一直在进行符合 IFC4 实施的软件认证，以测试和验证软件数据导入和导出的能力。

由于 IFC4 软件认证还在进行中，IFC2x3（最初于 2006 年发布）仍然是当前 IFC 标准中使用最广泛的版本。因此，本书会对 IFC2x3 和 IFC4 两个版本进行介绍。

尤其要注意的是，一直以来，IFC 认证都是基于特定的模型视图定义完成的。IFC2x3 认证基于协调视图；IFC4 认证基于参考和设计转换视图 MVDs。buildingSMART 与合作的组织和机构一起提供软件认证，该认证为测试软件中基于相关 MVD 进行导入和 / 或导出信息时 IFC 标准的执行情况。

4.1.4　理解 IFC 架构

除了建筑信息模型之外，大多数建筑项目仍然需要交付图纸、进度计划表和其他文档。为了满足这一需求，建模软件还要具备导出图纸和二维文档的功能。

图 4-6　IFC 文件不同表达形式

相较而言，IFC 是一个纯粹基于模型的数据架构。它包含对于给定对象的几何图形和数据表达。但是，它不表达诸如填充图案、线型或注释等图纸或绘图细节。[1]

IFC 模型通常被视为一个三维几何模型。有许多商用和免费的 IFC 查看工具能够以图形方式查看模型，也可以根据对象的固有结构对其进行分类（例如，按楼层或类型查看对象），或者搜索具体的对象参数。许多模型查看工具软件还具有其他功能，如模型协调（碰撞检测）、数据验证或质量检查等。

IFC 同样能够以非图形形式查看，对于 IFC 模型对象或空间的清单，采用表格形式查看而非几何图形表达，更符合实际要求。作为开放标准，IFC 架构也能以原始代码形式查看，并且可以在标准文本编辑器中轻松打开（图 4-6）。

4.1.5 IFC 功能、限制和最佳实践

软件互操作性的最初设想是实现没有阻碍或无损地在各种软件之间进行模型和数据的传输。例如，可以在 Revit 中建模，然后导出模型到 ArchiCAD 继续工作，但至今尚未实现。

由于技术和战略的双重原因，IFC 的发展走向一条不同的道路。这与其说与数据架构的限制有关，不如说与各种软件应用中数据导入和导出功能有关。

我们需要对几何图形和对象属性区别对待。项目数据结构和单个单元的属性信息通过 IFC 架构可以很好地实现传递。许多 IFC 工具软件具有修改或添加 IFC 单元对象属性的功能。然而，针对几何图形却是完全不同的情况。

建模工具软件具有参数化功能，可以按照用户意愿自由更改一个窗户的高度、宽度或任何给定的属性信息。而同样一个窗户，通过 IFC 格式导出的文件是原对象的冻结版，其编辑功能会受限，几何图形不再是参数化的，对象属性未经授权也无法编辑。[2]

不同的 BIM 建模工具都有其对应的几何图形创建方法，这些图形的参数是可修改的。为了实现一个 IFC 对象的几何参数化（即可修改），需要

1 在后面的章节中会简要提到一种包含二维注释的 IFC 模型视图扩展模式。

2 市场上存在多种工具软件内置了 IFC 编辑功能。在大多数情况下，这些功能是为了编辑或添加新的 IFC 属性（请参考 Catenda 公司的 Bimsync 软件），但也可能包括删除几何图形（请参考 Datacubist 公司的 SimpleBIM 软件）。这是一个有些争议的领域，因为它允许用户编辑由其他人创建或拥有的模型。如果要进行外部编辑，必须要对编辑权限等进行明确定义和充分沟通。

在建模工具中将其重新创建为软件中的一个原生对象。独立开发人员则开发了一些插件，以增强建模软件中针对 IFC 对象的编辑功能。[1]

4.1.6 实际应用

除了涉及使 IFC 对象具有参数可编辑性的技术挑战外，这种可编辑性在实际应用中的需求并不多。在典型的项目组织过程中，模型创建者应保有其模型内容的所有权。如果建筑师因项目协调需导出其设计的 IFC 模型，应确保该 IFC 模型不可编辑，并保持其与设计模型的直接映射关系。如果有人需要对建筑模型进行修改（例如，机电工程师需要一个工人操作入口），必须将变更申请反馈给建筑师来完成修改。

项目组织实施过程中需要一个对话和决策过程，以此确保各专业对各自的模型内容负责。如果 IFC 模型开放了编辑权限，那么任何专业工程师都可以在他们认为合适的情况下对模型进行修改，从而导致项目工作流程中的大量混乱。我们需要新的机制来控制各个专业模型的访问权。因此，基于这种“冻结”状态的 IFC 模型能够支持我们熟悉的项目体系的运作。

在某些实际应用场景中，可能会需要对 IFC 对象进行参数化修改。如果一家设计公司在前一家设计公司的模型基础上继续建模工作，或者 IFC 模型用于同一设计团队内的文件交互（不同应用之间）时，这种 IFC 模型参数化可修改性可能非常有用。然而，对于大多数情况下的多专业模型交互和协同（场景），最好将 IFC 视为一种“冻结”状态的参考格式。在这样的应用场景中，在保障模型所有权的同时，IFC 在信息交换方面也能起到至关重要的作用。

4.2 信息交付手册（IDM）方法体系

信息交付手册（IDM）是一种以标准化方式记录特定 BIM 应用的方法体系。它不是针对普通用户的标准，而是旨在让专家和软件开发人员定义（建模）流程、开发模型视图定义（MVD）。软件（视图）中应用多种 MVD，并向用户开放，方便他们导出模型。

IDM 方法的最终目标是支持软件开发人员将 MVD 应用于设计工具中（图 4-7）。buildingSMART 为软件提供具体的 MVD 实施方面的认证，以验证给定的设计工具软件能否正确导出所需的 MVD。

---

1 请参考乔恩 · 米尔钦（Jon Mirtchin）和 GeometryGym 公司的研究，可获得这方面更多的信息。

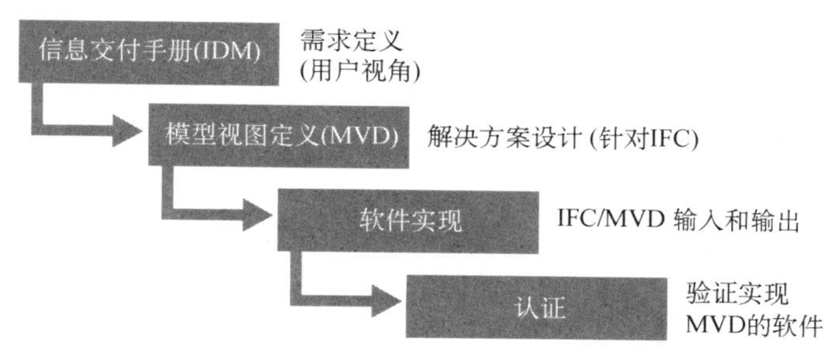

图 4-7 从 IDM 到 MVD 的过程

IDM 方法包含以下三个主要部分。

4.2.1 流程图

首先，绘制出相关应用场景全部工作的关系图。这需要创建工作流，对涉及的所有参与者处理的各种任务进行排序。这些工作流在 IDM 方法中称为“流程图”(图 4-8)。

流程图
一种以标准化方式记录工作的方法。在 IDM 方法中，被用来描述特定工作间的关系。

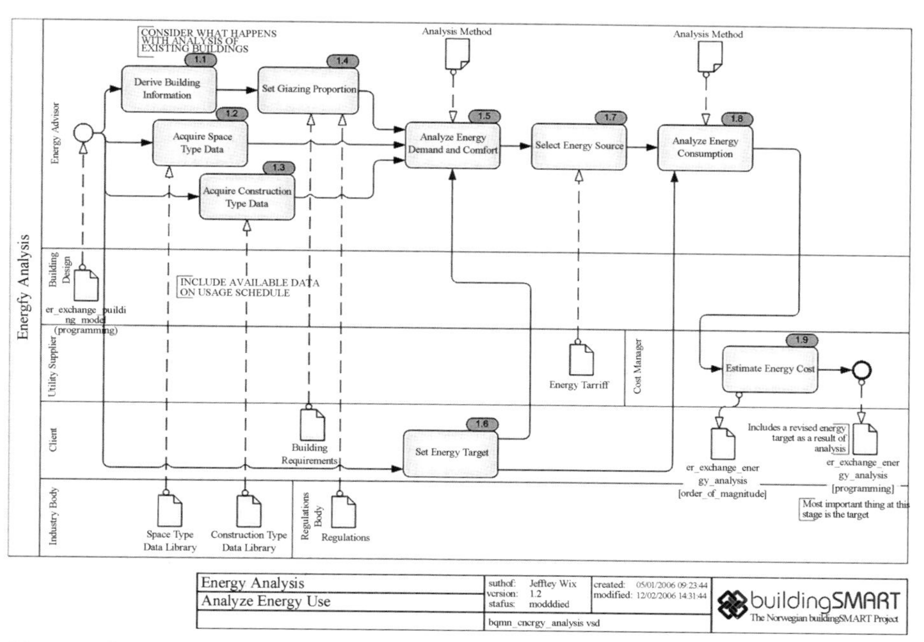

图 4-8 能耗分析的信息交付手册 (IDM) 案例

来源：buildingSMART

4.2.2 交换需求

交换需求
定义了为完成特定 BIM 应用点需要进行交换的数据集。

在项目工作流的基础上，我们可以定义项目各方或为了完成特定任务必须进行的信息交换。例如，建筑工程师的模型必须包含哪些内容才能适用于能耗分析。每次信息交换都被定义为一个独特的“交换需求”。

4.2.3 技术实施

IDM 方法的最后一个组成部分是将交换需求转换为 IFC 架构，即所谓的“技术实施”。“技术实施”提出了交换需求所必需的 IFC 组成部分，它们是构成 MVD 的基础。

自 2010 年以来，IDM 方法论成为 ISO 官方标准。[1] 现在大约有 50 个已开发或正在开发中的独立 IDM。

4.3 模型视图定义的应用

模型视图定义（MVD）是 IFC 架构的一个子集或“过滤器”，一般用于（描述）某一特定目的。模型视图定义是为特定的 IFC 版本生成的。尽管当前版本是 IFC4，但 IFC2x3 仍然是使用最广泛的规范版本，并且使用 MVD 更加普遍。因此，本章将讨论以上两个版本的 MVD。

4.3.1 IFC2x3 的模型视图定义

当前使用的最常见的 MVD 是用于 IFC2x3 规范版本的协调视图 V2.0。协调视图是一个广泛应用的 MVD，它被设计用于建筑、结构和建筑设备之间进行模型信息交换和协调。协调视图是进行 buildingSMART IFC2x3 软件认证时依据的官方 MVD。

其他 IFC2x3 版本下的 MVD 视图包括：导出分析模型用于结构模拟的结构分析视图；在项目完成时为实现后期的运维和设施管理而进行最终模型交付的基础设施管理移交视图。图 4-9 展示了由协调视图和结构分析视图导出的结构模型的可视化差异。

4.3.2 IFC4 的模型视图定义

当前，存在两个 buildingSMART 最新标准认可的官方 MVD 版本，它们也被视为是 IFC2x3 协调视图 V2.0 的延续版本（图 4-10）。

---

1 ISO 29481-1：2010《建筑信息模型（BIM）—信息交付手册（IDM）—第 1 部分：方法和格式》，2016 年修订。

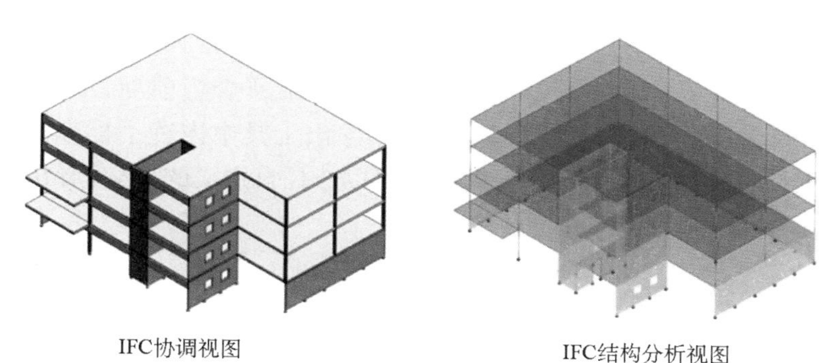

图 4-9 IFC 2x3 MVD 示例
来源：AEC3

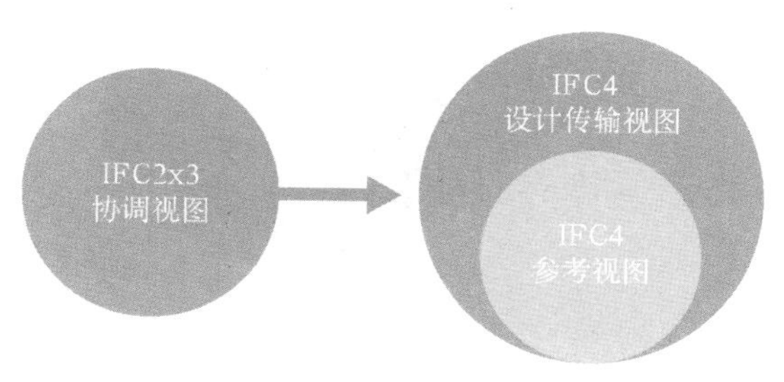

图 4-10 与协调视图相关的设计传输视图和参考视图的适用范围
来源：AEC3

- IFC4 参考视图；
- IFC4 设计传输视图。

参考视图是大多数模型用于信息交换及协调工作的主要 MVD，是严格意义上的参考模型，导入后的模型是只读的（不可编辑），并且模型所有权仍然属于作者（发件人）。参考视图是将模型作为参照背景附加到原生模型中，以完成碰撞检测和其他基于协调的工作流。通过减少几何表达（基于细分曲面）实现快速导入/导出，由此可知参考视图是专为频繁的模型（信息）交换而设计的。

参考视图
是 IFC 最主要的 MVD，常用于通用模型的交换和协调。

设计传输视图用于更详细的（信息）交换，其中单元的移交可能用于接收方进行下一步编辑。这种交换比参考视图交换发生的频率要低得多。例如，结构专业接管建筑单元进行后续设计，为了将空间导入机电模型，或者将建筑单元移交给一个新的设计团队时，都要用到设计传输视图。基于“breps”（边界表示）的设计传输视图的几何表示比参考视图更复杂，其文件更大，导出和导入时间更长。

设计传输视图
是 IFC4 中具有高精细度的一种 MVD，用于表达复杂的几何图形和高精度的信息内容。

IFC4 仍有许多 MVD 正在开发中，包括：

- 模型设置；
- FM 移交（基于 COBie）；
- 工程量统计；
- 计划安排；
- 注释。

从终端用户的角度来看，人们可能对 MVD 的具体细节并不感兴趣，但是，我们需要了解现有的 MVD，并理解哪种 MVD 最符合当前项目的特定需求。行业内常用的 BIM 建模工具在其 IFC 导出工具中内置了标准的 buildingSMART MVD 模板（图 4–11）。有些还可以选择自定义的 MVD 导出设置，根据需求删除或添加某些参数（图 4–12）。

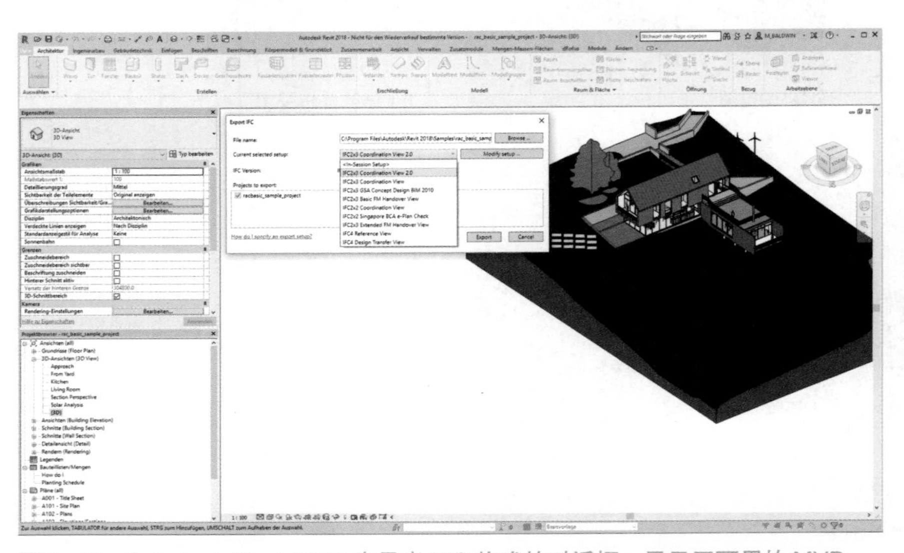

图 4–11　Autodesk Revit 2018 中导出 IFC 格式的对话框，显示了可用的 MVD
来源：Autodesk Revit

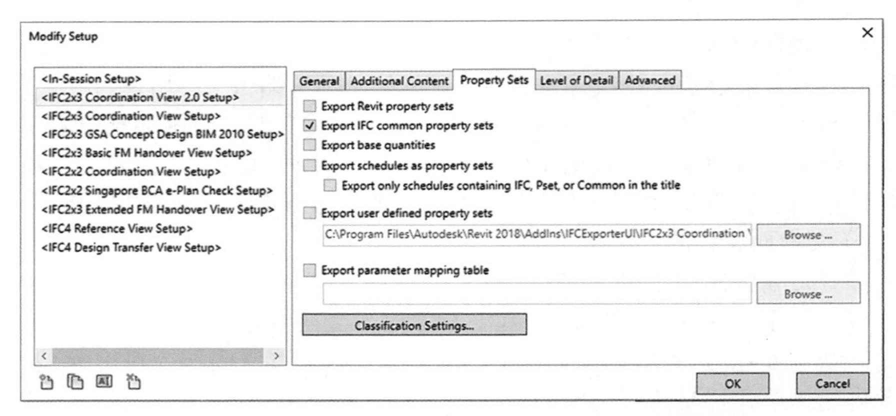

图 4–12　Autodesk Revit 2018 中导出 IFC 格式时的 MVD 配置选项
来源：Autodesk Revit

除了 buildingSMART 提供的官方 MVD 之外，为满足具体项目或组织的需求还创建了许多特定用途的 MVD。目前，各种建筑机构和大型组织已量身定制了一些符合其特定需求的 MVD：

- BIM 概念设计（美国总务管理局）；
- e-plan Check（电子审查系统）（新加坡建设局）；
- 空间规划（丹麦建筑管理局）。

4.4 mvdXML

mvdXML
是一种描述模型视图定义内容的格式，用于软件应用程序之间进行通信。

除了通过常规的编码方式在 BIM 建模软件中实现标准的 MVD 导出功能外，还可以通过 mvdXML 实现创建自定义的 MVD。mvdXML 可以被视为用于传递给软件如何构建特定 MVD 的一组数字指令（图 4-13）。本质上，它描述了导出的 IFC 模型（其对象和属性）应具备的结构和内容。

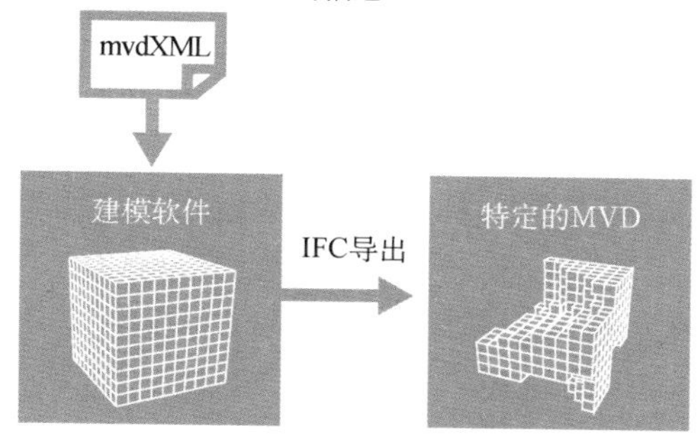

图 4-13 mvdXML 用于在设计软件中定义 IFC 的 MVD 导出

mvdXML 也可用于检查 MVD 的完整性（图 4-14）。作为一种验证手段，mvdXML 可以对 IFC 模型进行检查以达到如下目的：

- 确保模型包含所需的信息；
- 提示用户提供缺失的信息；
- 在模型中创建更进一步的过滤器（创建子集），以便对某个独立出的特定专业进行查看。

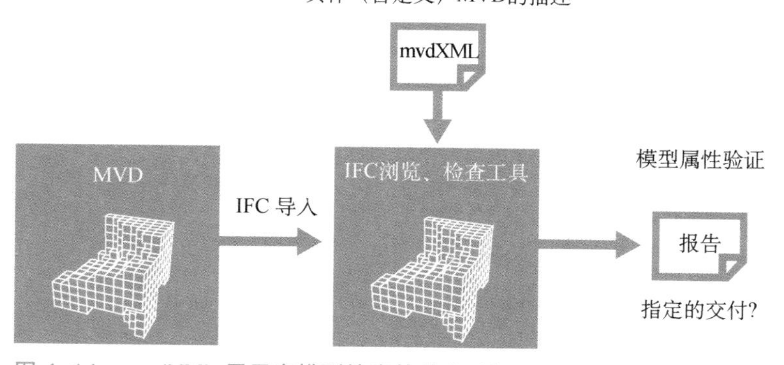

图 4-14 mvdXML 用于在模型检查软件中验证 IFC-MVD 导入

4.5 信息交换

信息交换（ie's）是美国国家建筑科学研究所（NIBS）和 building SMART 联盟（美国）提出的一项倡议。NIBS 的“信息交换”描述了使用 buildingSMART 标准为特定用例定义 BIM 需求的完整过程（图 4–15）。美国的信息交换方式并不是正式的 buildingSMART 标准。

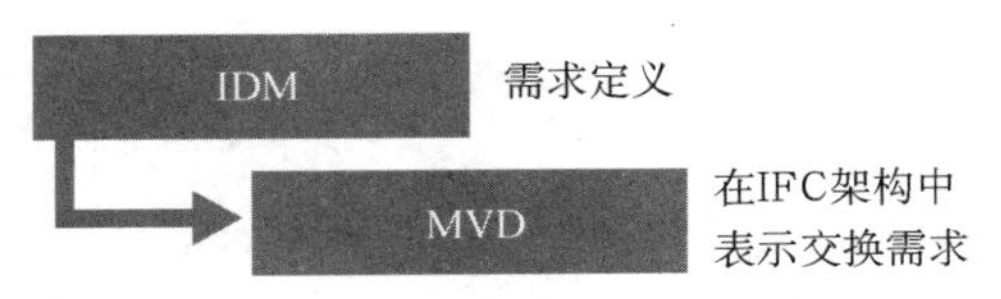

图 4–15　NIBS 信息交换流程

首先，在信息交付手册（IDM）中完成需求定义，需求定义需要明确问题的范围，并明确涉及的人员、需要哪些信息以及何时提供这些信息。随后，需求被转换成 MVD，该定义从技术上指出需要 IFC 的哪部分来支持信息交换。

NIBS 定义了一系列信息交换，每一个信息交换都能满足特定的应用点需求并定义了其所需的 IFC 架构“视图”（图 4–16）：

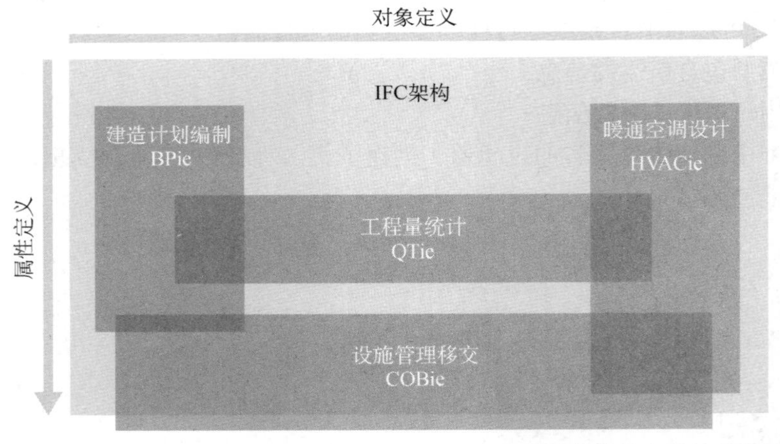

图 4–16　用符合 IFC 架构的模型视图（MVDs）表达各种信息交换的简图

- 施工运营建筑信息交换（COBie）；
- BIM 服务接口交互（BIMSie）；
- 楼宇自动化建模信息交换（BAMie）；
- 建造计划编制信息交换（BPie）；
- 电气系统信息交换（Sparkie）；
- 暖通空调信息交换（HVACie）；
- 生命周期信息交换（LCie）：用于 PLM 的 BIM；

- 工程量统计信息交换（QTie）;
- 说明符属性信息交换（SPie）;
- 墙信息交换（WALLie）;
- 水系统信息交换（WSie）。

信息交换通常定义的是信息内容，不含几何图形。buildingSMART 正在采纳美国信息交换的方法，将几何表示也包含进 IFC 架构中。以上提到的许多信息交换方式将成为正式的 buildingSMART MVD。

4.6 施工运营建筑信息交换

美国国家建筑科学研究所使用最广泛的信息交换是 COBie——从施工到运维的建筑信息交换。对于业主和运营商来说，COBie 是一种规范，规定了运维的必要信息（图 4-17），更具体地说，哪些信息应该从施工阶段移交给运维（可能有更多运维所需的信息不是来自施工阶段，因此在 COBie 中没有指定）。

COBie
与项目移交相关，支持资产管理与设施管理。是一种将与设施相关的信息从运营传递到设施管理（Facilities Management，FM）的技术标准，COBie 可以被视为一种 MVD。

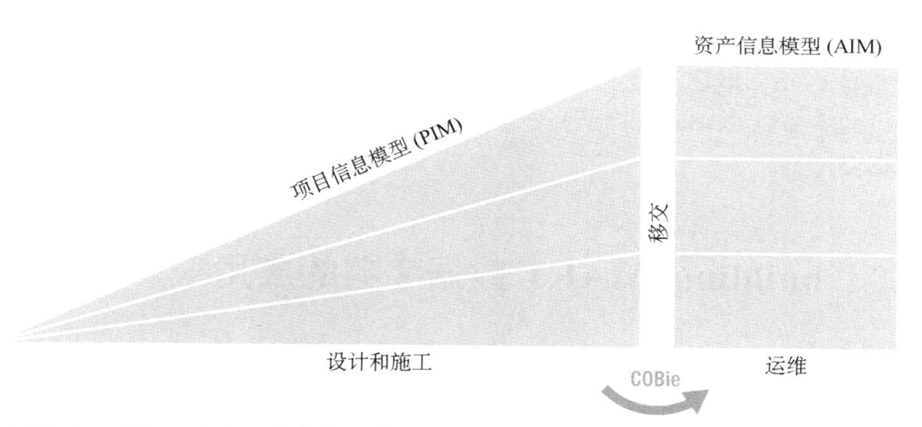

图 4-17 COBie 定义了信息从建造阶段（项目信息模型 PIM）到运维阶段（资产信息模型 AIM）的信息交付

简单来说，COBie 列明了设施内所有空间和设备及其相关属性。这些属性包括设备类型、位置、房间号、区域、系统（如果适用）、制造商、安装人员（附有联系方式）以及维修、维护和更换信息。COBie 描述了在项目移交时业主要求得到的所有信息。COBie 以数字形式提供所有信息，而不是以成箱的图纸、操作维修手册和设备说明书来交付。

COBie 可以用 IFC 架构表示（图 4-18）。这样，COBie 数据可以作为

IFC 模型视图定义导出。[1] 与其他信息交换一样，COBie 完全基于数据，不具备任何几何表达。许多 BIM 建模工具可以生成并导出 COBie，导出格式可以是 ifcSPF（Step Physical Format）或 ifcXML。COBie 也可以导出为一个简单的 Excel 电子表格（SpreadsheetML）。这意味着 COBie 数据库可以手工填写（使用 MS Excel），而无需建模软件。它还使向 CAFM 和其他应用程序传输数据变得非常容易。

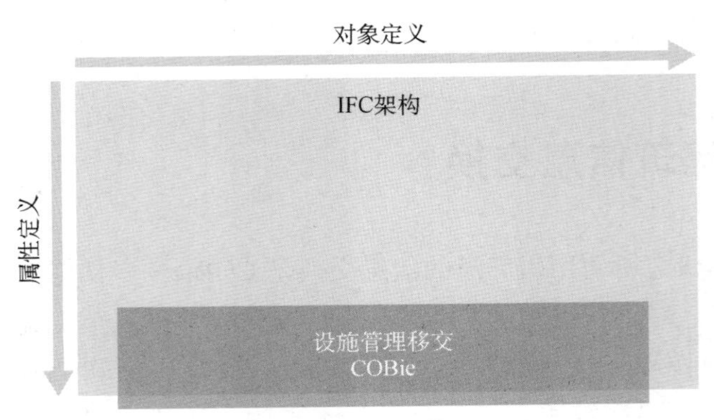

图 4-18　COBie 与整个 IFC 架构的关系简图

自 2005 年以来，COBie 已被包括美国陆军工程兵团在内的多个美国政府机构采用和进一步推广，现在已获得国际认可。2011 年，英国 BIM 战略将 COBie 指定为其 1 级 BIM 授权的基准交换格式。此后，英国根据自己的需要对 COBie 进行了调整，不仅包括移交数据，还包括关键节点的数据交付。

4.7　buildingSMART 数据字典的应用

如第 3 章所述，buildingSMART 数据字典（bSDD）是一个基于云的应用程序，用于在各种软件、语言和其他语境中映射术语，被认为是 BIM 的谷歌翻译。

需要强调的是，数据字典不是标准，而是 buildingSMART 拥有的产品，它基于开放标准——国际词典框架（IFD）发展而来。IFD 自 2007 年以来一直是 ISO 标准。[2]

数据字典正在逐渐填补与 BIM 相关的概念及其同义词和翻译之间的相互映射关系。bSDD 中所包含的条目是无限的，目前包括：

1　IFC 和 COBie 之间的相关性不是 100%。事实上，COBie 比当前包含在 IFC 架构中的参数更多。

2　ISO 12006-3：2007《建筑施工—建筑工程信息组织—第 3 部分：面向对象的信息框架》。

- 对象（例如：墙、门、地板）；
- 属性（例如：防火等级、成本）；
- 角色（例如：建筑师、水暖工、BIM 经理）；
- 阶段（例如：深化设计、招投标、施工）；
- BIM 应用（例如：碰撞检测、成本估算）；
- 分类编码（例如：Omniclass、Uniclass、eBKP）。

每个概念条目都会被指定一个 GUID（全局唯一标识符）并给出简要描述（图 4-19）。该概念会映射关联到已有的同义词，并提供不同国家对应的翻译。该概念还会与其他相关概念相关联。例如，建筑对象会有一个有相关属性和子组件的列表（图 4-20）。

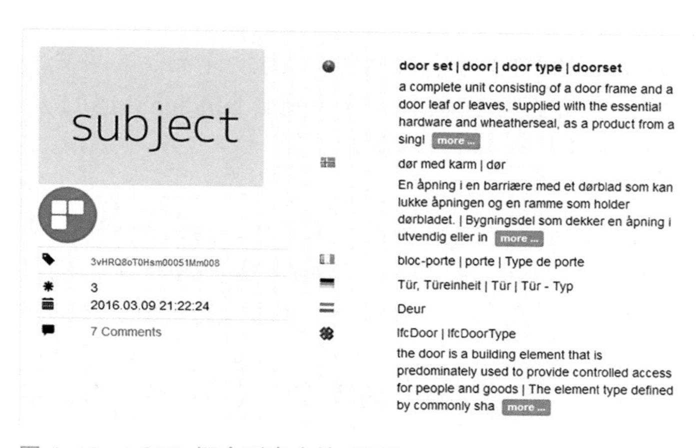

图 4-19　bSDD 概念列表中的“门”

来源：buildingSMART

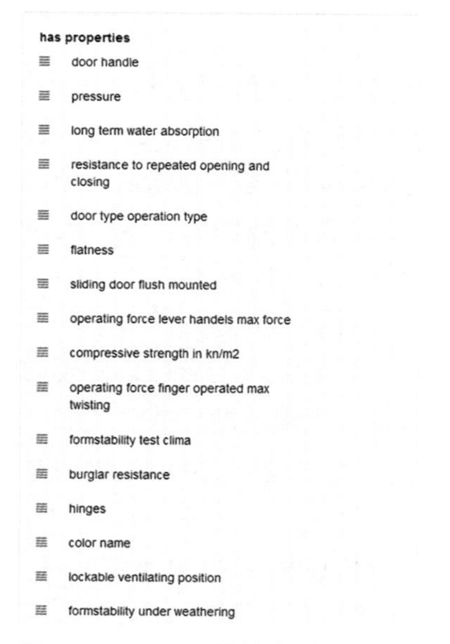

图 4-20　bSDD 属性中“门”的概念

来源：buildingSMART

bSDD 是一项正在进行中的工作。它会随着不断新增的概念和“翻译”扩展其数据库的内容。目前，已有许多创新性的软件链接到 bSDD，以此实现多语言和相关场景定义下对象的实时映射。

[专家分享] buildingSMART 数据字典有关工作

哈佛 · 贝尔（Håvard Bell）

buildingSMART 数据字典的主要技术顾问，挪威科技公司卡顿达首席执行官。在东京大学获得结构分析博士学位后，先后在日本和挪威工作，并参与了 buildingSMART 标准的开发和实施。卡顿达公司成立于 2009 年，自 2013 年以来一直是 buildingSMART 数据字典项目开发的主要合作伙伴。

在过去的 5 年里，我们一直与世界各地的专家合作，为建筑行业带来真正有价值的东西。我们认为 buildingSMART 数据字典（bSDD）是确保建筑信息真正实现数字化的唯一路径，它对整个行业十分有价值，且贯穿于信息的全流程。

在不同行业和文化对共享数据达成共识的情况下，我们如何确保数字化协同呢？如果一个挪威的技术人员不使用 bSDD，只是将“门”翻译成英语并发出订单，那么他收到的“门”可能并不符合订单要求。因为我们常说的门是有区别的，比如是否包含门框。还有许多类似的例子，在业务日益全球化的过程中，这种差异会更加显著。

每个行业、文化、国家、组织和个人对建筑和施工的看法略有不同。隔音门是普通门的一种特例，还是单独归类在“隔音”术语下的另一种门？这些单元有多种不同的分类方法，建筑行业需要将这些分类定义全部考虑在内。bSDD 允许不同的视图共存并在彼此之间形成映射。这将提升沟通效率，确保共享的数据被准确理解，避免代价高昂的误解。

我们的目标是让建筑生命周期内的每个参与者以他们自己的方式共享和理解数据（即使建筑物拆毁后，数据仍然具有价值）。参与者应以熟悉的方式阅读这些数据，其展示也应便于理解。这是一项艰巨的任务，我们一直致力于让数据在最佳协同流程中发挥其价值。如果没有 bSDD，这将是不可能的。

我们能够以任何方式查看基于 IFC 文件的集成模型中的建筑数据，比如可以根据各种分类编码系统对数据进行结构化处理。如果你点击 Uniclass 分类树中的一个节点，所有对应数据都会在三维模型中高亮显示。

或点击 OmniClass 分类树中的另一个节点，在同一个三维模型中，所有与此相关联的组件会高亮显示。

IFC 架构是否无法满足您的本地化需求？为解决这类问题，我们使用 bSDD 添加了一些属性集，这样 IFC 架构就能以一种标准化的、被全世界计算机都能识别的方式进行动态扩展。

与其浪费数周时间把数据输入具有独立分类体系的设施管理系统，不如从一开始就采纳 IFC，利用 bSDD 收集数据，最后将收集的数据自动传输到设施管理系统中。

bSDD 不需要对终端用户可见，只需要提供协同和数据共享服务即可，就像发送电子邮件一样，一般人无需知道看似简单的过程中所涉及的 5 000 多个标准。这也是卡顿达公司投入如此多精力支持 bSDD 发展的真正原因。

为了让用户在日常工作中发挥 bSDD 的价值，卡顿达公司开发了一个新一代的协同平台——bimsync®，在这里建筑信息变得活跃起来（图 4–21）。bimsync® 支持 IFC、BCF，当然还有 bSDD，允许所有项目利益相关者在云中共享和查看集成模型、交换数据、协同和交流。

图 4–21　卡顿达公司的 bimsync®

4.8　BIM 协作格式（BCF）的应用

BIM 协作格式（BCF）是通过将 IFC 模型的反馈直接提供给原生建模工具实现沟通的闭环。这种反馈方式对以下场景的沟通非常有用：IFC 合模中已经标注了碰撞、变更或者其他问题，但这些修改需要在某一专业模型上进行操作。

BCF 通过其全局唯一标识符（GUID）标识模型对象（图 4–22）。这个唯一的代码是在其建模软件中为每个模型对象创建的，并且以原生和 IFC

GUID
（全局唯一标识符）唯一生成的编号，用于标识计算机系统中的模型单元。在 BIM 中，通常指的是 IFC-GUID，这是 IFC 导出时生成的压缩标识符（固定长度为 22 个字符）。

形式可见。如果问题涉及多个对象，则将各自的 GUID 分组并分配给单个 BCF 文件。

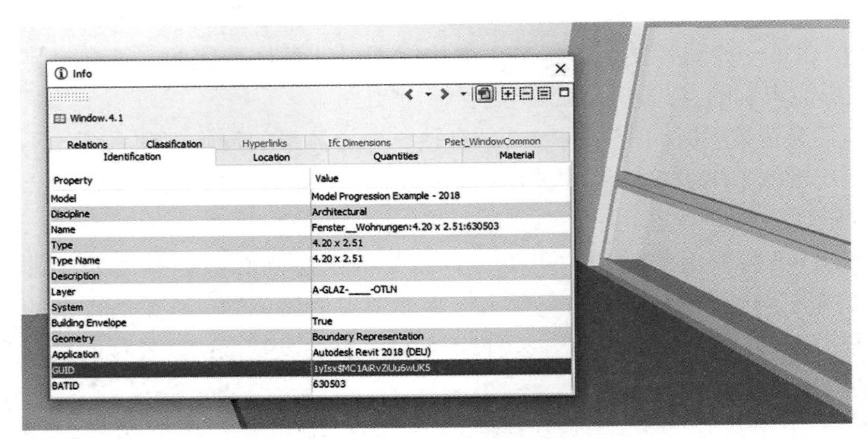

图 4-22　可以在 IFC 文件中查看每个模型对象的 GUID

来源：Solibri Model Checker

BCF 通常作为报告机制被运用在模型审查及协同软件中。当识别到问题时，可以将其导出为 BCF，并分配给特定的项目成员进行处理（图 4-23）。可以将 BCF 视为带有问题区域、描述、日期、作者和其他注释的可视化报告。

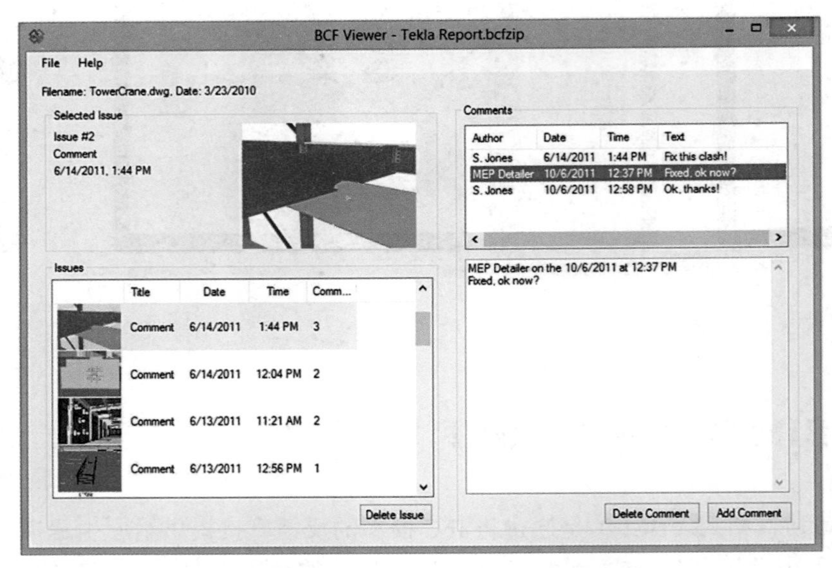

图 4-23　集成 IFC 模型中识别的问题，并导出为 BCF 文件

来源：Tekla BIMsight

这些问题被发送给各个项目成员。项目成员可以在设计软件中打开 BCF 报告，点击报告中的每个问题就可以被引导到带有可见标记和注释的问题区域视图（图 4-24）。设计师可以根据需要调整模型并关闭 BCF。

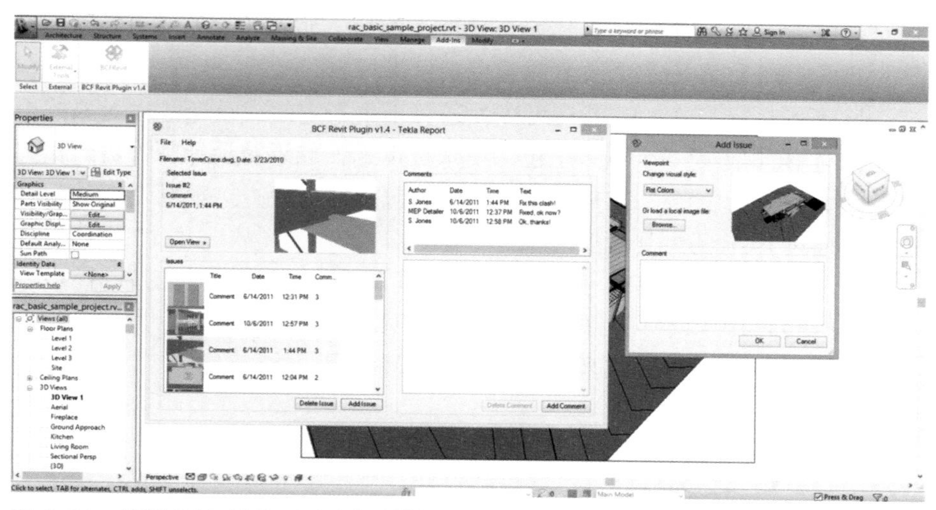

图 4-24 使用 BCF 插件，可以在建模软件中查看和处理 BCF 问题
来源：BIMcollab from Kubus

BCF 最初的设计是可以通过邮件发送的单个文件。目前管理 BCF 最常用的方法是使用 BCF 服务器，并将其直接链接到审查和设计工具。这意味着问题可以自动同步和更新，而无需发送任何额外的文件。

BCF 服务器
一个在线应用程序，使 BCF 的 REST API 可以在各种兼容 BCF 的软件之间直接沟通，而不需要传输单个 BCF 文件。

BCF 服务器有助于项目经理全面了解所有问题（图 4-25）。他们可以对每周产生或解决问题的平均数量进行分析，检查未解决问题的数量，确定哪些问题已逾期、哪些项目成员影响了项目进程。

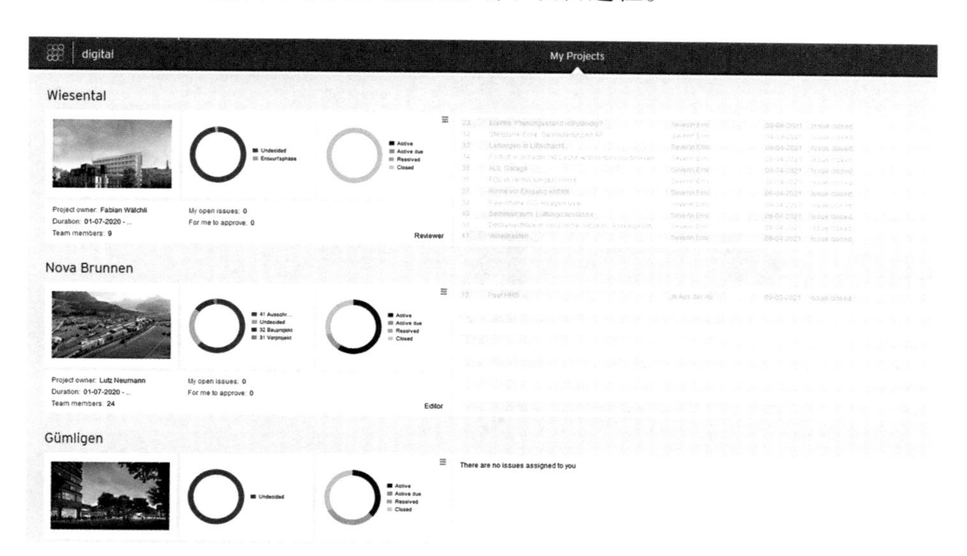

图 4-25 BCF 经理可以给出所有项目 BCF 问题的概述
来源：BIMcollab from Kubus

许多领先的设计和协同工具均已支持 BCF 格式，并且在世界各地的项目中皆有运用。除了报告和跟踪功能之外，BCF 的功能还进行了大量的扩

展。最新版本的 BCF 可以传输对象属性。例如，如果墙上的材质属性丢失了，相关责任人可以通过 BCF 将其发送给设计师。

除了发送标记外，BCF 还可以发送关于重新定位或重新适应对象的申请。此时 BCF 作为一个重新定位的请求被发送，如果被设计师许可，相关对象就会被重新定位。BCF 的其他应用还包括现场检查。现场发现的问题都可以通过 BCF 匹配到模型对象。

尽管 BCF 被视为 IFC 和原生模型之间的沟通通道，但在 IFC 导出之前，BCF 也可用于同一设计软件中不同模型之间的问题沟通。大型设计公司就在使用 BCF 这种方式来跟踪和报告内部问题。

4.9 IFC 之外

openBIM 并不只限于 IFC，而泛指通过使用标准，支持不同应用程序之间的开放式信息交换。正如我们在 BCF 和 bSDD 中所看到的，openBIM 标准——在 IFC 信息交换发生之前也可以在原生环境中用于设计软件之间的沟通。

因此，openBIM 标准同时支持 IFC 和原生工作流（图 4-26）。

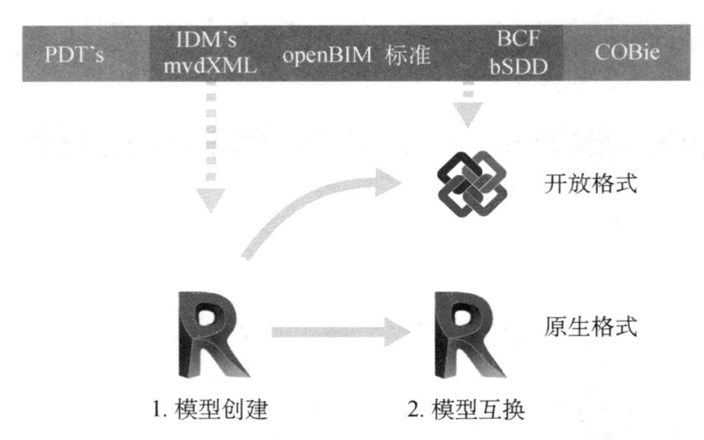

图 4-26　openBIM 标准（来自 buildingSMART 和其他标准）支持基于 IFC 的流程和原生环境中的流程

4.10 buildingSMART 技术路线图

但是这些标准真的有被使用吗？我们在这条路上已经走了多远？

基于 IFC 的数据交换已在世界各地的项目上成功进行了论证，但仍遭到许多怀疑和抵触。这在很大程度上是由于缺乏对 MVD 的理解。不幸的是，人们普遍认为 IFC 是一种标准导出格式，就像从编写工具发布 PDF 格式一样。MVD 的用意很少被更多行业所理解。现有的 MVD 往往没有得到使用，也还有许多仍需要开发。

IDM 仍然是一个相当学术的标准，研究机构和开发人员使用它来定义工作流。IDM 可能不会出现在普通 BIM 用户的使用范围内，IDM 产品（单独的 MVDs）应该成为 BIM 交付规范的支柱。

类似地，bSDD 不是一个通用的应用程序，但它被构建到许多商业软件应用程序中。越来越多的 BIM 专业人士将在没有意识到的情况下使用 bSDD。一个重要的发展是欧洲标准化委员会（CEN）决定将 IFD 标准作为 BIM 术语和属性定义的基础（在 CEN TC 442/ 工作组 4 活动中）。

除了 IFC，另外两个 openBIM 标准对 BIM 项目的交付方式正在产生越来越大的影响。第一个标准是 COBie，已经在美国的政府项目中强制执行了多年，英国自 2016 年实施 BIM Level 2 以来，也将它强制推行到了所有英国政府项目中。

COBie 在业主方中很受欢迎，因为它直接支持设施运维阶段所需的信息规范。在软件互操作性方面，它也相对容易实现。COBie 最基础形式的数据可以用 Excel 电子表格交付。然而，COBie 的主要障碍是让设计师、承包商和供应商正确输入项目数据。这也能通过大多数 BIM 建模软件中的 COBie 插件进行较好的处理。没有这些（软件）的话，这个过程往往需要大量的手工输入。

被市场迅速接受的第二个标准是 BCF。BCF 是一种简单、巧妙且非常有用的交流工具。它很快就被软件开发人员实施起来，而且已经被接受力强的用户采用。BCF 主要用途是在各设计部门之间进行问题的报告和跟踪。许多大型设计公司使用 BCF 进行内部沟通，总承包商也在使用它与设计和承包团队进行沟通。

buildingSMART 已经认识到，为数字化工作方式创建和执行标准是一项巨大而具有挑战性的任务。认识到它的有效性依赖于行业合作这一特点，其开发和执行必须逐步完成。因此，buildingSMART 针对英国（现在的 ISO）成熟度模型绘制了发展历程中的关键阶段。

路线图列出了基础标准的发展要求，以实现基于网络的交换（图 4–27）。

流程支持的技术路线图 ▼ 建筑 ▼ 基础设施 ▼ 投资组合管理	1级	2级	3级		3级以上	
		如今行业的平均阶段				
主题	文件	批量 BIM	BIM目标与数据交付	工作流 BIM	云 BIM	…
工作方式	2D/3D 绘图	3D BIM 标准专用文件			BIM 数据在网络上激增	
标准、格式	dxf, dwg, pdf	ifc (CV, COBie)	ifc's mvdXML	ifc's BCF		
沟通方式	基于文档的工作	批量模型交换	目的驱动的模型交换	工作流驱动的模型更新		
技术手段		文件服务器，整体模型参照	BIM 中心，部分模型参照	web服务、引用对象		
待办事项		启动infra的IFC，定义LoD (IDM 5+)	目的MVD(25+)，提供第一个IFC基础设施	模块化 IFC、网络链接、交换要求		
未来发展			加强运作	为项目组合管理做准备		

图 4-27 用于流程支持的 buildSMART 中的技术路线图

来源：buildingSMART

2020 年，buildingSMART 修订了技术路线图，进一步详细描述了如何制定 buildingSMART 标准（图 4-28）。从广泛的角度来看，这个新的路线图表明了从定制标准和解决方案向通用标准的转变，使其具有更好的适用性和更强的扩展性。

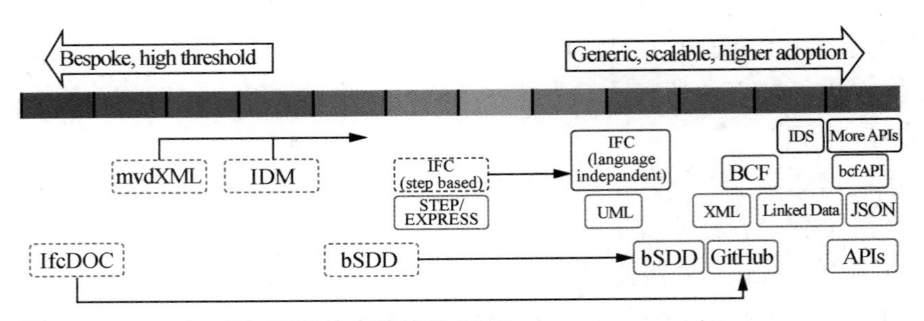

图 4-28 buildingSMART 技术路线图 2020

来源：buildingSMART

[案例研究] 猎户座办公和商业大楼

提供方：EM2N 建筑事务所 & b+p baurealisation 公司

猎户座办公和商业大楼

瑞士 苏黎世西部

所获奖项：Swiss Arc-Award BIM 合作银奖

业　　主：PSP 地产公司

建 筑 师：EM2N 建筑事务所

物业管理：b+p baurealisation 公司
项目规模：总建筑面积 41 000 m^2
项目状态：已竣工
竣工时间：2021 年

项目概况

该建筑的设计参考了所在地区的工业时代风格。两层通高的地面层和一楼实现了建筑的混合用途，其余楼层配置为灵活的办公空间。这种灵活性旨在吸引广泛的用户群，可以允许更小的空间，从 200 m^2 开始，扩大到开放的平面区域。

这个项目由三个部分组成（图 4-29）。一座 70 m 高的塔楼将成为福尔里布克大街地区的主建筑。考虑塔楼的人口密度，建筑底部建设了一个小型公园，以一个小酒馆亭为特色，供整个地区使用。哈德特姆大街将建造一个六层的大楼，它与街道相接，有潜在的零售空间。两个主要建筑将由一个低层裙房连接，裙房屋顶建有一个公共屋顶花园，可作为每个居民使用的优质户外空间。

图 4-29　猎户座联邦项目模型
来源：nightnurse images，Zürich/EM2N

BIM 方法论

在本项目中提出基于 BIM 进行工作的是设计团队，而非业主。EM2N 和 b+p baurealisation 作为总设计方，要求所有从事该项目的顾问提供基于 BIM 的工作流程。该项目执行计划从项目开始就在建筑师团队、EM2N（作为主要驱动力）和项目 BIM 经理的带领下不断迭代完善。设计团队成员之间通过频繁的沟通达成对 BIM 的共识并建立起一套项目协议，这尤其体现在明确 BIM 工作流程和交换协议这两方面。

BIM 的实施最初侧重提升设计质量和协同效率，以及协助成本估算的工程量统计。后来，基于模型的进度计划和招投标也逐步被纳入应用。建筑模型由 Autodesk Revit 创建，对模型的几何信息有深化需求，特别是在创建墙面时，更多的会使用 Dynamo 辅助完成模型的创建工作。

在设计阶段，首先是设计团队（建筑、暖通空调、电气和给排水工程师）使用 IFC 彼此交换子模型，接着 b+p baurealization 也加入了进来。这些子模型被用于进行成本估算的工程量统计、常规交流和项目设计。成本参数（基于瑞士成本分类系统 eBKP-H）被嵌入建筑模型中。招投标阶段，在信息交换的精度和灵活性等方面对 BIM 流程提出了更高的要求。在一些案例中，建筑师和施工团队之间以原始 Revit 格式交换模型，以便丰富数据（例如添加自定义参数至工程量清单）。而这一功能在使用 IFC 文件交换时则会受到一定程度的限制。

项目协同采用 IFC 模型，问题追踪和信息交流则采用 BCF（BIM 协作格式）。

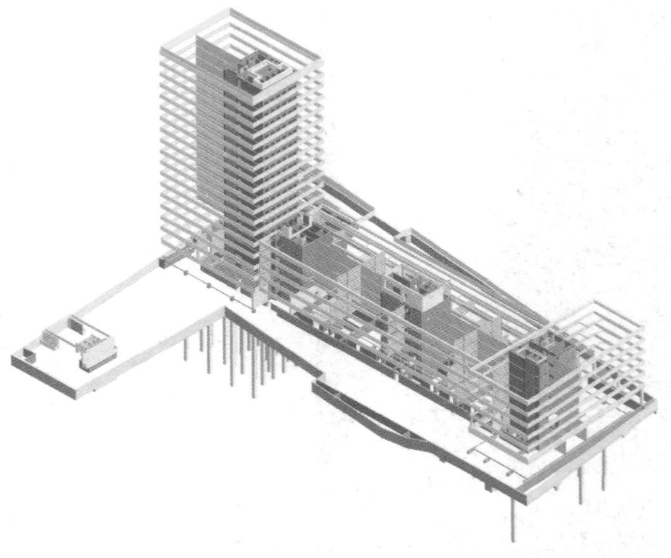

图 4-30　从项目成本计算模型中过滤出的墙单元。分类和颜色编码设置基于瑞士 eBKP 成本核算结构
来源：EM2N 建筑事务所

5　BIM 实施（战略与指南）

技术是答案，但问题是什么？

——塞德里克·普莱斯

5.1　定位与期望

5.1.1　是否值得投入

向 BIM 转型是一项艰巨的工作，并且可能需要大量投入。这不仅包括新软件和人员培训的显性成本，也包括如暂时性的资源缺失（调去参与培训或实施的人员），以及早期转型阶段可能出现的项目潜在延误等隐性成本。

将 BIM 投入到实施过程中会遇到各种阻碍（实际遇到的和感知上的），其中最常见的是：

- 转型阶段生产力下降；
- 成本高，投资回报率低；
- 打乱现有工作流程。

5.1.2　生产力

向新技术或流程过渡期间通常会导致生产力短期下降。在向 BIM 转型的初期，美国在 2004 年进行了一项非正式调查研究（图 5-1）。接受调查的组织指出，在采用新的 BIM 工具期间，平均生产力损失 25%～50%。[1]

理想情况下，一开始的效率下降将被长期生产率的提高所抵消。同一项研究报告指出，组织的 BIM 技术使用能力会随时间提升，平均会在 3～4 个月恢复至原先的生产力水平。超过半数的受访者表示其生产力提升超过 50%，17% 的受访者的生产力水平甚至提升高达 1 倍之多。

1　拉赫米·凯姆拉尼（Lachmi Khemlani），《Autodesk Revit：实践应用（白皮书）》，2004 年。

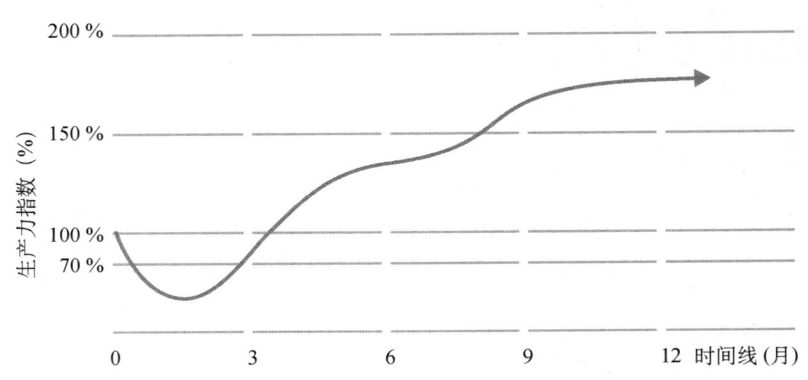

图 5-1　BIM 技术学习曲线

来源：拉赫米・凯姆拉尼（Lachmi Khemlani），《Autodesk Revit：实践应用（白皮书）》，2004 年

5.1.3　投资回报率

投资回报率是评估采用新业务实践影响的一个重要因素，但要对其跟踪却十分困难。2008 年，麦格劳・希尔建筑公司发布了一份关于建筑信息模型在美国市场使用情况的调查报告——《建筑信息模型：改造设计和施工以实现更高的行业生产率》。[1] 报告显示，那些持续跟踪投资回报率的公司在对建筑信息模型的初始投资中获得了高达 3～5 倍的回报。

企业衡量建筑信息模型（BIM）投资回报率（RoI）的最重要因素包括：

- 提升项目产出成果，例如信息请求书（RFI）的数量和现场需协调问题数量的锐减（79%）；
- 利用三维可视化达到更好的沟通效果（79%）；
- 展现赢得更多项目的竞争力（66%）。

5.1.4　工作流被打乱

畏惧变化，特别是害怕打乱现有工作流程是企业抗拒向 BIM 转型的普遍原因。BIM 无疑会影响到工作流程。前文提到的美国 BIM 实施性研究当中，83% 的受访者表示，建筑信息模型（BIM）的使用改变了他们的设计过程。

在早期阶段，这些变化通常被认为是负面的。与使用建筑信息模型（BIM）较为熟练的组织相比，处于向建筑信息模型（BIM）转型初期的组

1　麦格劳・希尔建筑公司（McGraw-Hill Construction），《建筑信息建模：改造设计和施工以实现更高的行业生产率》（智慧市场报告），2008 年。

织的工作流程现状更加容易受到干扰且获益更少。麦格劳·希尔建筑公司2008年发布的调查报告强调，大多数专家用户（82%）能够感受到BIM的积极影响，而对此有所体会的初学者则很少（20%）。[1] 这些体验和困扰可部分归因于在学习曲线的初始阶段会经历生产率下降，与此同时也反映了一个常被忽视的因素——建筑信息模型（BIM）对流程产生的影响与对技术使用产生的影响同等显著。

做好充分准备后向BIM转型受到的干扰是最小的。通过全方位战略部署和有效的培训，可以确保转型过程的顺利进行——选择正确的工具和支持设施，从而最大限度减少对工作流程的干扰并最大限度提高生产力。组织需要全面地推进实施（运营、流程、技术、人员）。那些试图将新技术应用于旧流程的企业则将面临一场苦战。

[专家分享] 管理变革

托马斯·沙佩尔（Thomas Schaper）

德国TS咨询培训公司首席执行官。拥有建筑业背景的沙佩尔在汽车行业工作了近20年，专门从事精益生产和精益项目管理。自1989年以来，成功地将CAD和ERP系统创造性地整合进计划流程和技术中。同时也是《精益施工VDI标准》的合著者，以及LCI、GLCI、VDA和其他机构的成员。

变革管理

鉴于德国没有对BIM的广义定义，许多决策者认为实施BIM不过是购买“正确”的工具，然后便不再关注。多年来，我一直在不同的公司和文化区域监督新流程、方法和工具的实施。在实践中吸取的教训和经验，始终是我前进的动力。

沟通

项目往往因缺乏有效沟通而失败。在一个资源和可能性几乎无限的时代，大量的机会似乎变成了问题的根源。和过去相比，拥有现成可用的数据并不足以作为成功的保障，至少在设计和施工方面是如此。我们不再得到直接的反馈或者说反馈是有限的，因为并非所有的人员都被充分调动——我们虽交流但却不再彼此交谈。

---

1 麦格劳·希尔建筑公司（McGraw-Hill Construction），《建筑信息建模：改造设计和施工以实现更高的行业生产率》（智慧市场报告），2008年。

BIM 意味着通过同时与各方沟通来实现整体规划。在最佳实例情景下，这将为客户创造附加价值［詹姆斯·沃马克（James P. Womack）的第一条精益原则］。您可能会问："我需要什么才能成功地向我的团队介绍这个全新的实施计划？"我想用图 5-2 来说明如果缺少成功转型的五个先决条件之一会发生什么。

愿景	知识	效益	产量	行动计划	结果
–	√	√	√	√	混乱
√	–	√	√	√	不确定性
√	√	–	√	√	抵抗力
√	√	√	–	√	挫折感
√	√	√	√	–	错误的开始
√	√	√	√	√	变化

图 5-2　成功变革的五个先决条件，以及缺少其中某个组成部分时带来的影响

来源：T. Koster，R. Villa & J. Thousand

对组织的影响

组织内部的变革需投入大量工作，并会直接影响"管理复杂变革"中所示的准则。因此，能够识别潜在的后果，并及时采取必要的行动尤为重要。

根据弗里德里希·格拉斯尔（Friedrich Glasl）的说法，变革会影响公司内部不同子系统（图 5-3）。这些系统包括：

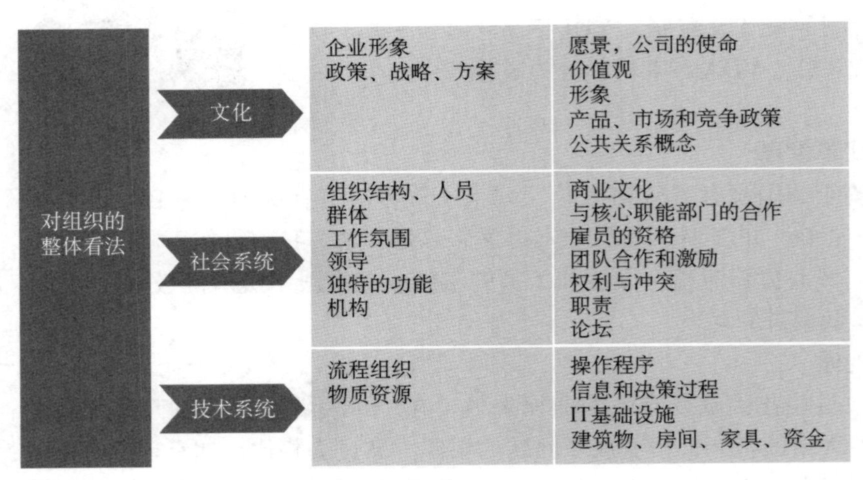

图 5-3　弗里德里希·格拉斯尔组织模型

来源：Friedrich Glasl

- 文化；
- 社会系统；
- 技术系统。

企业决策者需要对此引起重视。

人格类型

我不断地收到来自不同组织机构同样的问题，他们说："我们有完善的流程、富有创新性的方法以及先进的工具，但是我们如何才能让员工参与其中？"如此看来，又一个难以忽视的挑战摆在管理者面前——员工！

在正态分布中，我们通常需要处理处于不同变化阶段的六种人格类型［卡尔・弗里德里希・高斯（Karl-Friedrich Gauβ）］（图 5-4）：

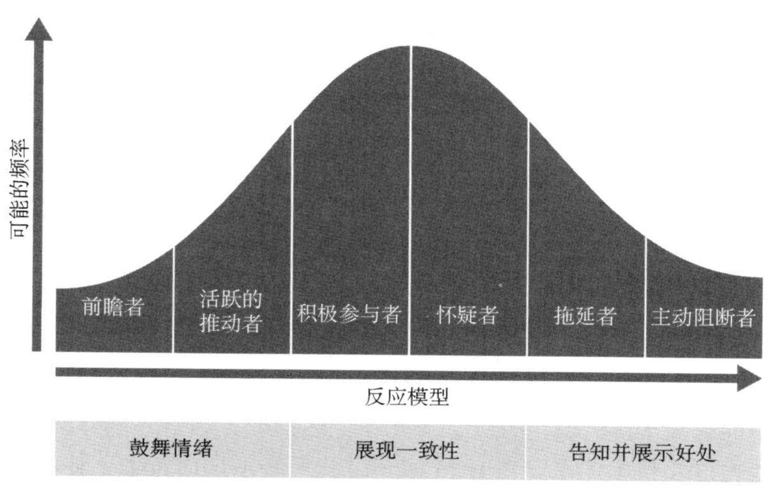

图 5-4　正态分布中六种不同的人格特征
来源：卡尔・弗里德里希・高斯

- 前瞻者；
- 活跃的推动者；
- 积极参与者；
- 怀疑者；
- 拖延者；
- 主动阻断者。

如果想要准确认识变革过程中的人格类型及其对变革过程的影响，并确定低挑战难度和有积极意义的机会，需要解决以下问题：涉及哪些人，我如何及时识别他们？我要如何应对这六种类型的人？以及如何应对其中最麻烦的阻碍者？如果一旦识别出阻碍者，则必须将其从项目中剔除。改变对每个人来说都是一个巨大的挑战，要想讲清楚需要单独分出一个章节，由于篇幅有限，只能点到为止。如果并非所有参与者都有变革的意愿，那么成功则会来得十分缓慢，甚至永不到来。在很多情况下，不合时宜的方法和对众多关系、情绪的忽视会导致变革的失败。

5.2 实施指南

建筑信息模型能够对组织未来的表现产生深远的影响。这可能包括开拓全新运行模型，推动交付流程、运营能力和工具部署的重塑。由此来看，BIM 的影响是极其深远的，并且与核心业务密切相关。

在组织内部实施变革必经的三个层级，包括战略、战术和操作（图 5–5）。在战略层面，组织要明确愿景并设定目标。在战术层面，目标会体现在行动计划之中，并以指南和操作流程规范实施。在操作层面，上述原则会在项目中执行。这三个层级应保持不断交互并持续发展。

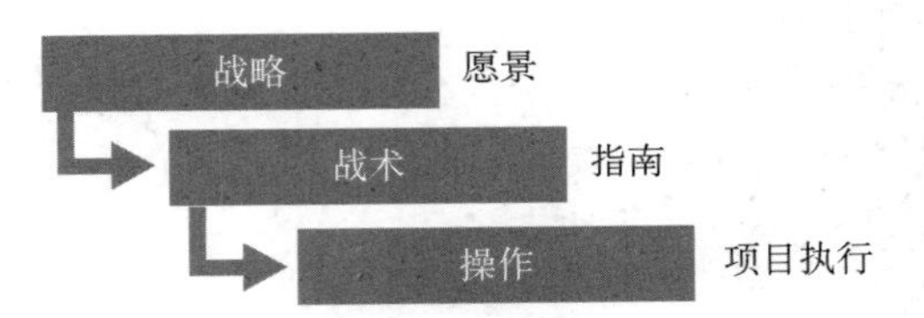

图 5–5　BIM 实施的三个层级

采用 BIM 不仅仅是个技术问题。BIM 意味着使用新的工具，但这些工具本身并不能解决全部问题。BIM 会影响组织内的业务运营、内部流程、角色与个人能力以及技术体系。在 BIM 实施中我们必须全面考虑上述四大因素，因为它们既会带来挑战，也将带来成长机会（图 5–6）。

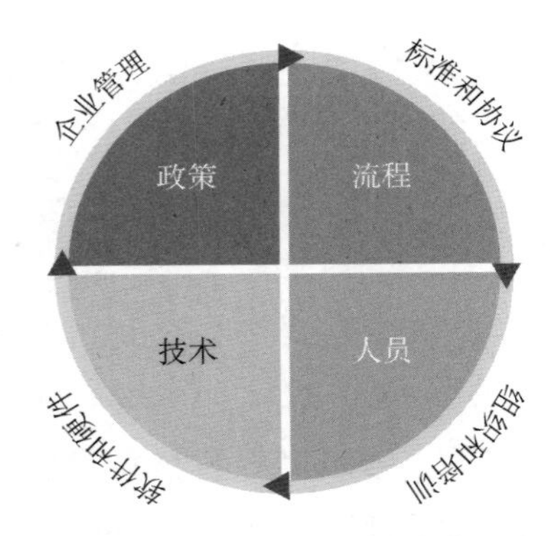

图 5–6　实施变革的四大考虑因素

5.2.1　政策及业务运营

BIM 可以在组织中产生广泛的影响。它可以通过优化现状及开发全新的商业机会来影响运营。重新评估当前的业务模式并着眼于未来的业务转型是实施 BIM 的第一步，除了确定新的增长领域外，也意味着需要识别出未来哪些领域与 BIM 实施的相关性更小。

5.2.2 流程与指南

随着业务活动的变化，我们需要重新定义工作流程。这些工作流程应有与之对应的公司指南。指南需明确组织的技术操作并为员工工作提供参考和框架。指南不必去颠覆既有的规则，而是要反映标准指导下的最佳实践。

5.2.3 人员

BIM 将对员工产生实质性影响。员工应当被赋予参与和指导 BIM 实施的机会。这包括认同公司文化以及员工的技术管理能力和社会能力。

5.2.4 技术

技术是 BIM 实施的一个重要方面。这通常是最为明显的投资，并可能对未来的资源配置、培训和软件互用性产生影响。最重要的是，软件选择应符合组织的业务流程和人员能力。

上述四个方面联系紧密。业务流程为指南提供信息，并影响人事安排；技术必须支撑业务并符合公司准则；在组织中处理它们的方式将会影响实施战略的定义。

5.2.5 实施矩阵

将这两套系统（实施的三大层面和四个因素）有机结合后，我们开发了一套可以辅助确定实施 BIM 的必要组成部分的实施矩阵（图 5–7）。沿着横轴的是 BIM 的四个因素（政策、流程、人员和技术），而沿着纵轴是战略、战术和操作层面。该矩阵组成了 BIM 实施路线图。该矩阵的组成单元具有一定的灵活性（基于公司具体情况），但在绝大多数情况下是通用的。

	政策	流程	人员	技术
战略	**愿景**	指导文件	告知/激励	产品研究
战术	**路线图**	**技术指南**	**培训**	测试与分析
操作	用户手册	**执行计划**	支持	**调度部署**

图 5–7 BIM 实施矩阵

如果没有战略路线图，许多组织会很快陷入对于技术的争论。他们通常将 BIM 误解为一种软件或技术解决方案。有这种心态的组织很快就会问：“那么，我需要哪种软件来实现 BIM？”然后他们才会问员工应该如何提高技能，或者应该如何（重新）定义流程。

参考实施矩阵，我们可以看到上述组织是从矩阵的右下角（操作技术）为起始，反推实施目标（战略政策），这完全是错误的做法。软件方面的问题实际上是我们最后要关注的。实施工作流程应从实施矩阵（战略流程）的左上角开始，而后向下和向右推进到操作技术层面（图 5-8）。

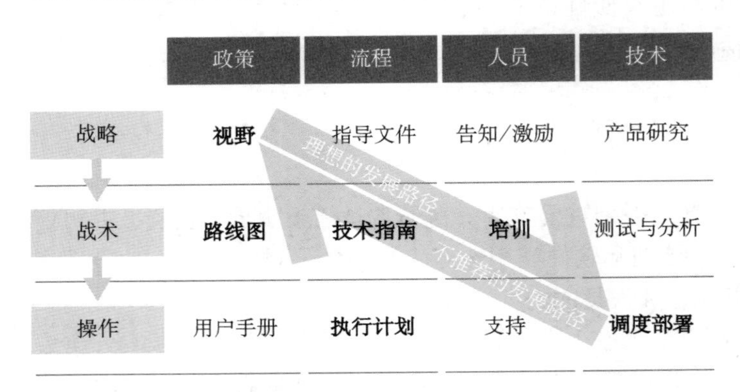

图 5-8　BIM 实施矩阵——发展路径

例如，从战略角度出发，我们应该在 BIM 愿景文档中明确当前的和期望的业务流程。在战术层面上，可能会形成一份 BIM 路线图，并最后在操作层面形成公司程序手册。在制定业务流程路线的同时，还应明晰定义指南和协议。在此，我们可以更新 BIM 指南中的业务流程，最终反映在项目执行计划中。

矩阵的第三列与人力资源有关，这是公司最宝贵的资产。人力资源同样需要解决三个层面的问题。在战略层面，员工可能会了解公司的 BIM 愿景，并因此提高积极性。在战术层面，他们将接受软件和 BIM 管理问题方面的培训。在操作层面，团队将持续性参加培训、内部研讨会，还可能得到外部咨询公司的支持。

企业只有在制定了战略和指南之后，才应该开始考虑技术层面的问题。这里的“技术”指软件应用程序和所有相关的硬件、服务器等。从来没有一款软件可以适用所有情况，每个组织都必须清楚并了解如何选择软件。这需要参考组织的内部业务流程，并清楚这些特定需求需要用到哪些软件。在战术层面，要花时间对潜在软件进行测试和筛选，最后选择软件并进行安装部署。

5.3 战略规划（BIM 战略和路线图）

组织采用 BIM 的原因各不相同，可能是外部推动，如公共 / 私人委托或市场竞争；也可能是内部因素，例如实现创新或改善低效率的工作现状。

无论动力是什么，每家公司都应该考虑 BIM 对其业务的影响。首先，这是一次了解 BIM 的潜在价值以及可能带来的问题的实践机会。其次，实施 BIM 需要进行战略规划，公司以此设定具体目标来定位自身发展方向，并确定实现这些目标的步骤。这就是我们所说的 BIM 战略或路线图。虽然它可能只是一份几页纸的精简文档，但它是所有未来 BIM 工作的重要基础。

缺少战略规划可能会导致 BIM 工作方向失误以及组织无序。在同一个组织内，对 BIM 可能会有不同的定义和预期。战略规划用于确立共同目标并定义了衡量未来工作成功与否的指标。

当然，战略规划须能体现组织的架构和目标，且要根据其愿景、使命和核心价值观来制定。

战略和路线图文件

BIM 战略（路线图）描述了之后所有 BIM 工作的总体动机和目标，是一种意向声明，也是后续文件和工作的基础。路线图将作为内部参考文件，定义组织内 BIM 的业务案例和企业文化。

BIM 战略（也称 BIM 路线图）是描述组织内 BIM 的愿景、目标和动力的文件。BIM 战略也应描述实现这些目标的方法。

BIM 战略也可以看作是一种传播营销工具。员工可以在公司的目标方向中找到自己的定位，并积极投身于这一进程。BIM 战略的内容结构相当简单，即解决“为什么”“是什么”和“怎么做”的问题（图 5–9）：

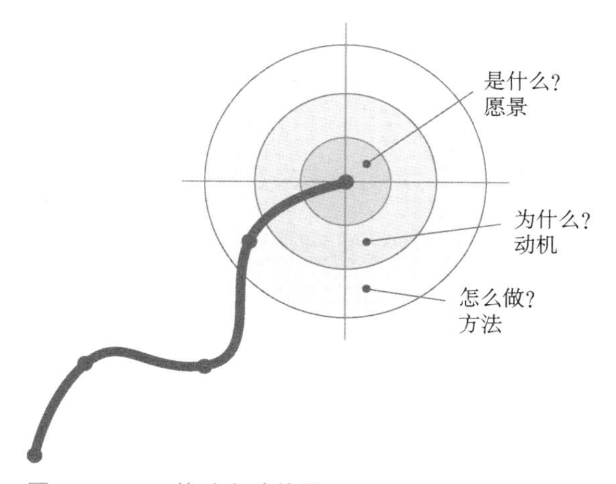

图 5–9　BIM 战略和路线图

• 我们为什么要这样做?(动机)
• 我们的目标是什么?(愿景)
• 我们将怎样实现它?(方法)

下面就以一个流程为例展开介绍，该流程中包含一些简单的工具，用于评估需求、设定目标以及定义行动计划。

5.4 BIM 实施战略

BIM 战略主要关注组织内的业务运营，也可以(在高层次上)引入 BIM 实施的另外三个方面——流程、人员和技术，但这三个方面在公司项目的 BIM 指南中会有更具体的阐述。

下面我们将概述在人和机器公司与业主一起制定 BIM 战略和实施路线图时使用的方法。我们利用大量现有资源开发了一些自己的工具，以此创建易用的策略开发模板。[1]

事实上，这种方法基于一系列研讨会、调查问卷以及其他工具开展，促使业主思考 BIM 在其组织内的价值和影响。

BIM 战略包含三个组成部分:

① 为什么? 定义需求：评估当前的组织和运营流程(确定优势、劣势和改进领域)。

② 是什么? 设定目标：定义新的发展或创新内容，或改进当前可提升的内容。

③ 怎么做? 绘制路线图：评估组织为实现这些目标所做的准备，并确定新角色、流程以及支持技术(这是实施路线图)。

这三个方面可以分解为以下步骤。

5.4.1 为什么? 定义需求

本节会理清组织现有的流程和竞争力，并明确未来目标(图 5-10)。

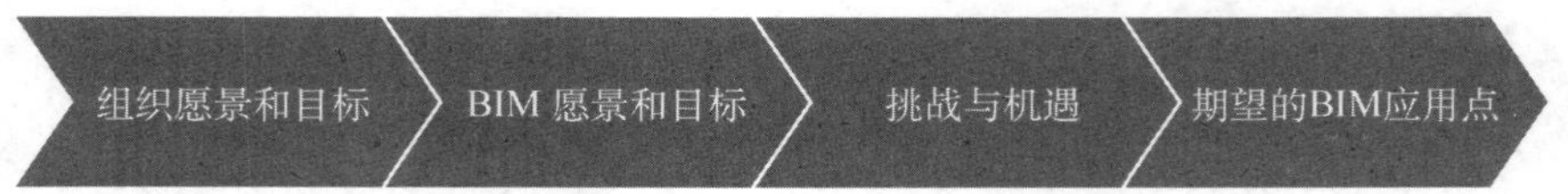

图 5-10 明确当前需求和预期目标的四个步骤

1 两个值得一提的指导文件是：① 宾西法尼亚州立大学计算机集成建造(CIC)研究小组提出的《业主 BIM 规划指南》(BIM Planning Guide for Facility Owners)；② 美国国家建筑科学研究所提出的《国家 BIM 指南—业主篇》(National BIM Guide for Owners)。

组织愿景和目标

BIM 道路上的第一项工作是审视公司的运营流程、需求和愿景，包括识别哪些环节运行良好，哪些是薄弱环节，将来要采取哪些不同的措施加以改进。

启动这个步骤的一个好办法是：提出一些关于公司运营和愿景的问题，由此引发讨论。一家公司在 5 年、10 年或 20 年能发展到哪里？它的核心竞争力是什么？它靠什么获得主营收入？或者希望在未来开发哪些服务？这些问题及其相关讨论十分重要，能揭示公司文化和未来方向的潜在可能性或愿景。

重要的是，这一步能防止组织受外部影响（他们可能认为他们应该这么做）而仓促制定 BIM 目标，从而导致制订的目标无法真实体现公司的文化、愿景和能力。

BIM 愿景和目标

确立了高层次的组织目标后，可以开始考虑具体的 BIM 目标并将其与组织目标关联。设定 BIM 目标要做到真诚并切实可行。BIM 可能是组织品牌战略的一部分，以此来赢得项目，或用来展示自己为创新的行业领先者。另外，目标也可能非常务实，例如通过数字化和自动化流程降低设计成本或提高生产力。

挑战与机遇

在第三步我们可以更详细的研究当前的运营流程。这需要制订一个典型的工作流程，并讨论有效之处、出现瓶颈处以及可改进之处。让公司内部不同部门参与这些研讨会有助于更高效地分析内部信息流，大家会讨论项目中可能反复出现的问题或困难，从一系列问题中总结出需要改进之处。这一阶段的目标是为每个问题确定一个理想的解决方案。在这个阶段，我们还没有讨论任何具体的 BIM 工作。

• 主题 1：提高设计质量

问题：低效且非结构化的流程（每个人都有自己的工作方式）。

解决方案：构建和整合指南；管理层支持和持续监控。

• 主题 2：信息和沟通

问题：重复和丢失的信息（内部人员和合作伙伴之间的信息交换问题）。

解决方案：集中、一致且可访问的数据。

SWOT 分析

一些组织还受益于进行 SWOT（优势、劣势、机会、挑战）分析（图 5-11）。借此可以：阐明在组织内实施 BIM 的利弊、瞄准市场机会并识别来自竞争对手或其他外部因素的威胁，以便更客观地了解 BIM 对公司的潜在影响。它还可能有助于对抗内部的怀疑和抵制，并统一管理团队中不同的观点。

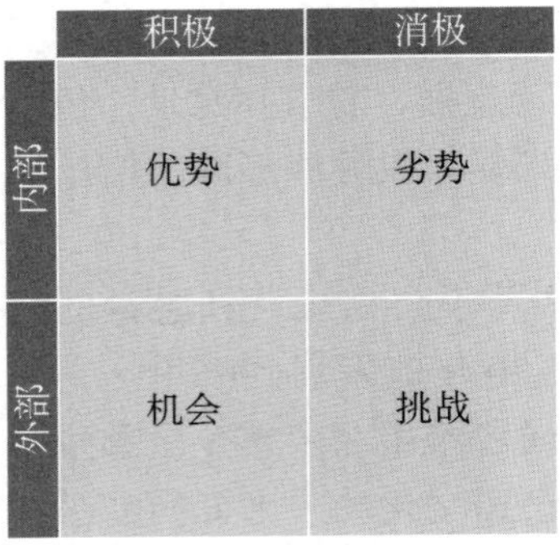

积极
消极
内部
优势
劣势
外部
机会
挑战

图 5-11　SWOT 分析

BIM 应用点

最后一步是列出既定的目标和愿景，并将它们分成特定的主题。此处的目标是确定哪些 BIM 应用点（如果有的话）可以解决这些需求。我们将 BIM 作为辅助，生成期望的 BIM 应用列表（图 5-12）。

目标	主题	BIM应用
更快地实施设计变更	设计过程控制	模型检查
在所有项目团队之间进行设计协调		
减少图面错误		
改善沟通和信息交流	协作和沟通	通用数据环境
结构化的工作流程		
进度报告		

图 5-12　定义目标和 BIM 应用点的示例

5.4.2　是什么？设定目标

在 BIM 战略制定的第二个组成部分中，对目标的讨论可以分解为如图 5-13 所示的四个步骤。

BIM应用
分析
流程
定义
标准
指南/
概念

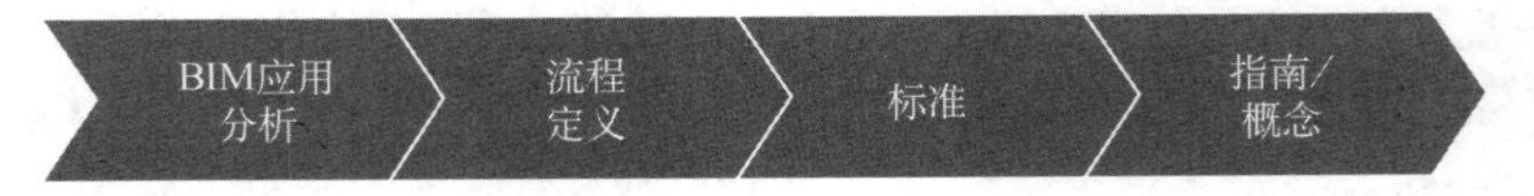

图 5-13　定义目标集的四个步骤

BIM 应用分析

在这一阶段，我们可以从列出 BIM 应用的优先顺序开始。根据对公司来说最紧迫或最有价值的事情，或其实现的难易程度来决定 BIM 应用优先级（图 5-14）。在缺乏资源的情况下，依然尝试实现复杂的 BIM 流程会导致适得其反。因此，应聚焦于成效明显且易于实现的 BIM 应用，之后随着经验和能力的增长逐步推出更多功能。

BIM 应用点	2017年	2018年	2019年	2020年	2021年
场地建模	–	–	√	√	√
数据建模(COBie)	–	–	√	√	√
成本估算(工程量统计)	–	√	√	√	√
施工工序(4D)	–	√	√	√	√
空间规划	–	–	√	√	√
场地/土方分析	–	–	√	√	√
设计建模	√	√	√	√	√
设计审查	√	√	√	√	√
二维图纸生成	√	√	√	√	√
结构分析	–	–	√	√	√
机电计算和分析	–	√	√	√	√
可持续性分析 (eg. LEED)	–	–	–	√	√
模型验证 (QA/QC)	√	√	√	√	√
碰撞检测和三维协调	√	√	√	√	√
可视化	–	√	√	√	√
施工现场/物流规划	–	–	–	√	√
安装设计	–	–	√	√	√
数字建造(计算机辅助制造)	–	–	√	√	√
进度报告	–	–	–	√	√
竣工模型	–	–	–	√	√
BIM-to-Field	–	–	–	√	√
BIM 设备运维管理	–	–	–	√	√

图 5-14　BIM 应用优先级示例

流程定义

分析现有工作流程并确定未来的 BIM 应用后，应当大致描述出为达到目标的必要流程，包括内部质量控制流程、协同工作流程和大型项目的模型共享与协同流程。然而，在战略文件中只需相对宽泛和通用地定义工作流程。

标准

如果可以的话，应参考现有的国际和国家标准，而不要重复制定新规则。因为这样就有了一个公共参考，定义流程时能使用广泛认同的专业术语。

指南 / 概念

公司可以依据 BIM 战略制定 BIM 指南，形成更具体的用户指引。其通常在 BIM 实施的后期（也许在第一个试点项目运行之后）作为一个单独的文档制定。在战略制定阶段，只需创建一个指南性概述或“概念”来描述如何实施相关标准、流程和技术就足够了。

5.4.3 怎么做？绘制路线图

图 5-15 定义实施需求（路线图）的四个步骤

一般能力评估（当前和目标配置）

评估组织内的 BIM 能力是制定 BIM 战略的重要步骤，这有助于厘清企业的优势和劣势，并明确需要改进之处。

BIM 能力评估

对 BIM 能力的评估可以使用各种免费或商业资源。其中最早发布的一个工具是美国国家建筑科学研究所于 2007 年开发的交互式能力成熟度模型（I-CMM）。2012 年，宾夕法尼亚州立大学 CIC 研究小组在其《BIM 执行计划指南》的第二版中发布了 BIM 成熟度矩阵。

BIM 成熟度矩阵定义了六个能力维度：

- 战略；
- BIM 应用；
- 流程；
- 信息；
- 基础设施；
- 人员。

BIM 成熟度矩阵是一种 BIM 能力的自评方法，有多种不同形式。大部分都会对当前和目标的 BIM 能力进行评估。评估可特定于个人、项目或（更普遍是）组织。

成熟度矩阵基于简单的自我评估问卷，生成一个蜘蛛矩阵，以图形化表示组织的当前和目标概况（图 5-16）。

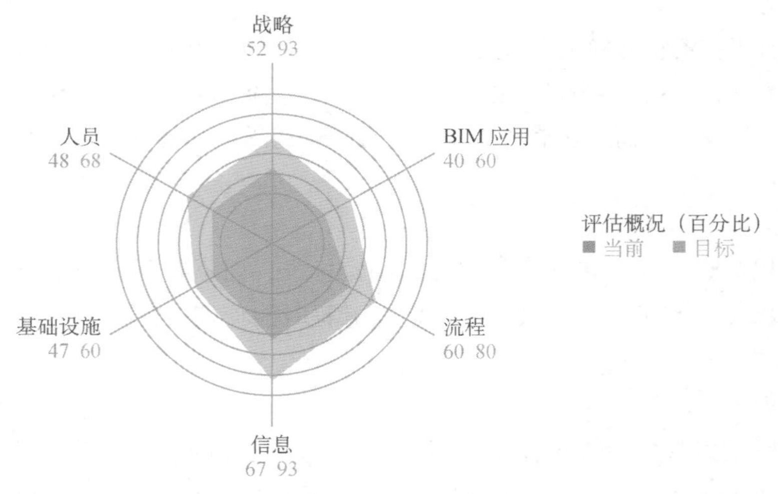

图 5-16 BIM 能力概况示例

成熟度矩阵将组织基本情况进行可视化展示，有助于识别出弱点并关注必要的领域，以实现本书第 1.1 节和 1.2 节中设定的目标。

除了进行内部评估，还可以邀请长期合作伙伴一起完成能力评估。在完成项目时，评估多个合作组织会对其能力差距进行分析，而此时一个组织的不足可能会被另一个组织的优势所弥补。

技术基础设施（软件和硬件）

组织在实施 BIM 时，最主要考虑的是软件和硬件的选择。基础设施的支出除了可能初始要购买昂贵的软硬件外，还有相关的培训和持续技术支持成本。

正如前文所述，只有在确定了公司的 BIM 目标和应用点之后，才开始选择软件，并且寻找满足特定需求的软件。市场上的 BIM 软件种类繁多，许多竞品工具具有同样出色的功能，因此安排时间进行适当的评估非常重要。

你可以通过确定公司当前所需的主要功能和所处阶段来缩小搜索范围。大多数工具属于以下四大类之一：

① 建模；

② 分析；

③ 协同 / 协调；

④ 数据管理 / 项目管理。

项目所处阶段也可能影响软件的选择。例如，一些工具在早期设计阶段的功能更强大，还有一些工具则更适用于建造阶段；用于设施管理和运维阶段的软件往往是相对独立的。

确定了所需的功能（和阶段）后，就可以到市场搜索软件，制作一个简短列表，然后对待选软件进行测试和比较（图 5-17）。对软件的评估，最基本的是对功能或成本进行比较。理想情况是应参考更多方面：软件的

		概念设计	扩初设计	施工图设计	深化设计(装配图)	施工	运维
建模	土木	软件××设计建模					
	建筑	软件××设计建模				软件××现场	
	结构						
	机电						
分析	结构		××分析	××分析			
	机电	××分析	××分析				
	成本核算		软件××模型协调			软件××BIM-to-Field	
	进度管理						
协同	模型管理						软件××计算机辅助设施管理
	协调（质量管理）						
	问题管理	软件××CDE					
	现状报告						
数据(项目)管理	工作流						
	对象数据管理	软件××数据管理					
	设施数据表						
	运维需求(FM)						

图 5-17　跨项目阶段（横轴）和功能（纵轴）的软件应用领域

可用性、供应商开发路线图、市场上是否有足够的用户、与其他工具的集成程度以及与现在内部使用工具的兼容性。

人力资源

随着新技术和流程的采用，需要新技能——可能是使用特定软件或管理和协调 BIM 流程。这就引发了一个问题：是培训现有员工掌握技术还是聘请有经验的新员工？

显然，雇用对所需软件有经验或参与过大量 BIM 项目的人员有很大好处，能节省培训时间和成本，且让组织赢在起跑线上。他们可以指导公司内部的流程（减少走弯路的情况）并指导其他团队成员。但要找到称职且经验丰富的 BIM 人员并不容易。

培训现有员工则有更多优势。首先，培训熟悉公司和项目工作流程的员工有利于项目的连续性，比技术更有价值的是他们在项目和公司内部工作的经验。对员工来说，知道不会面临被取代的风险也是一种激励。相反，通过掌握新技能和对组织未来成功起到作用，员工会感到自身价值感和重要性的凸显。

如果归结为一个问题：是选择具有 BIM 技术软件技能但缺乏项目经验的新员工，还是培训具有良好项目经验但缺乏 BIM 技术知识的现有员工？我们几乎都会推荐培训现有员工。BIM 首先服务于项目工作，软件操作可以教授，但项目经验却不行。

一家大型企业的首席财务官和首席执行官对这个困境进行了一次对话：

首席财务官（CFO）："如果我们投资培养我们的员工，然后他们离开我们会怎样？"

首席执行官（CEO）："如果我们不这样做，他们留下来又对我们有什么好处？"

实施路线图

实施路线图是战略计划的最后一步及其逻辑成果。它是对呈现在时间轴上战略计划关键目标的总结，应当包括关于政策和指南的开发、人员和培训、技术体系以及策划的 BIM 应用和项目相关的里程碑事件（图 5-18）。

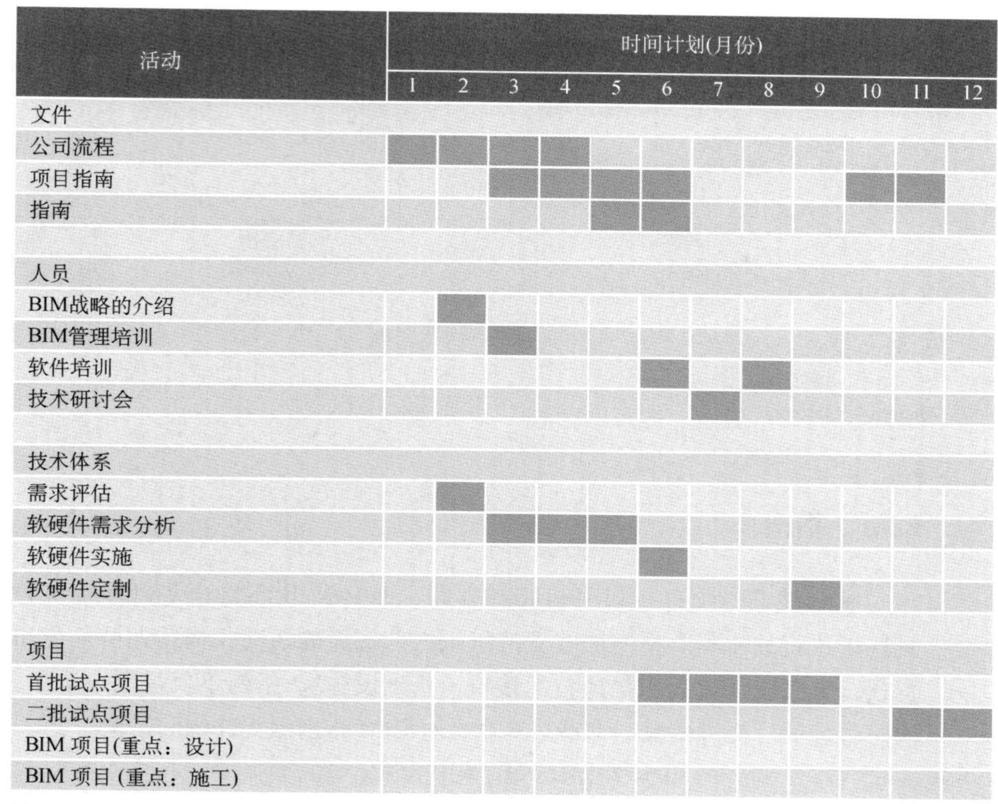

图 5-18 实施路线图示例

5.5 从愿景到实施

实施 BIM 不仅需要采取自上而下的方法，还要有自下而上的方法。自上而下的方法就是在前一节中描述的战略规划。自下而上的方法意味着要在试点项目中验证这种战略，以更好地了解和完善战略愿景。

这个过程首先是要设定战略愿景，并制定实施路线来实现设定的目标。最开始我们没有一个完整的最终蓝图，只是从有限的理解上得出最好的猜想。如果我们巧妙地在试点项目中实施愿景，我们就有机会对其进行测试和扩展。这样不仅可以促进项目的实现，而且能够帮助改正所有错误的设想。

在试点项目中习得的经验与教训，我们可以反馈到 BIM 愿景中，并为在第二个试点项目中应用公司指南建立更多信心。第二个试点项目上的经验和教训又可以循环反馈到我们的目标，使得我们能够建立更加健全的公司指南。这种迭代过程持续进行，可以使得一个组织能够制定自己的指南并建立项目竞争力（图 5-19）。

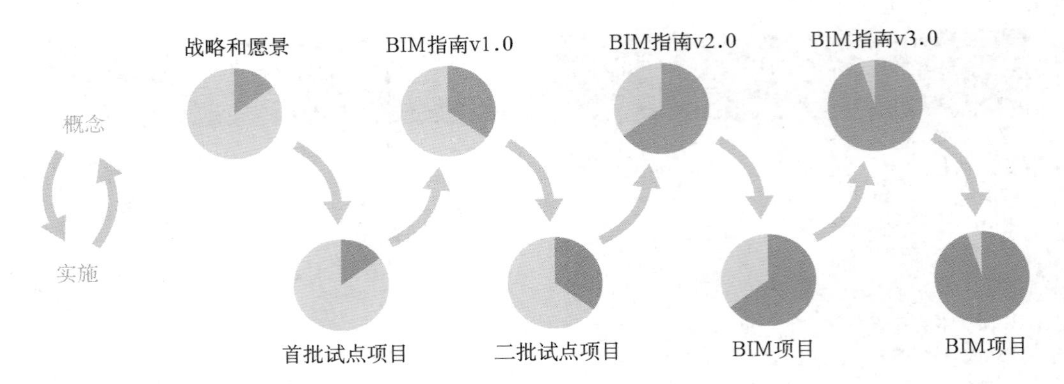

图 5-19　迭代实施过程
来源：Mensch & Maschine

5.5.1　指南

BIM 战略性文件提供了目标和方向，而 BIM 指南将这些目标转化为具体可执行的步骤。指南能够支持组织内部每天的活动，描述人员角色和责任，定义工作流程和描述技术接口（基础设施）。指南不仅是用户手册，同时也是项目交付模板。本书第 7 章会对 BIM 指南做更详细的讨论。

5.5.2　起步阶段

有些公司会拖延到第一个 BIM 项目合约签定后才去实施 BIM。这个决策可能看起来很务实，可以保护资源并且在项目中摊销实施成本，然而实际上，这样会对项目组和组织的长期 BIM 应用造成严重影响。

如在本章开始所讨论的，运用新技术和新流程会不可避免地带来短期生产效率的损失。没有一个 BIM 一站式解决方案，因此必须为组织的 BIM 本地化过程中持续的试错及调整留出额外的时间。在技术层面上确实如此，软件需要本地化来满足本公司的流程和作业指导（对象库、图层和绘图设置、字体和标注、视图过滤，进度和设计颜色方案都需要在项目开始前准备好）。在流程层面也要针对新的支持 BIM 的工作流来重新定义角色、责任和协议。

等到有项目任务才强制实施 BIM 会给项目组带来过高的压力。他们能做的仅仅是勉强维持自保，努力满足 BIM 的最低需求。项目交付时很有可能会遇到困难，因此也不能期望 BIM 能给项目带来效益。

5.5.3 试点项目

试点项目是在组织中推动 BIM 实施的一个极好的手段。很重要的一点是要在一开始清楚地定义试点项目的功能和目标。这会有助于规划项目、估算需要的资源并最终衡量这次行动的价值以及是否成功。

试点项目的目标可能包含以下内容：

- 测试新软件或提高技术能力；
- 建立新的内部流程；
- 建立一个公司对象库、模板、指南或用户手册；
- 衡量 BIM 方式增加的付出和 / 或潜在的节省；
- 已有项目的设计质量检查（如设计复核或协调）。

一个初始试点项目的理想状况是没有项目压力。重要的是一开始就能够认识到，采用 BIM 会比传统二维方法消耗更长的时间，但交付的是同样的结果，不过，整体效率会得到提升。无论在哪种情形下，应该给予试点项目组在不同工作方式下犯错和测试的空间。例如，项目截止日期或是不必要的项目过程文件，会给试点项目组带来不必要的压力，这在学习和开发的阶段是不利的。

运行一个试点项目有很多方式，以下列出三种可能的途径。

1. 已完成的项目

此选项是指回顾一个已完成项目的全部执行过程来对其进行建模，有利于比较传统二维和 BIM 方法在创建项目文档上的工作量。这种途径要求已经记录了原先文档需要的所有资源（可允许精确比较）。这也是一个检查已完成文档上设计错误的机会，可以通过量化来估算使用 BIM 带来的效率提升。

2. 平行项目

这一途径指的是 BIM 小组被委以一个正处于设计阶段的项目（或项目的一部分）的建模和协调的任务。这个 BIM 小组和主项目团队同时工作，获取已完成的二维设计图并建立一个可用于协调和设计审查目的的模型。这种平行活动中的发现可以通过定期的协调会议传递给主项目团队。在 BIM 中所做的改正和改进的地方，可以通过在模型中输出方案草图提供给设计组作为基底，基于此来修订项目最终的文件。

平行项目是引入 BIM 并同时最小化开支的好方式。虽然有一些重复性工作，但设计协调活动本来就必须要进行。如果费用高昂的错误能够被确认和改正，投资回报就会增加。

平行项目的缺点是 BIM 小组工作受限于项目截止日期。如果他们建模时间太长，对于设计团队的价值会明显减少。这就限制了 BIM 小组熟悉软件、学习新的功能和测试不同工作方法的自由。

3. 现场项目

有时候有必要运行一个现场的试点项目。这种方式下，BIM 会作为项目文档的主要来源。如上所述，不建议采用现场项目作为第一个试点项目，而且有很多注意事项需要提前预防。

首先要提供给项目组更多的资源，这些资源必须保障良好的建模能力。要为提前策划 BIM 流程预留出充足的时间。这涉及到建立一个小型的 BIM 执行计划、定义 BIM 应用点和交换过程（第 7 章）。BIM 应用点要最小化，并能容易达成。项目组需要创建质量计划、三维可视化以及同其他专业进行模型协调，这可能需要同开始第一个项目一样，付出极大努力。

要给每个设计阶段留出比平常更多的时间。现场项目应该具备公司 BIM 指南的基础，以及一部分对象库和必要的模板、标准构件等。聘请咨询公司随时提供技术支持或排除故障也是一个好方法。在实践中，如果你发现你的团队不能在截止日之前完成工作，那么这个咨询公司可以及时提供帮助。

5.6 小结

BIM 是一项投资，而不是沉没成本，这意味着将来会有所回报。如果你没有策划如何去实施，而是被项目的需求所驱动，公司可能会投资到错误的地方去。一个经过深思熟虑的战略规划可以帮助公司最小化开销，将 BIM 与公司的核心业务原则协调一致，从而更快回收投资。

建立 BIM 实施战略是所有涉及建筑信息模型的组织迈出的至关重要的第一步。

[专家分享] 结构工程中的 BIM

辛里希 · 明茨纳（Hinrich Münzner）

Boll und Partner 公司的管理合伙人，参与整个组织创新设计方法的实施和开发，工作重点是将结构工程和建筑结构设计整合到协同 BIM 设计中。作为一名讲师和作者，他是业界公认和炙手可热的专家，促进了在国家和国际层面上的 BIM 发展。

建筑信息模型（BIM）已在欧洲的结构工程领域稳固地确立了自己的地位——最初是在有限的试点项目中，现在已得到相当广泛的使用。

负责公共建筑项目的业主已经拥有运用 BIM 技术“初体验”的项目。德国联邦交通和数字基础设施部发布的《数字设计和施工路线图》以及德国铁路公司发布的《BIM 方法论中的使用规范 V1.3》已经启动了围绕 BIM 项目管理的“流程定义”阶段。在接下来的几年里，建议设计人员参与制定德国的 BIM 设计流程，并以最佳方式为来自国外的影响和竞争做好准备。

许多工程公司都面临着如何解决这个问题的挑战。

BIM 实施

许多做法首先将 BIM 的引入与巨大的资金支出要求联系起来：高性能计算机、新软件程序、员工培训、外部服务提供商的支持。尽管没有相应的费用调整带来的预期，但支出是增加了。然而，时代的戏剧性转变是显而易见的。10 年后，是否还会有使用二维 CAD 系统手动执行结构分析的传统方式？在其他行业，有许多彻底改变的例子，例如从使用化学品的摄影胶片显影转向数码摄影，或者从使用磁带转向 MP3 播放器和在线流媒体。

近 20 年来，Boll und Partner 公司一直在努力解决建筑与其他规划和设计专业（如机械工程）之间的巨大技术差距（图 5-20）。然而，复杂的三维程序最初仅用于特殊项目。2007 年，BIM 进入我们的视野，到 2009 年，在第一个试点项目启动后，BIM 软件工具在处理大型项目方面取得了进展。主要挑战是复杂的建筑几何形状和自由曲面，必须对其进行精确建模以进行结构分析。从那时起，用于结构工程的 BIM 规划和设计方法的软件工具取得了突飞猛进的发展，现在即使对于“标准”项目来说也是强大的设计工具。

图 5-20　没有集成数据管理的三维设计和规划示例
来源：Boll und Partner

今天，Boll und Partner 公司项目无一例外地使用BIM进行设计（图 5-21）。

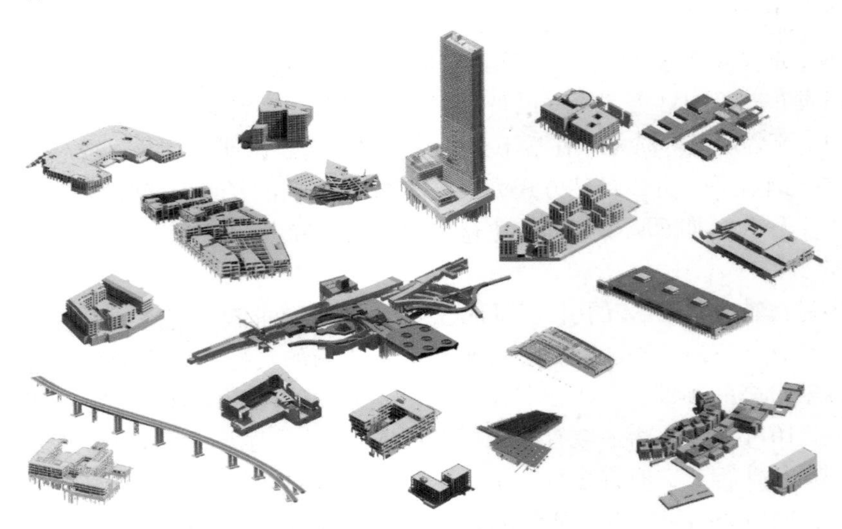

图 5-21　BIM 在一般建筑项目中的使用示例
来源：Boll und Partner

BIM 方法及工作流程调整

使用 BIM 时，对建筑模型数据的一致性管理至关重要。从结构尺寸预估到施工图的设计服务都是根据建筑数据模型输出的。这样，设计的进展会一直在模型上更新，同时，其中包含的建筑数据会补充诸如工作载荷或钢筋配筋率等信息。每个参与者都可以选择通过模型检索最新信息。这对项目期间的资源规划方面特别有利。通过添加额外的授权用户的方式，可以使用“多用户处理”随时快速跟踪小型和大型建筑项目（图 5-22）。这种方法可以及时响应现场可能出现的任何临时设计要求。

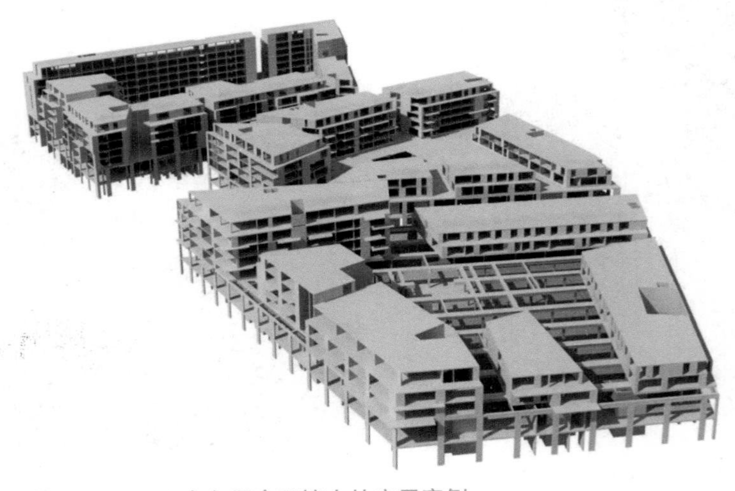

图 5-22　BIM 在多用户环境中的应用案例
来源：Boll und Partner

进度控制和计划管理

随着建筑项目日益复杂和规模不断扩大，对协调和进度监控的透明度的要求越来越高。设计状态的交流很容易占用大量的工作时间。在模拟项目流程管理过程中，通过使用计划包（其中一些计划包包含了整个建筑过程），可以简化设计、计划发布和执行的关键路径。当使用建筑信息模型时，可以透明地沟通计划的发布状态，并制定详细的时间表，以供现场工作安排参考。这意味着，可以始终根据施工现场的优先事项执行工作，并根据需要适时发布计划。同时，通过将计划链接到模型单元，可以在建筑模型中可视化地显示计划审批状态，从而提高质量控制水平（图 5-23）。

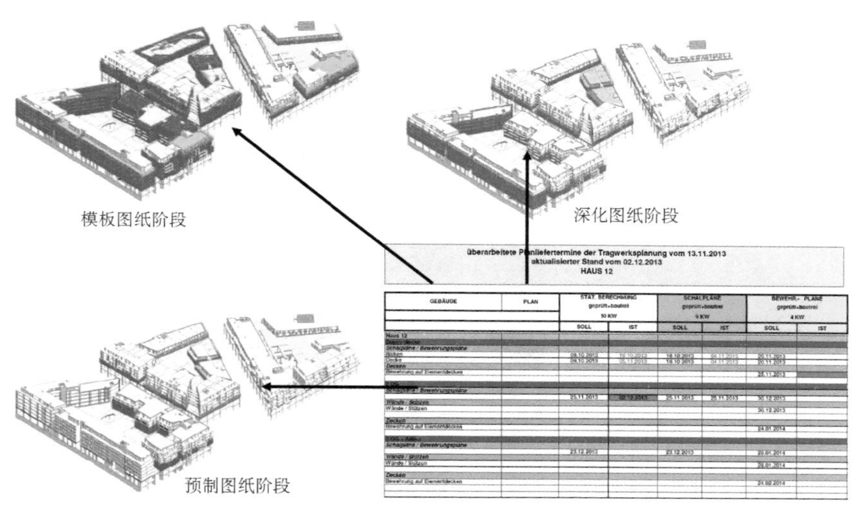

图 5-23　将图纸交付审批计划与模型联系起来

来源：Boll und Partner

建筑设备和协调方面的挑战

建筑设备专业与其他专业（即结构和建筑）之间的设计和协调并不总是一个顺利的过程。机电系统中的管线协调就是一个很好的例子（图 5-24、图 5-25）。协调通常基于建筑师的二维图纸，将包含极少的技术信息的不同专业图纸中的简单线条进行比较。这种工作方式存在的问题众所周知，协调专业图纸既耗时又容易出错。冲突通常发现得太晚或根本无法发现。这种工作方式一次又一次地影响结构工程的进度，延迟了工厂图纸的制作（如模板图纸和配筋图纸）。这是一个巨大的问题，尤其是在施工阶段要制订详细计划时，由于计划无法发布，现场出现延误。将责任归咎于建筑师、结构工程师或建筑设备工程师绝对是错误的做法，因为问题不在于某个单一的专业，根本原因在于过时的工作方法和这种方法涉及的复杂沟通方式。

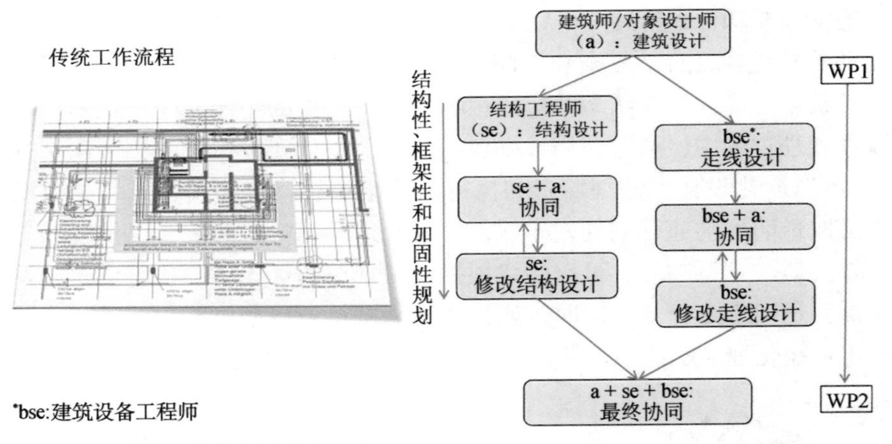

图 5-24　建筑设备协调（传统工作方法）
来源：Boll und Partner

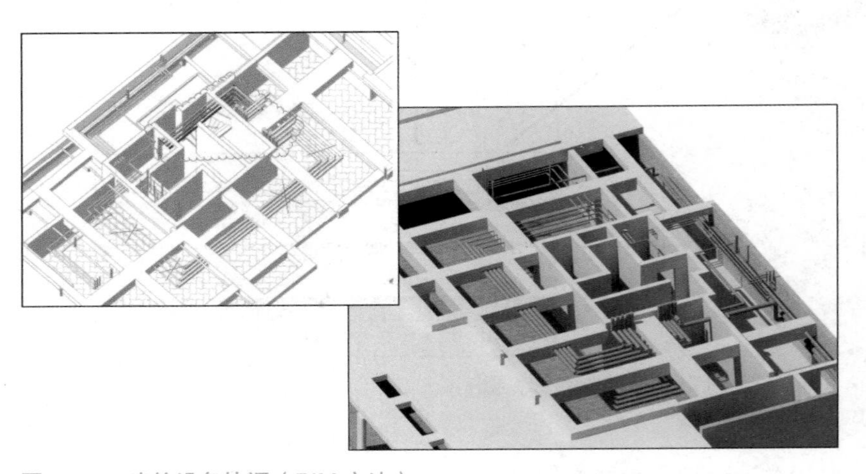

图 5-25　建筑设备协调（BIM 方法）
来源：Boll und Partner

整体设计：使用 BIM 模型协调设计

建筑对能效、空调和消防安全方面的要求正在不断提高。主要电缆、管道和配件安装空间的预留，需要各专业之间的密切协调。

可以使用 BIM 有效地规划专业之间的协调，并以简单的方式进行记录（图 5-26）。在项目开始之前，各设计合作方就建模指南达成一致，有助于实现对部分管道的自动碰撞检测。前期设计讨论阶段，可在协调模型时解决碰撞点位的问题。这就需要非常了解各专业之间的要求，并设想出能够突破以往合作限制的解决方案。由此，我们可以以高效的方式设计吊顶区域中的安装空间。德国斯图加特市的玛丽医院项目就是一个很好的例子。这个项目建成于 1976 年，后要在原有结构上加一层楼板时，天花板高度却受到了限制。使用 BIM 模型的整体规划，实现了管线密集安装，而不受原有天花板高度的限制。

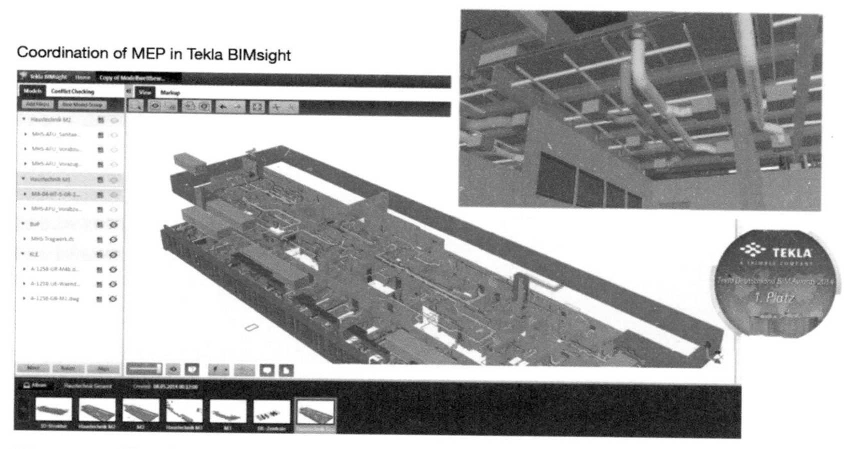

图 5-26 协同模型中各专业的三维协同设计
来源：Boll und Partner

从 BIM 模型到计算

采用传统工作方法时，设计计算和设计图纸常是在独立的软件中使用不同的数据来完成的。通过使用共享的、一致的模型，可以避免这种"重复工作"。同时，使用建筑模型的公共数据库有助于避免错误的产生，提高设计过程的质量控制。BIM 软件的开放架构已被证明是一个巨大的优势，可以轻松追溯所有信息和计算步骤，且在数据库中实现自动化。

结构计算是结构工作的关键点。计算并确定结构尺寸以确保结构的完整性和可用性，是实际施工工作中支模和配筋计算工作的第一步。

结构工程设计过程的关键部分包括以下几方面：

- 可验证的荷载传递；
- 估算结构构件的尺寸（主要尺寸）；
- 验算支撑设计；
- 基础。

BIM 支持上述工作流程，通过 API 接口，可以将计算（分析）模型从设计软件导入分析软件。只需几个步骤，用户就可以使用高质量的、带有所有结构计算参数的三维有限元模型，无需输入冗余数据。在前期设计阶段，这种做法早已成为了现行通用做法并产生了相当大的附加价值。例如，可以在前期确定荷载布置，提供与基础相关联的地基做法信息。如此可观的附加价值不仅有利于结构工程师权衡设计方案，而且有利于业主和建筑师在前期设计阶段估算成本。

业主及建筑师快速查看（想要的内容）平面图、建筑体量、验证过的结构计算以及准确的柱子定位、停车通道详图，据此做出决策。一些兼容的软件（如 Autodesk Revit 和 Sofistik 计算软件）可以从 BIM 模型中直接生成计算模型，而无需其他操作。通过第三方软件比如 Excel、Dynamo 图形程序接口，可将计算出的荷载重新输入模型中并存储起来以供后续使用（图 5–27）。

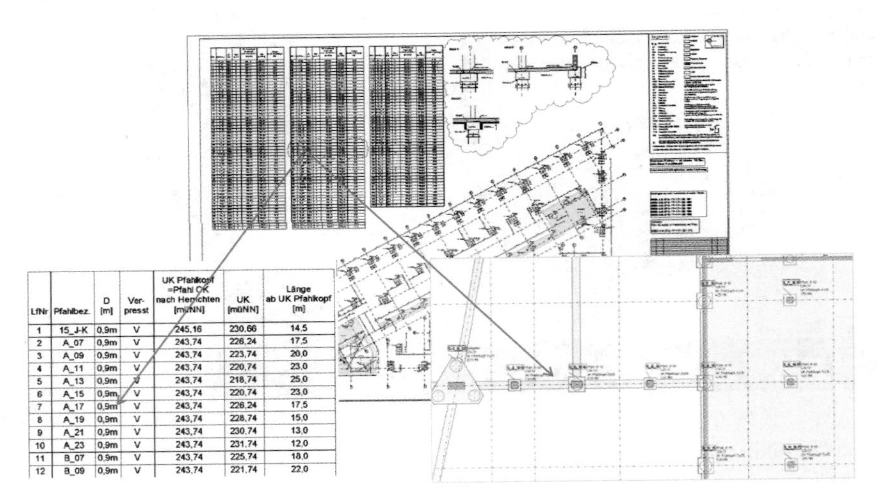

图 5–27　计算模型——重新导入计算结果

来源：Boll und Partner

我们可以轻松地基于高准确度的计算假设，用反应谱法在三维模型上完成抗震计算等专项服务。

在这种情况下，通过改变单个建筑构件的尺寸可以进行支撑验算分析。BIM 中构件的参数化设计，允许不同构件尺寸下的差异模型生成、导出、标注尺寸并进行比较，以综合选择方案。

计算荷载传递的模型：GebData 工作流

后续结构计算中重要的第一步是确定建筑物内的竖向荷载传递。三维模型在荷载传递层级的合理性和可验证性方面存在一些潜在的问题。由于同时计算了支撑荷载，三维荷载传递以前主要用于高层建筑中的复杂结构体系，或地震区中高度不规则的结构体系。现在，通过建模软件（如 Revit）中的插件，可以高效地生成、导出和计算标准结构体系，Boll und Partner 方法已取代逐层确定荷载法（图 5–28）。

过去 200 年来，计算竖向荷载的通用方法都是将每一层的建筑构件荷载相加。这种方法用作进行比较计算和粗略检查的标准。为了满足这一需求，并使荷载传递也可通过三维模型进行验证，Boll und Partner 公司开发了 GebData 功能（图 5–29）。其出发点是让 BIM 使用一致的建筑构件名称，在不需要用户进一步交互的情况下，可以将完整的有限元模型拆分至单个楼层进行计算，并在单独的数据库中将所有楼层的计算结果合并为组合荷载传递。并行工作的方式允许模型之间进行合规性检查。因此，每个建筑楼层的总荷载之间可以相互比较，也可以与楼层面积进行比较。经验表明，上述两种方法所得结果之间的差异程度取决于建筑物的复杂性。

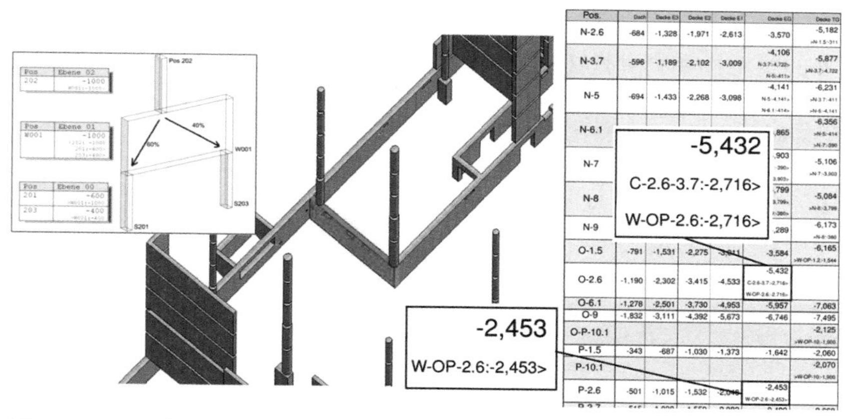

图 5-28 通过模型中的建筑标高进行结构位置分析

来源：Boll und Partner

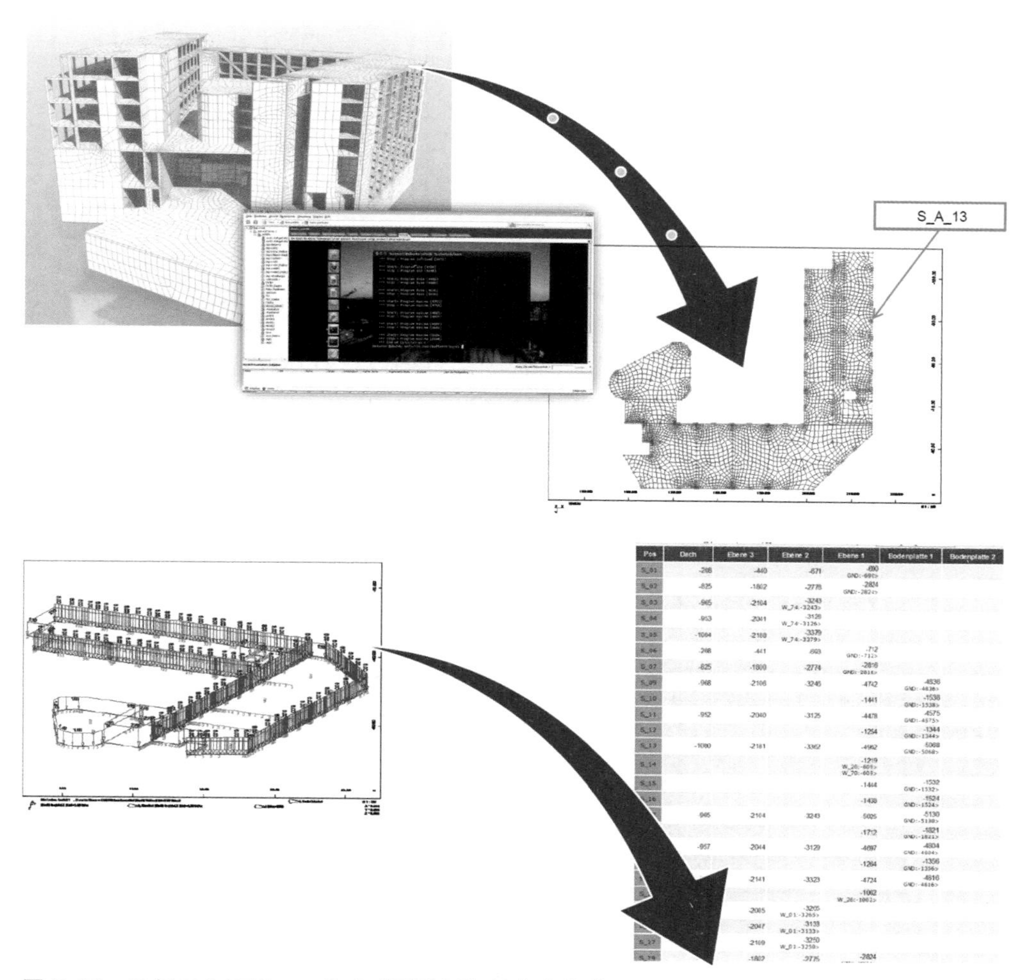

图 5-29 示例工作流程——生成“已验证”的荷载传递

来源：Boll und Partner

这种并行工作流程没有显著增加额外成本或工作量，这意味着计算获得了额外的稳定性和合理性（图 5-30）。

二维计算	三维计算
• 位置荷载传递 • 允许的最大尺寸 • 柱标注参数（柱元模型）	• 空间（结构）稳定性 • 考虑支撑作用 • 非线性效应 • 结构阶段 • 墙体尺寸参数（墙元模型）
缺点	
• 必须在每层进行修改 • 荷载传递/支撑需要手动添加	• 只能通过比较计算进行检查 • 建模和计算工作量大 • 刚度差异可能导致不符合实际的荷载传递
优点	
• 公认的工程方法 • 输出结果便于审查 • 多人协同工作	• 荷载计算总是正确的 • 发生变更时，对系统造成的所有影响都会考虑进去 • 在一次计算中，考虑所有因素

图 5-30　“已验证”的荷载传递的比较——二维与三维

来源：Boll und Partner

BIM：从概念设计到施工的连续性

钢结构和混凝土结构外立面之间的接口和交界面可以在前期阶段通过 BIM 进行确定和协调。钢结构工程的内置构件已链接在完整的模型中，因此混凝土布置图可以准确显示钢结构设计工程师在施工图中标注的预埋钢构件的位置（图 5-31）。这种工作方法允许所有相关人员检查装配和现场焊接的工作区域，并对其进行优化，无需付出额外成本或精力。

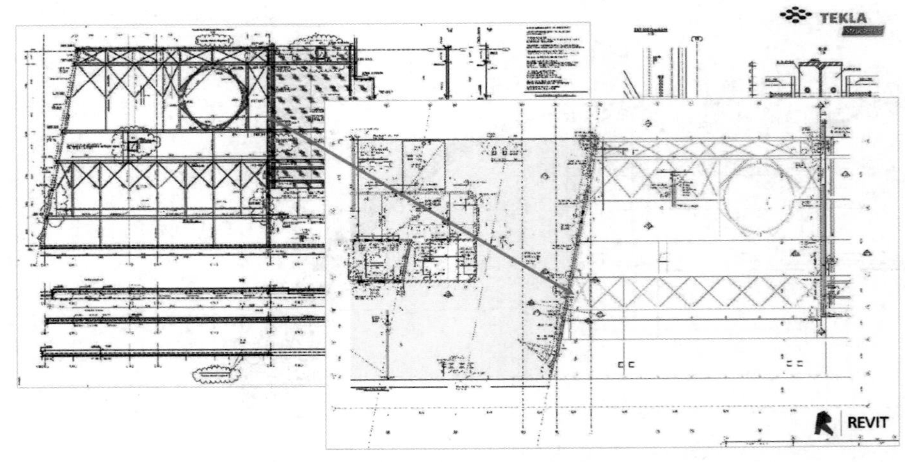

图 5-31　集成钢结构模型——内置构件的一致数据库

来源：Boll und Partner

接下来，就剩下了钢筋混凝土建筑最后也是最重要的部分，即配筋方案（图 5-32）。如果应用 BIM 只能快速更改结构稳定计算和布置方案却不能及时更新配筋方案，那它是毫无用处的。将包含数千个构件的配筋方案完整整合到 BIM 模型中，并始终如一地高质量且无误地交付，这是创新型设计理念的最后一步。

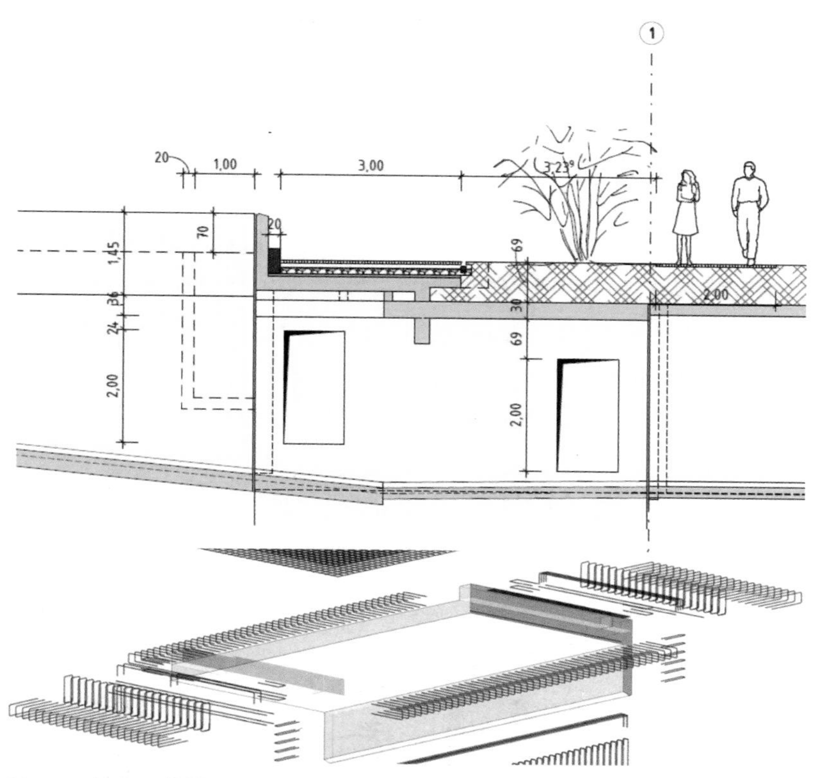

图 5-32 在总体模型中生成配筋方案
来源：Boll und Partner

基础设施项目中的数字设计：真正的“big BIM”

基础设施项目常用到一些专业软件，如用于交通流线规划、疏散或者排烟设计的软件。这些解决方案很难集成到 BIM 中，因为这些软件的运作不是基于对象的，无法与成本和时间等属性相关联。

Boll und Partner 公司认识到这一点，并希望将 BIM 设计软件的优势从建筑工程转移到基础设施项目。为了从传统建模软件中生成基础设施项目的模型，工程师和设计师研发了各种工作流。比较早的项目，例如斯图加特 21 号公路建设项目的隧道交叉口模型（图 5-33），使用了三维技术建模。

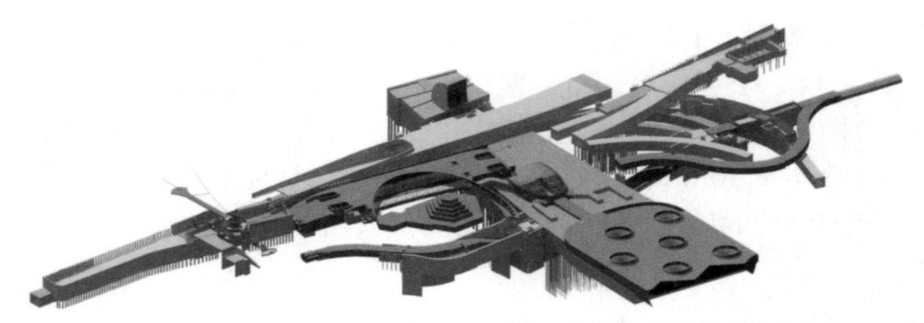

图 5-33　使用 Autodesk Revit 建模的斯图加特 21 号公路交叉路口模型
来源：Boll und Partner

然而，使用该方法制订方案和管理变更会非常耗时。使用土木工程建模软件可以显著改善工作流。Autodesk 的 Civil 3D 具有多种建模工具，可为基础设施项目生成三维模型。通过路线设计（如螺旋曲线和样条曲线），能以 100% 精度搭建隧道或桥梁的几何形状（无需使用样条曲线或 Nubs 曲线拟合）。本地对象的生成通过将几何图形导入土木工程建模软件并将建筑构件指定给特定的 BIM 对象完成。这意味着在设计软件中，用户使用的不再只是一个三维对象，而是一个可以扩展设计相关参数的智能结构信息模型。

利用 BIM 设计软件，模型可进一步向真实的设计模型靠拢（图 5-34）。比如，在模型中，管道、电缆线路都已建模，问题是如何从模型中导出适用于施工现场的模板和构件图纸。使用 BIM 几乎可以将这一功能无缝地转移到基础设施项目。围绕三维模型上的对象和建筑构件开展设计

图 5-34　斯图加特费尔德市 S2 扩建的可视化模型，以便向公众展示项目
来源：Boll und Partner

工作时，在前期阶段就可以考虑所有的设计约束条件，这种优势是显著的。例如，在一个倾斜模型（如隧道施工）中自动生成剖面视图比在建筑施工项目中的意义显著得多。不必像传统工作方式一样要重新绘制。对模型的更改会自动影响整个模型数据库。因此，从模型中导出的剖面和视图以及显示的工程量始终都是与实际变动保持一致的。

用于基础设施项目设计的土木工程建模软件具有许多优点：

- 制订所有设计阶段的具体布局和目标计划，以及施工现场设备和运输计划；
- 快速准确地制订备选方案和施工阶段进度计划；
- 整合电缆数据和路由；
- 对现场所在区域、现有结构和新的工程结构使用中心数据模型；
- 准确地计算工程量，如结构混凝土、挖方和填方等；
- 三维模型上的设计和可视化；
- 链接到完整的软件产品包以实现其他功能，如生成 4D 施工过程模拟；
- 与第三方软件和开放式 API 的接口。

目前，Boll und Partner 公司正在进一步改进工作流。其目标是通过 Dynamo 可视化编程界面，直接利用建模软件中定义好的规格数据自动生成隧道几何图形（图 5-35），以创建一个前后一致的、能始终考虑改动的 BIM 工作流程。例如，隧道坡度的更改将自动影响整个隧道几何形状。这无疑是朝着正确方向迈出的一步，特别是考虑到 Deutsche Bahn（德国铁路公司）目前在其许多项目上都要求使用 BIM。确保所有工程和设计部门开始使用 BIM 是其中一个挑战。除了使用合适的软件，这也要求项目中的每个人进行复盘、适应和学习。

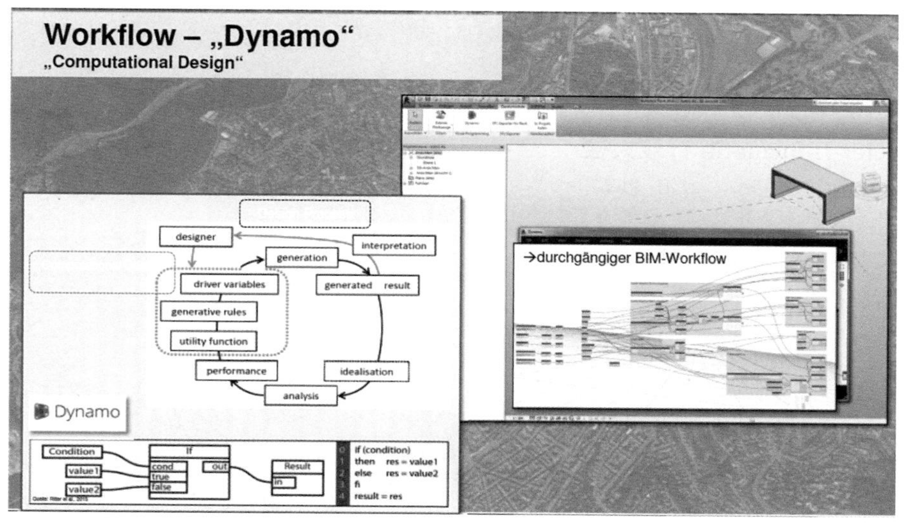

图 5-35 在 Boll und Partner 公司，隧道结构的几何图形将使用可视化编程（如 Autodesk Dynamo）自动生成

来源：Boll und Partner

对 BIM 初学者的建议

“我们该如何开始?”是众多工程实践都会面临的一个问题。我们应该从一个小项目开始，由一小群经验丰富的员工参与，还是从一个大项目开始，有业务培训和外部供应商的支持?“如果不起作用，我需要准备后备方案吗?”其实，这个问题需要的是管理上的决策，而不是技术上的决策。“一小点 BIM 上的尝试”可能会更保险，但没有任何优势。目前，德国各地有各种 BIM 团体，可以帮助公司做出此类决策并交流经验。他们举办的活动和论坛为大家交流提供了一个重要平台，有助于公司做出适合自己的决策。

一个可行的方案如下：

- 建立一个内部“试点小组”，由项目经理、2～3 名工程师和 2～3 名设计师组成，培养一个 BIM 经理；
- 提供硬件和软件，在适当情况下调整服务器结构；
- 在一个已经用传统方法完成的现有项目的基础上组织和培训团队；
- 判断哪些结构计算（用 BIM）是可行的，以及如何将它们从模型中导出；
- 确定如何创建与二维 CAD 图纸包含相同信息的平面布置图；
- 在外部顾问的支持下，将小组快速部署到新的实际 BIM 项目中；
- 推广获得的经验才能给整个公司带来利益。

BIM 不应以投入的努力来衡量，而应以获得的价值来衡量。

[案例研究] 维克多大楼

提供方：Boll und Partner 公司

Vector Informatik 行政大楼

德国 斯图加特－威林多夫

业　　主：Vector Informatik 有限公司

项目规模：建筑总面积 21 100m^2

项目状态：已竣工

竣工时间：2016 年

项目概况

Vector Informatik 公司计划在斯图加特－威林多夫的侯德克大街新建一座带有地下停车场和会议室的行政大楼。这座新建建筑的要求包括：最大尺寸约为 125 m × 95 m、建筑高度最高 3 层、平顶。

柱子的数量要保持在最低限度，这一要求对结构设计提出了特殊的挑战。为灵活利用空间，该跨度高达 16.4 m 的办公楼层采用无柱设计。同时为了符合严格的可持续发展要求（DNGB 金牌认证），该项目选择使用 Cobiax 钢筋混凝土板。首层以上的内庭院楼板和中庭以上的楼板设计为复合钢结构。

地下停车场上方的建筑构件由跨度高达 19.5 m 的梁结构支撑，从而可以使停车场比较宽敞。该建筑的深基础与地源热泵系统相协调。

BIM 方法论

Boll und Partner 公司的数字建筑模型在结构设计的各个阶段都得到了应用，特别是模型交换与协调、结构分析以及施工管理（图 5–36）。

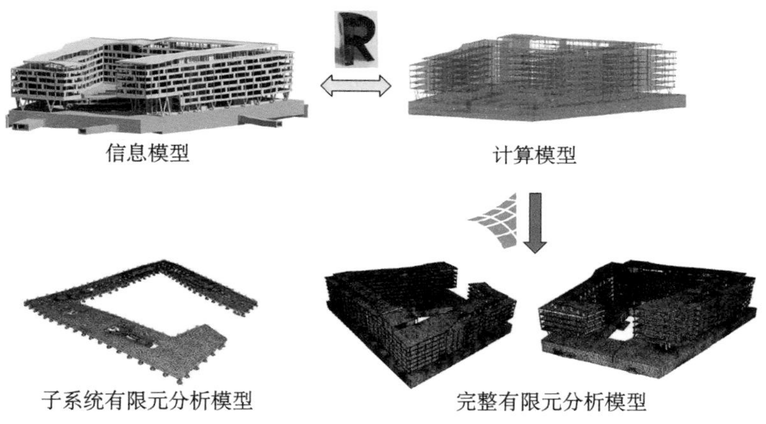

图 5–36　Vector Informatik 公司项目模型各种视图及使用
来源：Boll und Partner

IFC 交换与协调

为了方便设计和规划阶段各参与方之间的沟通，一开始就要定义好包括格式规范在内的数据交换需求，特别是 IFC 用于钢结构和立面模型之间的数据交换（图 5–37）。这同样应用于设计单位内部的数据传递，例如在被选为“建筑主模型”的 Revit 模型、开挖方案参考模型和 Tekla 钢结构模型之间进行数据传递。

结构分析

设计分析是结构设计的核心。利用数字模型中的建筑几何和结构信息，可以节省大量时间。通过链接计算模型和几何模型，确保将设计变更纳入结构分析，缩短了修改时间并提升了整体质量。除了考虑完整的系统，建筑物的特定部分根据需要也要单独考虑。通过这种方式，可对结构进行逐层分析，从而加快审批流程。

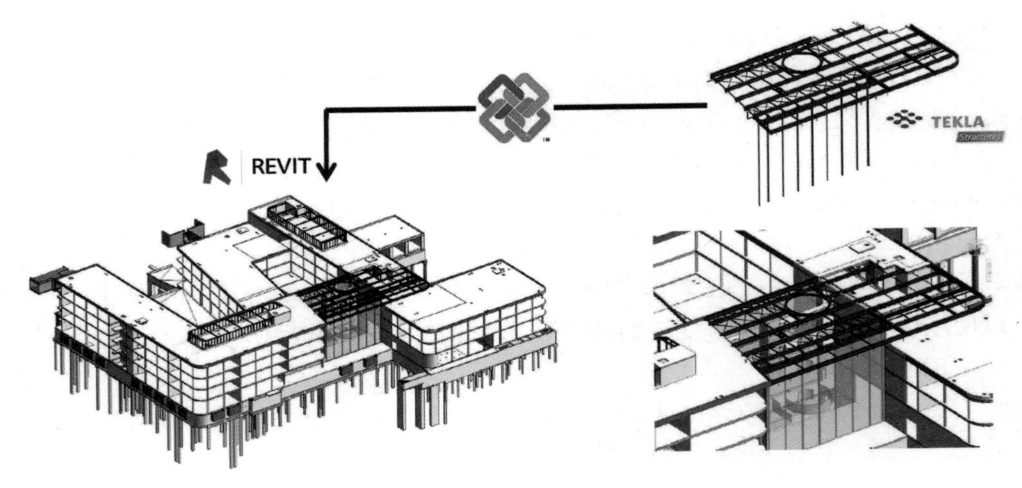

图 5-37　采用 IFC 接口交换子模型
来源：Boll und Partner

施工管理

基于能够获取实时的设计信息，Boll und Partner 团队可以监督现场施工情况并进行协调。使用移动设备在现场察看最新设计，可以很容易地从多个方案组合中去评估各种界面。根据需要，在更广泛的背景下评估模型中的荷载传递和其他结构考虑因素，从而为现场讨论提供良好的基础，同时也简化和优化了施工过程。

6 项目定义与规划

磨刀不误砍柴工。

——佚名

准备是成功的关键。这意味着要有清晰的范围定义、详细的前期规划和管理有方的执行。

第 5 章阐述了在组织内实施 BIM 的战略。BIM 战略是驱动所有项目活动的基础和框架。然而，每个项目都需要有自己的规划和执行策略。首先，业主用 BIM 工作任务书或 BIM 规范来定义需求；然后，设计施工团队据此制订 BIM 执行计划。只有在需求定义和执行计划完成后，才能开始 BIM 项目交付（图 6-1）。

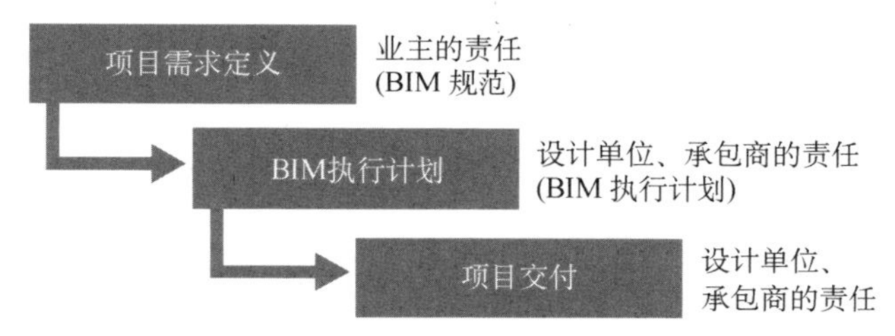

图 6-1　项目定义、规划与执行过程

项目交付将在第 7 章讨论，本章专门讨论需求定义和执行计划。

6.1　标准、规范和指南文件

本书的一个核心理念是 BIM 依赖通用定义和标准化的工作方式。在国际层面和国家层面存在许多标准，还有用于定义、规划和交付 BIM 项目的重要指南和模板文档。遗憾的是，许多标准和指南并未被业界广泛知晓或采用。如果没有合适的指南，用户就会感到孤立无援、不知所措且沮丧无比。定制解决方案和临时“标准”的出现加剧了问题，导致了更大的混乱。

可将这些文档分为六个组来支持 BIM 流程，并作为数字工作流的基础和框架（图 6-2）。

标准
通常指国际或国家层面公认的、有约束力的规则。

文件	国际级	国家级	组织级	项目级	描述
标准	√	√			公认和具有约束力的定义和/或性能要求
指南或规范		√			BIM方法的术语和流程的指南及一般定义
BIM 战略			√		描述和指导组织的BIM活动的首要目标和方法论
BIM 指南			√	√	在企业或项目中部署BIM的指导和指南
BIM 规范				√	从业主的角度看项目的要求、需求和预期结果；关注信息需求
BIM 项目执行计划				√	规划BIM实施以满足BIM项目规范；任务、角色、过程和结果的定义

图 6–2　BIM 标准和指南文档层次结构

公司（或项目）BIM 指南
是关于在组织或项目中如何进行 BIM 交付的技术或操作手册，可包括建模规则、命名约定、文件保存和管理协议，以及质量管理程序。

BIM 指南
基于标准来定义术语和流程并为 BIM 交付提供实际指导的文件。指南可以是国家级、公司级或项目级。

6.1.1　国际标准

国际标准为国家标准的制定提供了基础和参考。除了第 3 章和第 4 章讨论的技术标准（IFC、MVD、BCF 等），还存在有助于定义和指导 BIM 交付的“流程”标准。最相关且最新的标准是第 2 章介绍的 ISO 19650 系列。我们将在讨论 BIM 采购流程时重新审视这一标准，并从业主的角度来评估和定义项目要求。[1]

6.1.2　国家指南

此外，还有其他标准和指南在国家层面进一步定义 BIM。国家指南通常阐述与行业建设阶段、既定角色以及潜在的国家合同和法律框架相关的 BIM 流程。国家指南可为本地分类系统、成本结构以及 LoD 约定方面提供进一步的背景信息。

6.1.3　公司 BIM 战略

如第 4 章所述，公司战略为组织内部数字化工作方式的实施和发展制定了路线图，主要聚焦于制定目标和量化指标、定义角色和职责、提供技术（软件 / 硬件）和支持（培训）机制（包括外部支持机制）。公司 BIM 战略应参照国家和国际标准指导组织总体目标的实施。

1　另一个相关标准是 ISO/TS 12911：2012《建筑信息模型（BIM）指南框架》，它定义了编制 BIM 项目指南文件的流程。

6.1.4 公司或项目指南

在 BIM 战略的基础上，可以制定公司指南，为组织内部交付 BIM 提供进一步的技术指导。可以将其视为组织内部 BIM“用户手册”。指南通常是公司级别的，不过，在大型复杂项目中，也可制定项目指南。第 7 章对指南进行了详细介绍。

6.1.5 BIM 项目规范

BIM 工作任务书或规范由业主或其代表编写，它定义了 BIM 项目需求和交付机制，通常包含在业主招标要求中，可视为合同文件的一部分。BIM 项目规范的核心是由咨询和 / 或承包团队生产的数据交付物，主要涉及模型内容和预期应用、模型精细度等级（LoD）和信息深度（LoI）。它还可以描述模型交换和协调、数据质量控制、文件存储、交换与通信的责任和协议。BIM 工作任务书应体现国家和国际标准。

6.1.6 BIM 项目执行计划

BIM 项目执行计划是由咨询或承包团队编制的用于制定项目 BIM 交付行动计划的文件。这是对业主 BIM 工作任务书的正式回应。项目执行计划通常由项目 BIM 协调员（在总设计或总承包公司内）编写，以确定每个项目参与者的任务和交付物以及协同和质量控制活动。

我们可以绘制出从通用信息（涵盖国际和国家层面标准）到更具体细节（在指南、BIM 工作任务书和 BIM 项目执行计划中概述）的演化过程（图 6-3）。尽管存在信息层次关系，但所有这些文档都是相互关联的，有

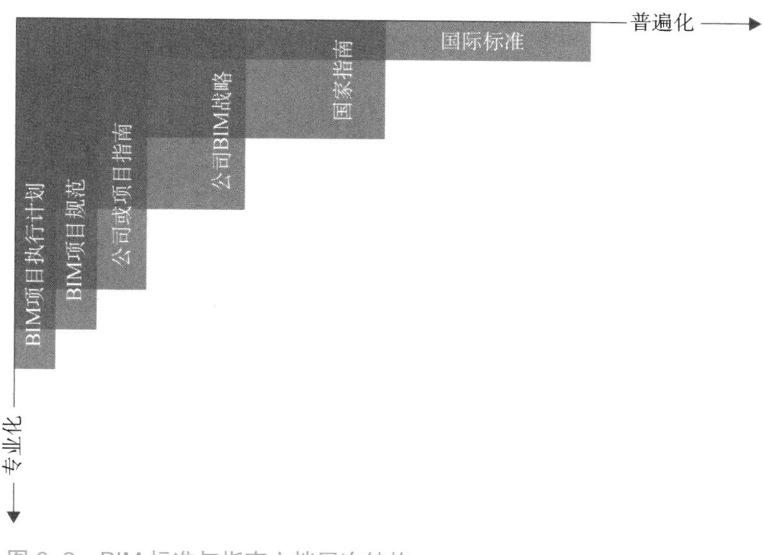

图 6-3 BIM 标准与指南文档层次结构

许多交叉参考或引用：国际标准应在国家指南中体现；公司战略应与国家倡议和标准相协调；项目工作任务书和执行计划也应体现国家和国际框架。

标准和指南的层次关系实现了从国际层面到项目层面的衔接，建立了统一的理解基础，并防止了重复或定义的冲突。从实际的角度，这样的做法使得各个文档更加简洁。项目交付规范不需要采用国际标准定义，更适合在项目执行计划中描述。同样，BIM 工作任务书也不需要重新定义像国家指南中涵盖的 LoD 协议这样的术语。

6.2 项目需求定义

建筑信息模型是贯穿设施的设计、施工、运维活动的数字基础。BIM 通常被称为资产的“数字孪生”，因为它映射了这些活动。项目完成并移交给业主时，他们还可以收到项目的数字副本（数字孪生），用于设施管理和未来翻新。

并非所有流程都需要 BIM 支持。在项目定义阶段，业主团队应评估项目交付所需的活动，并确定哪些应有 BIM 支持。

通过潜在 BIM 活动列表（图 6-4），业主（或业主顾问）需要明确要提供哪些信息来支持这些活动。这里可以简化为三步：

1. 项目需求	2. BIM 支持流程	3. BIM 交付物
哪些流程是管理项目交付和运营所必需的？	BIM如何（如果有的话）支持这些流程？	项目团队为支持这些流程需要交付哪些具体的信息需求？（以什么形式如何进行交付？）
示例 1		
在设计阶段进行施工费用估算审查	基于模型的成本核算	交付工程量清单和单价
示例 2		
设备的定期维护和更换	将模型整合到CAFM中	设备规格数据的交付（例如COBie交付）
示例 3		
租赁管理	BIM 不支持此项目	无

图 6-4 项目需求定义的流程示例

- 确定项目需求；
- 确定 BIM 流程、目标和应用内容（以实现这些需求）；

• 确定 BIM 信息需求（以支持 BIM 流程）。

步骤 1 是无论业主用不用 BIM，传统项目定义都要去做的一部分。

步骤 2 生成项目预期的 BIM 目标和应用点列表。这为项目 BIM 应用提供了范围，可用于定义流程和评估交付（咨询）方面所需的投入。

步骤 3 确定要交付的具体信息。在 BIM 术语中，就是明确模型中的对象属性（或 LoI）。该评估结果将作为 BIM 工作任务书的基础。

6.2.1 项目需求定义指南

目前，已经有许多重要的标准和指南，旨在帮助业主评估他们对项目 BIM 应用的需求。[1] 在这里，我们将主要参考来自英国 PAS 系列文件的 ISO 19650–1。从广义上讲，项目 BIM 需求可通过自上而下的三阶段流程进行定义。

阶段 1

从业主的角度，通过建筑项目整体来理解组织需求。这与组织如何管理和运维其各种设施密切相关。活动是什么（例如租户租赁、清洁、维修保养），哪些服务是外包的，以及需要交付哪些信息？

阶段 2

不论有关设施是否已竣工、翻新或新建，均需要确定运维需求，均涉及设施空间（建筑物内的功能性房间）、检修（发生在这些空间中的运营和维护活动）和设备（本质上是设备和设备属性——类型、位置、维护需求、更换周期和费用）的详细信息。

阶段 3

确定在项目移交时必须向业主交付的信息（用于基于模型的设施管理），以及在设计和施工阶段关键决策时提供的信息。这可以是项目进度报告、交付用于成本估算的工程量清单或用于估算采购、运营或维护成本的更详细的设备信息。

6.2.2 ISO 19650–1 采购周期

ISO 19650–1 中采用特定术语概括了上述常规的三阶段需求定义（图 6–5）。组织信息需求（OIR）描述了在上述阶段 1 中介绍的高层次视角的需求，可包括战略目标，以及与典型设施运维和管理相关的实际需求。

组织信息需求（OIR）
描述业主管理其建筑系列产品和相关服务的需求。

1 宾夕法尼亚州立大学《设施业主 BIM 规划指南》，以及美国国家建筑科学研究所（NIBS）《国家业主 BIM 指南》都在第 5 章中提到。来自英国的 PAS 1192，在第 2 部分和第 3 部分也提供很好的指导。

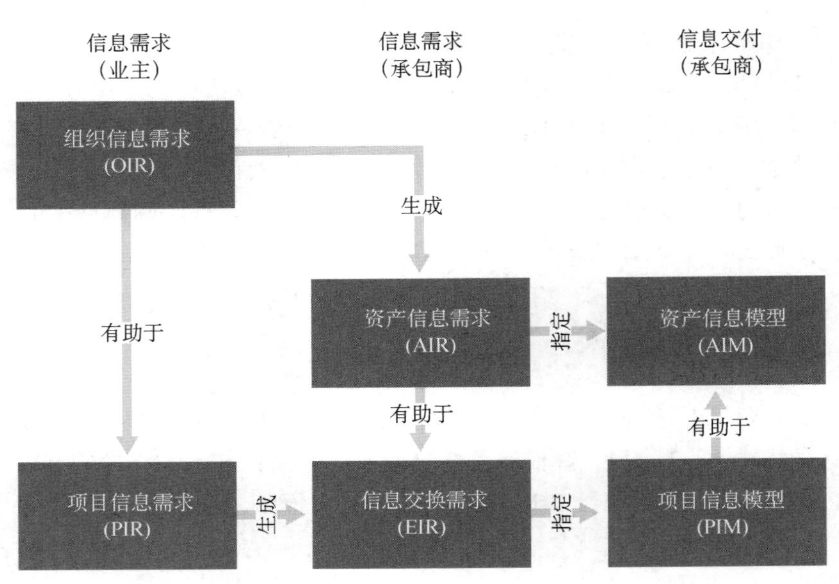

图 6-5 信息需求层次

来源：基于 ISO 19650-1

项目信息需求（PIR）
描述业主对特定设施管理的需求。

资产信息需求（AIR）
明确项目团队在项目交付时要提供的信息（用于运维和设施管理）。

信息交换需求（EIR）
指定在项目规划和建设过程中需要交换和传递的信息。

项目信息需求（PIR）反映了与阶段 2 中描述的涉及具体设施的业主 / 运维单位需求。

阶段 3 中描述的由项目团队提供的信息交付物，在 ISO 19650-1 中进一步分为两个阶段。首先，资产信息需求（AIR）详细说明了运维和设施管理需要交付的信息。AIR 描述了合同交付物（明细表），据此生成用于设施运维和管理的资产信息模型（AIM）。[1]

AIR 定义设施运维需要交付的信息，但不包含设计和施工阶段的信息需求。这部分在信息交换需求（EIR）中有规定。EIR 定义在项目开发过程中（如在设计和施工阶段）交换和交付的信息。EIR 描述了合同或 BIM 工作任务书对咨询和承包公司在具体项目上进行 BIM 交付的要求。简言之，EIR 的交付产生了项目信息模型（PIM）。

ISO 19650-1 中描述的 AIR 和 EIR 概括了阶段 3 中应包含的两个组成部分，即定义了合同和 BIM 项目规范中对项目团队交付物成果的要求。

6.3 项目 BIM 规范（BIM 工作任务书）

BIM 规范描述了 BIM 在项目中应用的范围和目的，可能包括特定项目的 BIM 应用情况及目标的描述，项目数据的创建时间和范围、数据的交换

1 如第 2 章所述，资产信息模型（AIM）用于基于模型的设施运营和维护，由具有设施设备信息的竣工几何模型组成。

及验证方式。详细的 BIM 规范有时会包含文件交换协议、质量管理流程、命名规则，甚至是建模标准。然而，其核心在于，文件描述了在特定项目阶段——最重要的支持设施运维的项目移交阶段——须交付给业主的信息。

以上这些内容通常在模型交付表（MPDT）中被简洁地定义，这也是 BIM 规范中的关键内容。[1] 模型交付表列出了在项目的每个阶段中所有建筑单元的模型精细度等级（LoD）与信息深度（LoI）。该表通常也会为每项建筑单元分配初始模型创建者。模型创建者可以根据项目不同阶段相应改变。例如，在初步设计阶段，楼板和墙体可以由建筑师建模；在扩初设计阶段，这些单元则可在结构工程师的模型中来表达。

模型交付表（MPDT）
是一个项目特定的信息统计表，定义了各个建筑（模型）单元的几何精度和信息深度。它是 BIM 规范和 BIM 执行计划的核心组成部分。

传统的信息交付是在项目某阶段完成时进行（如设计图纸交付时）。然而，业主在任何一个项目的关键性决策点都可能要求进行数据交付。这里的决策点或信息交付点是 ISO 19650-1 中阐述的信息流的重要组成部分。

如图 6-6 所示，每个对象组都应有相应的几何精度和信息深度定义，以及指定的模型单元创建者（MEA）。这张表中还包含了一列附加信息，注明了可能未做建模但必须以符号或线条出现在平面图中的元素。处理平面线条和符号能节省建模的时间和精力，让模型更轻量。尽管不具备三维几何参数，但符号和其他平面元素仍能被 BIM 软件识别为模型单元（如用作工程量统计）。

eBKP-H		阶段											
位置	单元描述	扩初设计				施工图设计				深化设计			
		LoG	LoI	2D	MEA	LoG	LoI	2D	MEA	LoG	LoI	2D	MEA
C	建筑施工												
C1	楼板、基础	100	100	√	ARCH	200	300	√	STR	350	300	√	STR
C2	墙体结构	200	100	√	ARCH	300	300	√	ARCH	350	300	√	ARCH
C3	支撑结构	100	100	√	ARCH	300	300	√	STR	300	300	√	STR
C4	吊顶/屋顶构造	100	100	√	ARCH	300	300	√	ARC	350	300	√	ARCH
D	建筑设备												
D1	电气安装												
D1.1	广电设备	–	–	–	–	0	100	√	ELEC	0	300	√	ELEC
D1.2	强电	–	–	–	–	0	100	√	ELEC	0	300	√	ELEC
D1.3	照明辅助	100	100	√	ARCH	200	200	√	ARCH	200	350	√	ELEC
D1.4	电器装置	0	100	√	–	0	100	√	ELEC	0	350	√	ELEC

图 6-6 基于瑞士 eBKP-H 对象分类系统的模型交付表（MPDT）示例

MPDT 是一种大致地定义项目需求的方式。MPDT 的某些变体还会描述每个 BIM 应用的预期交付物（例如，定义用于进行能耗分析模型的内容）。无论如何，它从业主角度设定了对项目团队交付信息的预期。这可能

1 术语“模型交付表”在 ISO 19650-1 中并没有明确提及。然而，其在英国、美国以及许多其他国家中被广泛应用（或以其他形式），被公认为国际上的最佳实践。

足以定义业主和合作伙伴之间的服务合同协议，但并不足以描述模型交换需求或 BIM 协同的细节。这将在下文的 BIM 执行计划一节中讨论。

6.3.1 信息深度（LoI）与对象属性定义

BIM 规范的初衷是通过 LoG 约定来很好地定义模型所需的几何精度等级。尽管表达相当粗略（如 LoG 100—400），但对业主而言通常已经足够。然而，信息内容并不总能够被信息深度标准所涵盖。这确实是因项目而异的，并且取决于业主需求。如果信息内容并非业主核心关注，可以采用信息深度标准等级作粗略定义。然而，在理想状况下，应为每个项目阶段和应用点定义所需的对象属性。例如，业主希望通过施工运营建筑信息交换标准（COBie）对后续设施运维中使用的信息交付作出定义。

6.3.2 内容和结构

BIM 工作任务书首先应描述整个项目和业主目标，然后应该列出 BIM 在项目中的预期应用，并明确协同和模型共享中各方的职责，可能包括描述项目协调会议，以及模型协调和质量控制方面的要求。

工作任务书中可能也会列出模型审查和审批流程、数据交换协议、文件保存和备份以及一般交流事宜。文件共享和交换协议在 ISO 19650-1 中的通用数据环境定义下进行了相应描述（见第 2 章）。一些 BIM 规范可能指定使用某些特定软件，例如通用数据环境（CDE）、协调、成本核算或设施管理等。但指定建模软件的情况并不多见。

一些业主会要求顾问团队使用特定的建模软件，然而，随着 openBIM 标准的成熟，这已经不再必要。在最佳实践中，业主要求以开放格式（例如 IFC 或 COBie）提供模型数据，同时还需要提供不指定格式的原生建模文件。

根据结构和内容，我们可以将 BIM 规范分为三个部分：战略或商务、管理、技术（图 6-7）。

战略或商务	管理	技术
• 项目描述 • 合同类型 • 业主和项目目标 • BIM 应用 • 交付时间表 • 模型交付表	• 流程指南 • 角色和职责 • 协作与沟通流程 • 模型协同与质量控制	• 项目初始设置 • 模型结构 • 数据交换格式 • LoD/LoI(对象属性定义) • 通用数据环境(CDE）结构 • 软硬件

图 6-7 项目 BIM 规范的结构和内容示例

6.4 执行计划

业主的 BIM 工作任务书或规范，描述了项目的信息需求——即要交付的内容。项目团队会在 BIM 执行计划中明确如何创建、交换和交付这些信息。执行计划通常由项目协调员牵头，整个项目团队参与制定。

最早也最权威的描述 BIM 执行计划的资料之一是宾夕法尼亚州立大学的《BIM 项目执行计划指南》，最初出版于 2009 年，2011 年修订。自问世以来，BIM 执行计划逐渐在全世界发展出诸多版本和模板。然而，在我们看来，宾夕法尼亚州立大学的指南仍然是最有指导意义和最容易获得的文件。

《BIM 项目执行计划指南》使用简单的四步流程来定义项目交付（图 6–8）：

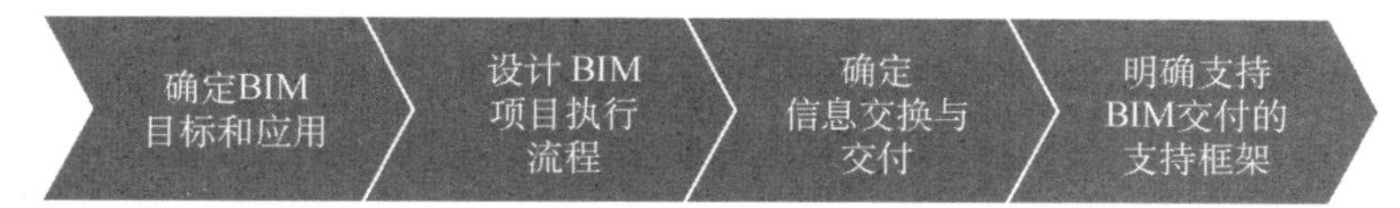

图 6–8　BIM 执行计划的四个步骤
来源：宾夕法尼亚州立大学《BIM 项目执行计划指南》

① 确定项目规划、设计、施工和运维阶段的高价值 BIM 应用；

② 通过创建流程图的方式设计 BIM 执行过程；

③ 以信息交换形式规定 BIM 的交付物；

④ 建立合同、沟通程序、技术和质量控制等形式的基础框架以保障实施。

6.4.1 确定 BIM 应用

BIM 执行计划从审视业主提出的 BIM 目标、应用和信息交付开始。由于大多数组织处于引入 BIM 的早期阶段，因此在评估给定项目中可实现的目标时，持现实态度很重要。项目团队应尽早组织会议，进行集体评审并制订项目交付计划。这通常始于对项目要求的评估和差距分析，以评估团队利用现有资源满足要求的能力。

宾夕法尼亚州立大学《BIM 项目执行计划指南》提供了许多资源和模板来支持项目规划。例如，BIM 应用评估矩阵（图 6–9），其中列出了所有建议的 BIM 应用，每个项目成员必须对他们的经验、能力和可用资源进行评级，以满足交付要求。

BIM应用	项目价值	责任方	能力评分			备注	是否推进
			1–3（1 = 低）				
			资源	完整度	经验		
记录建模	高	承包商	2	2	2	需要适度培训	可能
		设施经理	1	2	1	仅作支持	
					3		
排程（4D）	中	承包商	1	1	1	需要软件培训	否
		建筑师	2	2	1	需要建模指南	
成本核算（5D）	高	承包商	3	3	3	需要必要培训	是
		建筑师	2	2	2	需要建模指南	
设计审查	中	建筑师	2	3	2		是
		业主	2	1	1	仅作支持	
3D 协调	高	建筑师	3	2	2		是
		机电工程师	3	3	3		
		结构工程师	2	3	2		
建筑设备模拟	低	机电工程师	2	3	3		可能
		建筑师	2	1	1	仅作支持	

图 6–9　根据项目团队的能力评估 BIM 应用情况

来源：宾夕法尼亚州立大学《BIM 项目执行计划指南》

这不是在练习相互指责，而是对整个项目团队的能力和缺陷的公开评估。一个组织的弱点可能被另一个组织的优势所弥补。这些研讨会必须基于一定程度的信任、合作和善意。从这个分析中得出的结论是，为了满足业主的需求，可能需要额外的培训、研讨甚至是聘请外部顾问。项目团队甚至可能得出结论——一些更复杂的 BIM 要求在当下无法实现。之后，项目团队就所发现问题与业主进行讨论并寻求解决。

能力更强的项目团队可能会选择增加额外的 BIM 应用，这些应用不一定是业主要求的，但能为团队规划设计过程提供支持。例如，业主对项目中 BIM 的要求可能是：

- 模型协调；
- 基于 BIM 的成本核算；
- 4D 模拟。

此外，项目团队决定增加：

- 结构分析（由结构工程师负责）；
- 建筑性能模拟（由暖通工程师负责）。

项目团队通过制定流程图，将业主要求的 BIM 应用和自发的 BIM 应用结合起来。

6.4.2 流程图

项目的"BIM 应用"定义了 BIM 的应用范围，但这些应用必须要做好规划并具备可操作性。其起点是绘制出整个项目生命期的 BIM 应用流程图。一些应用可能是特定阶段进行的（如可行性研究），而其他应用则会在整个项目期间重复进行（如模型协调）。通过将这些 BIM 应用活动以流程图方式组织起来，可以对 BIM 流程有一个宏观掌控，并确定哪些时间段应用更密集（图 6–10）。

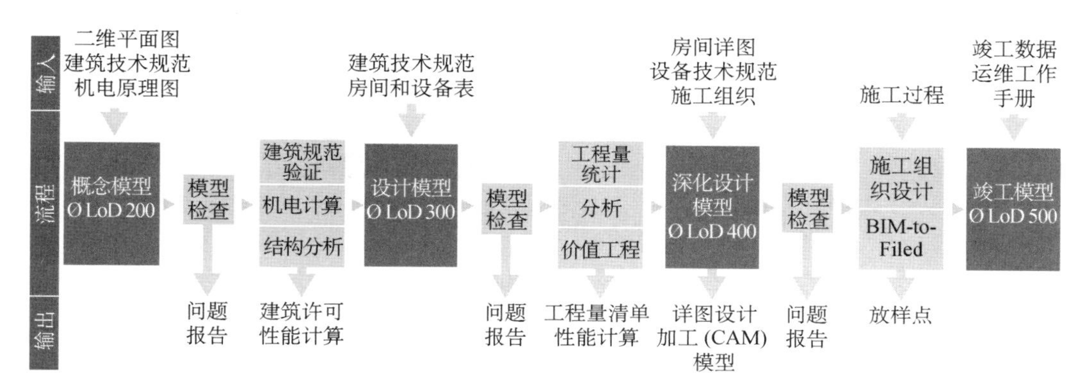

图 6–10　项目整体流程图示例

每个应用活动都应该在详细的流程图中进一步展开，需要识别出与整个应用活动相关的每个任务，以及关联的参与方、所需的输入内容和交付的输出成果。图 6–11 是一个用于成本核算的基本流程图示例。各项独立 BIM 应用活动的流程图采用的是与第 3 章中介绍的"信息交付手册"（IDM）类似的方法。

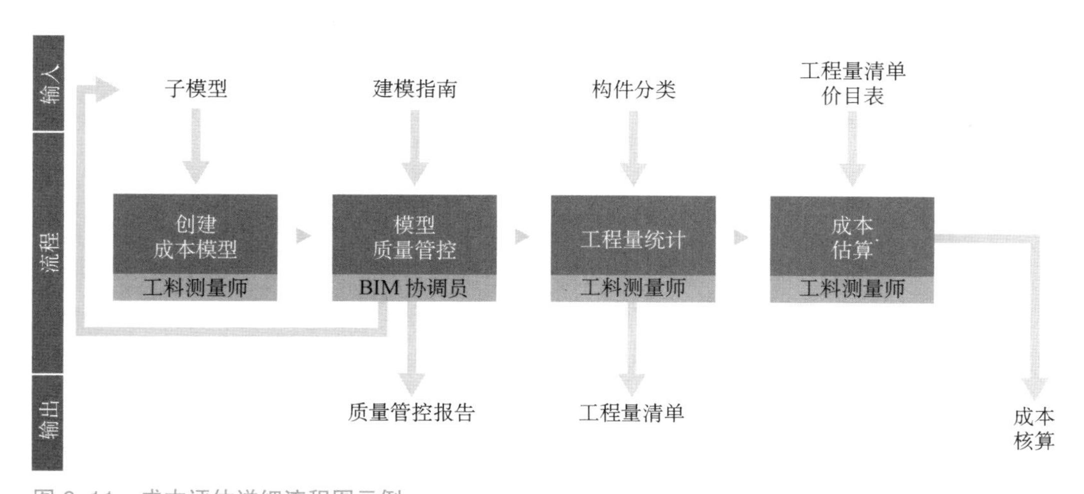

图 6–11　成本评估详细流程图示例

详细流程图为项目成员执行具体任务提供了一个模板和指南。它还强调了项目中的总体流程和具体任务间的依赖关系。例如，只有在建筑师充分准备和提交模型后，才能进行能耗分析。更具体地说，建筑师必须正确地定义能用于能耗分析计算的空间模型。

6.4.3 信息交换

信息交换
简单来说，意味着信息从一方到另一方的传递。在 BIM 中，通常意味着模型或模型数据的交付。

流程图的一个重要输出成果是描述信息交换，也就是在流程中要给下一个参与方传递具体的信息。以能耗分析为例（图 6–12），建筑师必须提交一个设计模型，机电工程师才能进行模拟。这个模型必须包含下一项应用所需要的具体信息（例如，需要对空间进行定义，需要对墙体进行 U 值分配）。

1. 信息需求	2. 交付格式	3. 参与主体
我们需要什么信息支持该BIM活动?	这类信息以什么格式交付?	在什么时间点由谁生产或交付该信息?
举例 1		
空间边界	按几何模型格式提供(IFC)	建筑师(连同建筑模型交付)

图 6–12　确定能耗模拟所需交换的必要信息的过程示例

这些信息的产生主体必须要有明确的规定。建筑师也许需要在他的模型中定义空间，U 值需要由机电工程师或其他外部专家提供。信息的交换可以通过三个步骤进行。

确定流程图和信息交换是 BIM 执行计划的主要功能和成果，决定了信息交付的流程、交换要求及过程中必要的参与方，以实现 BIM 工作任务书中定义的项目要求。

信息交付手册（IDM）和 BIM 执行计划（BEP）

很明显看出，执行计划中描述的流程图和信息交换与 IDM 方法（在第 3 章和第 4 章中描述）有相似之处。可以说，一个 BEP 包含迷你的 IDM 工作流程。当然，IDM 描述的是一个广泛而通用的应用（如成本核算），而执行计划中的工作流程图主要用于具体项目。此外，IDM 的设计是为了表达 IFC 架构中的交换需求，而执行计划适用于更通用水平的建筑信息中。

6.4.4 基础设施

宾夕法尼亚州立大学《BIM 项目执行计划指南》中确定的最后一项内

容是规定交付项目的必要基础设施支持，涉及在 CDE 中定义模型交付和交换协议，制定质量保障措施，明确团队成员的角色和职责。基础设施也可能与技术需求有关。由于项目团队已经确定，具体的 BIM 软件可能已经指定，这样就能定义在这些系统之间的数据交换过程。

基本可以确定常规项目协调时采用 IFC 格式交互，当需要进行某些具体应用如工程模拟时，需采用原生文件进行交互或者其他开源的交互格式，如能耗分析采用 gbXML 格式。本章也会讨论服务器及硬件要求。

6.4.5 内容与结构

尽管内容明显各不相同，但 BIM 执行计划文件的结构可以遵循 BIM 规范所采用的结构（图 6-13）。虽然项目关键信息、应用和可交付成果会有所重复，但会对流程进行详细说明。执行计划会定义出特定的项目角色，最重要的是，会形成详细的工作流程和信息交换文件。

战略或商务	管理	技术
• 项目描述 • 主要联系人 • 项目目标 • BIM 应用 • 交付时间表 • BIM 和设施数据需求 • 项目交付物	• 角色和职责 • 流程设计和工作流 • 协同与沟通流程 • 模型协调与质量控制	• 项目初始设置、坐标和单位 • 模型结构 • 信息交换 • 数据交换格式 • 通用数据环境(CDE)结构 • 软硬件要求

图 6-13　BIM 执行计划的结构和内容示例

6.5 对象定义与交换要求

在本书的开头，我们介绍 BIM 应用过程中的模型单元是由三个主要的参数（或维度）定义的：建立对象模型的阶段、建模的目的、建模者的角色或专业。这实际上描述了项目定义和执行计划的核心部分。只有在确定了项目 BIM 应用、阶段和角色后，我们才能解释应该如何定义模型单元。

在最基本的 BIM 规范中，对象只是按每个阶段的 LoD 来定义，而不考虑目的或角色（图 6-14）。这是一个非常简单的方法，最重要的是，它没有考虑 BIM 应用，而 BIM 应用对模型的构建方式和它应该包含的信息影响最大。例如，为碰撞检测而建立的模型与为能耗分析而设计的模型会有不同的信息内容（可能会用不同的建模方式）。

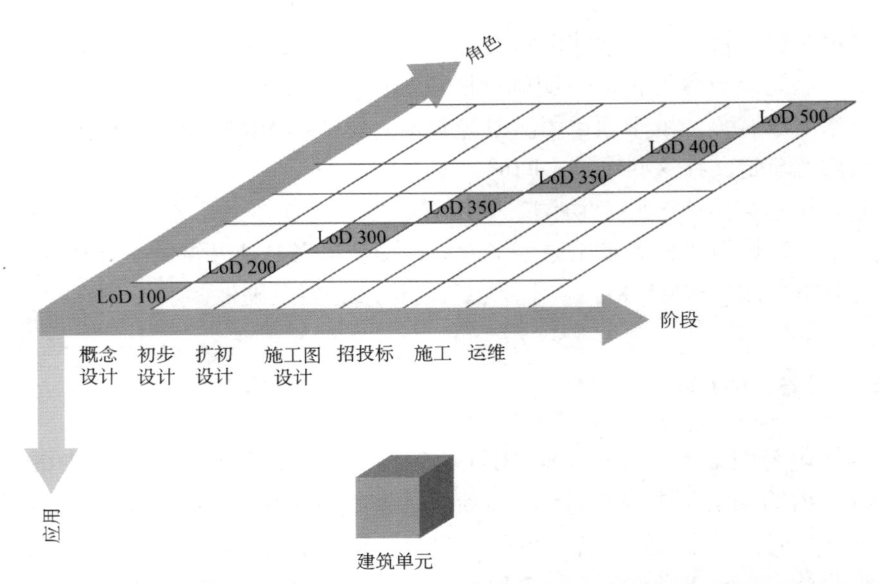

图 6-14　BIM 规范的最基本形式中，仅按项目所处的阶段来定义建筑单元的 LoD 级别

只有通过叠加这三个维度——应用、阶段和角色，我们才能真正定义一个项目中的模型单元的功能和内容（图 6-15）。

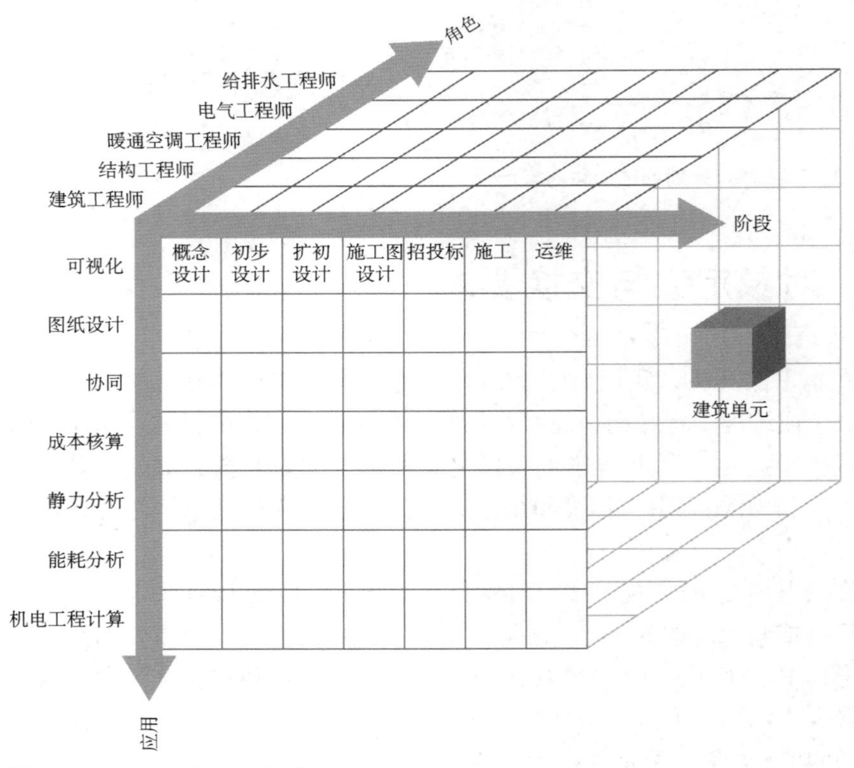

图 6-15　BIM 对象定义矩阵

在 BIM 执行计划中，我们应该能够站在任意角色的角度，设定所有模型对象在特定阶段、特定应用点中的表现方式。例如，在扩初设计（阶段）中，建筑师（角色）应该为一个窗户（对象）提供哪些信息，以适合能耗分析（应用）？这实质上是定义了 BIM 执行计划的核心——交换需求。

6.6 数字工具

BIM 规范和执行计划是 BIM 交付的重要基础。在实践中，这些文件往往非常复杂且内容烦琐，项目团队很难对其进行应用。矛盾的是，当我们在谈论数字化的工作方式时，我们却用一种古老的方式来阐述这个过程。一个 120 页的 BIM 规范或执行计划里，没有体现任何数字化、集成化或动态化。

上述情况是可以改变的。在过去的几年里，有许多用于实现项目需求定义和执行计划数字化的创新工具面市。

6.6.1 NBS BIM Toolkit

为支持 BIM Level 2 的发展，英国政府招标开发了一款用于定义 BIM 项目需求的线上平台——NBS 中标并开发了著名的 BIM Toolkit，公众可免费使用该平台开发 BIM 规范。

NBS BIM Toolkit 最主要的组成部分是实现重大创新的模型交付表（图 6–16）。首先，NBS 创建了一个线上对象库，包含约 5 700 条通用对象定义。每一个对象类型对应不同的模型精细度等级（LoD）和信息深度（LoI）状态（模型示例和属性描述）。我们可以在不同模型精细度等级中预览对象元素，以决定最合适的 LoD/LoI。[1]

每个对象的 LoD/LoI 定义都是按阶段划分的，并自动为对象进行分类（依据英国 UniClass 元素分类系统）（图 6–17）。一旦定义了所有阶段的所有对象后，就可以像以往一样导出 PDF 报告，或者导出数字化文件，设计师根据报告或文件检查模型定义要求。

1 如第 1 章所述，英国惯例是使用 LoD（模型精细度等级 Level of Detail）而非 LoG（几何表达精度 Level of Geometry）来定义几何细节。

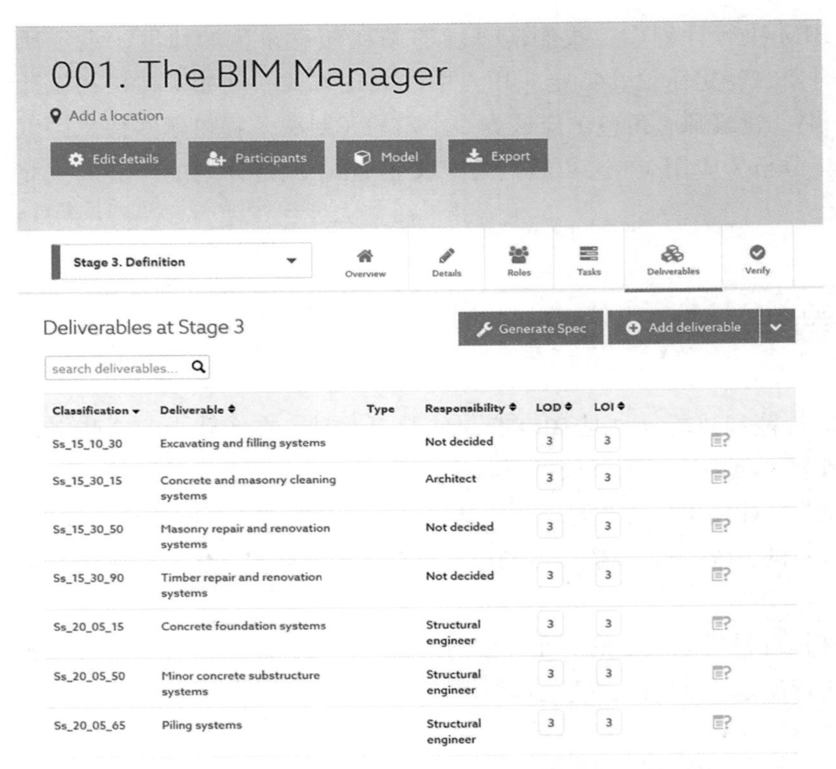

图 6-16　按阶段和角色划分的 NBS BIM Toolkit 项目模型交付表
来源：NBS

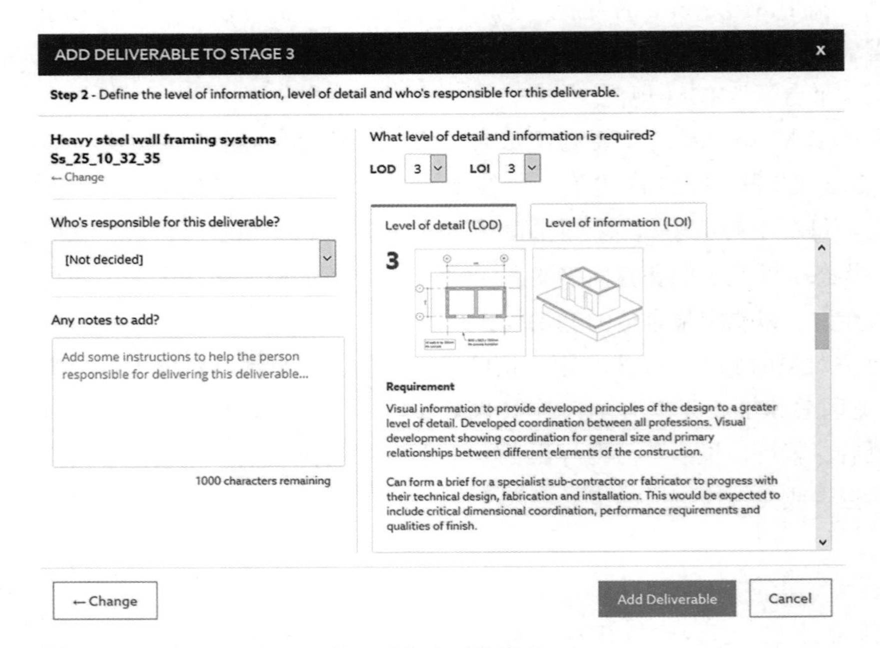

图 6-17　NBS BIM Toolkit 的 LoD/LoI 对象定义
来源：NBS

另外，NBS BIM Toolkit 还提供检验工具，根据施工运营建筑信息交换标准（COBie）的数据要求，来检查项目的 COBie 格式的交付物（由顾问以电子表格的形式提交）。业主可以自行生成报告，来识别已提交模型中所有不符合项目要求的元素。

NBS BIM Toolkit 还有其他实用功能，例如按阶段定义任务并指定责任方（图 6–18）。这项功能对项目规划很有帮助。导入模板文件后（例如英国建造产业协会工作阶段），软件会列出预设任务，可以对其进行修改，并将任务指派给项目团队成员。

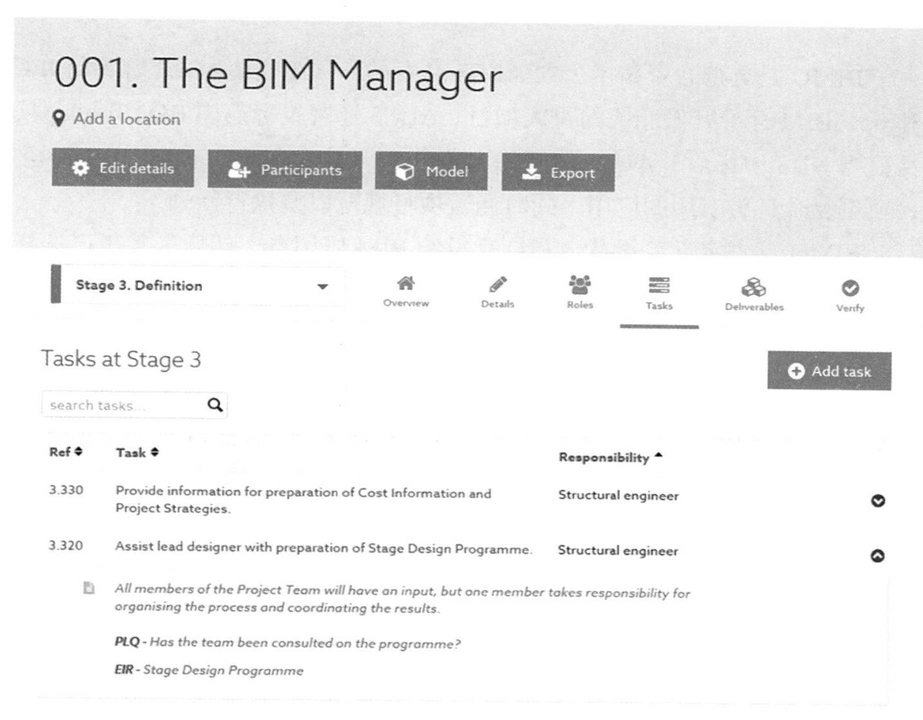

图 6–18　NBS BIM Toolkit 中的各阶段责任与分工
来源：NBS

局限性

NBS BIM Toolkit 无疑是一项创新开发，但也有诸多不足之处。首先，NBS BIM Toolkit 是从业主角度设计的，定义了 BIM 任务和可交付成果，但未能从更广泛的项目团队的角度出发，将相关的流程纳入其中。简言之，NBS BIM Toolkit 是一项规范工具，而非执行计划工具。另外，NBS BIM Toolkit 既没有定义 BIM 在项目中的应用，也没有包含交付 BIM 项目所必需的任何协同过程（模型交换、项目工作流程和沟通、协调和协同活动）。

对国际用户而言，NBS BIM Toolkit 的主要限制在于它是基于英国行业标准［包括英国 LoD/LoI 定义（0—7）以及 OmniClass 分类系统］。另外，对象分类定义过于细致，有超过 5 700 个对象。其中没有门类型，但却有

37 个门元件（门套、门挡、门轴、门环等）。在实践中，用更广义的组合来定义更广义的 LoD 对象会更实用。

如前文所述，LoD/LoI 分组定义在项目规范方面确实有用，但是在确定具体交换需求方面还有不足。从业主角度定义关键交付物时，NBS BIM Toolkit 是一项很好的工具。但是在定义 BIM 应用以及支持整个项目的 BIM 执行计划方面，NBS BIM Toolkit 则显露弊端。

6.6.2 BIMQ

BIMQ 是英德合资技术公司 AEC3 开发的一项工具。AEC3 曾参与 IFC 和 openBIM 标准开发相关的重大项目。AEC3 还曾投标英国 BIM Toolkit 项目，当 NBS 中标后，AEC3 便开始自行开发工具。在我们看来，BIMQ 是一项更复杂且更有用的应用，同时涵盖项目规范以及执行计划。

BIMQ 首先定义项目参数和待交付的 BIM 应用点。然后，基于已选择的 BIM 功能，BIMQ 会创建设计团队要交付的信息需求矩阵。这个矩阵确定了每个对象类型中的各个对象的属性（详细的模型交付表）（图 6–19）。

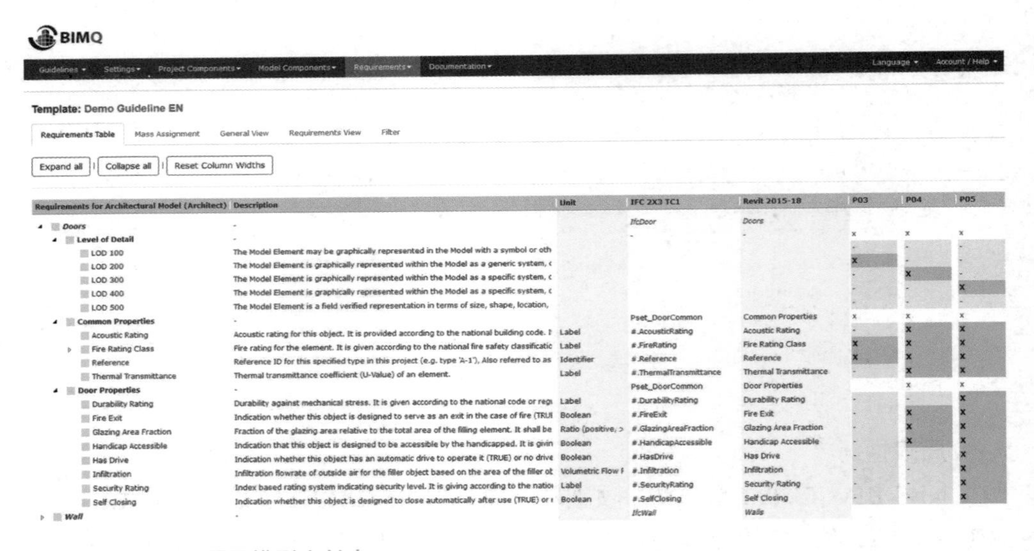

图 6–19 BIMQ 项目模型交付表

来源：AEC3

BIMQ 最大的亮点在于它能生成数字指令（基于 mvdXML），帮助设计团队识别需要建模的对象属性。BIMQ 还包括一个验证工具（同样基于 mvdXML），可以根据初始规范来检查已提交的 IFC 模型的对象属性（图 6–20）。提交模型中的信息缺失会被识别出来并显示为错误。

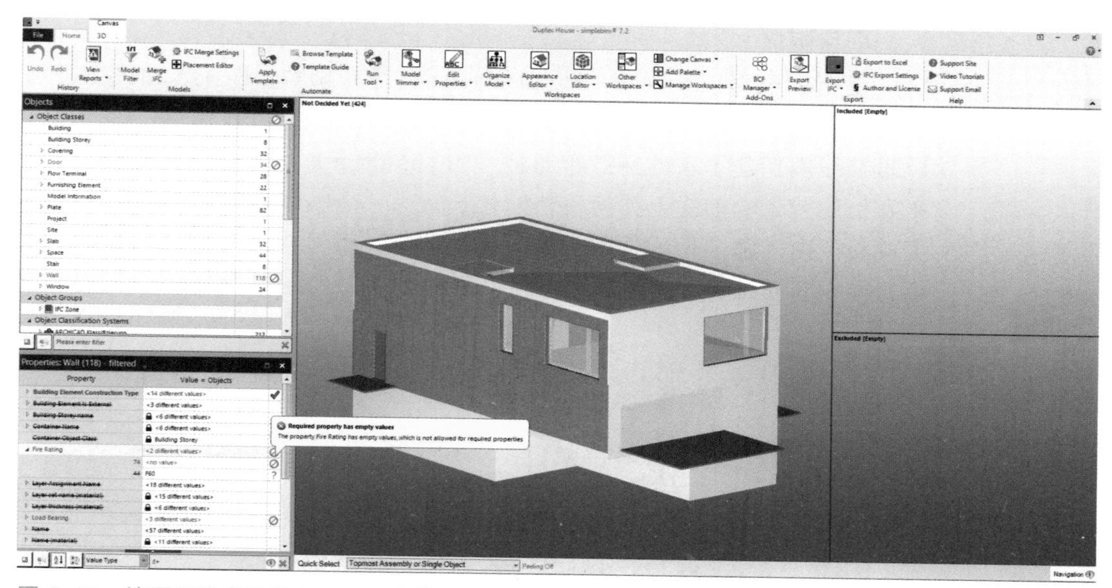

图 6-20 按项目需求使用 BIMQ 开展模型验证
来源：AEC3

就 BIM 规范和执行计划而言，BIMQ 是一个非常重要的工具。BIMQ 能使技术工作流程规范化、自动化，从而使项目团队能专注于项目交付。在 BIMQ 和项目团队所使用的不同建模软件之间，真正实现了明确和验证 BIM 需求的数字化过程。业主需求和设计成果的互相匹配，预示着未来项目在需求说明、交付成果、审核验证方面将迈进新时代。

[案例研究] 巴塞尔圣克拉拉医院

提供方：BFB 建筑事务所

圣克拉拉医院

新赫兹布龙嫩大楼

瑞士巴塞尔

业　　主：圣克拉拉基础设施公司
总 顾 问：BFB 建筑事务所
总承包商：HRS
项目规模：总成本为 2.5 亿瑞士法郎
项目状态：已竣工
竣工时间：2021 年

项目概况

巴塞尔圣克拉拉医院（St. Claraspital）是一家私人医院，由两个专科护理中心构成，分别为腹腔中心和肿瘤中心。苏黎世 BFB 建筑设计团队在建筑红线内扩建了新的赫兹布龙嫩（Hirzbrunnen）大楼。在兼顾现代化城市和历史背景的前提下如何将新旧建筑融为一个整体是项目面临的一个极大挑战。由于施工位置受限，加上医院需要一直保持正常运营，这就要求项目在空间和时间方面要高度协调（图 6–21）。

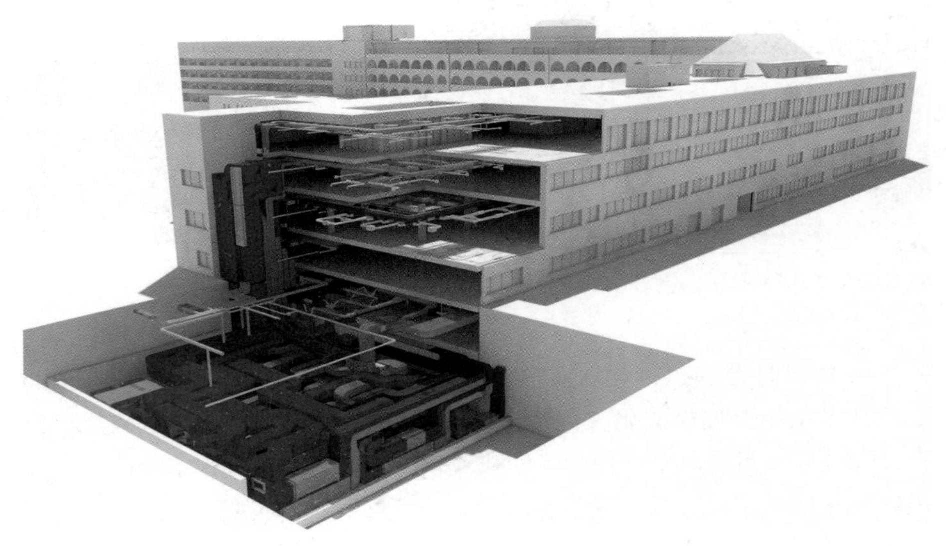

图 6–21　三维协调模型
来源：BFB 建筑事务所

BIM 方法论

从初步设计到施工图设计，苏黎世 BFB 建筑设计团队均采用 BIM 来完成。总承包商 HRS 负责指挥项目建设。

该医院扩建项目较复杂，分多个阶段进行且涉及新旧建筑，因此整个项目团队需要建立合适的数字化协同方法。中心数据库是信息管理的关键所在。自项目启动以来，所有参与者通过中心数据库来交换信息，不但节省了时间，而且没有出现任何信息错误。

数据库不但起到信息集成系统的作用，而且能将设计参数直接准确地传输至执行文档，从而避免人为错误，大大优化了设计和交付时间（图 6–22）。

为了高效协调项目各方并确保项目的有效执行，采用 IFC 和 BCF 格式来进行设计沟通，使用 Solibri Model Checker 来进行基于规则的设计质量验证。上述措施极大改善了设计质量以及任务的分配和跟踪，项目协调效率估计提升了 30%。

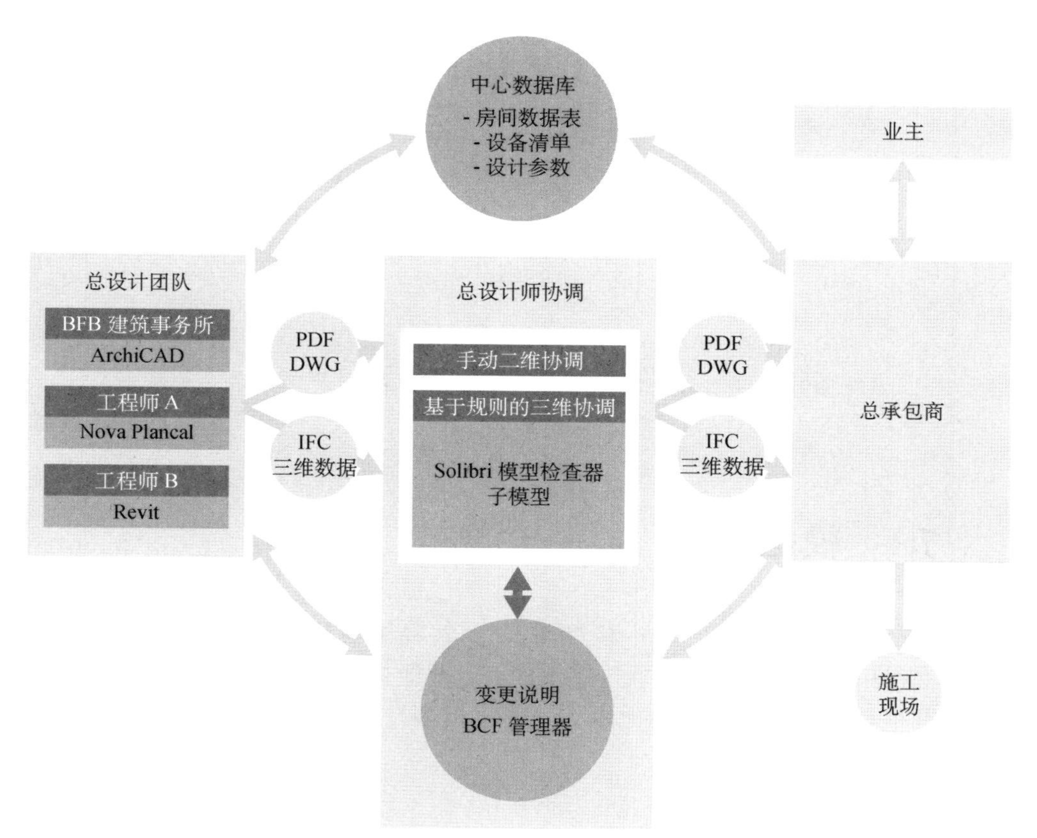

图 6-22　项目组织和开发计划
来源：BFB 建筑事务所

7 项目设置和交付

良好的判断力来源于经验，而经验则往往来自错误的判断。

——佚名

7.1 模型配置

第 2 章探讨了“单一模型谬误”，解释了项目很少只含有单一模型，往往由多个子模型构成。这些子模型定期地交换、整合，用以进行协调或其他协同活动。我们将之称为“集成模型”方法，它是 openBIM 的基础（图 7-1）。

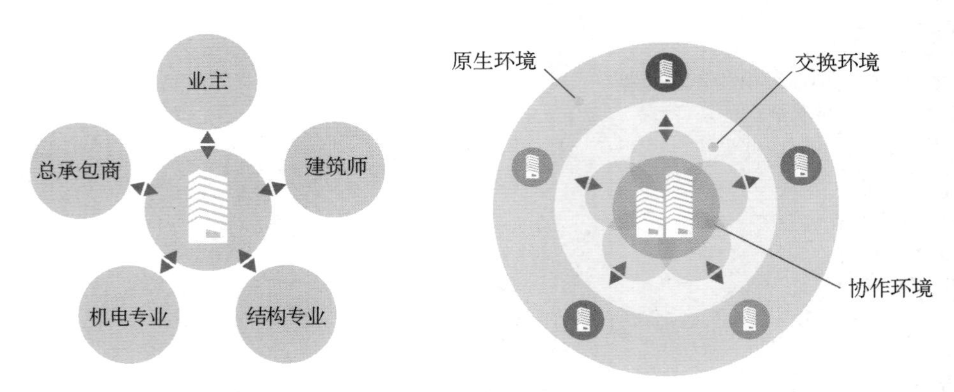

图 7-1 单一项目模型（左）和集成项目模型（右）

7.1.1 原生中心模型

将“单一模型”完全抛弃也有点不合适，毕竟它在某些特定场景下还是有价值的。中心模型的概念其实比较接近“单一数据源”。在中心模型中信息实时生效且不断更新，能在整个项目范围内实现即时变化。如果使用单一中心模型，则无需交换文件，也不存在导出 IFC 一说。各方均可在共享的本地或云端服务器（又称原生模型服务器）访问相同的项目文件。

尽管单一模型有上述优势，但是在大多数情况下让整个项目组中多家设计公司都基于它工作是不现实的。不仅所有项目团队成员都得使用相同软件，而且还要在单一模型环境中管理诸多项目角色和活动。

跨领域（专业）定义项目范围和责任是一项很难的事情，可能到处“踩雷”，因为每个人都能访问模型中的所有内容。要严格执行建模权限和访问控制，避免出现未经授权或意外的修改。单一模型的主要价值（即所有项目信息都是即时信息）就变成了劣势。所有变更（无论是细微的或临时的）都被实时展示出来。例如，当建筑师不断重新建模时，实时更新会妨碍其他专业的工作。

另外，项目模型会迅速变得庞大，操作笨拙且难以控制。如果项目较大，变更后可能需要几分钟处理时间才能打开或更新模型文件。

总之，只有在少数情况下，比如项目较小，协同过程有明确定义，并且所有参与者对合作流程都很熟悉时，可以考虑设置单一中心模型。在大多数情况下，应该按照集成模型方法将模型细分为多个专业模型，甚至子专业模型。

7.1.2 开放集成模型

集成模型的架构使得模型内容的交换更加清晰和结构化。每个专业都有各自的专业模型，也可根据需要引用其他子模型，但不得直接访问属于其他专业的原生模型。如果需要对链接模型进行修改，必须向相应的模型所有者发送变更请求。另外，每个模型所有者在导出共享模型时，可以对模型包含的内容和信息进行筛选，选择在特定时段分享哪些信息。如第 3 章和第 4 章所述，在 IFC 工作流程中，是通过模型视图定义（MVD）实现的。

openBIM 工作流程的另一项额外益处是它能保护专有内容。一些设计公司会大力投资企业对象库和项目模板的开发，此类开发成果一般是不对外公开的。由于不交换源文件，而是分享 IFC 副本，可以达成对企业专有内容的保护。虽然这么做不利于公开协作，但却是常见的商业现实。

更重要的是，集成模型方法有高自由度和高灵活性的特点，每个项目团队都能配置各自的原生环境。不但软件使用自由，而且模型结构和内部工作流程也自由。有些企业可能选择单一专业模型，有些企业可能同时链接使用多个模型，甚至在内部交换过程中采用多种设计软件解决方案。

集成模型结构的优势总结如下：

- 软件使用自由；
- 单独模型文件较小；
- 职责分工和工作范围明确（模型 / 专业创建者）；
- 在各自专业内，模型结构和内容有相对独立的可控性和灵活性；

• 通过静态链接模型开展协同工作，保证工作稳定性（即不受其他专业实时变更打扰）；

• 避免模型组件被其他专业意外编辑或删除；

• 导出时能从模型中移除“内部”或机密信息。

但是，集成模型方法也存在短板。共享模型一旦导出很快就过时了；导出过程可能不顺畅，没有经验的用户可能会出现数据丢失的情况；变更不是自动实现的，而是必须向每个模型所有者提出变更申请，并且逐个更新。与中心模型配置相比，集成模型方法需要更多沟通和协调。

模型共享、审查和协调是 BIM 项目管理的核心要素。通用数据环境（CDE）是一个共享的项目平台，能高效实现模型共享、审查和协调等活动。因此，我们不采用单一模型，而采用单一项目环境，环境中包含了多个模型和所有相关项目信息。阐述通用数据环境（CDE）的介绍详见第 9 章。

7.1.3 替代方法：原生集成模型

集成模型方法并非 openBIM 专属。虽然 openBIM 是集成模型方法的理想应用场景，但是也可以采用原生集成模型。此时项目由不同专业子模型构成，以同一个原生文件格式交换信息。虽然所有项目团队成员必须使用相同软件（即不存在 IFC 文件交换），但是优势在于文件（即子模型）更小、职责分工更明确。在这种“开放”集成方法中，每个专业都对各自模型负责，并可引用其他专业模型。相比之下，IFC 方法则更清晰，因为可以有针对性地对链接的模型进行修改。IFC 的方法能减少意外编辑，因为链接文件必须在打开的状态才能修改。[1]

项目团队一致同意或业主要求使用单一软件后，可以采用原生集成模型方法开展项目，该做法在北美洲、英国和部分亚洲地区较常见，在中欧较少见。除了软件限制外，原生集成模型方法也不兼容 IFC MVD 和其他基于 IFC 的工作流程。

本章下文将讲解 openBIM 背景下集成模型方法的应用，应用原则同样适用于原生集成方法。

7.2 项目开发周期内的活动

集成模型方法创建了两个项目环境：用于创建模型数据的各专业“专

---

1 原生集成模型方法仅适用于跨多专业（如建筑、结构和 MEP）软件中。代表性跨领域软件有 Autodesk Revit 以及 Bentley 系列工具。

属的”原生环境；人人都可以访问、用于模型数据交换和协调的共享项目环境。BIM 开发过程是介于原生环境和协同环境之间的连续周期——创建、协同、创建、协同……，循环往复（图 7–2）。

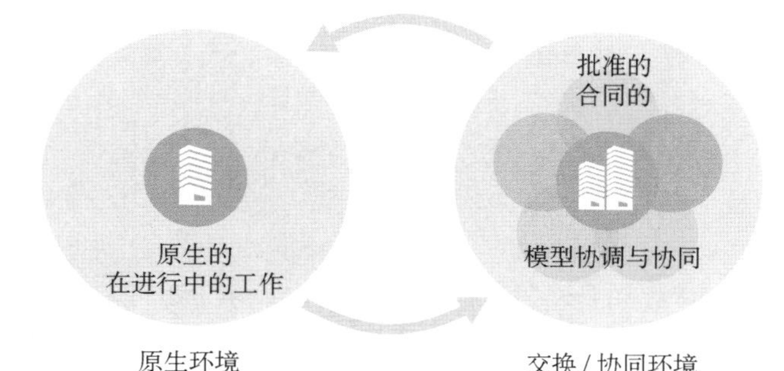

图 7–2　原生环境和协同环境下的项目信息开发周期

关于二者的不同，我们再次强调 openBIM（一般视为协同环境）并不是原生 BIM 的替代品。openBIM 是一个并行且更广泛的项目环境。某些活动（如模型创建）必须在原生环境中完成，而另一些活动更适合在协同环境中开展。很多活动在原生环境或协同环境中都可以进行。例如，模型质量控制在这两种环境中均可进行，而其他活动则在项目执行计划中被指定在原生环境或协同环境中进行（图 7–3）。

原生环境	协同环境
必要 • 设计建模 • 模型编辑 • 生成图纸 • 数据输出 • 分析与仿真模拟	推荐 • 模型审核与质量控制 • 协调与冲突检测 • 4D 模拟 • 信息统计 (数据提取)
可选 • 工程量统计(成本预算) • 信息统计 (数据提取) • 模型审核与质量控制 • BIM-to-Field (进度追踪) • BIM-to-FM	可选 • 计划 (4D) • 工程量统计 (成本预算) • BIM-to-Field • BIM-to-FM

图 7–3　在原生环境和协同环境下组织的 BIM 活动

对项目活动当前的分布情况进行广义归纳后，我们认为在一个典型的 BIG BIM 项目中，80%～90% 的活动发生在原生环境中，剩余只有 10%～20% 的活动是在协同环境中进行。

尽管如此，协同环境仍被许多人视为项目控制的“引擎室”，并将在未来发挥越来越重要的作用。随着协同环境的功能和价值得到更广泛的认可（特别是深入了解通用数据环境和 openBIM 流程后），项目重点将转变至协同工作。

不过，这种转变也不会太突然。原生模型活动（特别是建模、编辑和图纸绘制）依旧是重中之重，至少占项目 BIM 活动的 50%。

五个活动分组

从一个更详细的角度而言，项目信息的开发可以划分为五个活动分组，涵盖了原生环境和协同环境（图 7–4）。

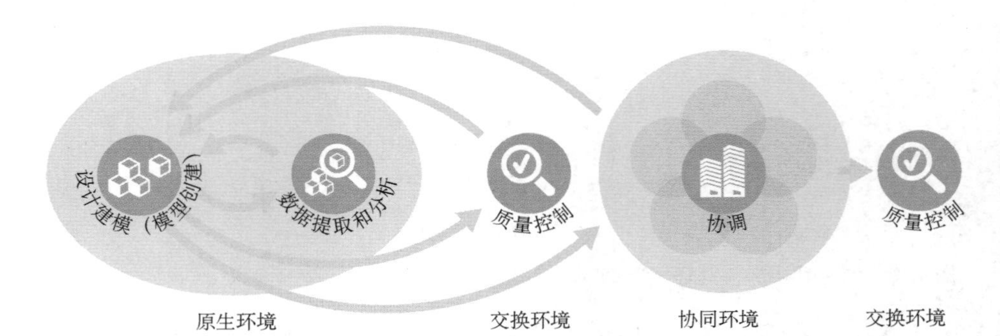

图 7–4　项目信息开发的五个活动周期

① 模型（及模型数据）创建；

② 模型数据分析与（仿真、信息统计等）导出；

③ 模型交换、质量检查与协调；

④ 项目协调与协同；

⑤ 数据交付和验证。

模型（及模型数据）创建是 BIM 的基础活动，也是设计公司的日常工作。与此活动密切相关的是对模型的迭代分析（阶段 2）。该活动组不仅包括简单的视觉控制，而且包括用于建筑面积计算、工程量统计和建筑模拟的数据提取和分析。这两个阶段主要发生在原生环境中（唯一例外的是，一些模型模拟可能使用第三方工具来完成）。

每个模型都要定期进行质量控制，包括内部检查，确保模型符合公司、项目和建筑需求（例如，审查对象分类和属性，检查是否存在缺失或重复的单元，或运行其他基于规则的检查）。质量控制也涉及与其他子模型的协调，通常是每周或每 2 周进行一次。质量控制可以在建模软件内或在外部协调工具的协助下完成。大多数模型整合和协调工具都能导入一系列文件类型，包括 IFC 和原生格式。

第四个活动周期是将模型数据提交到协同环境中，以便进行项目协调、成本核算和其他项目控制。这就是我们通常所说的 IFC 领域的活动。但是，正如上文所述，该活动同样适用于原生文件协同。重点在于 IFC 领域的活动与模型创建有明显不同，通常由指定的项目协调员承担。

协同周期的频率因项目而异。通常 2 周为一个周期，（在设计初期）也可以 4 周为一个周期。

模型（数据）创建
是在项目模型制作过程中，BIM 的首要活动。

模型交换与协调
是指所有涉及项目信息传输的 BIM 协同活动，包含模型质量控制和协调活动（如碰撞检测）。

项目协调
是指会影响整个项目团队的项目控制活动。最基础的项目协调就是模型协调，但是从理论上而言，应专注于会影响项目进度和预算的更具战略意义的协调。

数据验证（审计）
属于质量控制活动，旨在确保项目数据的完整性、正确性和一致性。

最后一个活动周期是在预先确定的和合同规定的“数据交付”节点交付模型数据，通常是在某个阶段完成时，但也可以根据业主需求提高交付频率。根据 ISO 19650，数据交付时不仅要提交项目模型，还要提交所有项目数据和文档。在模型交付时，要对数据进行验证，确保数据完整、准确无误，并达到业主项目规范中描述的开发水平，通常由外部“模型审核员”代表业主来管理数据验证。

图 7-4 中没有直接展示出建筑信息模型的首要目的——数据使用。数据使用贯穿在整个过程的所有阶段，其可信度越来越强。在最终数据验证（阶段 5）后开展基于模型的成本核算比在原生分析阶段（阶段 2）开展可信度更高，协同性更强。

7.3 模型结构和发展

那么模型是如何创建，彼此之间是如何协调的呢？

很多项目最初是由建筑师开发一个单一项目模型。项目初期（如可行性研究）由于设计变更频繁，在一个简化的单一模型中开展工作（如成本预算、空间规划或概念设计）是最实用的，此时明确定义的建筑结构和材料甚少。如果需要专业工程师提出条件，通常会直接提交给建筑师，再由建筑师导入模型中。

一旦设计确定后，就要开始和其他专业（土木、结构和机械工程师、景观和室内建筑师等）协调。此时，项目模型会分成多个子模型。通常，建筑师会将项目模型交付给不同的工程专业，由工程专业深化各自的子模型。

模型的构建方法有很多。通常，最好的办法是每个子模型仅包含各自专业所需单元（如结构模型仅包含结构建筑单元），而其他建筑对象则作为外部模型来引用。

在实践中，模型开发过程如下：

① 建筑师将完整的项目模型（设计初期）交付给结构工程师（和 / 或其他专家）。

② 结构工程师在（空白）结构模型背景中引用建筑模型，开始对所需结构单元建模。

③ 结构工程师将结构模型发送给建筑师。

④ 建筑师在建筑模型中引用结构模型，并在建筑模型里删除所有原先由建筑师构建的结构单元。

交换中涉及两个重要部分。首先，单一项目模型分成两个子模型。其次，每个子模型本身是不完整的，它需要引用其他的专业模型，才能完整地查看整个项目。如图 7–5 所示，可以看到建筑师模型的部分，其中包含了所有建筑单元。在下一个阶段，结构板（红色突出显示）包含在结构模型中，并从建筑模型中删除。

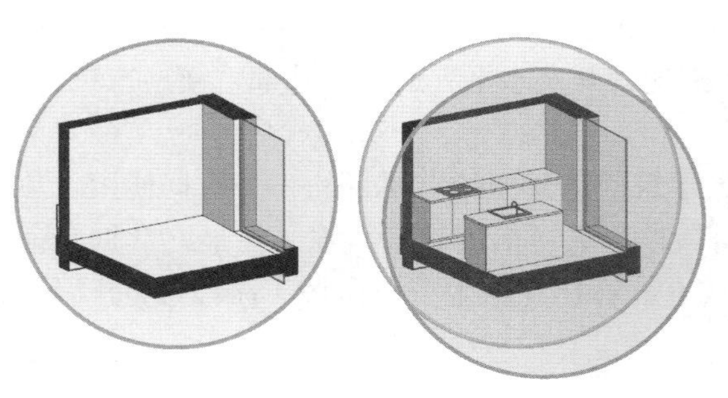

图 7–5　模型演进和细化

随着项目的开展，模型继续细分。可以添加机电模型，也可以将专业模型继续细分。结构模型可细分成混凝土模型和钢结构模型。同时，针对基础设施和土方工程可以另外创建模型。建筑模型可细分成立面模型和室内模型。家具和设备可以存放在一个与主要建筑模型相链接的单独文件中。

与模型精细度等级（LoD）的发展同步对应，子模型数量也在不断增加（图 7–6）。每创建一个新的子模型，相应的单元就会从主要专业模型中移除。例如，厨房水槽最初可能在建筑模型中建模，以表达设计意图。随后可能被包含在给排水工程师模型中，最后可能会包含在供应商模型中。

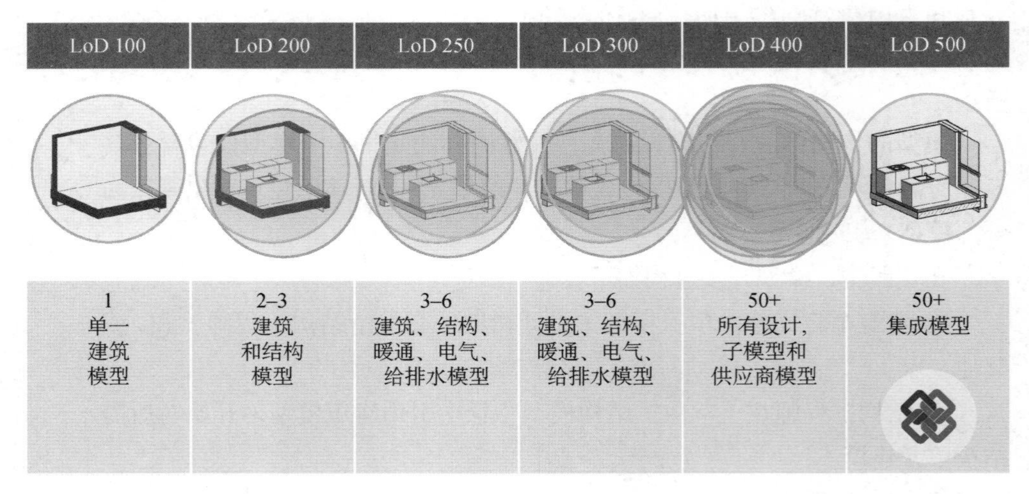

图 7–6　模型演进和细化

进入制造阶段后，模型数量很快增长到数十个，在大型项目中，甚至达到上百个。一些项目会要求现场工作的每个专业都必须建立一个深化设计模型，作为其合同的一部分。

分包商模型

虽然某些分包商可能具备使用模型进行制造和安装的经验（钢结构、幕墙以及部分暖通分包商更早采用三维模型），但是大部分更传统的分包商（砌体、墙干砌）可能无法提供BIM内容。总承包商（GC）可能会要求每个分包商委托外包公司为其建立子模型。有时，总承包商会自行负责子模型建立。

另一种方式是，承包商向项目数据库提交信息，信息会自动与项目模型关联。例如，使用现场设备（现场巡检设备、可穿戴式设备）报告对象状态（在工厂/在现场/已安装/已安装但有小瑕疵），甚至输入激光扫描设备显示的竣工坐标。另外，运营和维护信息也可以以数字化方式提交并与项目模型关联。

本章下文会讲到，不是所有建造内容都要建模。在模型中，建筑单元可以用符号或者数据库中的一行数据来表示。尽管没有几何对象，对于设计和成本计算而言已经足够了。

模型结构变化

上文描述了模型建立的一般过程，及其可能存在的多种形式。除了链接模型以外，另一种方法是让各子模型都有相同的重复单元。例如，一个墙对象可能同时在建筑模型和结构模型中建模。当其中一个模型的墙对象发生改变时，必须向另一个子模型发送通知。有专门管理跨模型对象协调的工具，不过此类工具可能用起来有些麻烦，需要在受控受限的环境下使用。[1]

7.4 模型协调和质量控制

模型协调和质量控制是BIM的关键环节。项目模型必须比传统图纸包含更多信息且必须适用于后续多种用途，因此必须持续严格地检查模型质量。另外，各子模型之间必须定期交换信息，相互协调。

在项目开发周期内，质量控制一般分为内部质量控制、专业协调、项目协调和BIM审核四个层次。

---

1 Autodesk Revit系列工具中的“复制监视”功能就是一个例子。如上文所述，这项功能可以在同一项目的两个代表性模型（建筑模型和结构模型）中跟踪元素。但是，如果同时跟踪过多对象，这项功能会很快变得笨拙而难以控制。最好用其协调不常发生变化的核心元素，如轴网和标高。

7.4.1 内部质量控制

各项目专业对自身模型质量负责，要检查多个方面：设计意图、房间和对象定义、空间协调、建筑规范、可建造性和维护要求（具体取决于项目阶段）。图 7-7 列出了需要检查的项目和检查频率。

质量保证/质量控制模型检查	描述	责任方	软件	频率
设计意图	确保模型的设计符合建筑的功能需求	设计师	Revit	每天
房间和设备验证	确保模型包含所有指定的组件和设备	设计师/协调员	dRofus	每天
空间协调	子模型的协调，以避免冲突并允许必要的容差	设计师/协调员	Solibri/Navisworks	每天
标准检查	确保模型满足所有适用的建筑规范和施工标准	BIM 经理/协调员	Solibri	每周
模型完整性检查	检查模型的质量和适用性，以供必要的模型使用	BIM 经理/协调员	Solibri	每周

图 7-7 内部质量控制检查清单

每次模型交换前，应先开展内部质量检查，确保数据从技术上讲都是正确的，没有错误，符合预期用途。

模型交换质量控制检查清单包括如下内容：

- 模型完整、无误、信息已更新；
- 模型结构符合项目约定的 BIM 方法论；
- 文件格式和命名惯例符合项目交换需求；
- 所有关联的参照文件都已移除；
- 三维模型和二维绘图彼此协调（二维信息必须源自三维模型）；
- 自最新一次发布后发生的任何变更都应告知项目团队；
- 模型已检查和清理，没有任何无关信息。

7.4.2 专业协调

专业协调包含两个层次（图 7-8）。首先，建筑模型与结构模型在总体设计和一致性方面相互协调。其次，机电模型彼此协调。此时，重点在于设备区域和立管的设计排布与空间规划、空间协调（碰撞检测）以及洞口预留。此外，还要考虑可建造性和维护要求（操作和更换要求）。

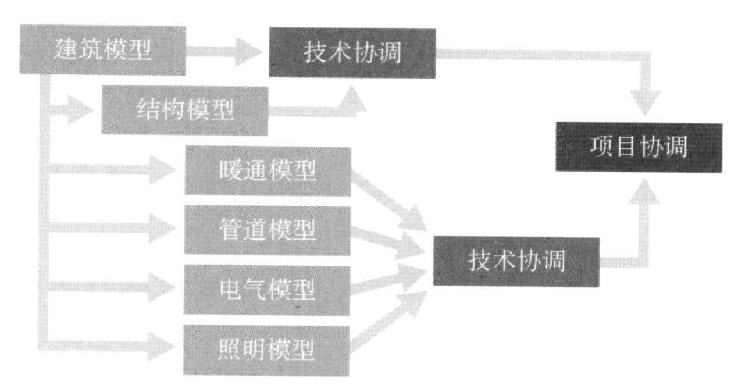

图 7-8 模型协调工作流程示例

7.4.3 项目协调

项目协调例会中要安排 BIM 协调环节。BIM 协调环节由 BIM 项目协调员主持，所有相关设计和施工企业都要参与。BIM 协调环节一般是为了控制总体计划和项目协调，尤其是根据项目需求、预算和进度计划监控项目进展。值得一提的是，项目协调会议要避免陷入模型或设计协调问题的“黑洞”，这些问题应该在专业协同环节处理。项目协调例会应至少每月举行 1 次，至多每 2 周 1 次。

7.4.4 BIM 审核（质量控制）

除专家和项目协调会以外，还要经常开展模型质量外部审核。外部审核一般在重大“数据交付”节点（如特定项目阶段完成时）开展，确保提交业主前模型深度符合项目规范。

7.4.5 逐级向上报告协调事项

整个项目开发过程中定期执行协调环节，意味着问题可以按不同重要程度进行处理。会议中无法解决的质量控制和协调问题可按如下等级向上反映至下一个会议（图 7-9）：

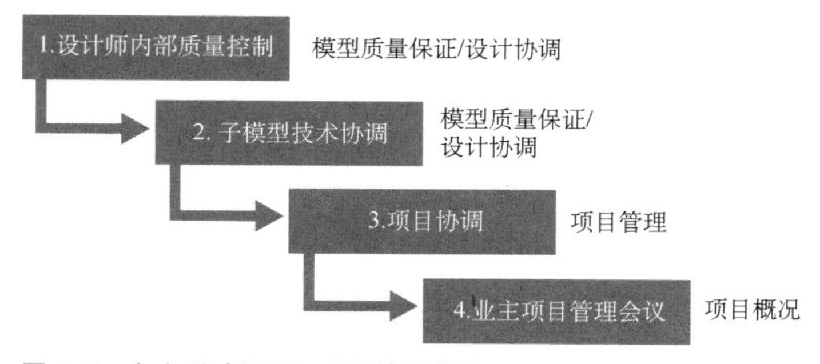

图 7-9 向上反映问题至项目协调会议

① 各专业设计师的主要责任是根据项目规范保障设计内容和正确准备项目数据（模型、图纸和一般文件）。每家公司负责定期执行质量检查，识别和解决质量不一致问题。

② 专业设计师无法解决的问题汇报至协调会。会议讨论问题解决方案，然后将问题指派给一人或多人处理并最终解决。

③ 专业协调会无法解决的问题（因为问题影响到项目进程或其他方面）反映至项目协调会。

④ 如果在前面这些步骤中发现了会影响项目最终交付或影响预算的关键问题，则将问题汇报给业主。评审主要是为了把问题反馈给项目团队，而不是把问题扩大化，提交给业主。

7.5 模型演进

我们知道，一个项目模型（或单个专业模型）可以不断演进，从初期设计阶段直至交付设施管理。尽管可以在整个项目生命周期中只用一个子模型，但是在特定情况下，最好针对特定目的或阶段分别创建单一用途模型。

最常见的例子之一是建筑师的模型从早期概念发展到初步设计的过程。在初期设计阶段（例如可行性研究或竞标）设计模型会经历大量且快速的设计变更。随着建筑设计的推进，建筑的基本形式和结构可能反复修改、扩展、测试。设计阶段结束时，项目模型经常处于不良状态，结构不清晰，可能含有过多的冗余信息，甚至错误和冲突。

此时，建议按照一个清晰的结构从头重建模型。定义项目原点和方向、标高和轴网，还要规划模型共享和未来模型拆分。

莫慌！重建模型比迭代设计过程更快。更重要的是，重建模型后文件都能按照正确的方式组织，结构清晰，并且符合将未来应用的要求。

再举一个可以独立（专门）创建模型的例子——制造加工模型（图 7-10）。有三个主要原因。首先，创建者由工程师变为制造者。大多数有建模经验的制造者和安装员（特别是在钢结构、混凝土、暖通和给排水专业）的工作方式和上一阶段的工程师大不相同。加工制造建模、计算机辅助制造（CAM）在软件功能上与设计建模工具有很大区别。加工制造建模倾向于使用固定和标准化的组件，而设计工具的模型单元更加参数化，可以更灵活地操控。无论如何，多数制造者宁愿从头重建模型，也不愿直接接手工程师在不同软件为不同目的创建的模型。

当然会有例外情况，比如加工制造软件已经开发出能够导入设计模型，并在加工制造工具中重新生成对象的功能，但是正如上述的建筑设计示例所展示的，工程模型可能已经在设计阶段经历了各种迭代，相较于采

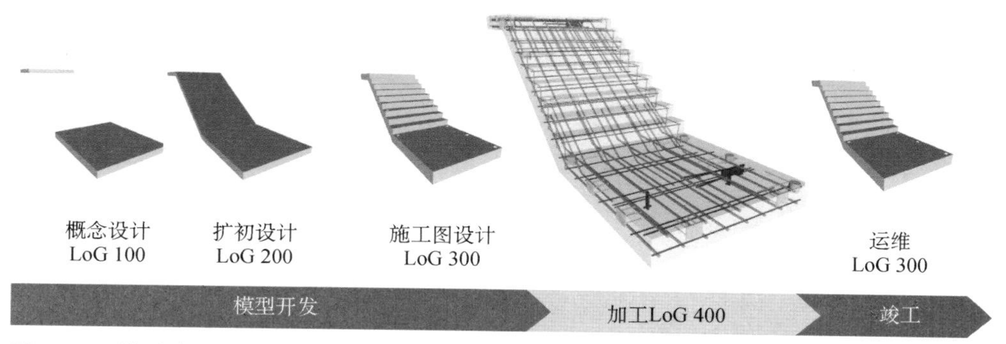

图 7-10 模型演进时，在运维阶段未使用加工模型（LoD 400）的示例
来源：2019 年 BIM 论坛（BIM Forum）LoD 规范

用工程师的建模成果，制造商从头（或更具体地说，从参照图纸或参照模型）开始制作新模型会更快、更清晰。

加工制造模型应被视为项目模型演进过程中的例外而非延续的第二个原因是，设计的几何形状和施工模型之间可能存在显著差异。这里主要是指细节程度的提高。例如，工程师对通风管道和排水管道的建模会将它们建成连续的单元，而制造商则会将其建模成带有法兰和吊架的标准管段。而且设计和制造的单元在几何上可能会不同。就钢结构来说，设计阶段的桁架会在固定的位置上建模，而加工制造模型会把构件建得稍大一些，以便桁架在其自重下变形到最终位置。

第三，加工制造模型通常不用于设施管理。一般来说，设施管理所需要的几何细节程度是低于加工制造的。事实上，它往往更接近于初步设计模型。在大多数情况下，LoD 300、LoD 250 甚至 LoD 200 的模型单元更适合设施管理使用。

因此，设施管理往往采用更新了竣工信息的初步设计模型，而加工制造模型只是简单地存档。尽管加工制造模型被视为单一阶段的模型，但却可在后续阶段用于建筑物的翻新或拆除。

其他专用模型

一个项目可能会创建许多特定用途的模型。许多总承包商和施工管理公司会建立自己的成本模型而不使用设计师提供的模型。在理想情况下，一个模型应该进一步发展（用于多种功能），但这往往无法实现。

芬兰通用 BIM 需求（COBIM）定义了 7 种可能存在的模型类型（图 7-11）。

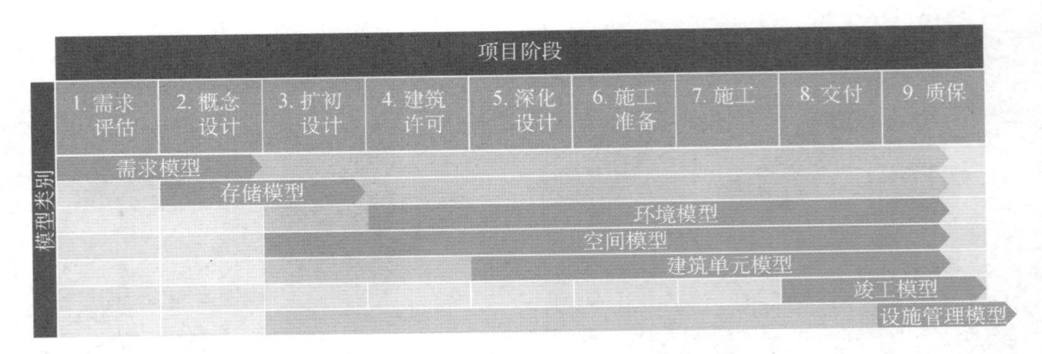

图 7-11　COBIM 模型类别定义

来源：基于 COBIM 2012

① 业主提供初始需求模型来定义项目范围（预算、建筑面积、建筑围护结构）和需求。

② 如果存在既有建筑物（在需要翻新或拆除的情况下），则可由业主提供一个既有建筑物模型。

③ 除此之外，可能还有施工现场及邻近建筑物的环境模型，可通过激光扫描点云创建。

④ 针对空间规划和建筑面积计算可以创建空间模型。然而，这一般是主设计模型的一部分。

⑤ 建筑单元模型（我们认为的 BIM，而 ISO 19650 称其为项目信息模型或 PIM）。

⑥ 竣工模型：极有可能是更新了竣工信息的建筑单元模型（可能再次使用施工现场激光扫描）。

⑦ 设施管理模型：资产信息模型（AIM）。

竣工模型
是反映施工后竣工状况的模型。它们通常采用激光扫描或摄影测量等数据采集方法构建。

竣工模型是反映施工后竣工状况的模型，包括记录施工现场发生的任何变更或缺陷，并向业主报告。竣工模型可由总承包商、各分包商或独立测量公司创建。

记录模型
是根据竣工状况更新的设计模型。

在某些情况下，设计模型只是根据现场检查和 / 或部分激光扫描所收集的数据进行更新。这些被称为“记录模型”。在理想情况下，竣工模型应是一个由详细的激光扫描点云建立的全新模型。

在进行测量之前，应在项目指南中规定竣工模型的预期用途（例如，用于缺陷报告或未来设施管理）、模型精确度以及与设计交付模型之间的可接受的偏差。

7.6　模型集成与数据管理

如何管理这么多个模型呢？当从一个模型或阶段转移到下一个模型或阶段时，项目信息会丢失吗？这不正是 BIM 应该解决的吗？

这个问题未得到完全解决。然而，在通用数据环境中，特别是当我们开始使用与模型几何分离的模型数据时，这个问题在很大程度上得到了解决。除了分离几何模型之外，最好将信息内容与模型对象也分离。从而可以在单独的数据库中更高效地管理项目数据，而后这些数据库可以链接到一个或多个模型（图 7–12）。

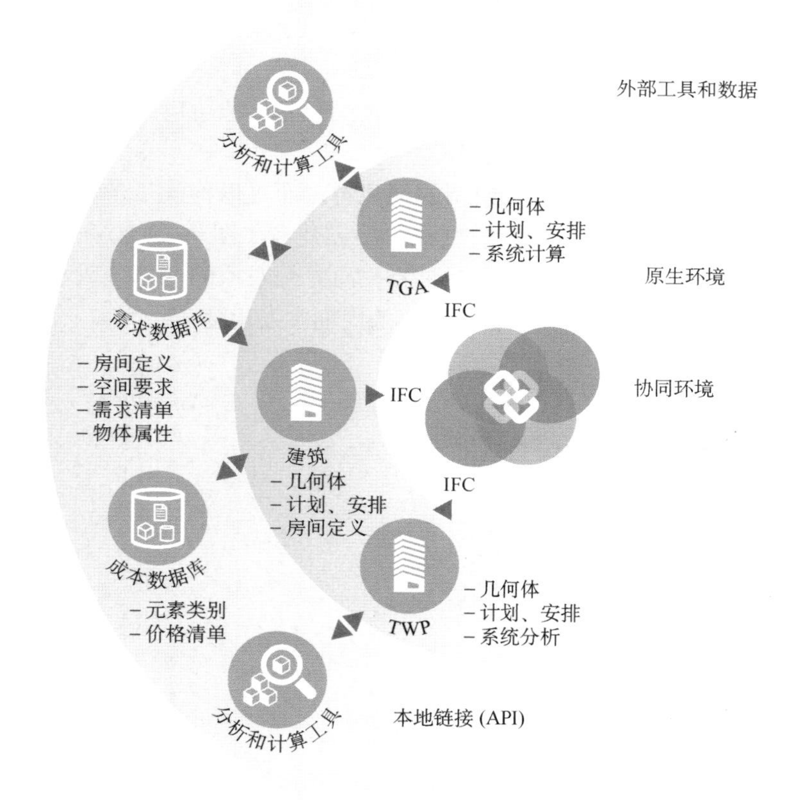

图 7–12 集成项目模型结构

当然也会发生模型创建者未提供此类属性，而是由外部专业人员提供（如成本数据、防火等级或详细的产品规格）的情况。当需要跨多个专业模型共享属性时，这种方法也非常有用。例如，墙体隔热等级可能与建筑和暖通模型（用于热负荷计算）相关。在独立的数据库中存有对象属性意味着它们可以由适当的专业人员来管理，并在发生变化时直接在相关模型中更新。更多相关内容详见第 9 章。

同样，分离模型数据还有以下优点：

• 模型只包含相关的专业数据（例如，建筑的模型对象不应包含防火等级分类；相反，这些数据由消防工程师在自有的独立数据库中管理）。

• 数据可根据需要链接到多个模型并做到同步（例如，防火等级可以同时链接到建筑模型和暖通模型）。

• 模型数据可以从一个模型移动到另一个模型（例如，从加工模型中导出所需的属性，并在设施管理模型中复用）。

模型中直接包含什么以及从外部来源链接什么视项目而定，通常是由所有设计合作方协商后决定的。无论如何，总体趋势都是避免将过多的内容加载到单个专业模型。最重要的是，模型中不应包含其他专业领域容易过期或容易与其他属性产生冲突的属性。

模型所有权

总之，针对特定的专业、应用和阶段，不应仅有一个项目模型，还应有许多子模型和外部数据库。

鉴于此，我们不能称某人是项目模型的创建者；而可以称其是子模型的创建者，或者更准确地说，是特定模型对象的创建者（图 7–13）。在某些情况下，创建者的所有权并不包括整个对象，而只是对象的一部分或对象的属性，并且这种所有权可能会在整个项目的周期中发生变化。

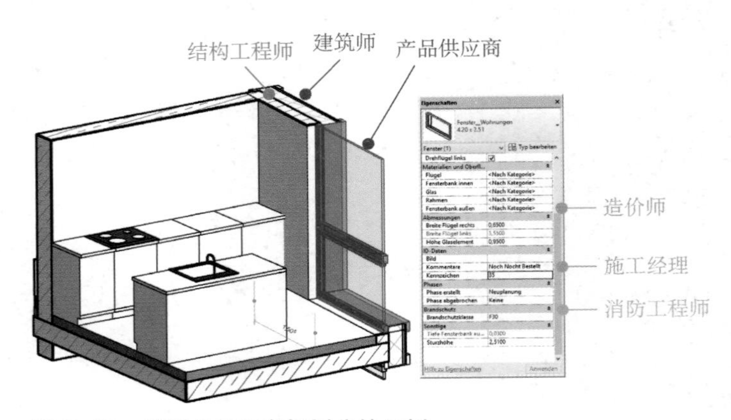

图 7–13　模型单元所有权划分的示例

例如，墙可能在早期设计阶段由建筑师“拥有”，之后则是属于初步设计中的结构工程师，然后在施工阶段则是属于一个或多个制造企业。墙所包含的属性也可能由不同的参与方（造价师、产品制造商、消防工程师等）编写创建。

模型所有权和责任范围是一个复杂的话题。并不是说现在的情况会比在传统项目中更复杂，而是现在复杂的情况更显而易见。在 BIM 的背景下，我们不能对模型范围及合同所有权问题含糊其词，必须在整个项目过程中明确地定义和管理它们。这是 BIM 执行计划的重要组成部分，并应在通用数据环境的管理中予以执行。

7.7 对象定义和分类

在第 1 章导论中，我们将模型对象称作 BIM 构成要素。尽管它们具有这样的核心地位，但对于如何定义和构建模型单元仍然存在很多令人困惑的地方。在展开主题之前简要回顾一下前文的一些相关探讨。

7.7.1 对象内容

我们知道模型对象同时具有几何表达内容和信息内容（图 7-14）。我们也知道其几何表达和信息内容可能是相互独立的，因为简单定义的几何对象可能具有高等级的信息内容。此外，可以肯定在接下来的 10 年左右，模型对象必须具有用于生成图纸的二维表达方法。这种二维表达可以被认为是在几何和信息内容之上的另一层表达，同时也是相对独立的。

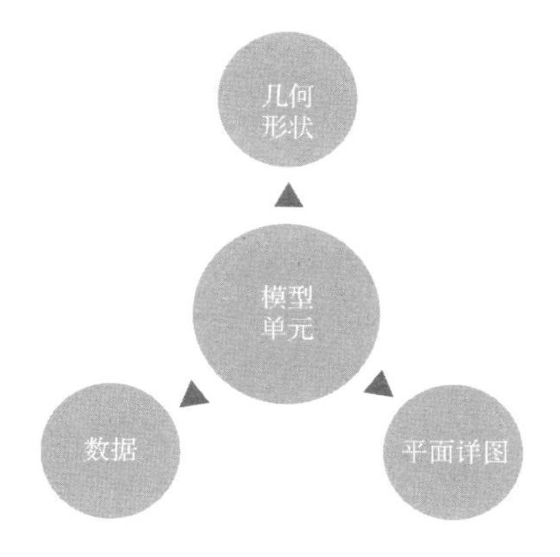

图 7-14　模型单元内容和表达的三个方面

平面图仍然是交流过程中重要的一部分，有时需要为简单的几何对象提供高度细节的二维详图。例如，一个窗口对象只需要粗略的模型（如 LoG 300），同时必须提供比例为 1 : 2 的剖面详图用于防水设计。这是通过在三维模型对象中嵌入二维线条详图来达成的。在模型中切剖面时，二维线条会叠加在对象的三维几何图形上，提供一个非常详细的表达。

7.7.2 对象标识

每个 BIM 对象都有一个唯一标识，即所谓的全局唯一标识符（GUID）。该标识是在建模软件中首次创建该对象时生成的。GUID 是在 BIM 环境中识别对象的主要手段，并在整个开发过程中始终与其绑定。通过 IFC 的导出功能可生成新的 IFC GUID。这是对建模软件会用到的某些

“原生标识符”的补充。

GUID 是软件识别对象的方式。对于每个对象实例，GUID 都是特定的。但有时按类别或类型来筛选对象会更有用（例如，成本预算是基于所有对象类型的数量得出的）。在实际应用中，我们通常不引用对象的 GUID，而是引用它在模型中的实例化层级。实例化层级是指对象在模型中的哪个层级。对象实例化可分为以下三个层级。

类别（Class）

类别
是建筑物（模型）对象的最高分类层级。例如墙壁、窗户等。

类别一般指的是通用对象组，例如窗户、墙或门（图 7-15）。模型结构中的主要关系是在类别这一级别定义的（例如，识别一个对象为房间对象）。

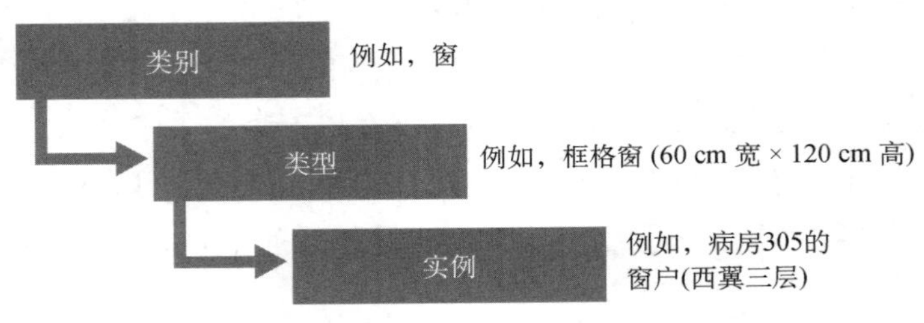

图 7-15　对象实例化的层级

类型（Type）

类型
是模型对象的子类。例如，铝框窗扇是窗这一类中的特定类型。

同样的，任何项目中都有各种类型的门和窗（例如，识别一个对象是用于储藏的房间）。这些是由类型属性定义的，它是类别的子集。

实例（Instance）

每个对象类型都会在模型中出现多次。在这里，我们称之为对象的实例（例如，识别一个唯一的房间号）。

实例
是指在项目模型中对象类型的单个引用。

7.7.3　对象分类

尽管 BIM 数据格式（在建模软件和交换格式中）存在固有结构，但使用公认的分类体系对 BIM 对象进行分类是一种很好的做法。[1] 这种做法丰富了检索和分组的方式，并支持下游使用，例如成本核算和进度安排可以基于同一个分类体系。

分类
是指用于定义和构建单元的标准化系统（例如，对项目中的对象进行分类）。

分类是一个棘手的话题，因为每个国家都有自己的分类体系（也可能会有多种），而且功能各不相同。大多数的分类体系没有考虑 BIM 的使用，

1　如前所述，BIM 模型具有用于组织对象的固有结构。这既是一种层次结构（一扇门在一堵墙上，墙壁组成一个房间，一个房间位于一个楼层，一个楼层在一栋建筑物中），也是一种动态关系（如果墙被重新定位，那么相关的窗户和门也会重新定位）。这种结构在建模软件和交换格式（如 IFC）中都得到了维护。尽管有一些反对意见，但 IFC 架构和原生数据结构都不能替代对象分类体系。

并且许多体系将其作用范围从分类扩展为对对象属性的定义。

在英国的Uniclass体系中，根据类型、功能等分类方式，一个门可能有29个不同的位置。在美国OmniClass系统中，门占据超过211个位置，包括配件和工作成果。在OmniClass系统中，我们可能需要根据门所处的阶段来改变它的分类，这就会造成困惑和混乱。

从BIM的角度来看，结构和范围较小的分类体系最为合适。一扇门应该只按一个位置来分类。[1] 所有其他描述——类型、功能、阶段，都应该被作为单独的对象属性来描述。

分类是一个固定的结构（层次结构），而对象的属性是一个潜在而无尽的描述列表（大多数没有结构）（图7-16）。它们不会改变对象的分类，而是增加其描述的完整性。

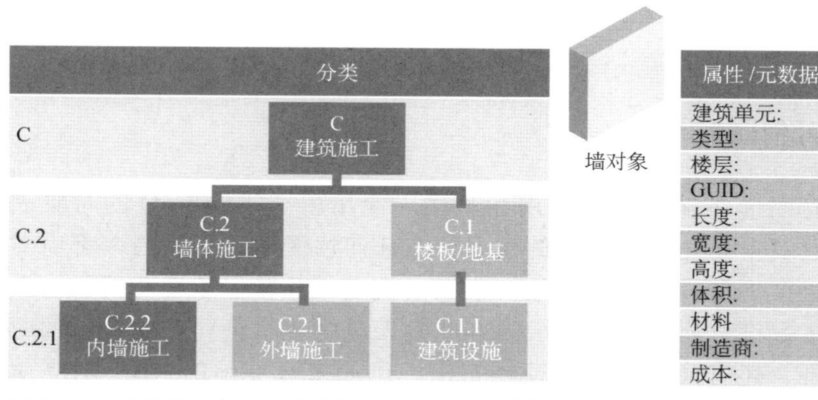

图7-16　按分类（左）和属性集（右）定义的对象

7.8　对象库

设计公司在开发公司构件库方面投入了大量资源。在BIM应用初期，通常重点考虑创建几何精确的对象，用于可视化和生成演示图。然而近年来，重心已转移到创建高质量的数据内容上。

十多年来，商业构件库一直是BIM从业者常用的资源。其中包括制造商资料库（一般提供免费下载内容）以及通用对象开发资源（通常是订阅制或付费使用）。

在开发资料库内容时，不管是内部的还是商业的资料库，最常见的错误就是过于详细的几何形状描述和非结构化数据。BIM建模的黄金法则

1　丹麦标准机构的Cuneco分类体系（CCS）就是这样一种体系，其中每个建筑组件都有一个单一的分类位置。CCS共有590个组件位置。

就是“在满足需求的基础上尽可能少地建模”。在开发构件库的内容方面，这点尤为重要。

7.8.1 通用产品还是制造商产品

通用对象
是已定义但尚未明确规定产品制造商的模型单元（例如，双层玻璃屋顶、枢轴窗）。

制造商对象
是代表明确特定的制造商产品的模型单元（例如，VELUX GGL）。

建议在早期设计阶段使用通用对象，而不是特定产品的对象。制造商的内容往往比通用对象更详细，并且在响应设计变化时不够灵活。此外，通常有合同要求在招标阶段前不要指定特定产品或品牌。因而设计师会仅确定设计要求（例如所需的防火等级或隔热系数），而非最终产品。

在项目后期阶段或复杂项目中，指定的制造产品可能对空间协调或需求验证起到至关重要的作用。归根结底，这是由公司、项目和阶段所决定的。

7.8.2 几何图形

几何图形必须可反映应用和阶段。使用多个不同 LoD 的对象表示同一建筑单元是一种很好的做法。在任何情况下，公司指南都应对如何创建模型内容以达到最佳实践做出规定，并确保整个公司的一致性。大多数设计公司都指定了内容开发人员为整个公司创建一致的对象。此外，还有公开可用的建模指南，例如来自英国的 NBS BIM 对象标准。

7.8.3 信息内容

前文指出模型对象的主要信息内容是其标识：类别（Class）、类型（Type）和实例（Instance）。第二层级的信息是属性值。对象的属性可以从几何模型导出（例如尺寸、体积或位置），也可以自由应用于模型单元（例如成本、材料表面处理、隔热系数或设计状态）。

正如之前所讨论的，应该谨慎管理通过申请获得的来自外部的属性，并且在可能的情况下在外部链接的数据库中进行维护。

对象属性定义是 BIM 中总被忽视的领域，直到如今，在如何命名属性方面仍然没有标准化。COBie 和其他信息交换标准则是显而易见的例外，它们为用户提供了一套标准的属性命名约定，具有极大的价值。当然，COBie 并没有涵盖整个项目周期，也没有涵盖所有潜在的应用点。为了解决这个问题，新的标准正在制定，一般称之为“产品数据模板”。

7.9 产品数据模板

产品数据模板（又名 PDT）是针对特定对象类别的标准化对象属性列表。事实上，它们涵盖了项目阶段和应用点的所有对象类和所有可能存在的属性。该领域最重要的举措之一则是 ISO/CEN 联合标准，该标准使用互联数据字典（ISO 23386）和数据模板（ISO 23387）[1] 定义对象属性。

大多数属性都是通用的（例如，任何国家 / 地区的门都必须具有高度、宽度、厚度、框架、把手、防火等级等），但总会存在某些国家 / 地区的特殊要求。因此，产品数据模板细分为全球适用的属性、与欧盟法规相关的特殊属性以及与国家要求相关的特殊属性。在不存在标准条款的情况下，还可以根据项目要求添加其他属性，作为标准产品数据模板的扩展属性。

产品数据模板仅提及对象数据，它们不包含任何几何图形（图 7–17）。此外，它们只包含属性名称而不是“属性值”。PDT 是模板文件，需要为项目模型中的每个类型或实例填入不同的数值。例如，窗口的属性可能是“宽度”，而值实则是“60 cm”。

对象 PDT	
全球属性	-- -- -- -- -- -- -- -- -- -- -- --
欧标属性	-- -- -- -- -- -- -- -- -- -- -- --
国家特定属性	-- -- -- -- -- -- -- -- -- -- -- --
项目特定属性	-- -- -- -- -- -- -- -- -- -- -- --

图 7–17 产品数据模板（PDT）结构

ISO/CEN 数据模板概念是指使用互连的数据字典将对象属性映射到多个数据结构、分类系统甚至语言中。这样做的价值在于，如果我们已将官方产品数据模板（PDT）应用到模型中，则项目数据可以用多种语言和分类系统导出。

1 ISO 23386:2020《建筑信息建模和建筑中使用的其他数字过程——在互连数据字典中描述、创作和维护属性的方法》。ISO 23387:2020《建筑信息模型（BIM）——建筑资产全生命周期中使用的建筑对象的数据模板——概念和原则》。

产品数据模板有两种使用方式：在设计过程中定义通用对象或定义制造商的产品。

产品数据模板（PDT）定义特定对象类或类型应包含的完整属性列表。

在第一种情况下，设计人员需要将必要的 PDT 导入模型，并将其作为输入对象属性值的基础。建模软件有各种插件可以完成导入 PDT 并按阶段和用途过滤属性。例如，如果处于早期设计阶段并且知道模型将仅用于协调和计算工程量，那么每个模型对象的必要属性将比用于设施管理模型的必要属性少得多。

产品数据表（PDS）根据适当的标准产品数据模板描述对象的特定属性。

在第二种情况下，制造商可以使用 PDT 作为其产品数字化的基础。这涉及为产品选择合适的 PDT，并简单地在相应的产品属性部分输入数值。使用 PDT 作为特定产品的基础会生成一个所谓的产品数据表（PDS）。

数字化产品数据表对制造商的好处是明显的。首先，由于它们可以链接到 buildingSMART 数据字典，制造商只需将数据用一种语言输入 1 次，它就会被翻译成多种语言，并映射到各种分类系统。

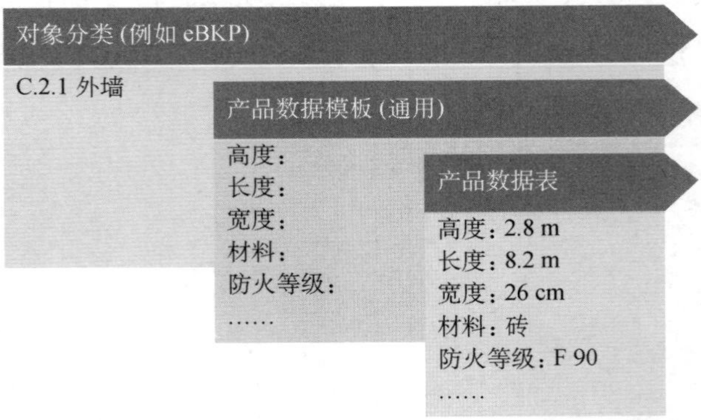

对象分类 (例如 eBKP)
C.2.1 外墙
产品数据模板 (通用)
高度：
长度：
宽度：
材料：
防火等级：
……
产品数据表
高度：2.8 m
长度：8.2 m
宽度：26 cm
材料：砖
防火等级：F 90
……

图 7-18　对象分类、产品数据模板和产品数据表之间的关系

其次，设计人员通过数字化产品数据表可以轻松选择制造商的产品。由于他们已经使用 PDT 在模型中定义了要求，因此只需要搜索满足特定要求的产品即可。市面上有许多工具提供此种服务，其中最完善的一个是来自挪威 CoBuilder 公司的 GoBIM（图 7-19）。

从设计人员的角度来看，使用 PDT 和 PDS 具有巨大的优势。通过建模软件插件中的工具，设计人员可以将 PDT 导入模型中。如上所述，根据适当的阶段和用途，软件可以自动过滤对象属性，大大缩短了给定对象的属性列表，并可指导设计人员在正确的项目阶段输入正确的数据。

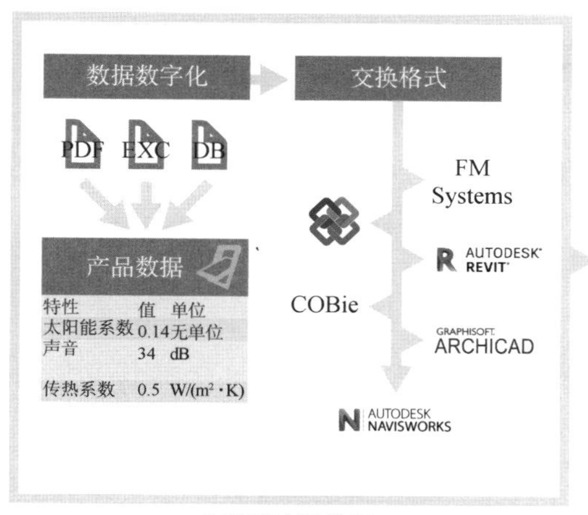

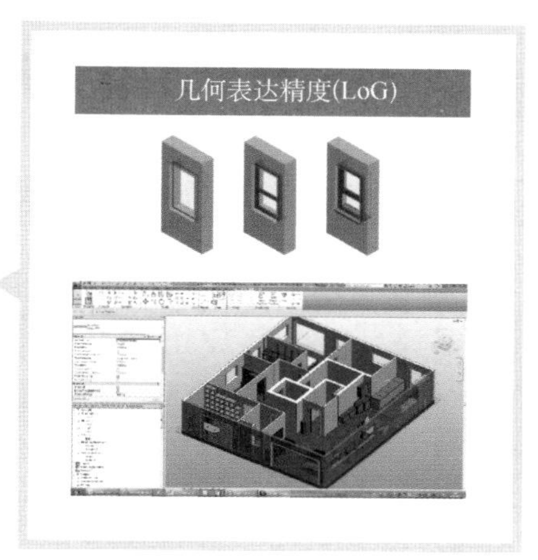

制造商产品数据 设计模型中的几何表达

图 7–19 通过 GoBIM 将对象几何信息与产品数据链接
来源：CoBuilder

这样做还确保了质量，因为属性命名会与未来所有的应用及所有项目参与者保持一致。

使用 PDT 来选择产品也可以节省时间。设计者或指定者可以对产品进行过滤搜索，可以仅查看满足其特定项目要求的产品。选择产品后，设计师可以将产品数据导入模型，并将其与原生模型单元相关联。这是一个真正的突破。设计师不必再导入外部制造商的模型对象——它们通常过于详细而缺乏有用的参数化能力，而可以选择保留模型单元并简单地链接必要的产品信息。

由于对象数据是链接的，而不是嵌入模型中——并且在理想情况下，可映射到 buildingSMART 数据字典——对象属性可以用各种语言和分类系统导出。数据字典支持跨格式（如 IFC）的映射，也支持专有文件格式的映射。

除了提供 PDS 之外，大多数制造商还提供几何对象，让设计人员可以自由选择是否导入详细的模型单元（图 7–20）。

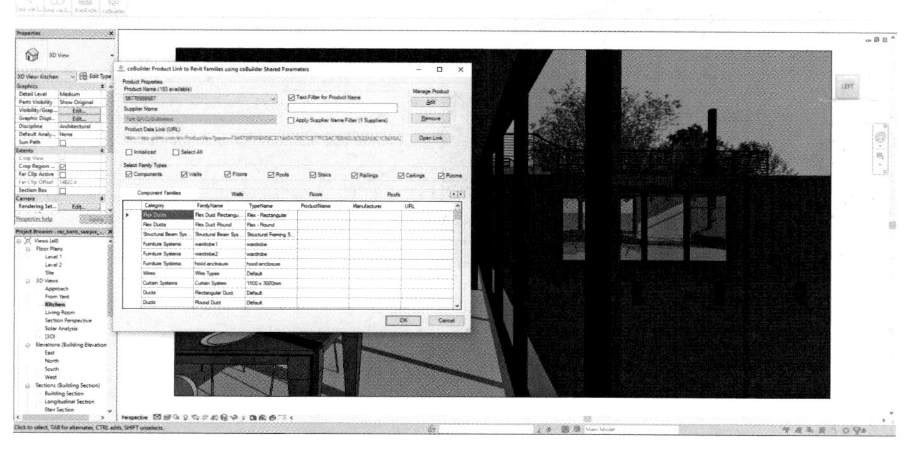

图 7–20 GoBIM Revit 插件使产品数据信息可以直接导入设计师的模型

[案例研究] 花园摩天大楼

提供方：Waldhauser+Hermann 公司

花园摩天大楼

瑞士　楚格州　里希 – 罗特克雷兹

所获奖项：创新金奖、Swiss Arc-Award for BIM

业　　主：楚格地产公司
总 规 划：S+B 建筑管理公司
建 筑 师：Ramser Schmid 建筑事务所
项目规模：总建筑面积 19 500 m^2
项目状态：已竣工
竣工时间：2019 年

项目概述

阿格拉亚花园摩天大楼位于靠近楚格、卢塞恩和苏黎世等城市的里希 – 罗特克雷兹，大楼内的永久产权豪华公寓已竣工。它提供了一种富有远见的生活方式——将自然融入建筑中（图 7–21）。

图 7–21　花园摩天大楼的视图
来源：Ramaser Schmid Architekten

独特的绿色概念赋予建筑特有的表达方式，营造了高品质建筑的开阔视野和私人花园相结合的氛围。

服务区、餐厅设施和储物空间位于建筑的底部 4 层，在这之上是 17 层的住宅。

Waldhauser+Hermann 公司为该项目提供能源和建筑设备设计以及技术和 BIM 协调支持（图 7–22）。

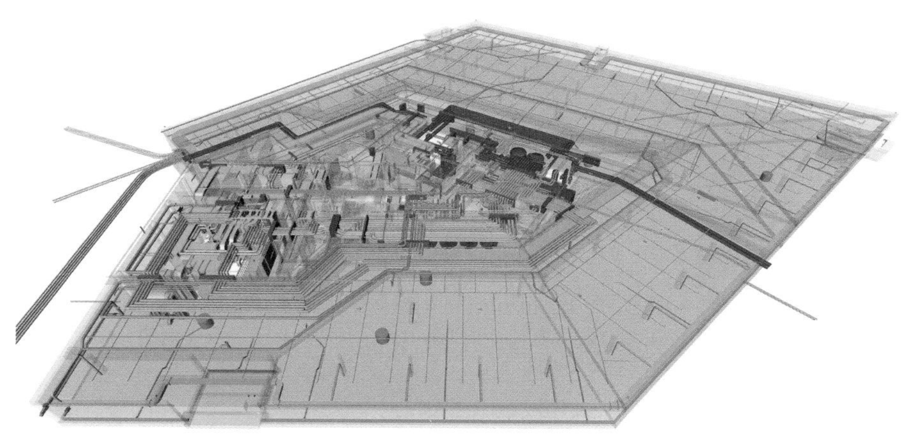

图 7–22 技术协调模型的摘录
来源：Waldhauser+Hermann 公司

BIM 方法论

该建筑是应业主要求使用 BIM 进行设计的，方便建筑数据随后用于设施管理。在早期的设计阶段，项目团队开展了研讨会，目的是编制 BIM 使用规范。由于该项目是试点项目，大量内容是团队第一次尝试，因此在项目初期，工作流程一直不断变化。

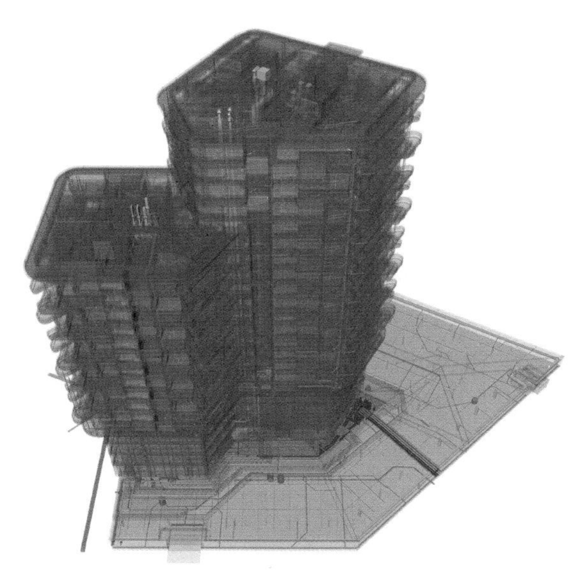

图 7–23 完整的技术协调模型
来源：Waldhauser+Hermann 公司

项目所涉及的各专业设计团队之间的 BIM 集成水平各不相同。各方都共享出 IFC 模型用于每周一次的协同工作。在早期阶段，该模型用于确定能源和性能要求，在后期阶段也用于计算工程量和成本。

[专家分享] 建筑设备设计中的 BIM

蒂姆・霍夫勒（Tim Hoffeller）

担任自由 BIM 顾问已超过 20 年。他专注于研究机电和设施管理，为业主提供执行 BIM 流程的支持。同时，他还担任软件开发工作。自 2000 年以来，他一直是 buildingSMART 的活跃成员，并与托马斯・利比奇博士一起出版了 IFC 用户手册。

BIM 2.0 时代

BIM 无处不在。在德国，大多数在国际舞台上工作的设计师已经开始使用 BIM。其他国家也正在制定技术上可行的方案，并在规划路线。

原则上，BIM 方法最初并没有改变这样一个事实，即传统的建筑设备工程师在建筑师之后开展工作，因此必须在可用的技术数据的基础之上进行建造。这不是什么新鲜事，之前的项目也是根据建筑师的图纸深化的。但是，建筑设备工程师对 BIM 中代表信息的字母“I”特别感兴趣。例如，建筑师的模型现在是否提供了工作所需的更多信息？我可以一键计算建筑相关指标吗？相应的，我需要以何种格式提供哪些数据作为反馈？

期望

设计人员对 BIM 的期望很高，但是开始时的学习曲线很陡峭。以前，我们只能在自己的软件环境中收集和维护数据；现在，我们希望从参与初始设计的人的模型中获取信息。理想情况下，这一动作可以自动进行，并且信息是可验证的。但在没有基本技术知识的情况下是不可能实现的。第三方模型提供了大量信息，首先我们需要挖掘这些宝藏。这意味着新的工作方法应该逐渐整合到我们自己的流程中，除此之外，我们还应该看看哪些流程是值得去做的。当然，我们希望使用建筑师的模型来计算热负荷和冷负荷。但可以在我们的软件中重新计算来自第三方设计师的系统吗？这就要求用于生成建筑设备的软件要完全智能，目前技术是不可能实现的。

我们的设计信息会返回给建筑师，在某些情况下还会返回给业主。需要哪些信息，应该有多详细？业主是否希望能够在后期更改出风口，还是静态形式的几何信息结合元数据（体积流量、声学参数等）就足够了？业主会对数据感兴趣吗？运营商通常在设计过程中还没和业主建立联系。在这种情况下，目前尚不清楚我们的数据未来将与哪种 CAFM 方案对接。

openBIM 与 closedBIM

在交换数据时，我们区分了 openBIM 和 closedBIM 场景。如果我们从使用不同软件的设计合作伙伴那里收到数据，我们就进入了一个典型 openBIM 流程。实际上，这一点适用于所有外部公司。建筑师使用 BIM 软件并用交换格式的方式向我们提供结果。由于建筑师使用的软件并不需要支持建筑设备专业的设计流程，因此建筑设备工程师往往使用其他的软件产品来进行设计。这涉及不同的 BIM 平台，使得数据交换的话题变得有趣起来。

在各个公司内，通常有一个软件协调工作流程，通过建模和计算软件之间的接口进行管理。计算得越具体（如管道、通风管道声学），公司内部之间的沟通就越不可能通过 openBIM 格式进行。大多数用于建筑设备计算的软件产品都为最常见的 BIM 设计系统提供插件。因此，通常这是一个 closedBIM 过程。

如果模型需要在设计合作伙伴之间进行数据交换，通常会再次涉及 openBIM。无论是否发送完整子模型，建筑设备工程师都可以通过 IFC 将结果传输给建筑师。

通过 DWG 传输数据

过去，此类数据传输主要涉及 DWG 文件，大多是二维格式。所有传统软件系统都支持这种格式，并且这种格式通常也构成规范的一部分。此类文件结构通常与 CAFM 规范相关联，方便建筑物后期运维使用这些数据。然而，这种格式只能在有限程度上转换建筑组件之间的关系——例如，这扇门属于哪个房间？除此之外，还有更适合于此的其他格式，特别是 IFC！

通过 IFC 传输数据

IFC 是由 buildingSMART（一个自 1996 年开始运营的全球化组织）进行持续开发的，并将其确立为交换 BIM 模型的开放标准。这种格式在过去具有较高的学术声誉，自获得认证以来，它在项目中的应用已大大增加。IFC 的目的是交换有关建筑单元的信息，包括它们的元信息（例如墙的传热系数）。以墙为例，建筑师软件系统中的一面墙可以通过 IFC 转换为 IFC 墙。建筑设备专业的接收系统能根据原始墙在自己的软件中生成另一面墙。一个常见的误解是，认为两个系统可以通过 IFC 一起工作！认为数据会被转换为通用格式，然后使用系统提供的功能重新导入我们的系统中。

这可能是项目参与者在初次进行数据转换时感觉幻想破灭的原因。原来系统中的墙体填充没有了，文字和尺寸都不见了。但是 IFC 从来没有为这种类型的交换做过开发！PDF 或二维 DWG 应与 IFC 并行使用以传输可打印图纸。

因此，IFC 不是一种编辑格式，而是一种数据交换格式。其操作模式是：

- 由建筑师导出数据；
- 由第三方修改；
- 将数据导入建筑设备工程师的原始模型。

这在实践中也不太合理。墙属于建筑师；建筑设备工程师不能简单地插入一个洞口。相应数据应始终由各自的所有者负责修改。

CAD 历史和探索新方向

即使所有设计人员现在都只使用 BIM，这也不意味着以前的建筑设备专业工作方式不再适用。如果您决定在您的公司中实施 BIM，根据行业的不同，过渡阶段会有所不同。

暖通工程

暖通工程向 BIM 的过渡可能是最简单的一个。过去，暖通工程主要是在三维中设计的，计算也通常基于计算机，并且零件清单和制造信息也是从三维模型中生成的。尽管如此，在能够访问模型隐含的信息方面，BIM 仍然可以实现相当大的优化！在多个楼层上同时开展工作还不是现在标准的做法。可以从模型生成截面，保证图纸注释始终是最新的。这听起来合乎逻辑，但目前您部门的设计自动化程度如何？

给排水工程

关于给排水工程，则有不同意见。过去，卫生系统通常采用三维设计，而供暖和饮用水配管通常仅使用单线方法。这里需要详细说明的是，现在许多系统计算都需要详细信息；我们无法绕过这些信息来生成实际的系统拓扑。我们还需要重新考虑我们的表达规则。传统上，供暖、供水和回水管线绘制单条线。绘制的线的位置与实际安装的管道没有任何关系。实际上管道可能已经在墙体里互相重叠了。由于很难在图纸上显示这种布置并以适当的方式将其传达给施工现场，因此我们采用了抽象的表示方式。这同样适用于配件的符号表示，例如阀门。它们在图纸上的位置通常是为了满足出图的表达。安装后它们的实际位置是不同的。

我们想要获得准确的数据、管网、计算，碰撞检测应保证模型无误。这意味着要告别以前的抽象制图规则，建立新的规则。您不能在一个模型中同时使用这两种方法。我们需要更多的截面和详图，方便施工现场的每个人都能理解模型。坚持使用平面图中表达系统的老方法，强调“我们一直都是这样做的！”并不是 BIM 环境中的解决方案（图 7-24）。增强现实（Augmented reality，AR）已经被用于帮助项目经理将模型和施工现场相对应。

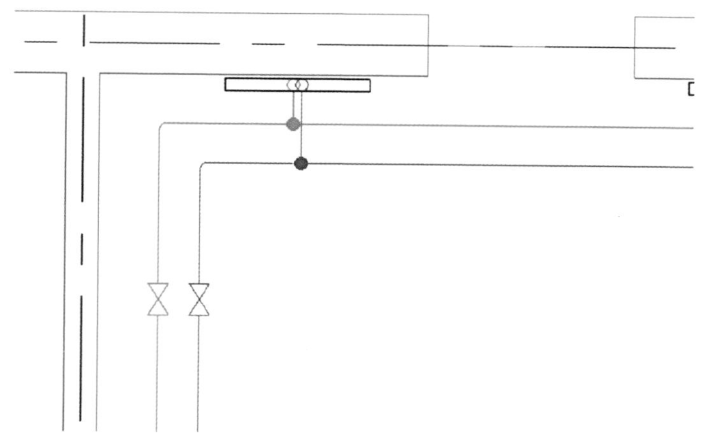

图 7-24 这样的绘图是否仍适用于 BIM？
来源：CAD Development

电气工程

迄今为止，电气工程几乎完全都是在二维中设计的。为了以清晰易读的方式呈现大量对象，在图纸上使用符号占主导地位。我们不必抛弃这一点，但三维和局部引用会带来许多优势。位于天花板下方的火灾探测器可以同时以符号和简单的几何形状呈现。

想象一下它的验证能力：模型中的火灾探测器的位置与暖通空调设计师安装在三维模型中的管道发生冲突了吗？通过模型对大型项目中的数千个组件进行检查，这样肯定可以消除对模型带来的附加价值的任何怀疑。

单一模型的谬误

本书已经探讨了这个谬误。这里从建筑设备的角度来审视一下模型结构。

原则上，只有所有参与者都使用相同的建模软件，才能对一个模型进行直接协同。但这引发了一个问题，即这在实践中是否有意义。例如，如果建筑师和建筑设备工程师共享一个模型，则必须有专门的权限分配来规定谁可以更改哪些参数。这适用于同一公司不同部门之间的协同，但当需要跨公司间协同时，IT 和管理支出很快就会骤增。

使用第三方数据

建筑设备工程师如何处理外部数据？通用 BIM 软件包提供了外部参照技术。暖通工程师在暖通模型中链接了建筑模型，可以使用建筑师的所有信息。建筑师所做的更改可以精确地在商定的时间节点整合进来。在使用 BIM 之前，每周数据交接就很常见，所以这种做法可以保持。

来自其他专业设计师的数据可以以相同的方式整合。模型结构意味着可以将用于不同分析目的的模型优化后组合在一起。

DWG 容器

这种方法也适用于二维数据。并非所有设计师都登上了三维 BIM 的列车，但这并不意味着我会仅仅因为一个合作伙伴没有提供 IFC 模型就不能在我的项目中使用对我很重要的流程。集成模型中应该引用二维数据，以便设计师能在自己的模型中灵活使用。这样，两个世界就可以结合在一起，图纸可以绘制得更简洁。如前所述，IFC 不转换填充图案或类似特征。如果建筑师为我提供 IFC 和相关的 DWG 文件，我可以生成符合合同的设计文档，也能利用模型为执行计算或碰撞检测带来优势（图 7–25）。

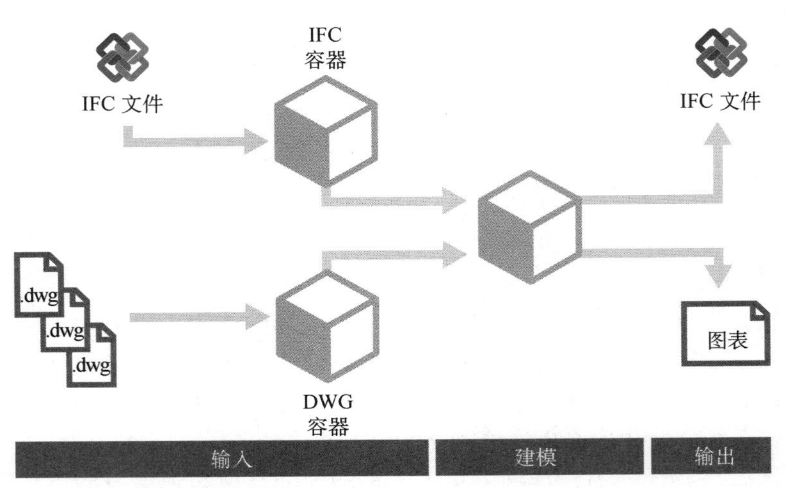

图 7–25　在项目中使用 IFC 和 DWG 容器

来源：CAD Development

计算模型

当要进行建筑设备的计算时，我们就要以特定方式应用建筑模型。不同的计算需要从不同的角度来使用模型。例如，如果热负荷是根据核心筒和外立面结构计算的，我们可能需要考虑房间的底部直到封闭的吊顶间的体积来计算空气体积。如果房间是自动生成的，通常不可能在一个模型中进行不同场景的计算。这种情况下可以通过修改建筑师的模型来实现，可以使用 Dynamo 等技术对原始模型进行脚本驱动的修改。因此，吊顶可以从房间定义切换到非房间定义，反之亦然，房间体积可以自动调整。

建筑计算

假设建筑师通过 IFC 向我们发送了一个建筑模型，在导入 IFC 模型之后，我们现在有了智能对象。那么，所有的问题都会迎刃而解吗？

模型结构的构架

原则上是，但……

建筑设备工程师只对建筑结构、技术设备的空间以及与协调相关的信息感兴趣。虽然碰撞检测是模型协调最常见的功能之一，但对建筑设备工程师而言仍有很大的改进空间。这不仅仅是因为专业设计师之间的交流方式，而是建筑的建模方式也需要改进。每个专业都有自己的模型构建视角。例如，如果源模型是由专注于预制混凝土构件的人制作的，那么后面的计算中可能会出现问题。我们的标准期望的是一个包含窗户的墙，如果这里取而代之的是预制混凝土构件并且还对窗的装饰条进行了建模，那么计算软件无法给出所需的计算结果。这同样适用于多层图元，例如墙和地板，一面墙可以含有多个层属性。但是建筑设备工程师无法忽视抹灰层、隔热层，而仅基于墙的承载层进行房间的计算工作。如果建筑师使用自己的建筑部件对每一层进行建模，建筑设备工程师就能实现精确的工程量测算。

另外一个问题是关于高精度细节。这意味着在计算中，我们会得到无法核实的表面。不幸的是，我们很少能够向建筑师明确建模要求。这是否意味着我们无法进行计算？不是的！我们可以使用建筑师的模型作为基础，并创建仅用于我们自己计算的建筑物抽象模型。稍加练习，它仍然比在计算软件提供的表格中手动输入数据更快。通过这种方式，可以使用其他设计师的模型生成建筑物的通用计算。

建筑计算的工作流程是怎样的呢？

建筑师发送了一个 IFC 模型，需要按照上述方式调整以满足我的要求。因此，它是一个只能用于计算目的的副本。

在 BIM 软件中进行合规性检查。所有房间几何形状是否一致？建筑物中间是否没有外部建筑部件？检查完所有体积后，可以将热力学模型传输到计算软件。这通常使用 gbXML 数据格式完成，这是专门为房间规范设计的 IFC 子集。

gbXML
是一种专门用于能耗分析的开放数据交换格式。

图 7-26　使用太阳能计算软件进行热负荷模型计算的示例
来源：CAD Development

管道计算

计算方面的第二大领域是压力损失、平衡和移交生产。如果计算是在制造软件中完成的，通常可以通过直接接口（closedBIM）进一步处理管道系统数据。也可以双向进行。我们在这方面使用最先进的技术；在项目过程中，这种工作流程经常被日常使用。

如果制造商不是设计者，并且双方使用不同的 BIM 软件，情况就不那么理想。目前无法通过 IFC 传输计算管道所需的详细信息。尽管正确的几何图形通常会到达接收系统，但基于系统的必要链接以及可用维度信息和元数据会丢失。因此，制造商唯一能做的就是重新创建模型信息或购买与设计师相同的 BIM 软件。

显然，这方面需要加以改进。例如扩展 IFC 标准和经过认证的 BIM 软件。如果没有全面的标准化，事情就会陷入死胡同。发送和接收信息的软件需要理解参数含义。当发送软件使用直径值但接收端期望接收 DN 值时，可能就无法得到想要的结果。这些标准必须在国家和国际层面的专业协会中制定。

子模型

根据项目规模，如果所有专业都在自己的部门内工作，考虑到计算机的处理能力有限，将处理建筑设备的各种专业划分为单独的模型是有意义的。最好从性能，同时兼顾计算方面的使用需求等角度来分配模型。

这些单独的模型当然可以按所需的形式再次引用并组合以确保部门内的协调（图 7–27）。

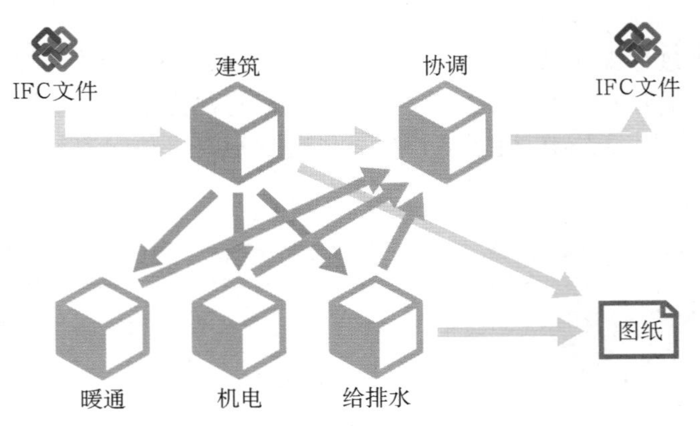

图 7–27　项目中单个子型的可能配置

来源：CAD Development

协调开洞

这种工作方式也可用作预留洞口。一个本身为空的模型只包含指向建筑和设备模型的链接。例如，建筑工程开洞的要求可在此模型中生成。这些可以通过 IFC 传输给建筑师。

绘图模型

如前所述，在 IFC 模型中绘图是受限的。建议使用独立的绘图模型（其中还包括 DWG 容器以及专业设计师的模型），这样就能够集中地开展绘图工作。

目前可行的 openBIM 流程

除了采用特殊实施接口的软件供应链中的 closedBIM 流程以外，已经有一些可行的 openBIM 流程。从建筑设备工程师的角度来看，以下是合适的工作流程。

开洞提资

现场施工图纸是需要与建筑师和结构工程师直接沟通的内容之一。到目前为止，他们一直都是接收二维 DWG 或 PDF，然后将其合并到他们的图纸中。

开洞提资（PfV）在此特指一个 IFC 实体，用于标识结构单元上的一个开洞需求，方便建筑机电管线穿过。

但是，通过 IFC 可以获得更好的替代方案。它假定建筑设备工程师不能直接在建筑模型中编辑墙或楼板（出于技术和法律原因）。IFC 自 2x3 版本起，增加了一项“开洞提资”（PfV）——推荐了一种空心单元（图 7–28）。

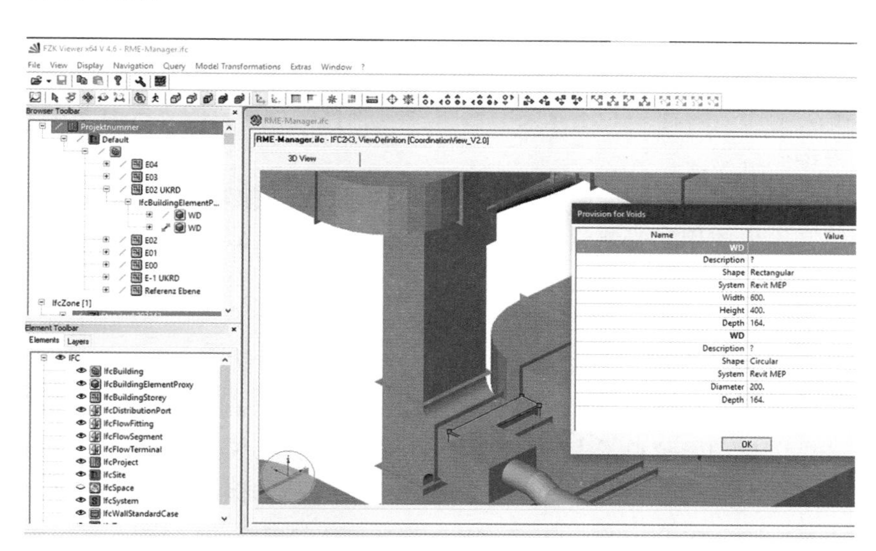

图 7–28　IFC 查看器中的 PfV
来源：CAD Development

建筑设备工程师的协调或开洞模型中包含了三维空间空心占位符，以矩形或圆柱体等简单的几何形状表示。它们被标记为建议导出。无论是否带有机电元素，IFC 将这些对象导入交换文件中。这些包含提资信息的文件会作为提资材料的附件发送。

建筑师将从所有参与的建筑设备工程师那里获取 IFC 文件，其中包括与各专业相关的调整建议。这些建议包含在建筑模型中，可以传递到建筑师的设计中。与先前方法相比的优势在于，这些建议中的对象尺寸精确并且定位正确，可以避免建筑师的错误输入。

最终得到的结果是更新后包括实际开洞的建筑师模型。建筑设备工程师可以执行碰撞检测，查看是否为每个机电单元预留了洞口。理想情况下，不再存在冲突。

BIM 协作格式

在项目初始阶段，会不断地修改模型，这些修改必须进行沟通。项目的所有参与者都需要进行沟通，因为他们都会对自己的模型进行修改。然而，修改会导致冲突，其解决方法是把这些情况记录在日志和文件注释中。在此过程中，会产生大量的不可避免的电子邮件。

buildingSMART 也为此设计了一个解决方案：BCF 或"建筑协作格式"。这种格式可实现在不同软件产品之间传达有关模型单元的信息，可以与 IFC 文件一起使用，也可以单独使用。例如，如果在会议期间发现碰撞，则可以将其保存为 BCF 条目。当电缆线路穿过没有 PfV 的墙并导致碰撞时，建筑师和电气工程师会收到此标志。此 BCF 标志为双方在自己的模型中提供了一个参考，使他们能够直接定位建筑构件（墙和电缆路线）。

还可以使用 BCF 标志分配状态，例如"活动""进行中""已解决""已关闭"。结合数据库，可以实现自动和可验证的项目监控。哪些问题还没有解决？解决了什么问题？上述方案的透明度对所有参与项目的人都有帮助。

从模型到现场

将计算机生成的模型传输到施工现场是 BIM 工作的必然步骤。Hilti 等公司已经开发出使用激光测量的解决方案，用于完成类似将楼板的防火封堵直接从模型定位到模板上的任务。由于模型提供了所有坐标，因而大大减少了施工现场耗费的时间和精力。

消防单元也是在模型的基础上确定的。模型是从消防工程师的角度进行分类的。哪些墙和天花板充当防火屏障，哪些建筑设备组件可以穿透它们？软件可以自动确定技术上允许的产品并将其放置在模型中，还包括法律要求的文档。在施工现场移交或是向建筑管理部门的移交就只是一种形式了。

建筑运维

BIM 的完整工作流程意味着运维方可以使用包含大量元信息的模型。一些 CAFM 软件包已经能够使用这些数据并实施基于模型的设施管理。"增强现实"（AR）等新技术可以通过模型单元的精确定位，为真实建筑带来以前无法想象的透明度。已经实现的技术，如微软的 HoloLens 可以使用联网数据库在真实环境中显示附加信息，允许现场操作员随时应用。

我们需要做什么?

BIM 在建筑设备方面提供的可能性是巨大的。我们肯定会在几年后讨论我们今天甚至不知道的流程。行业正在重新洗牌，现在是每个设计师、执行方和运维商解决问题的时候了。

首先，BIM 意味着透明度！设计错误被更快发现，模型和结构对设计合作伙伴和业主更加透明。隐瞒信息不再是明智的做法。增加透明度可以更好地管理越来越短的设计周期。

设计师必须掌握内部 BIM 流程，而这只能通过练习来实现。很少有人敢于未经培训就尝试铁人三项挑战，复杂的 BIM 技术应用流程也是如此!

开放标准

首先，我们需要标准。大型建筑公司在其 BIM 部门中磨练了自己的流程，现在可以向更广泛的受众提供可用的格式化工具。并非每家公司都有自己的 BIM 部门，能够连续数月处理项目模板、库、脚本等。我们需要每个人都可以访问和使用法律意义上免费的开放标准。如果一个建筑构件库的内容不被允许传递给设计合作伙伴使用，那么它就无法合法地应用于 BIM 过程，因为这样会构成风险。然而，目前共享门户网站和商业库中的大多数可用的 BIM 对象都存在这样的问题。

目前，BTGA 及其利益相关方 BIMUpYourLife 和来自奥地利、瑞士的代表共同发起了一个倡议：为不同的 BIM 软件联合开发免费的项目模板、建筑构件、脚本和插件。这项工作由相关组织完成和维护，旨在完善标准化流程。

如果模型在开始时不遵循已定义的结构，则后续过程将很少有机会利用这些信息。没有标准，我们就无法以合理的成本实现在演示中看到的美妙场景。但是，只有在大量人员投入的情况下，才能制定出开放和公认的标准。

通用建筑构件与制造商建筑构件

目前，模型中单元的使用是非常有必要讨论的问题。允许使用特定制造商的构件，还是必须是通用的构件？公共部门业主在设计阶段不允许使用特定产品的建筑构件，它们会在招标和签署合同后安装。如何在模型中呈现这些信息？制造商是否遵循通用建模标准，或者我们是否将问题与内容一起上传到模型中？内容是否可以传递（最终用户协议）？产品更新的情况呢？

迄今为止，建筑设备行业制造商唯一的软件中立格式是 VDI3805，主要涵盖通风和供暖领域的建筑构件定义。一些制造商以这种格式提供其产品的数据集。在常见的 BIM 软件产品中，通常有用于导入这些数据集的选项。其他领域，如电气工程、消防等，尚不包括在内。

我们可以从制造商的网站上获取 DWG/DXF 格式的建筑组件信息。然而，这些信息是静态的，需要手工将其导入相应的软件并使其智能化。这个过程中有许多障碍，例如，使用者当天的状态或多或少会对项目产生影响。即使不考虑这种影响，在处理大型模型时，必须始终批判性地查看此类内容。在制造商的利益中，首要是尽可能准确地再现其产品。

然而，我们是否想从交换单元信息转向对建筑单元的持续微调，进而去完善参数？如果是，则需要重新考虑当前的工作流程（图 7–29）。在 BTGA 中，正在为 LoI、LoD、通用内容到制造商内容以及与这些主题相关的标准制定符合 BIM 要求的解决方案。只有采用开放标准，我们才能解决这些问题。

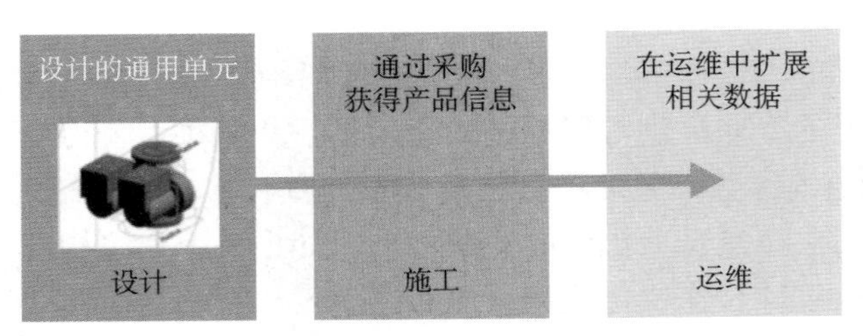

图 7–29　从设计到运维的建筑单元演进历程
来源：CAD Development

7.10　指南

指南和执行计划
指南和执行计划同步进行。指南通常是为企业定制的，而执行计划通常是为项目定制的。如果指南和执行计划之间存在冲突，优先按照执行计划的规定执行。

企业 BIM 技术指南支持企业组织内的日常活动，描述角色和职责，为项目设置、建模方法和模型结构提供指导，定义工作流程并概述技术要求（软件和硬件）。指南既是“用户手册”，也是项目交付的基础。

下文提供了典型企业 BIM 指南的结构和内容大纲，并添加了一些通用建议和最佳实践技巧。[1]

7.10.1　引言

指南的引言应概述组织内 BIM 技术应用的范围和背景：BIM 技术应用是否根植于公司政策，或者是属于项目到项目的基础上应用的几种方法之一？组织应用 BIM 的方法也应该明确。例如，它可以明确组织的 BIM 应用阶段，是专注于 little bim 还是 BIG BIM 项目，期望采用哪些 BIM 应用点，以及将部署哪些软件。此处还可以介绍对组织至关重要的通用 BIM 技术应用原则和最佳实践。

7.10.2　实施计划

要明确定义公司角色。这与项目中的典型角色和职责有关，也与组织

1　这种格式主要基于 AEC（英国）BIM 技术协议（版本 2.1.1，2015 年 6 月）以及芬兰通用 BIM 要求（2012 年）。二者都免费提供，强烈推荐。

内的特定角色（和联系人）有关。该指南还应提供 BIM 项目启动的相关说明。这其中应包含对项目设置过程的通用描述，也可能包括清单和模板。

例如：

- 如何在公司管理规程中登记项目的信息；
- 项目计划模板（内部 BIM 执行计划）；
- 计划项目启动会议的议程；
- 如何在 BIM 软件中启动项目的说明（例如，定位模板文件）；
- 管理和报告项目 BIM 进度的指南。

建议：角色定义

AEC（英国）BIM 技术协议所提供的能力矩阵是一个用来辅助角色定义的工具（图 7-30），我们在这里列出一个与 BIM 相关的工作清单，可以分配给不同的角色。此外，尽管能力矩阵已经对责任做了概述和分配，在清单中仍为每个 BIM 相关的角色提供文字描述。

	角色	BIM 经理	协调员	建模师
战略	公司目标	√	–	–
	研究	√	–	–
	流程 + 工作流	√	–	–
	标准	√	–	–
	实施	√	–	–
	培训	√	–	–
管理	执行计划	√	√	–
	模型审查	–	√	–
	模型协作	–	√	–
	内容创作	–	√	√
成果	模型	–	√	√
	图纸成果	–	–	√

图 7-30 能力矩阵

来源：AEC（UK）BIM 技术协议

7.10.3 BIM 协同工作

协同工作既可以指组织内的工作流，也可以指项目特定的工作流。通常，项目协同应该在项目 BIM 执行计划中详细说明。不过，企业的指南可能会包含协同工作的基本原则和最佳实践。在大多数情况下，企业指南的重点应该放在内部应用上。

指南中对 BIM 协同工作的讨论主题包括：

- 内部数据和文件管理系统；
- 链接和参照文件；

- 用户访问权限（在建模或其他软件中）；
- 内部审查和审批流程（质量把控）；
- 文件存储和共享流程。

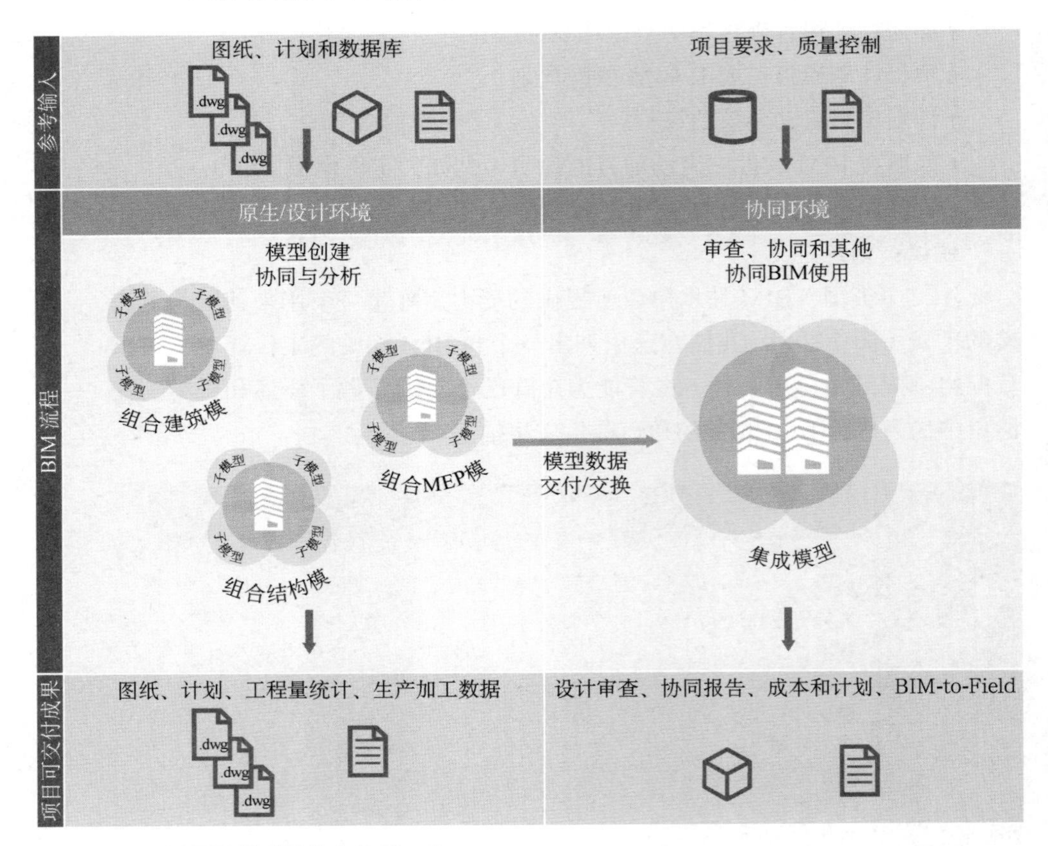

图 7–31　示例项目模型结构和协同工作

7.10.4　模型结构

在日益复杂的项目中，编制标准化模型结构可能是维持秩序的关键。除了“良好的内部管理”之外，标准化模型结构还可以使员工在启动新项目或需要从一个项目到下一个项目时更容易确定自己的方向。本节聚焦于组织内的模型结构（特定的专业），并未扩大到整个项目。

模型结构主要是指链接模型和文件的集合（模型分解结构），但它可以扩展到涵盖管理对象库和外部链接数据库，如成本计算、进度和设备属性。第 9 章将单独讨论外部数据库的链接。

建议

随着项目的进展，模型将变得越来越复杂。竞标或概念设计阶段，在单个文件中工作可能是最容易的。但是，随着项目的发展，建议将模型分解为不同的子模型。我们建议至少分解如下：

- 一个主模型文件（所有建模和二维线条工作）；
- 一个用于所有链接模型（无论是 IFC 模型还是原生模型）和 DWG 文件的单独容器文件；[1]
- 主绘图文件（仅用于平面图出图，不是模型文件）。

复杂的场地模型（详细的地形模型或点云文件）应该放在单独的文件中（图 7–32）。它们应该位于参照文件容器中，或者，如果需要大量的场地修改，则作为单独的场地模型。为项目原点、轴网和标高创建单独的参照文件也是一种良好做法。此“项目坐标文件”应链接到所有专业模型中，从中可以在每个专业模型中生成轴网和标高。更改轴网或标高的项目决策必须由项目协调员实现 / 管理，同时主轴网 / 标高模型将被更新。

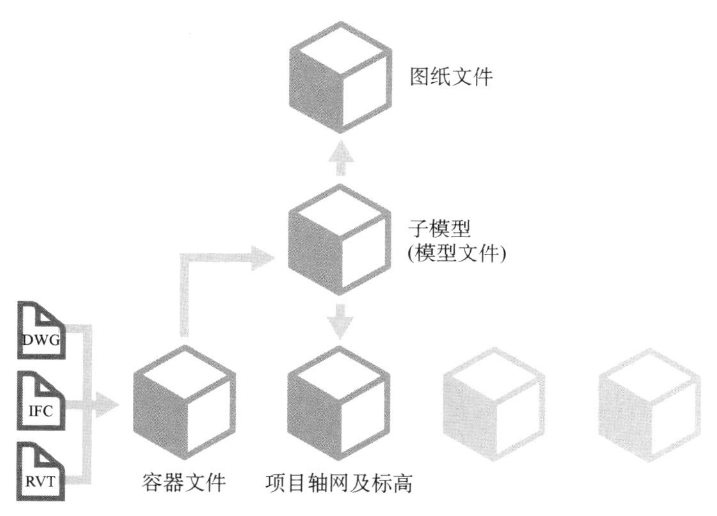

图 7–32　可能的内部模型结构，使用多个容器文件

每个专业模型可根据需要进一步细分。例如，建筑模型可分为外立面、核心筒和框架、室内模型。家具模型也可以分割成一个独立的文件。

7.10.5　建模方法

建模方法是一个相当复杂的主题，在很大程度上反映了建模软件的应用。模型的预期用途会直接影响各个建筑单元的建模方式——几何细节的

1　注意，IFC 不包含文本、尺寸标注和图案填充等典型的平面详图，在大多数情况下，IFC 不足以作为打印参照底图。除了导入 IFC 链接模型外，还需要为每个楼层导入 DWG，以便显示正确的图形参照底图。

级别、信息内容以及单元的构建。通用原则可在设计公司内制定；然而，它们始终需要适应项目要求（如 BIM 执行计划中所定义）。

通常来说，在任何建模开始之前，均应定义 BIM 应用并规划模型内容和结构。有许多很好的资源都可为建模提供指导，如芬兰通用 BIM 要求（COBIM）。

指南在建模方法论部分可能涵盖的主题包括：

- 模型使用说明；
- 单位和尺寸（考虑注释和面积明细表）；
- 原点、轴网和标高；
- 参照平面图；
- 对象库与在位对象；
- 参数化和对象属性（您希望对象的参数化程度如何）；
- LoD 和 LoI；
- 空间定义（房间材质是在空间对象内定义的还是应用于表面）；
- 三维建模与二维详图设计。

建议：建模规则

除通用原则外，指南中建议包含为建模规则的最佳实践提供的具体指导。

例 1

始终使用正确的工具对图元建模。使用“楼板”工具对天花板进行建模，会将该天花板图元分类为“楼板”。

例 2

在可能的情况下，尽量编辑而不是删除和重新搭建模型构件。创建新对象将意味着生成新的 GUID。因此，与此已删除 GUID 关联的所有链接都将丢失。

建议：二维线条工作

二维线条工作

指 BIM 软件中的常规绘图。线条是“客观”的，因为它没有对象标识本身，而是为现有 BIM 对象提供额外的细节。

仔细考虑需要建模的精细度等级，以及哪些细节用二维线条可以更好地表示。这当然会随着项目阶段的变化而变化。然而，即使在施工阶段，也可能没有必要对每个螺钉和紧固件进行建模。模型矩阵可以概述哪些图元将被建模，哪些图元仅在二维平面中表示，哪些图元根本不以图形表示。这可以分阶段进行计划。

以电线为例，由图 7-33 可看出，模型和平面中均未表示电线，但它可以作为工程量清单或其他明细表中的【行】对象存在。另一方面，摄像头出现在模型的早期阶段（用于可视化），稍后才出现在平面图中。开关仅出现在平面图中，在这种情况下将不会被建模。

模型单元	阶段相关的图示							
	概念设计		扩初设计		施工图设计		施工	
	模型 LoG	2D	模型 LoG	2D	模型 LoG	2D	模型 LoG	2D
照明								
设备	100	–	200	√	300	√	300	√
开关	–	–	–	√	–	√	–	√
电线	–	–	–	–	–	–	–	–
烟雾检测器								
传感器	–	–	–	–	200	√	200	√
电线	–	–	–	–	–	–	–	–
安全系统								
摄像头	–	–	300	–	300	√	300	√
……								

图 7-33　示例图纸和模型单元生产表，标记需要进行图纸表达的部分

7.10.6　质量保证（管理）和质量控制

质量保证是项目工作的一个关键方面。其中一个方面是子模型的协调（比如碰撞检测）。然而，其中有很大一部分只是与维护简洁、高质量的模型有关。当然，这意味着模型是为特定目的而建立的（无论计划的 BIM 应用是什么），并且符合正确的几何细节和信息内容级别。这还意味着检查模型是否：

- 完整（包含本阶段给定应用所需的所有必要信息）；
- 一致（命名一致的对象、属性、视图，结构合理的文件）；
- 正确（无建模错误、重复或遗漏，正确的对象分类）。

指南的质量保证（管理）和质量控制内容应重点描述以下方面的流程：

- 建模期间的质量检查表；
- 数据验证工具（如 COBie 检查器）；
- 模型输出的数据清理；
- 模型质量检查（通过导入、导出和模型协调）。

作为 BIM 三大核心管理活动之一，第 9 章将更详细地讨论质量控制。

7.10.7　显示样式

显示样式指的是渲染和模拟，还有传统的输出、平面图、进度表和报告。尽管项目模型的使用越来越多，但在一段时间内，二维平面图仍将是主要的沟通工具。在大多数项目中，二维平面图仍然是业主要求设计团队提供的合同交付物的基础。因此，不应忽视二维平面图。

现有 CAD 指南（如有）可纳入显示样式的内容中，用以描述对线宽和样式、图案填充和填充区域、符号、标题栏、注释和尺寸标注的约定。

可以提供导出说明和最佳实践，以及模板文件，以支持从模型生成标准平面图、进度表和报告。

指南中“显示样式”的重点可能包括以下内容：

- 视图模板；
- 标题栏；
- 注释、符号和尺寸标注；
- 线型（样式、线宽和图案）；
- 图案填充和填充区域；
- 着色、实体化和渲染视图。

最佳实践提示

大多数建模软件具有相当好的二维表达能力，但对于许多设计事务所来说，仍然希望从建模软件中导出平面图，以便在二维 CAD 软件包或图形设计中进一步细化平面图方案。通过编写自定义宏，可实现在预设 CAD 图层上自动放置特定对象的流程。

7.10.8 互操作性

互操作性问题通常指与外部项目合作公司交换文件。但是，同一组织内不同 BIM 软件之间也可能发生数据交换（例如，把钢结构模型导入公司内其他结构分析软件）。

关于组织内的流程，企业指南应提供相当详细的指导，可能包括模型导出的分步说明、最优插件的链接以及最佳实践提示。随着内部流程在组织内变得越来越成熟，工作流程可能会进一步细化和改进。

关于与外部合作公司的交流，可能会出现无数种情况（取决于其软件产品、版本，甚至建模或导出方法）。虽然可以建立模型交换（导入和导出）的一些通用原则，但最终还是会在项目级别去解决这些问题。

建议：模型传输

无论是内部模型还是外部模型，IFC 模型还是原生模型，都有一些基本的内部管理规则来支持高效良好的模型传输。应对要导出的模型进行清理并为其后续使用做好准备。从一开始，就应使用企业或项目模板创建模型，并对文件、关联图纸、视图、对象和对象特性采用标准化命名约定。应分离所有链接文件（特别是 DWG 参照底图），并清除模型中不必要的对象和元数据。在 openBIM 工作流程中，模型视图定义（MVD）可为特定目的的 IFC 模型提供强大的清除和过滤手段。例如，“结构分析 MVD”将仅导出模拟所需的分析数据。

除了正常导出之外，重要的是要了解可用的优化插件。Graphisoft

为 ArchiCAD 开发了各种 IFC 导出工具，可提高与特定软件（如 Revit、Solibri 等）的互操作性。同样的，Autodesk 也为 Revit 创建了用于 IFC、COBie、gbXML 格式以及专用文件交换的增强型导出工具。Vectorworks 也有用于 IFC、BCF 以及 Revit（.rvt）导出的工具。

7.10.9 命名规则、文件夹结构和模型服务器

文件夹结构和命名规则是传统办公 CAD 标准中的常见内容。BIM 在这方面有一些显著的差异，不仅包括新的领域（如对象和属性命名），还包括如何处理传统内容（如文件命名）。通常，指南在这一部分应涉及以下领域：

- 项目文件夹和数据结构；
- 通用命名规则；
- 文件命名（报告、模型、平面图、模型对象）；
- 库对象命名；
- 对象属性命名；
- 视图命名；
- 查看列表计划；
- 数据组织；
- 图纸命名。

建议：命名规则

关于文件和模型对象的命名有各种不同的理论。二维 CAD 的传统方法是采用编码命名规则，包括项目名称、专业、文档类型（平面、报告、模型或模型对象）、阶段甚至楼层。每个组织都必须考虑他们自己的命名规则，满足其内部的归档和管理要求，但是我们强烈建议不要有复杂的命名规则。首先，几乎所有的数字文档类型都将包含大部分此类信息作为元数据。所有 BIM 模型和模型对象都将包含这些描述符。因此，这是一种重复的工作，并增加了不必要的风险或错误。

在对象名称中包含描述符意味着当对象被修改（或移动到设施的另一个级别）时，可能需要更新对象名称。

7.10.10 资源

解决更详细的问题需要额外的资源，可以是公司服务器上的共享文件夹，也可以是指向外部文档、在线教程或论坛的链接，包括链接和软件插件（例如 IFC 导出、COBie 或 BCF）或免费应用程序，以及用于共享内容的对象库或模板文件。

[案例研究]西门子总部

提供方：斯特拉巴格公司

新建办公和生产大楼

瑞士　楚格州

业　　主：西门子瑞士公司
总承包商：斯特拉巴格公司
建 筑 师：布克哈特建筑设计公司
项目规模：约 1 亿欧元
项目状态：已竣工
竣工时间：2018 年

项目概况

斯特拉巴格公司被选为西门子公司在瑞士新建办公和生产大楼的工程总承包商。七层的办公楼包括 18 400 m^2 的可出租面积，以及技术区域和 300 个地下停车位。生产大楼共四层，总建筑面积为 24 000 m^2，包括生产大厅、实验室、交付和物流区，以及办公空间（图 7–34）。地下室设有自动运输和储存系统。该项目的建设在 2 年内完成。

图 7–34　显示建筑物外部视图的 VR 应用程序界面
来源：斯特拉巴格公司

斯特拉巴格公司获得该项目委托的主要原因是其 BIM 5D® 能力以及满

足项目 BIM 要求的能力。

BIM 方法论

为了支持办公楼的设计和施工，以“Big Room”方式进行的会议每周在现场举行数次，参会的人员包括业主、设计和斯特拉巴格公司的项目团队成员。在项目的 BIM 执行计划（BEP）中定义 BIM 实施过程、项目参与者之间的信息交换和协同。由于 BIM 需求的复杂性，以及这些需求是在与业主、承包商和其他项目参与者（如设施管理运营商）协调过程中引入的，BIM 执行计划是逐步形成和更新的。

总承包商需要在建筑的设计、施工和运维的整个生命周期内实施大量 BIM 应用点。

本项目选择执行 closedBIM 工作流程。基于设计和审批阶段的二维文档，建筑、结构、立面设计、供暖、制冷、通风、电气和卫生工程等子模型均在同一个软件中构建。基于模型的协调包括由 BIM 管理团队执行的定期碰撞检测。

项目团队从一开始就与业主协商定义了所需的模型对象属性，然后合并到对应的模型中。结合数据库解决方案，斯特拉巴格公司在整个项目中收集诸如制造商规格、维护周期、清洁区域的状况和范围等数据。对建筑物进行竣工记录并实现数字孪生后，可以提供空间登记表、固定资产登记簿等摘要信息。在建筑物运维过程中，通过扫描二维码访问数据库可以查看存储在对象中的信息。

除了总承包商合同约定的 BIM 应用案例外，基于模型的设计还带来更多益处。首先，斯特拉巴格公司创建了一个虚拟现实（VR）应用程序，它允许业主（或未来的用户）在建筑物中虚拟漫游，借助 VR 眼镜可以看到各种颜色组合和变化的家具，并在此基础上作出相关决策。

项目管理和施工管理团队能够通过他们的计算机和移动设备远程访问模型数据（图 7–35）。通过这种方式，可以分析复杂位置的安装情况（例如在设备井中）、查询对象属性和数量以及根据需要提出建议。

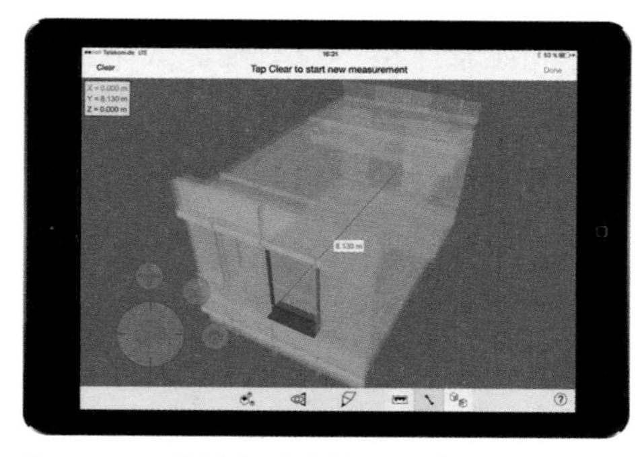

图 7–35　平板电脑端的现场情况显示界面
来源：斯特拉巴格公司

8 角色职责

PM 中的 P 既与“项目管理”有关，也与“人员管理”有关。

——科尼利厄斯·菲希特纳（Cornelius Fichtner）

在组织内实施 BIM 并在项目中成功交付 BIM 不仅与各类软件的功能有关，与个人能力和参与度也密切相关。正如这本书的标题所暗示的那样，应该在整个实施过程中强调和培养 BIM 经理角色，实际上所有 BIM 角色都应该如此。

在本节中，我们将先从企业内部角度出发，然后再结合协同背景下的项目组织架构来研究 BIM 角色和职责。BIM 经理是一个横跨两个领域的角色——在组织内部领导实施并代表组织参与项目。

8.1 公司架构中的 BIM 角色

公司架构中的 BIM 角色和职责仍在行业内不断完善，并且会因组织而异，具体取决于组织规模和内部结构。你可以将 BIM 角色视为在企业内部现有角色上增加的新能力层，而不是增加或替换现有角色。随着时间的推移，这些能力层会不断发展演变，但核心角色将保持不变。

无论公司规模如何，BIM 都必须在战略、战术和操作层自上而下和自下而上同时实施。这种协调实施需要所有角色和层级之间进行开放式交流。

管理层的支持对于使流程与公司目标和愿景保持一致、确保战略指导并适当分配资源（财力和人力）必不可少。

同样，需要一个战术团队（或一个人，取决于公司规模）来评估公司的需求和挑战，开发定制化解决方案并推动实施。该团队还将提供定期报告、重新评估和研发方案，以回答诸如以下的问题：

- 可以使用哪些技术？
- 如何才能最好地应用这些技术？
- 如何最有效地培训和调动员工？

与此同时，BIM 需要与日常运维相结合。这些操作工作流必须经过测试、扩展、分解和定制才能得到加强。

作为一个通用指南，推动 BIM 实施的角色在组织内可以分为三个层级：战略、战术和操作（图 8-1）。

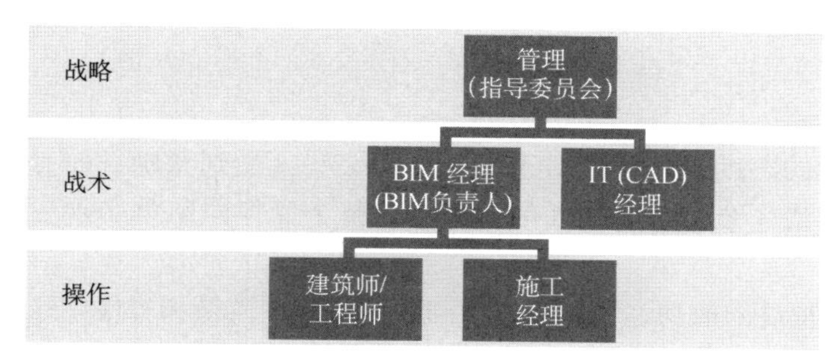

图 8-1 组织内的 BIM 角色

8.1.1 管理（战略层）

管理层应指导企业内部 BIM 的战略方向，确保其与组织愿景和目标保持一致。尤其在过渡时期，这种指导对于 BIM 实施的连续性和稳定性非常重要。

管理层通常决定资源和高级流程，以及哪些项目（和如何）使用 BIM 交付。管理层还可以与 BIM 经理和 IT 经理协商进行培训和选择软件。

8.1.2 BIM 经理（战术层）

BIM 经理（或 BIM 主管，大型企业可能不止一个 BIM 经理）是企业内 BIM 实施的主要责任方。该角色在管理层建立的战略下指导 BIM 的战术方向，管理企业指南的制定、通用流程、项目模板、技术问题或故障排除。

在没有 IT 经理的小企业中，BIM 经理可能还承担软硬件的安装和维护责任。

BIM 经理应该了解与软件、标准和指南相关的最新资讯。

8.1.3 IT 经理（战术层）

IT 经理负责所有软硬件、IT 系统的安装和运行，还可能与 BIM 经理一起参与研发工作，以确定和测试新技术。

8.1.4 建筑师、工程师和施工经理（操作层）

在操作层面，最终创建和使用模型数据的建筑师、工程师和施工经理是最终用户。操作层面的工作广泛而多样，可能包括模型创建、设计分析、明细表生成（如工程量统计）、运行模拟、进度报告、跟踪现场变更和缺陷等。

8.1.5 团队参与

每个人对变化的态度不一样。对于新技术，一些人受到激励，而有些人则持怀疑态度或完全抗拒。在任何情况下，整个操作团队都必须参与进来。

为了取得最大程度的成功，团队必须参与并了解高层政策和程序。这意味着，管理层需要就 BIM 战略方向将如何影响单个最终用户角色进行沟通。

实例：

几年前我在中东的一家大型总承包商工作，我们的 CEO 要求使用 BIM。尽管进行了多次演示，但是施工经理们仍旧不相信 BIM 的价值。最后，我们对项目的很大一部分进行了建模，并邀请了一位施工经理进入工棚来观看该模型是如何用于施工规划。他当即看到了这个过程的价值，并在接下来的几周里要求我们对项目的不同部分进行建模，对特定的施工和安装顺序进行模拟。

8.2 项目架构中的 BIM 角色

目前出现了各种各样的 BIM 项目角色，然而国际上对如何定义这些角色没有达成共识。有很多倡议对此提供了指导，包括欧洲 BIM4VET（VET 代表职业教育和培训）研究项目和 buildingSMART 专业人员认证（第 3 章中有介绍）。

一个不错的切入点是查看传统项目中的标准角色，并考虑如何以 BIM 能力支持（或增加能力层）这些角色。其中包括业主 / 开发商、主要顾问或承包商，以及所有分包顾问和承包商。通常，其中一名顾问需要承担额外的协调工作，例如建筑设备的空间规划、冲突规避和协调建筑工程开洞。在某些国家 / 地区，此角色指定给建筑师或总设计师，而在一些国家 / 地区，通常由一名机电工程师执行（图 8–2）。

传统项目中的每一个角色都需 BIM 功能的支持。在短期内，特定的 BIM 功能可能由项目团队中聘请的 BIM 专家来执行。然而，从长远来看，不应扩大项目团队，而应通过增强现有角色的额外 BIM 能力来实现。例如，项目经理也可能是项目的 BIM 经理。一个明显的例外是业主或整个项目团队的 BIM 顾问可能是外聘的技术顾问（图 8-3）。

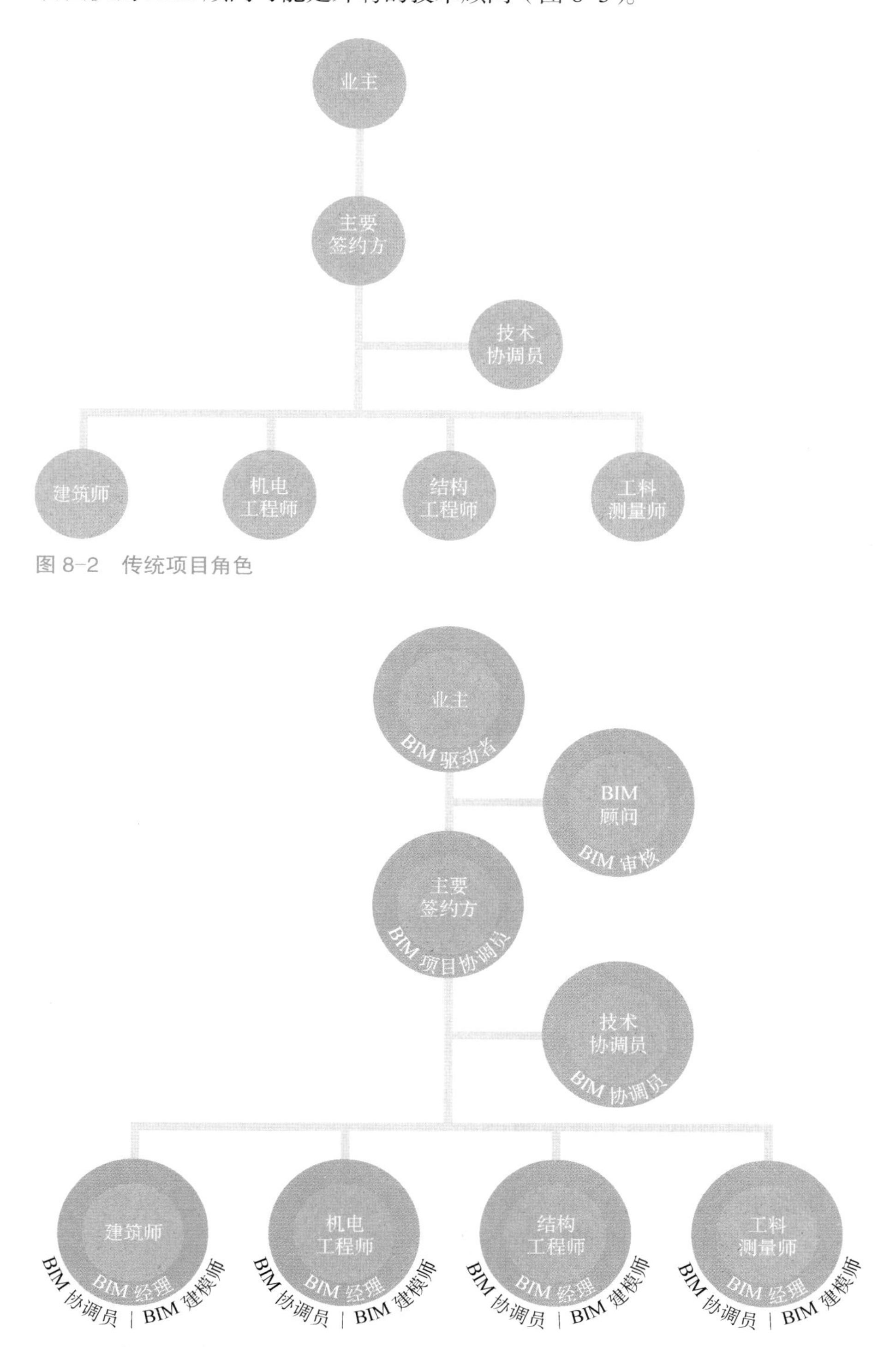

图 8-2 传统项目角色

图 8-3 与 BIM 能力相对应的传统角色

8.2.1　BIM 驱动者（业主）

BIM 驱动者
是组织内战略层的 BIM 推动者（通常用于指代业主组织）。

BIM 驱动者是业主组织中 BIM 的推动者，从业主的角度定义 BIM 战略和目标。在业主组织内推广 BIM 活动和愿景，以及与外部合作公司的沟通。BIM 驱动者的职责包括：

- 协调内部 BIM 培训；
- 规划内部资源（人员、成本、进度）；
- BIM 项目规划。

8.2.2　BIM 审核员（顾问）

BIM 审核员（或质量经理）
通常是业主的外部顾问，他帮助定义和执行项目 BIM 需求和协议。

BIM 审核员主要从业主的角度参与项目的规划和监控，是一个质量管理角色，负责定义项目协议、监控 BIM 过程和审核项目输出。此人在协调会议上代表业主的技术利益，并为参与 BIM 项目的所有人员制定符合项目的技术、标准和指南。BIM 审核员的其他职责包括：

- 定义各个项目方之间的沟通机制；
- 质量保证和质量控制；
- 维持数据一致性。

8.2.3　BIM 项目协调员（总承包商）

BIM 项目协调员
是项目团队的主要 BIM 联系人。这个角色通常涉及项目战略协调和控制。

这是为所有使用 BIM 的团队提供主要项目支持的角色。BIM 项目协调员领导 BIM 项目审查和协调会议，充当信息经理和问题协调员以及现场团队之间的联络人，要确保建筑信息模型之间的性能和沟通，以及项目参与者之间的数据一致性。项目协调员的其他职责包括：

- 质量保证和质量控制；
- 现场 BIM 支持；
- 支持将实际状态记录传递到设施管理阶段。

8.2.4　BIM 协调员（专业协调员）

BIM 协调员
在操作层具有质量控制的职能。其主要工作是协调模型和解决协调问题。

BIM 协调员负责定义建筑设备空间规划并确保专业的技术协调（包括建筑工程开洞）。BIM 协调员的其他职责包括：

- 模型质量控制（几何和属性检查）；
- 专业协调的质量保证；
- 定期报告和跟踪问题。

8.2.5 BIM 经理（项目建筑师 / 项目工程师）

作为企业角色，BIM 经理监督组织内部 BIM 团队和 CAD/BIM 流程；作为项目角色，BIM 经理确保可交付成果符合项目要求和 BIM 项目执行计划。BIM 经理的其他职责包括：

- 与项目协调员和其他 BIM 经理联络；
- 在组织内领导项目团队；
- 质量保证和质量控制。

BIM 经理
是组织内的 BIM 主管。

8.2.6 BIM 创建者 / 工程师

这是根据项目规范负责创建 BIM 模型的技术角色。大多数 BIM 应用发生在模型创建者工作范围内，包括模型分析、工程量统计、图纸生成等。BIM 创建者还应参与协调模型、解决问题以及标记和报告主要协调问题以供进一步审查。

BIM 创建者
是指任何参与创建模型数据的人。

8.3 BIM 项目流程和角色指定

正如第 7 章所介绍的，我们可以大致定义五个活动分组来描述 BIM 项目信息周期：

- 模型（及模型数据）创建；
- 模型数据分析与导出；
- 模型交换、质量检查与协调；
- 项目协调与协同；
- 数据交付和验证。

这些活动与我们之前定义的关键 BIM 项目角色相关（图 8-4）。

【1—2】模型创建、导出与分析是由各个顾问（BIM 创建者和 BIM 经理）管理的活动；

【3】模型交换与质量控制（和专业协调）是由 BIM 协调员管理；

【4】项目协调与协同（包括管理项目协调会议、问题审查、成本和进度计划）是 BIM 项目协调员的职责；

【5】数据交付和验证由外部 BIM 审核员审核。

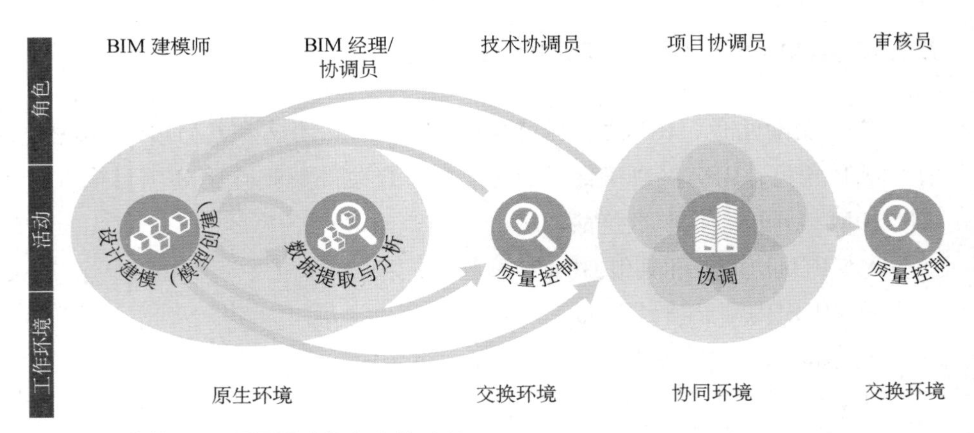

图 8-4　关键 BIM 项目活动与角色的映射

BIM 经理与 BIM 项目协调员

在项目环境中，BIM 经理扮演联络人的角色。他们在 BIM 项目协调会议上代表其组织的利益，并在其公司的活动中执行项目要求。BIM 经理是各自设计团队中 BIM 项目协调员的主要联系人。

另外，BIM 项目协调员主要管理项目范围内的 BIM 流程。BIM 项目协调员可由业主或总承包商聘用，是所有项目团队关于项目 BIM 需求的主要联系人。

根据经验，BIM 经理 70% 的工作是参与组织的内部活动，30% 的工作是参与项目协同。相比之下，BIM 项目协调员 90% 的工作是参与协同，剩下的一小部分时间致力于支持各个项目成员的内部流程（图 8-5、图 8-6）。

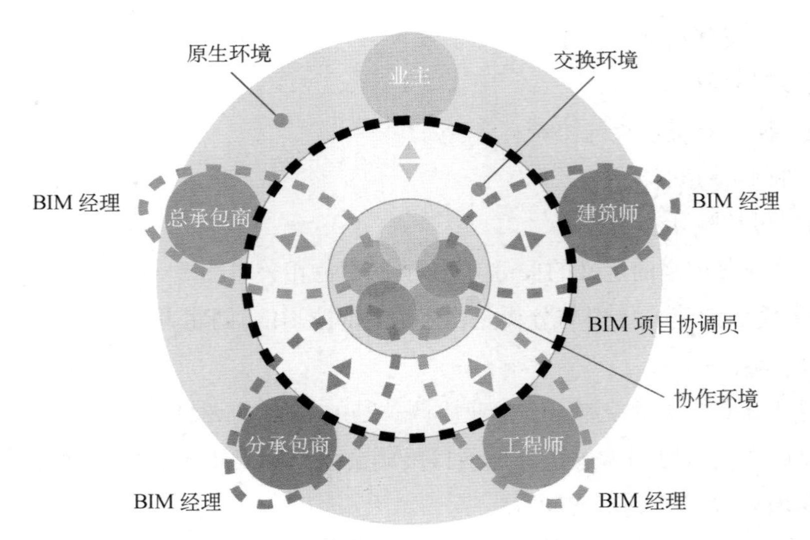

图 8-5　BIM 经理和 BIM 项目协调员

角色划分

角色	项目协作活动	组织内活动
BIM 经理	30 %	70 %
BIM 项目协调员	90 %	10 %

图 8-6 BIM 经理和 BIM 项目协调员的活动分工

8.4 项目中的公司 BIM 角色

作为公司角色与整个项目团队角色之间的接口，我们可以进一步定义其子集：公司或专业内的项目角色。分配给项目的人数和他们所需的任务将始终依赖于项目、专业和阶段。在小型住宅开发项目中，早期可能仅分配照明规划师一个资源。然而，在更大的开发项目中，一栋办公楼可能拥有十到二十个资源来交付施工文件。因而，可以定义广义的角色和活动。

欧洲 BIM4VET（VET 代表职业教育和培训）研究项目定义了三个主要项目角色：BIM 经理、BIM 协调员和 BIM 创建者。随后把 BIM 创建者（既是建模者又是模型用户）分为高级角色和初级角色。BIM4VET 为每个角色分配了特定的活动，并定义了相关的能力水平（图 8-7）。

BIM经理	BIM 协调员	BIM 建模师 (高级)	BIM 建模师 (初级)
•定义和维护项目标准 •审核将要实施的软件解决方案 •根据客户的需求定义项目输出 •创建和维护交付协调计划 •确保共享项目信息的系统实施 •领导项目级别的BIM活动 •评估项目团队遵守项目标准的能力	•确保符合项目标准 •确保符合企业标准 •确保符合相关的国家和国际标准 •协调不同的BIM建模师/技术员的输出，以确保模型根据BIM项目执行计划 / BIM协议 / 客户要求具备了高质量和高合规性 •监督碰撞检测、报告生成和解决方案 •解决软件问题，提升员工技能 •确保BIM软件的实施	•参考其他共享模型，以确保设计协调和避免冲突 •根据项目标准开发和维护几何模型和非几何模型 •从几何模型和非几何模型生成项目输出 •协助维护项目标准 •解决软件问题，提升员工技能 •与关于信息生产和交换的行业最佳实践保持完全的同步 •通过向BIM协调员提供反馈来帮助维护内部CAD标准和工作流程	•参考其他项目团队成员的工作 •根据项目标准开发和维护几何模型和非几何模型 •准备与内部和外部利益相关者共享的模型 •几何和非几何模型生成项目输出 •修订输出以纳入冲突解决方案 •参考其他共享模型，以确保设计协调和避免冲突 •修订关于QA/QC的输出

图 8-7 BIM4VET 中 BIM 角色和活动的定义
来源：BIM4VET

根据这些角色和活动定义，BIM4VET 开发了一个能力评估和培训矩阵（图 8-8）。

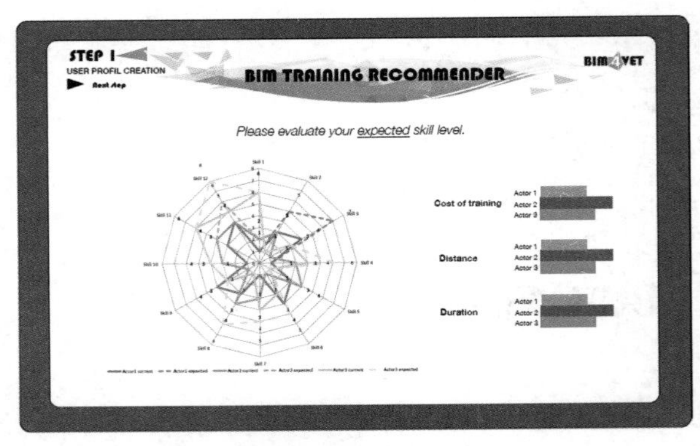

图 8-8　BIM4VET 胜任力与培训工具

来源：BIM4VET

如果回到 BIM 金字塔的概念，我们可以看到它的三个关键领域——建筑几何、信息内容和流程管理与一家企业的 BIM 项目角色是如何相对应的（图 8-9）。BIM 创建者负责创建三维几何模型；BIM 协调员确保模型数据的质量和合规性；BIM 经理维持协调程序和项目标准。

图 8-9　映射角色到 BIM 金字塔

8.5　BIM Ready 培训

人与机器公司一直以类似的角色定义工作——BIM 经理、BIM 协调员和 BIM 创建者，这些在 BIM Ready 培训项目中都有涉及。

BIM Ready 在欧洲是一个独特的概念，提供标准化的 BIM 培训，涵盖建模、协调和管理主题（图 8-10）。该计划涉及项目实现的各个方面，从战略规划到标准和准则，再到确定工作流程和交换需求。它还包括管理协调和协同活动。

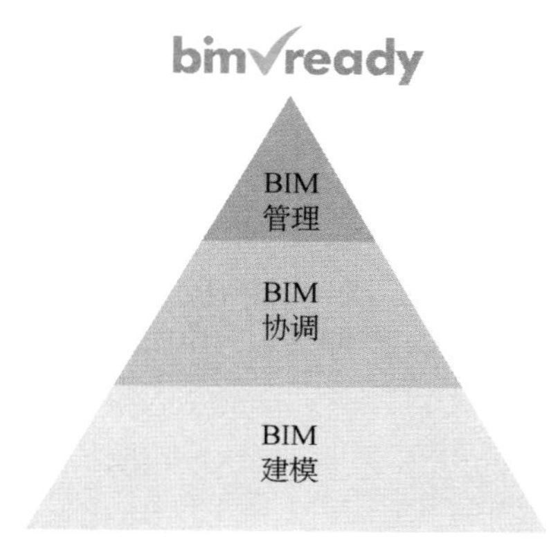

图 8-10 BIM Ready 培训大纲

精心开发的 BIM Ready 培训下设 3 个模块课程，内容涉及技术主题到管理主题。

BIM 建模

10 天的课程，重点是在原生环境中建模和协调。

BIM 协调

5 天的模型质量控制课程，具体为协调和信息交换。

BIM 管理

为期 5 天的课程，重点是关于 BIM 实施和项目交付的战略和实践问题。

BIM Ready 基于国际最佳实践和 buildingSMART 的 openBIM 标准，并融合了 buildingSMART 专业人员认证项目培训内容。学员同时能够获得 buildingSMART“专业人员认证—基础类”的认证。

8.6 小结

本章讨论了公司和项目结构中的各种角色可能性（图 8-11）。根据不同的角色，公司和项目之间可能会有重叠（例如，BIM 经理的角色）。

随着角色定义和能力的不断发展，培训会变得越来越重要。角色的命名以及相关的任务和职责需要参照国家标准执行。我们需要一个稳定的参考用来定义项目中的角色。同时，我们需要灵活地定义角色，以适当地响应项目需求——规模、复杂性、合同结构等。

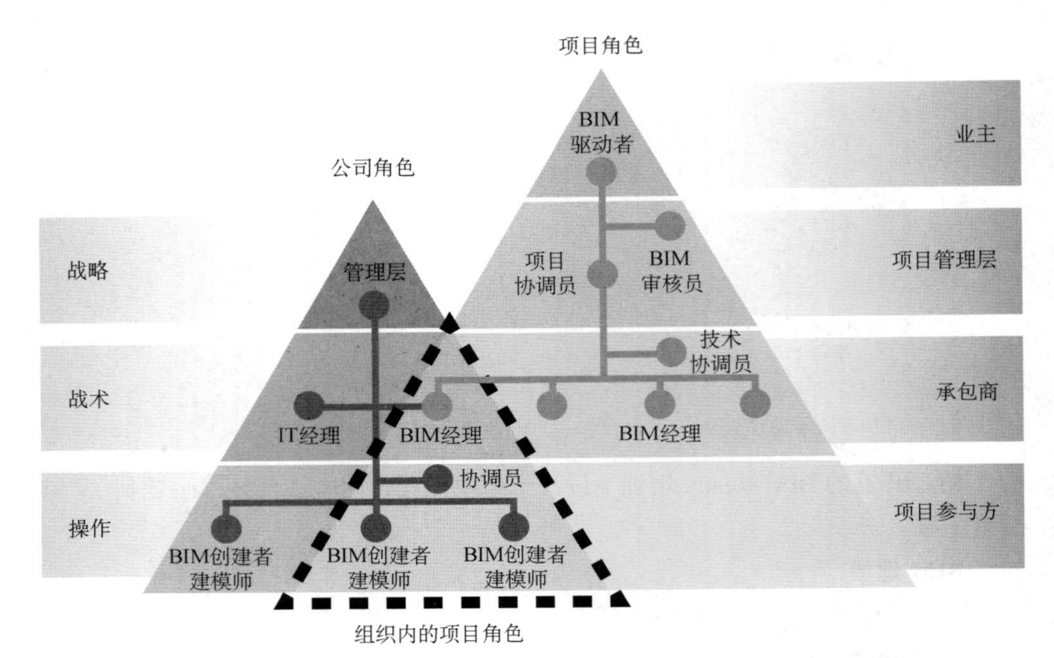

图 8-11 项目与公司角色的关系

[案例研究] CNP 塞里

提供方：Burckhardt+Partner 公司和 Losinger Marazzi 公司

新实验室建设
精神科神经科学中心
瑞士 洛桑附近 普里伊

业 主：沃州洛桑大学医院
总承包商：Losinger Marazzi 公司
建 筑 师：burckhardt+Partner 公司
项目规模：建筑面积 4 350 m^2
项目状态：已竣工
竣工时间：2018 年

项目概况

CNP 神经科学研究中心的新建筑位于普里伊的塞里精神病医院综合大楼中最古老的部分。该建筑按照 MINERGIE-P-ECO 标准设计，位于两座现有建筑之间并与之相连。这种定位决定了房间的朝向：办公区朝南，实验室区朝北（图 8-12）。

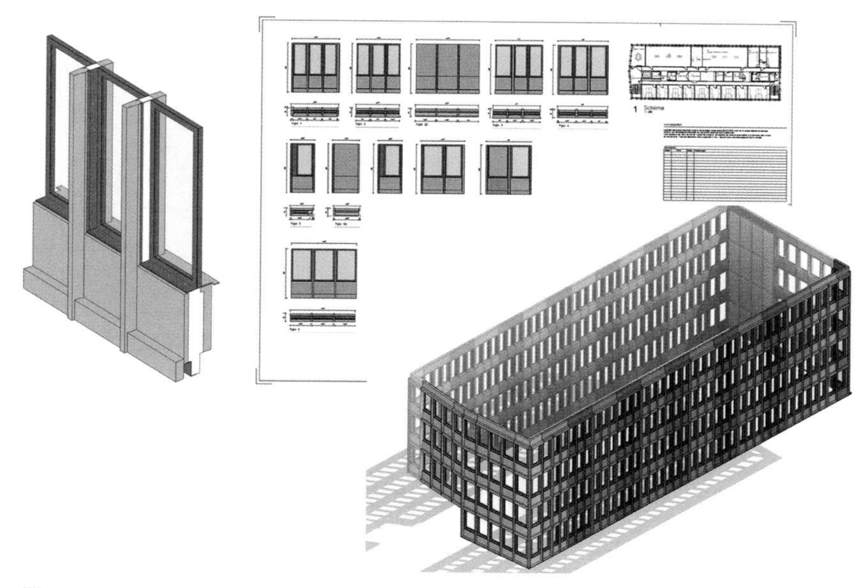

图 8-12 建筑视图
来源：Burckhardt+Partner 公司

遗传学、分子生物学、生物化学、形态学、电生理学和行为科学的研究空间分布在地面上的四层；机房、基础设施、卫生设施和设备竖井位于建筑的中心。这种明确的划分使得两个活动区域能够独立运作，同时也使得医院和研究部门能够根据研究任务在日常基础上进行合作。

BIM 方法论

使用 BIM 的想法得到了总承包商 Losinger Marazzi 公司、顾问工程师和业主的支持。Burckhardt+Partner 公司积极参与制定了实施战略。

目标

• 协调和交叉连接所有专业；

• 生成基于模型的招标工程量；

• 管理实验室的房间和设备要求（房间数据表）；

• 支持施工现场运输；

• 提高业主意识，鼓励他们在运维阶段使用 BIM。

协作

制定了下列原则：

• 协调：总承包商指派一名 BIM 协调员。作为负责实施 BIM 战略的人，他是所有其他 BIM 经理的联络人。所有的分歧在日常的施工进度会议上都得到了解决。

• 数据和绩效管理：要求所有专业都在一个共享的中央数据库中管理，并与设计模型相关联（图 8-13）。

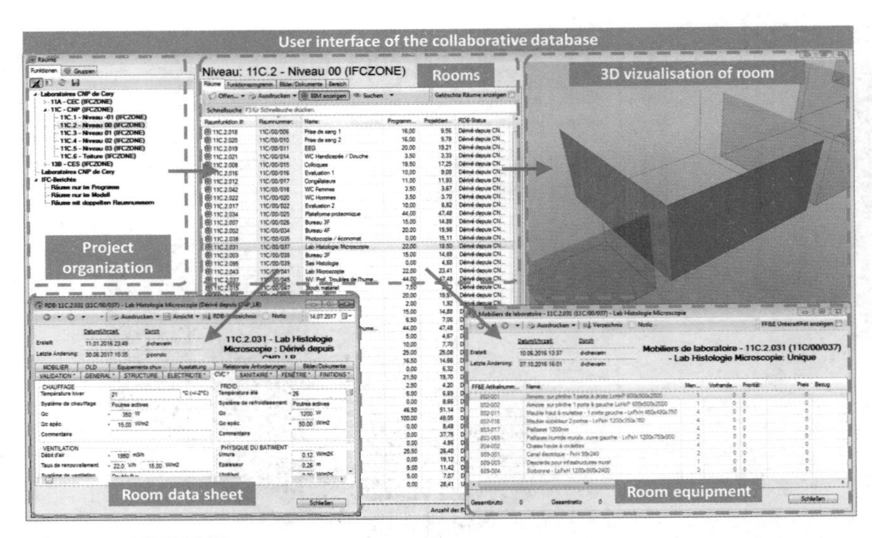

图 8-13　项目看板

来源：Losinger Marazzi 公司

• 业主审批：通过三维可视化和房间视图进行审批，这些都是基于数字模型生成的。

为了让所有参与方尽可能多地参与到协作规划中，BIM 手册中会持续记录流程、建模规则和要使用的工具。

9 BIM 项目管理

当人们采用技术时，他们用新的方式做旧的事情。
当人们内化技术时，他们会找到新的事情去做。
——詹姆斯·麦奎维（《数字颠覆》）

本书导论部分通过 BIM 金字塔来说明建筑信息管理的三个方面的功能（图 9-1）。

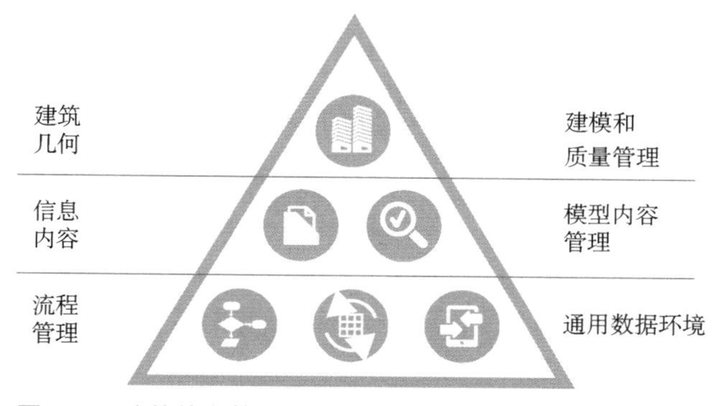

图 9-1 建筑信息管理金字塔显示三个活动领域及相应的应用

- 建筑几何；
- 信息内容；
- 流程管理。

这三个功能都对应于独立的活动领域，有自己的技术需求，必须为此部署专门的软件。

建筑几何是模型创建者（建筑师或工程师）的领域，他们使用设计创作软件来创建几何模型，这就是 BIM 的主要工作。然而，除了模型创建，该领域还可能包括通过使用专业的浏览和协调软件来进行质量控制和协调的活动。这种协调通常涉及基本模型整合和碰撞检测工作，在这个领域，更先进的工具增加了功能，例如版本比较（如识别同一子模型的两个版本之间的变化）和执行复杂的基于规则的质量检查（如检查最小走廊宽度或保持门前或专业设备的净空）。

信息内容是指与几何建模不同的属性和模型信息的创建与管理。对于较小或“little bim”项目，在建模软件中简单地管理对象属性，可能是可行的。然而，对于更大和更复杂的项目，建议尽可能保持几何模型“轻量化”，并在单独的应用程序中管理对象属性。

这一区别在诸如成本核算或消防工程等专业领域中特别重要。在这些领域中，顾问可能不需要创建子模型，但仍需要提供项目信息。此外，设计公司还可能使用额外的专业工具来管理外部的详细对象属性，例如房间需求或设备规格。我们将这种项目信息与模型分开的管理办法称为模型内容管理（MCM）。

模型内容管理（MCM）
是指组织和管理项目信息的活动，通常指与基础几何模型分离的信息。

流程管理是指围绕过程定义及其控制的所有组织问题。这可能包括指定角色和分配特定的活动、设计工作流、报告和跟踪问题或变更，以及管理模型和文档。当然，项目管理发生在各个团队中，在此处具体指的是与协同和协调活动相关的 BIM 项目管理。

9.1 质量管理和质量控制

无论项目是使用 BIM 还是传统方法交付，质量管理都是项目交付的一个关键方面。在 BIM 的背景下，质量管理更依赖来自其他项目参与者的数据，因此对精度有更高的要求。如果接收到的数据不完整、不一致或不准确，就会对下游流程产生严重影响。

简而言之，使用 BIM，我们必须在如何生产和交付项目信息方面更加结构化和规范化，要比传统的项目设计投入更多的精力。与此同时，数字技术给我们提供了一个比以往更为快速、更为精确地进行质量管控的机会。在数字化（部分或全自动化）过程中，协调和分析项目信息的优势可以弥补获取高质量 BIM 数据所需的额外努力。

BIM 的最大优势可能是能够快速和智能地分析数据。在质量控制领域，我们可以从基于逻辑和规则的控制中看到这一点。例如，模型检查应用程序可以验证所有洗手间区域是否有地漏，或者每个门的开启是否留有必要的净宽（图 9–2），还可以根据建筑规范来验证模型（如窗台高于一定的高度，坡道满足最小的坡度，或者每个可居住的房间都有窗户）。

模型还应该能够验证结构的完整性，检查有没有建模错误，如重复或不完整的组件。例如，一根柱子与上面的板相交就会被识别为碰撞；或者，如果建模的柱太短，没有延伸到板的底部，也可能被标记为建模错误。

模型检查应该在三个不同的模型交换时期进行（图 9–3）。

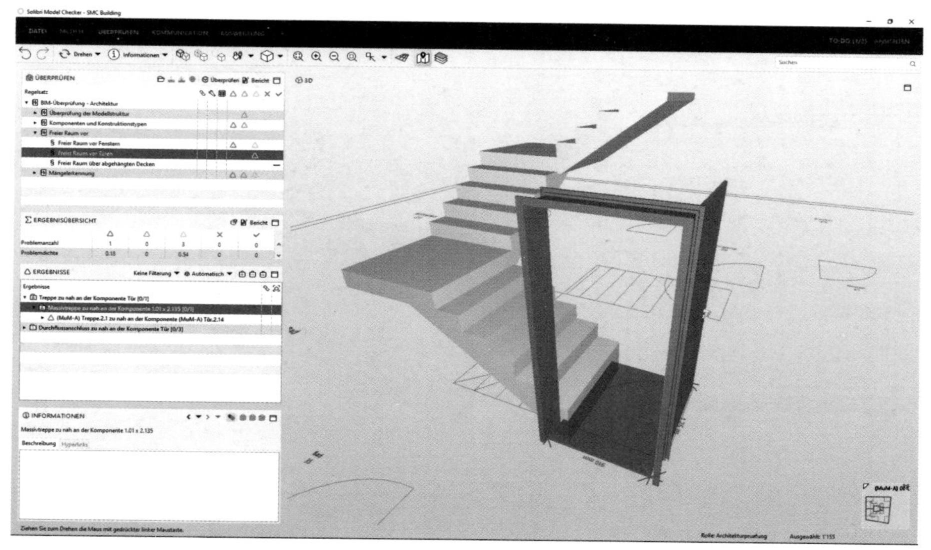

图 9-2 模型检查软件识别出“净宽冲突”，即楼梯影响到了门的开启空间
来源：Solibri Model Checker

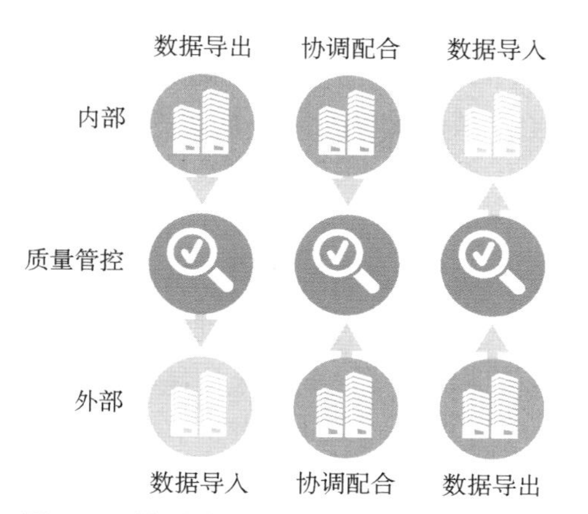

图 9-3 模型质量控制应在发布模型前（左栏）、接收模型时（右栏）和协调多个模型时（中栏）进行
来源：S. Kraft，A. Schneider，M. Baldwin

① 在将模型导出到项目团队之前；

② 当收到来自另一个专业模型时；

③ 多模型协调时。

在第 1、2 个模型交换时期，质量控制是在单个模型上执行的，包括上面提到的完整性检查。另一种对导入模型非常有用的检查是版本比较，许多基本的协调工具都有这个功能，允许将模型与其以前的版本进行比较，以确定是否有任何更改。修订部分以彩色高亮显示，例如已删除的元素可能显示为红色，新元素可能显示为蓝色，已修改的元素可能显示为绿色（图 9-4）。

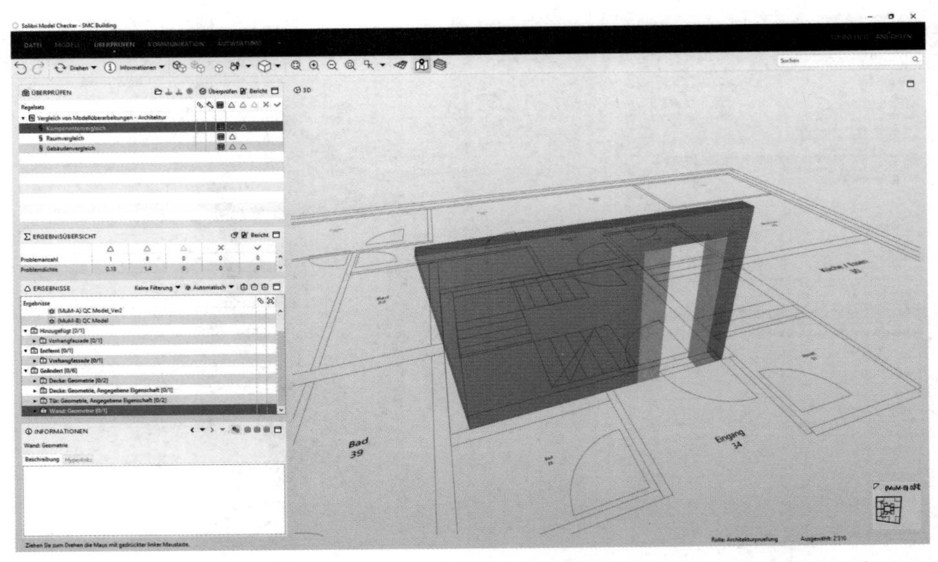

图 9–4　对同一子模型的两次修正进行模型版本比较。新模型修订中已删除的元素用红色表示，新元素用蓝色表示

来源：Solibri Model Checker

在最后一个模型交换时期，质量控制即模型协调，可能是最常见的质量管理形式。这涉及整合两个或多个子模型，以检查其一致性和完整性。第一种验证通常是视觉控制，通过浏览集成模型，可以获得项目完整性的概览并指出设计问题或建模错误。另一种更系统的方法是使用碰撞检测，包括检查各种模型或子模型之间的物理碰撞，例如卫生管道和结构墙之间的实体碰撞。碰撞检测对于协调建筑设备和建筑工程开洞特别有用。当检测到建筑设备单元（如风管）和结构单元（如墙）之间发生碰撞时，一些协调工具甚至会自动地对建筑施工开洞提出建议。

9.1.1　原生文件与 IFC 文件质量控制

原生文件和 IFC 文件之间可以进行协调，现在许多建模工具都有自带或插件应用程序用于“实时”模型检查。这些工具的功能差异很大，可能包括检查重复或碰撞的单元，以及验证对象属性（例如，是否所有的墙对象都有一个“承重”属性字段？如果是，是否设置了该值？）。通常，质量管理应该使用专业的模型检查软件。

IFC 正在为模型协调和质量控制建立标准。即使对于内部工作流程，许多设计部门也选择生成 IFC 模型进行质量控制。首先，IFC 为用户导出一个在建模环境之外的“中立”视角的模型。有些情况下，模型内在的建模错误只有在导出以后才能显现出来。其次，IFC 导出（或者更确切地说是模型视图定义）允许用户为特定目的对模型进行清理和筛选，这意味着可以对特定领域进行重点质量控制。最后，IFC 作为可能的一种交换格式，以接收方将要收到的文件格式来验证模型是一种很好的做法。

9.1.2 问题报告

建模或协调方面的微小错误一出现就会被协调软件简单地进行纠正。但是，主要的质量控制问题应该被记录下来，以便稍后解决。大多数协调应用程序都有某种报告机制，既可以记录、评论问题，也可以将其分配给特定的人来处理。报告文件可能仅意味着在协调工具中捕获问题的屏幕截图，然后导出为 Excel 表格或 PDF 报告。这只是最基本的水平，许多工具现在具有更为复杂的问题跟踪功能，可以用于记录受影响单元的对象 ID 编号（在 IFC 工作流中，通过 IFC GUID 记录），以及模型版本、日期和检测时间（图 9–5）。

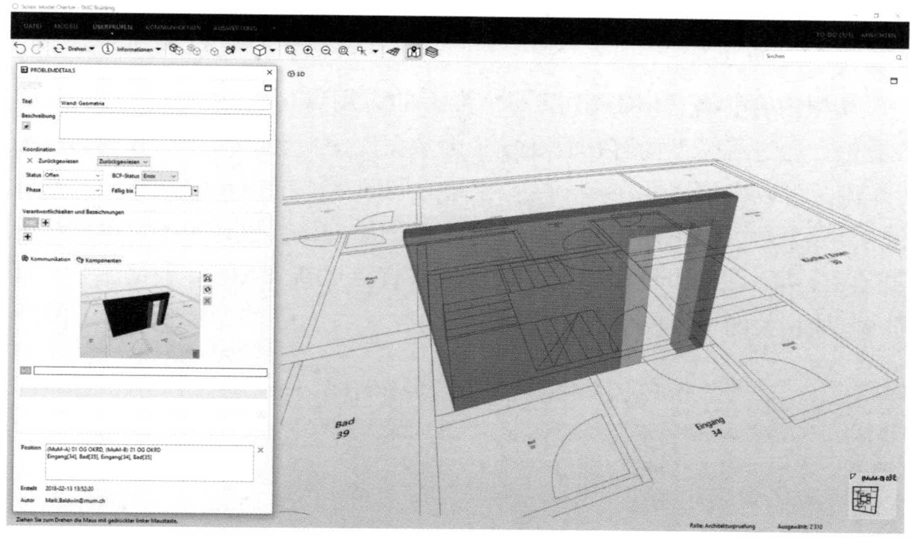

图 9–5 质量控制问题可以很容易地被记录在进行报告和跟踪的协调软件中
来源：Solibri Model Checker

理想的工作流是使用 BIM 协作格式 BCF 记录和管理问题。如第 4 章所述，BCF 是一个开放的标准，用于支持 BIM 协调和创建应用程序之间的交流，允许在所有项目参与者之间自由地交换问题。每个 BCF 问题都可以根据作者、日期、专业、问题类型和状态（是否开放、已分配、过期或已解决）来进行组织。系统地使用 BCF 可以向项目协调员提供整个项目所有已确认问题的概述和历史。BCF 是支持全项目基于模型的质量控制的强大机制。

9.2 模型内容管理

第 7 章讨论了将建筑模型拆分为不同的专项或子模型的重要性。除了拆分几何模型外，通常还建议从几何单元中拆分出信息内容。基本对象属性（如定位、尺寸、系统、类型）来源于模型，应该保持附着状态。然而，额外的属性（如成本数据、防火等级或产品规格）可以从外部数据库链接。

通常，与所有合作伙伴协商来决定哪些内容应该直接包含在模型中，哪些应该从外部数据库链接。

然而，应避免加载拥有超多数据的模型，特别是来自其他领域容易变得过时的模型。

模型应该是用一个简单的几何表示来构建，并尽可能包含较少的属性。

9.2.1 管理房间数据表和设备清单

房间数据表（RDS）是关于建筑内特定房间或房间类型的信息明细表。

模型内容管理（MCM）的一个强大的应用点是管理房间数据表和设备清单。通过将模型内容托管在单独的数据库中，建立清晰的数据结构和工作流，可以实现属性在多个专业模型之间同步（图 9-6）。例如，一个墙的热传导系数可能适用于建筑师模型中的产品规格，也适用于机电模型中的能耗分析。在一个模型中属性的更改将直接更新到 MCM 数据库中，从而在其他相关的专业模型中进行同步。

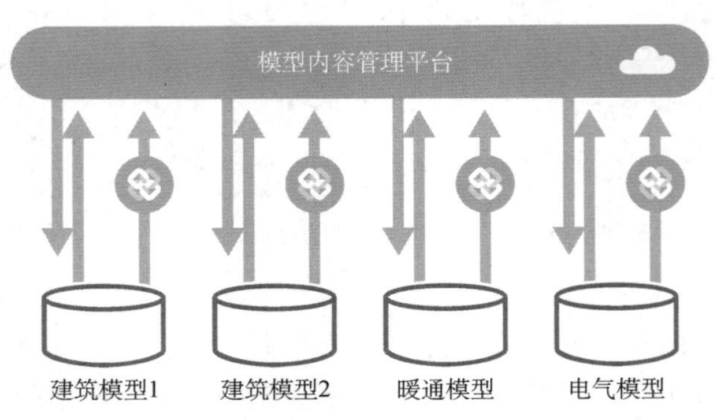

图 9-6 MCM 数据库可以同时链接到多个模型，从而同步多个设计模型中的属性（以及这些属性的更改）

除了可以管理各种专业模型之间的对象属性的同步外，MCM 还可以支持项目的设置和配置，以帮助定义初始建筑需求。这可以从预设计阶段开始（在模型存在之前），并且可以通过提供参考来指导设计流程，设计需求可以根据该参考进行验证。

运用 MCM 工具需要付出一定的额外努力，但可以在结构和组织方面为项目带来明显优势。首先是在定义项目结构和内容（空间规划、房间类型定义和设备清单制作）上。其次，通过定义角色和职责，跟踪变更，MCM 工具支持整个设计、施工和移交阶段发生的决策和审批流程来进行多方协同。

9.2.2 需求定义与设计解决方案

项目需求在项目开始时只是大致定义。通常情况下，项目开始时只定义总体范围，后续在整个设计过程中开发和完善详细的需求。

例如，医院业主可能对他们的新诊所所需要的房间有明确的想法，他们甚至可能根据以往的经验知道特定房间所需的设备；然而，最终的配置和详细的设备属性可能尚未确定。这些信息最终取决于所有项目成员的输入：业主、运营商、专业设计师、承包商，甚至产品制造商。

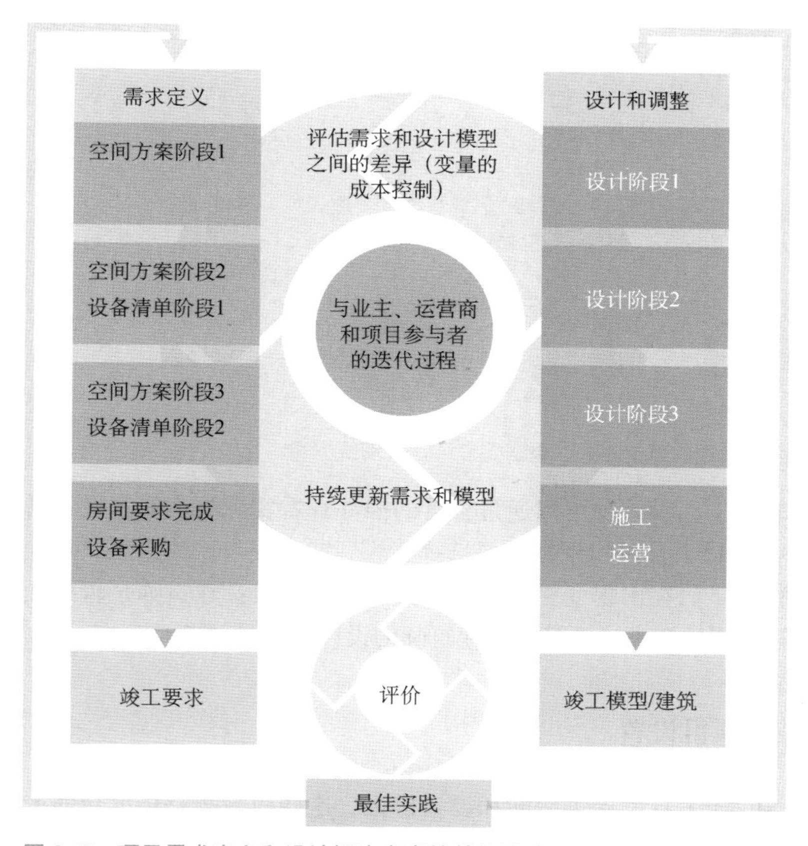

图 9-7　项目需求定义和设计解决方案的并行活动
来源：NosykoAS

项目通过需求定义（业主方）和设计解决方案（设计方）之间的交互

向前推进。需求定义会受到正在进行的设计过程的影响，而设计是基于原始的业主工作任务书，这是一个相互关联的迭代过程。尽管业主和设计师之间存在持续的交流，但这些过程是平行独立的。

当需求定义和设计解决方案之间的交互功能失调时，我们会在最终交付（即已建成的设施）时发现冲突、错误和遗漏。然而，通过链接和同步项目与设计过程，可以确保建筑项目中的变更自动反映在设计中，反之亦然。

9.2.3 管理两个领域：需求定义和设计解决方案

模型内容管理支持项目需求定义（从业主和运营方的角度来看）和设计解决方案的并行活动（图 9-8）。MCM 有许多极佳的工具，其中更先进的工具倾向于使用基于云的插件，以便与建模软件直接集成。[1]

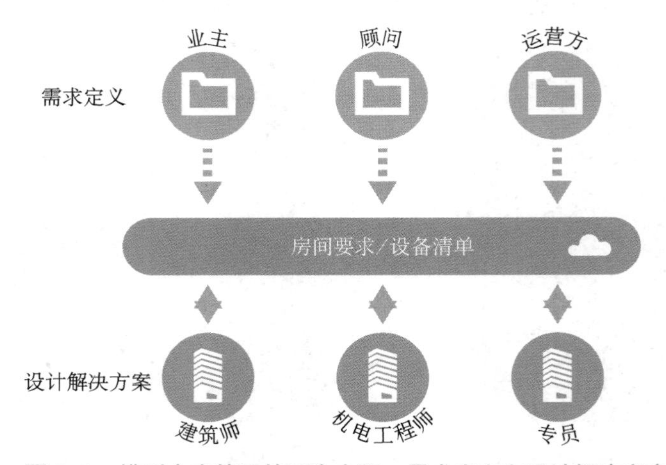

图 9-8 模型内容管理的两个方面：需求定义和设计解决方案

在建模软件中，设计师可以通过各自的插件查看实际的房间和设备需求（图 9-9）。设计人员可以根据需要选择建模，或者提出修改意见，与需求数据库进行同步。在出现变更时，必须做出管理决策：建筑师是否必须修改模型以符合原始要求，还是根据建筑师的设计建议更新项目要求。

9.2.4 MCM 项目设置

大多数 MCM 工具都提供房间和设备模板。这些模板都是标准房间或

1 主要的 MCM 工具有 dRofus、EcoDomus 和 BuildingOne。后两个应用程序还支持设施管理活动。

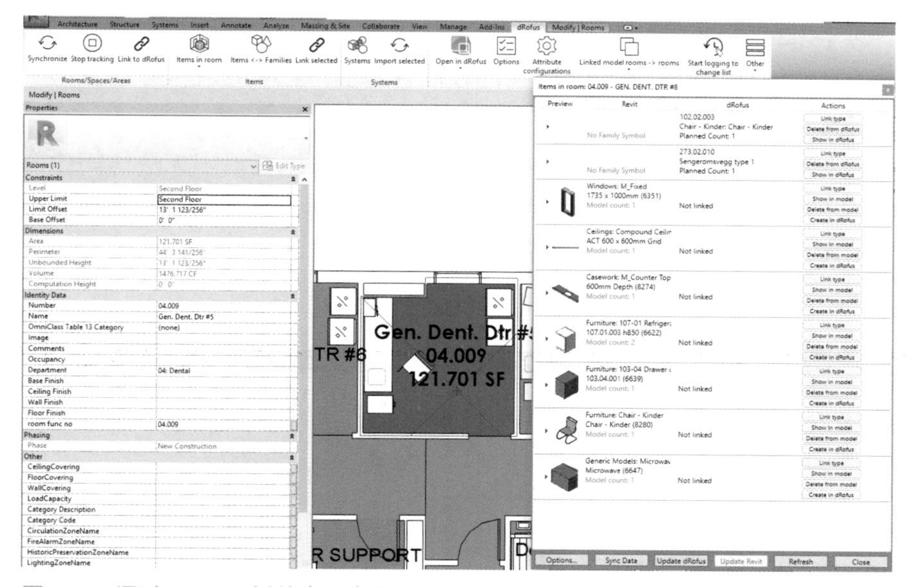

图 9-9 通过 dRofus 插件出现在创作工具中的房间设备清单的示例
来源：dRofus 和 Autodesk Revit

对象类型，会在整个建模中重复使用。在项目中，首先是定义建筑内的区域或功能（以医院为例：护理病房区域、技术区域、行政区域）。在这些功能区域内可以定义房间类型，并分配特定的房间（例如，护理病房区域内的 100 个“单人病房”房间）。

在定义房间类型或单个房间后，可以开始定义通用需求（图 9-10），包括定义房间的使用要求、建筑面积、饰面、家具、固定装置和设备，以及相关专业的具体要求，如暖通工程或消防工程。

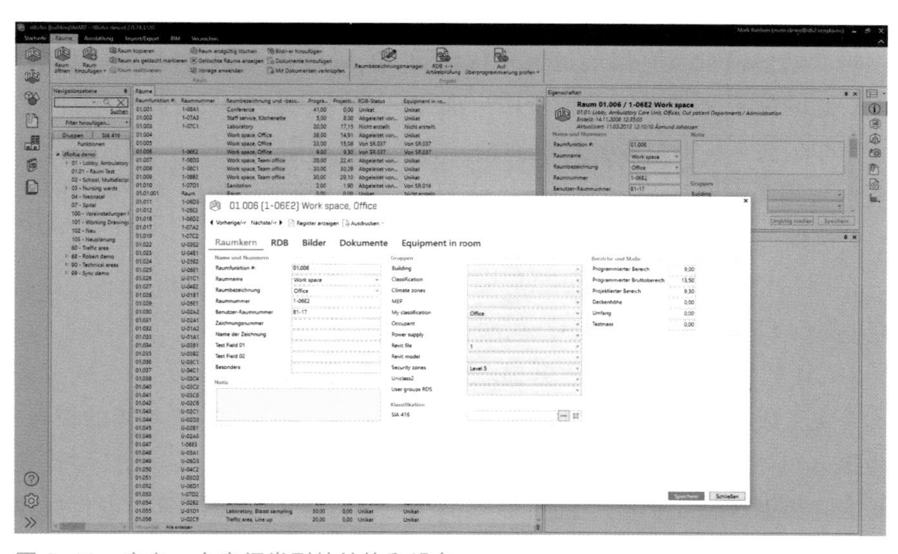

图 9-10 定义一个房间类型的结构和设备
来源：dRofus

对于未在模型环境中工作的项目团队成员，中心数据库是查看和编辑项目信息的一种手段。根据设置访问权限，他们可以直接在 MCM 数据库中编辑属性并同步回模型。

某些 MCM 应用程序还具有模型浏览器。这一工具对于无法访问建模工具的用户来说非常实用，他们可以进行项目可视化以及规划空间相关功能的操作（图 9–11）。例如，承包商或者供应商可以对可能特别大或者有其他苛刻访问要求的设备进行安装规划。

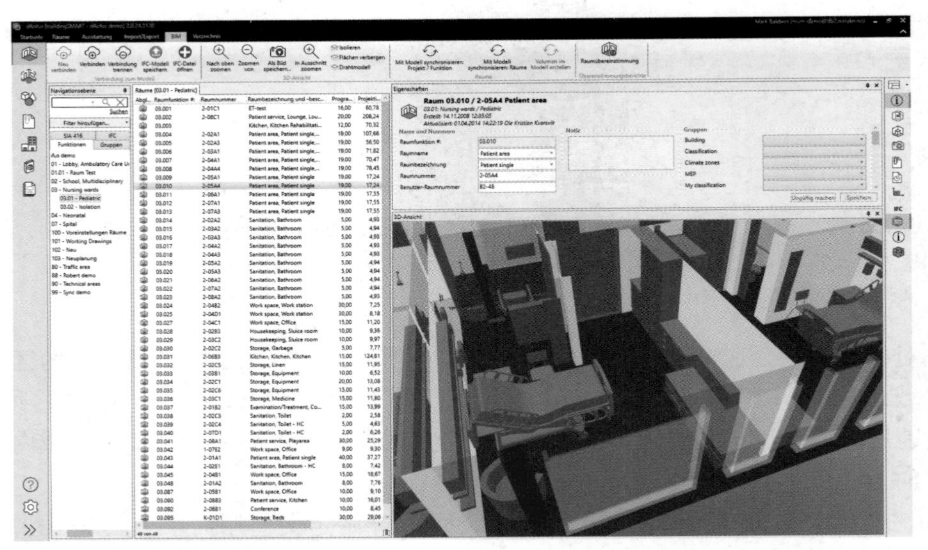

图 9–11　IFC 浏览器可以可视化查看房间的布局，甚至可以查看在建模工具中已经建模的设备细节

来源：dRofus

每个通过模型或直接通过云平台访问 MCM 数据库的用户，都应该有一个指定的配置文件。这意味着用户视图已被特定地过滤到他们可访问的区域（即暖通工程师只看到与暖通相关的房间、对象和属性），并且不会过载来自非相关专业的内容。而且，该配置文件还管理用户的读 / 写访问权限，以确保他们无法编辑其管辖范围之外的任何模型单元。

在项目中，MCM 平台跟踪与模型内容相关的所有活动和变更，并提供完整的项目记录来记载用户在何时做了哪些更改。

MCM 数据库还可用于数据提取和分析，例如生成房间数据表或设备清单，或生成关于设计变更、功能区面积分布或设备位置的更具体的报告。这些报告可附有带可视化说明的模型，例如图 9–12 显示了以表格形式表示的房间类型和楼层面积，同时辅以不同色标区分的模型区域来进行可视化的表达。

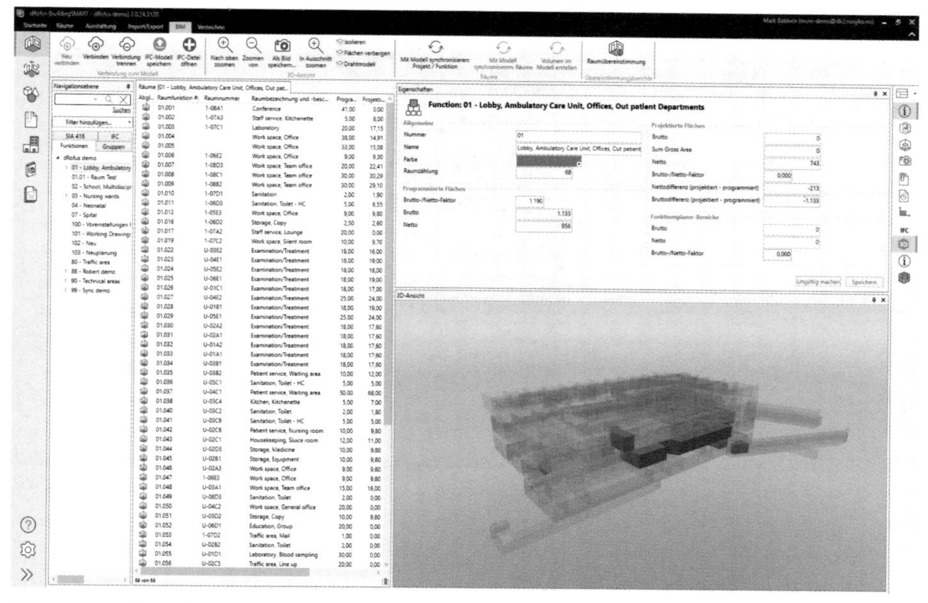

图 9-12 房间类型和楼层面积可以很容易地用表格形式或用有色标的空间模型来表示

来源：dRofus

9.2.5 MCM 的主要特点和优点

中心化项目数据

中心化项目数据支持所有利益相关者对建筑数据进行规划、创建和管理。无论是否在 BIM 软件中工作，所有项目团队成员都可以同步查看、评论和编辑项目信息。

结构化需求定义

项目需求是使用结构化、分层级的设计系统来逐步实现定义的。可从高级别到详细级别来定义需求：从部门到子部门、房间类型、单个房间、设备列表，甚至是单个设备规格。

设计整合

建模软件插件为建筑师和工程师提供工作流程支持，并允许建模工具和项目内容数据库之间进行双向信息流的传递，支持模型间的同步和对建筑原始需求的验证。

变化和变更跟踪

用户对需求（MCM 平台）和设计（建模工具）所做的任何更改都会被记录下来（图 9-13）。日志会显示用户更改的内容、时间及原因，高级搜索功能可以轻松统计或报告相关变更。

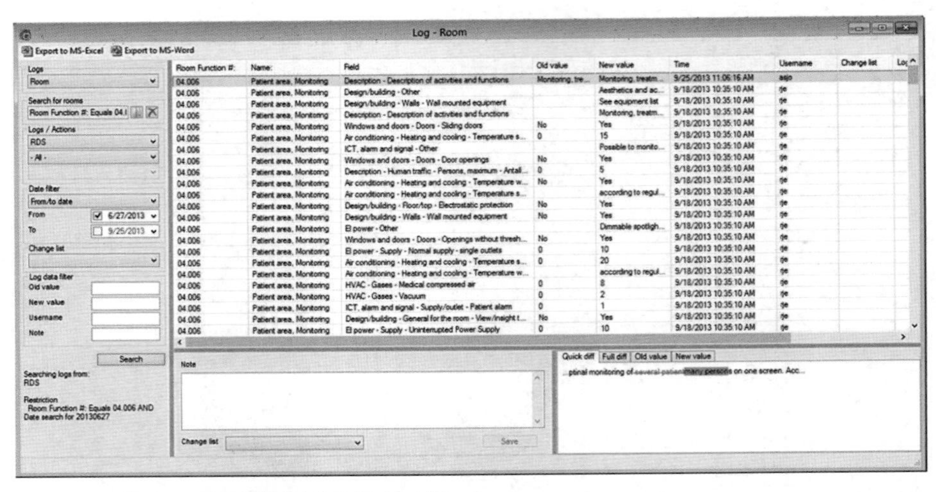

图 9-13 特定 RDS 字段的更改日志示例

来源：dRofus

互操作性和移交

领先的 MCM 应用程序基于 buildingSMART 的 openBIM 标准，包括 IFC 功能的导入、导出、模型浏览以及 COBie 导出。在项目移交时，完整的项目数据可通过各种格式导出，从 PDF 报告、详细的 Excel 电子表格到 IFC 资产信息模型，再到 COBie 数据集。或者，在原生模型用于运营和设施管理的情况下，对象属性可以从 MCM 传输回建模工具。

9.3 通过通用数据环境（CDE）进行沟通和数据管理

项目沟通和数据共享错综复杂，意味着要以一种非常结构化的方式进行处理。项目成员之间无限制的电子邮件和文件共享可能很快变得混乱和无法跟踪。这不仅仅是一个简单的“管家”问题。在合同管理阶段，错过一段重要的沟通或引用一个过时的计划可能意味着浪费时间、增加额外的成本，甚至在最坏的情况下，可能会导致诉讼。

在项目的早期阶段，沟通可能是在小范围的组织之间进行——业主、项目经理、设计和施工单位。随着项目的进展和专家顾问的加入，沟通变得越来越复杂和难以控制。

一个典型的大型建筑项目在其顶峰时期涉及大约 190 个组织和超过 1 200 人之间的交流，可能包括超过 240 万封电子邮件交流和超过 260 万个共享文档。这些交流的核心是审批、信息请求、变更、更改顺序和其他关键决策点。在规模较大的工程项目中，平均有 740 万个以上的决策点（图 9-14）。[1]

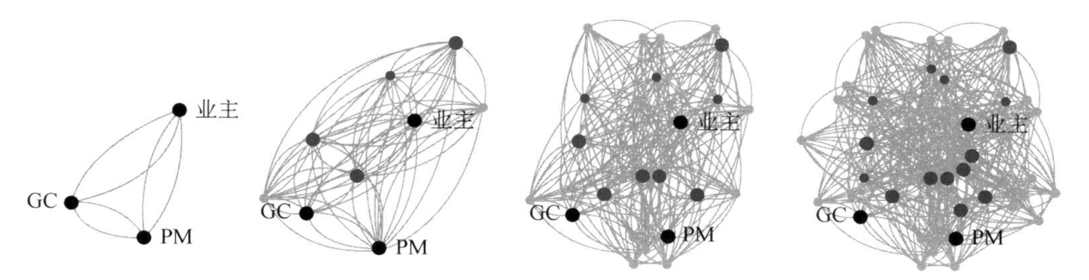

图 9-14 常规的沟通和数据交换
来源：基于 2016 年 3 月的 Aconex 数据

在传统意义上，这些交流是以一种相当非结构化的方式来处理的。项目参与者之间进行沟通时，可能会做出项目决策但不一定会被记录下来。当文件以临时的方式从一个人发送给另一个人时，参与者很快就会无法识别当前正在审查的文档。

即使有文档管理系统，各个部门之间仍然有很多重复的文件内容，因为文档被下载到了本地服务器上进行工作。无论如何，电子邮件沟通和模型服务器都是并行域，通常不会链接到中央文档管理系统。

拥有一个虚拟的、集中的项目空间可以解决许多沟通和数据共享问题。所谓的通用数据环境（CDE）是一个共享项目域，负责组织和共享信息。

9.3.1 依照 ISO 19650 的 CDE

如 ISO 19650-1（来自英国标准 BS 1192-2007 和 PAS 1192-2）中所描述的，CDE 的概念主要指的是文件共享，包括所有的项目文档、报告、图纸和模型。在这个定义中，CDE 由四个子域或阶段组成（图 9-15）。

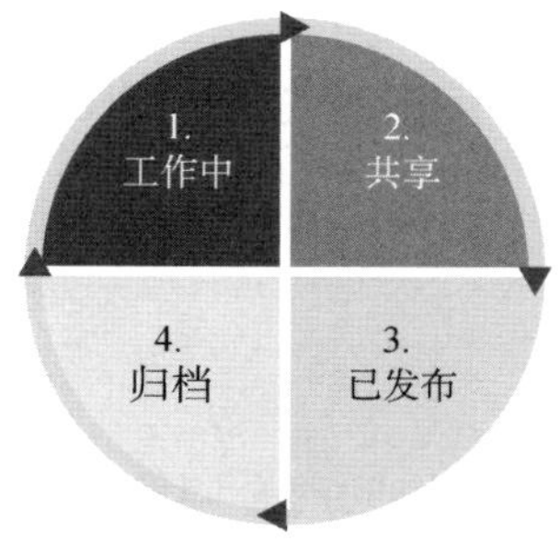

图 9-15 CDE 的四个领域
来源：基于 ISO 19650-1

1 这些数据是来自 2000 年至 2016 年在 Aconex 平台上运行的 2 653 个商业和住宅项目的平均值。

① 工作中：设计团队可以在原生创建环境中工作。

② 共享：可以交换文件（文档、模型等）以进行审查、协调和验证。

③ 已发布：正式审批的文件所在的位置。

④ 归档：文档和模型的被替换版本存储的位置。

工作中

分配给“工作中”范围的文档和模型数据仍处于生产中，尚未经过检查或发布以供创作团队之外使用。在这里可以找到仅供设计团队内部使用的未经审批的设计数据（例如仍在创建的草图或模型）。

共享

为了促进协调和高效的协同，在项目范围内发布受监管访问的信息时，各方都必须遵守统一的数据存储和共享规则。共享区域包含与项目团队共享的“非正式”模型和计划，用途包括：

- 信息和参考（存放）；
- 协调；
- 内部审核和评估；
- 交由业主或 TU 审批（例如工作计划）。

已发布

在项目商定的关键日期（里程碑）内，信息最迟应在该阶段结束时从共享区域转移到已发布文件区域。这一阶段包含以下项目信息：

- 项目阶段的完成；
- 招投标文件；
- 成本预算；
- 协调和验证设计结果；
- 制造；
- 建成后（竣工）。

归档

所有经审批的信息，包括共享的、发布的、替换的和记录的信息，都应被存储在归档区。归档区用于存储项目历史记录，用于记载、管理和监管项目。例如：

- 实际状态的图纸；
- 更改日志；
- 运营和维护。

CDE 的概念扩展了基于文件管理的流程，加入了协同的合同管理活动。这可能包括分配角色和活动、管理通信和交流过程，以及定义和报告工作流程；还可能包括招投标、成本核算和现场检查支持（发现问题和现场活动）。所有这些活动都发生在一个单一的环境中，其核心是建筑信息模型（图 9–16）。

图 9-16 CDE 必须链接整个项目中所有的沟通和合同管理活动，建筑信息模型是这个过程的核心

9.3.2 CDE 之外：项目数据管理

有许多平台可以满足 CDE 的要求，且具有不同级别的功能。更高级的 CDE 是基于云的解决方案，用于项目范围的沟通和数据管理，所有项目数据和成员都参与其中。在平台内可以定义特定的角色和活动领域，共享文档时并不需要实际发送文件，而是授予项目成员访问权限，以便他们能够检索（图 9-17）。

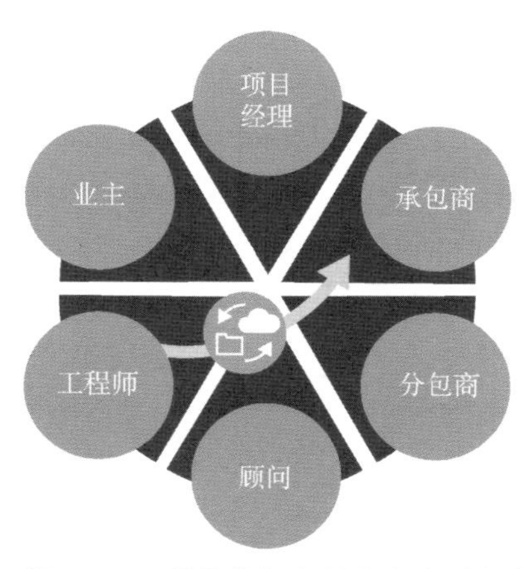

图 9-17 项目参与者的角色和访问权限，工作流程和审批过程也可以在 CDE 环境中得到有效管理

进一步扩展项目数据管理概念，可以创建工作流来指导特定业务和审批顺序。例如，建筑师可以将模型上传到模型协调工作流中，项目 BIM 经理会收到通知，并在设定的时间框架内对模型进行审查和批注。在此之后，模型会并行发送给其他顾问，最后发送给总承包商做进一步审查。

在工作流设置中，可以定义各个审批阶段的持续时间（图 9–18），实现强大的通知和报告功能。一旦一份文件被上传到工作流中，会通过电子邮件通知第一个接受者。如果他们未在规定的时间内完成审批，则会收到提醒。一旦完成，将通知下一位接受者开始审查和审批。

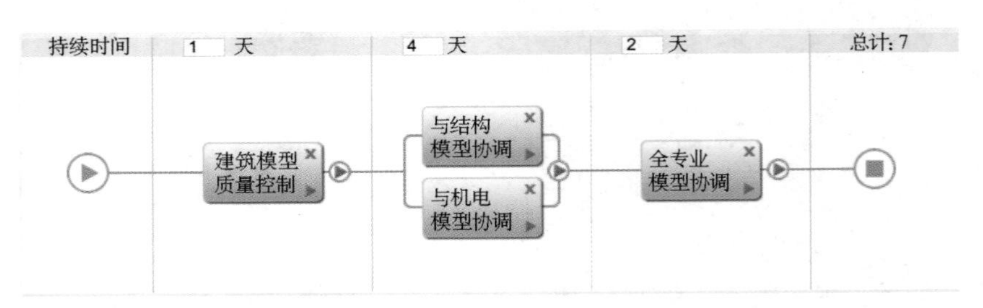

图 9–18　模型审查周期的工作流程示例
来源：Aconex

我们可以从这些工作流中生成大量报告（图 9–19）。例如，项目经理可能希望查看当前在审批过程中的工作图纸数量，在这个过程中，他们可能会意识到原本需要 15 天的审批工作流现在需要 22 天。他们还可以深入分析发现暖通承包商平均需要 13 天时间来审查图纸。

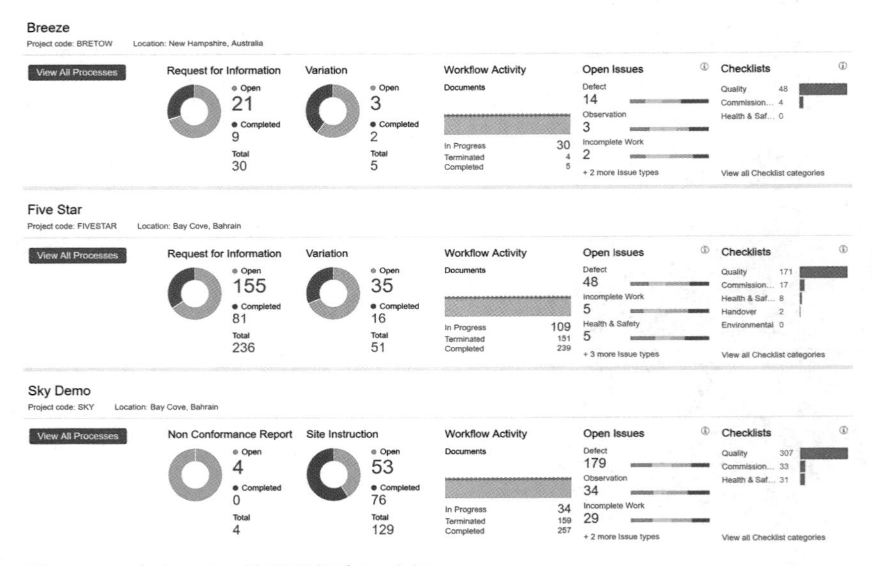

图 9–19　来自 CDE 的项目报告和分析
来源：Aconex

9.3.3 CDE 的主要特点和优势

文档管理

CDE 为所有项目信息（图纸、模型、合同、报告、进度表、招投标文件）提供了一个集中式存储库，是实现所有项目参与者随时随地组织、访问、检索和管理信息的手段。

沟通

所有形式的项目沟通（例如邮件、图纸、模型、修订、招投标、合同、信息请求书、变更单）都进行集中管理。所有沟通和交易都按时间、用户、收件人和目的自动跟踪。

BIM 协同

许多 CDE 工具为 IFC 或原生模型提供了模型浏览器。一些软件商还开发了用于编辑软件的插件，通过这些插件，模型和计划可以直接从建模工具上传到 CDE（图 9-20）。

图 9-20　更高级的 CDE 平台具有 IFC 模型浏览器并支持 openBIM 标准，如 BCF 和 COBie

来源：Aconex

工作流管理

工作流管理工具允许项目成员创建反映他们工作方式的定制化工作流，捕捉最佳实践并将其应用于整个项目中。同时还支持所有事务的管理，从计划提交到合同管理，从文件审查到移交。

检查和清单

移动设备的现场应用程序可以提供现场模型或计划，创建检查清单和剩余工作清单，并通过实时捕获、分发、跟踪缺陷和其他问题来改变检查过程（图 9-21）。

图 9-21　通过移动设备访问模型、计划和项目信息支持现场施工经理
来源：Aconex

报告和洞察

图形仪表板提供了项目的高级纵览，能针对特定用户显示未完成的任务或文件审批进度或关键问题进展的详细报告。这些报告机制有助于监控流程趋势和周转时间，优化工作内容。

移交给运维管理

在资产建造过程中，分包商通常需要以标准化格式直接向 CDE 提交其运营和维护（O&M）信息以及竣工文档。这意味着，在项目完成后，所有竣工和运维数据都会被集中且智能地存储。

9.4　小结

设计是一个从宽泛的项目概念到详细的设计解决方案不断完善的过程（图 9-22）。在项目开始时，没有任何一个项目参与者可以准确地预见建筑物在竣工时的构成。即使业主可能有明确的项目要求，也要依靠顾问的意见来最终确定设施布局。通常，只有在项目移交时，我们才能说项目定义完成了！

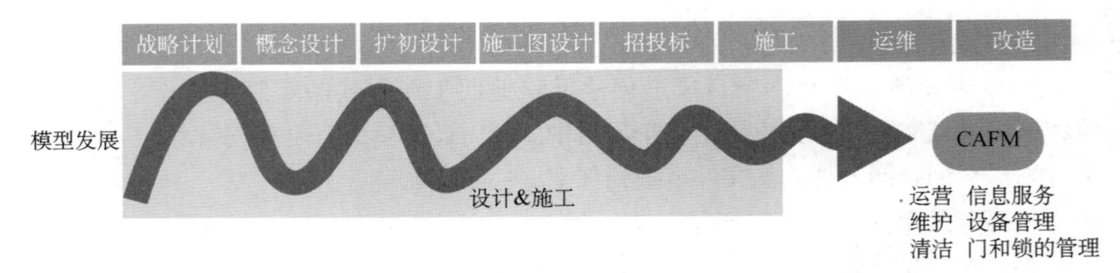

图 9-22　设计和建设过程作为项目信息的细化
来源：基于克里斯托弗·艾希勒（Christoph Eichler）提供的 BIM 图片：Leitfaden Strukturen und Funktion

与设计流程并行，我们需要定义和控制项目需求。需求定义当然与设计过程密切相关，尽管从项目控制、验证和质量保证的角度来看，将其视为一项独立的活动更为有用。需求定义关注的是项目（和模型）的内容，包括制定建筑方案、房间数据表和设备清单。我们已经在术语模型内容管理（MCM）中解释了与需求定义和管理相关的内容。

沟通和流程管理也伴随着设计进行（图 9–23）。其包括定义工作流：谁做什么，什么时候做；以及通知项目团队成员发生的任何变化并管理变更。该区域内储存着所有项目共享数据（图纸、模型和其他提交文件）和合同往来。这一传统意义上的文件管理系统，在 BIM 的语境中被称为通用数据环境（CDE）。

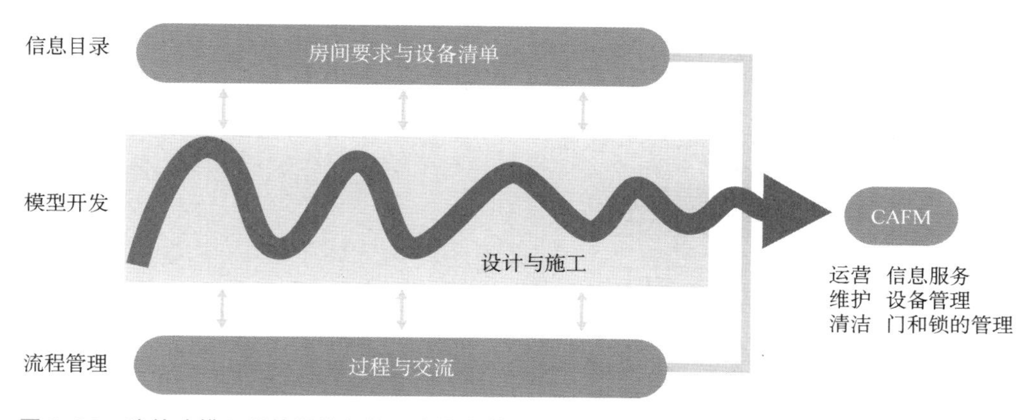

图 9–23 建筑建模必须伴随流程管理和信息管理

[案例研究] 安德烈亚塔

提供方：Implenia 公司

瑞士 安德烈亚大街 苏黎世

业　　主：瑞士联邦铁路

总 顾 问：Implenia 公司

建 筑 师：Gigon/Guyer 建筑事务所

项目规模：总建筑面积 35 640 m^2

项目状态：已竣工

竣工时间：2018 年

项目概况

80 m 高的安德烈亚塔坐落在苏黎世欧瑞康火车站旁边（图 9–24）。这座 21 层的高层建筑拥有约 20 000 m^2 的办公空间、多功能零售和餐厅空间，站台和车站地下通道直接连接。该重大项目的实施参照瑞士可持续建筑委员会（SGNI）提出的“DGNB 铂金”级别要求。安德烈亚斯塔是由瑞士总承包商 Implenia 公司代表瑞士联邦铁路公司（SBB）建造的。该塔改变了苏黎世北部的天际线。

图 9–24　安德烈亚塔
来源：SBB Immobilien

BIM 方法

Implenia 公司在招标阶段就开始使用 4D BIM 模型设计以建造复杂且技术要求高的安德烈亚塔。因此，项目团队能够提前协调交界位置，并在早期及时识别项目风险以最佳方式设置施工流程。在工作准备期间，基于模型使现场经理能够模拟并在必要时优化所有施工顺序和混凝土浇筑过程。

施工团队面临的一个特殊挑战是施工现场紧邻苏黎世欧瑞康车站的市中心场地，空间狭小。为了排布施工现场，他们使用了三维激光扫描图像生成了周边地区的 Revit 模型（图 9–25）。设计模型最终补充了所需要的数据，使各种运输备选方案能够使用 4D 模拟进行测试。并且，环境模型后续也与设计模型集成，通过 4D 模拟测试各种运输备选方案，进而制订优化的运输计划（图 9–26）。

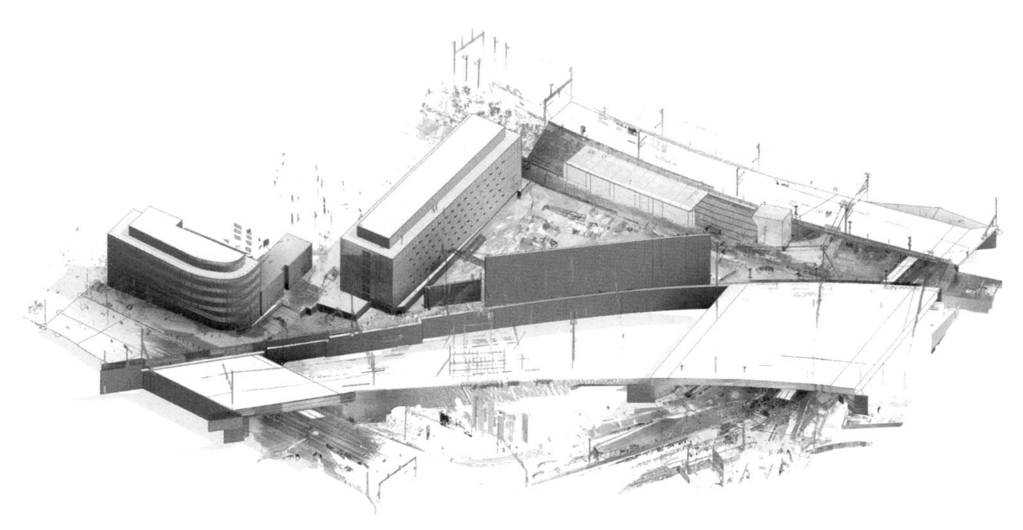

图 9–25　周围区域使用三维激光扫描仪（“点云”）绘制，然后集成到 Revit 模型中
来源：BIM FacilityAG

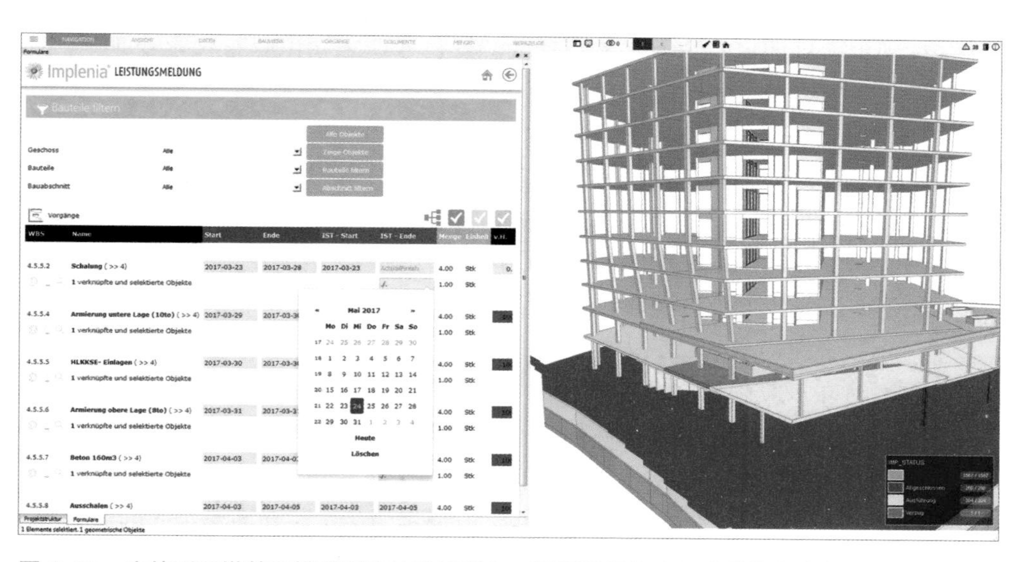

图 9–26　安德烈亚塔基于模型调度的进度报告，不同的颜色表示建筑物各个部分的完工情况
来源：Implenia 公司

10 结论

即使你在正确的轨道上，但如果你只是坐在那里，也会被碾压。

——威尔·罗杰斯（Will Rogers）

10.1 碎片化和数字化

我们面临的最大挑战之一，同时也是灵感的来源，就是世界的不断变化。唯一不变的是变化！

两个主要的变化正在塑造我们的工作方式，在经济活动中的所有层面体现得特别明显。第一是碎片化的趋势：专业和知识分布日益专业化，这是几个世纪以来的发展。

第二是互联网数字化系统的出现，这是更为近期发生的。与过去的中央数据存储库不同，我们越来越多地要处理分散但相互关联的数据源。此方面的一个例子就是从静态知识来源（例如曾经无处不在的不列颠百科全书）转变为动态来源（例如维基百科）。后者是一个信息网络，由无数作者创建而成，按分钟更新并面向全球范围开放。

数字网络系统已成为解决世界碎片化问题的补救措施。想想我们现在常用的许多应用程序：谷歌、亚马逊、eBay、Skyscanner 和所有社交媒体网站。这些应用程序因其复杂性（使用复杂的算法智能地搜索和链接信息）而令人印象深刻。然而，由于它们使用起来很简单，确实具有价值。应用程序吸引我们的是信息的可访问性，但更多的是过滤和搜索东西的能力。

我们中的许多人一直在生活的各个领域内积极采用甚至拥抱数字化，但我们仍然拒绝让数字化影响建筑行业。

建筑行业，正经历着行业碎片化的痛苦，但却没感受到网络化系统的好处。项目变得更加复杂，建筑规范更加严格，行业更加专业化。项目经理们努力地将杂乱无章的项目群体联系在一起，包括越来越多的专业顾问、建筑法规、分包商和供应商。

也许是一些潜在的焦虑造成了这种抗拒。如果工作变得数字化和自动化，我们会变得多余吗？当然，这是一种不必要的恐惧。BIM 并不能取代我们作为行业专业人士的能力或经验，而是可以实现自动化并承担一些手动重复性工作，比如设计比选、图纸错误检查、进度表更新、变更成本估算、报告和跟踪等。坦白来讲，这些都是我们不愿意执行的人工手动重复性的工作。

BIM 所代表的潜在风险也令人不安，包括实施过程中生产力的下降、大量资金和资源的投入、在错误领域的发展！然而，最常见的还是我们害怕踏入未知的深渊，因为这意味着会放弃一定程度的控制权和方向。

这些担忧在很大程度上是有道理的。BIM 既代表着成长的机遇，也代表着失败的威胁。任何计划实施 BIM 的组织都应该预见可能会犯的错误。不过，他们也应该期待成长和进步。

无数的组织已经成功地实施了 BIM。这条道路已经走得很好，而且正如本书介绍的那样，已经有既定的策略和标准来支持 BIM 的实施并协助其实现真正的收益。

第 1 章和第 2 章谈到了对术语和流程达成共识的重要性，是协同工作的基础。国际标准化组织关于建筑信息模型的新标准，即 ISO 19650-1 和 ISO 19650-2，是在这一领域对为未来工作方式建立共同基础和支柱的最重要的贡献之一。特别是在国家层面，我们需要附加标准和指南来扩展 ISO 19650（描述 BIM 方法的一系列国际标准，于 2018 年发布）框架。

从技术角度来看，我们需要了解支持数据交换和传递的现有标准。具体来讲，要重点关注第 3 章和第 4 章中提到的 buildingSMART 的 openBIM 标准。使用标准工作不代表将设计师变成技术人员，我们需要标准以及建立在这些标准之上的用户应用程序，用来更自由地进行操作并且专注于设计、施工和设施运维等核心活动。无论如何，我们确实有义务知道这些标准的存在，并至少在概念上了解它们应该如何使用。

总之，本书第一部分的目的是识别 BIM 中各种各样的、通常是复杂的 BIM 组件。要传达的信息不是让大家迷失在细节中，而是对 BIM 的整个工作（结合技术、流程、标准和人的维度）进行均衡的概述。

在本书的第二部分，我们了解到成功的核心要素是战略规划。这对于组织内部的实施（第 5 章）和项目交付（第 6 章）一样适用。我们引入了标准和指导文件来支持项目实施和定义。

在本书的第三部分，我们更详细地研究了项目管理和交付方面的实践。BIM 是一个创新领域，其技术发展速度惊人。只是要跟上技术和政策的新发展就感觉像是在做一份全职工作了！

没有人可以成为 BIM 各个方面的专家，但我们需要了解主要原则和未来的发展方向。基于这种情况，我想提出一些对未来的想法。

10.2 创新发展周期

我们知道，数字技术正在改变着我们的工作和生活方式，但它并不总是像我们预期的那样发展。技术的采用和进一步发展的方式是技术、文化和社会因素共同作用的结果。用户需求、技术开发、使用模式和既定工作流程之间存在着一种循环关系（图 10−1）。

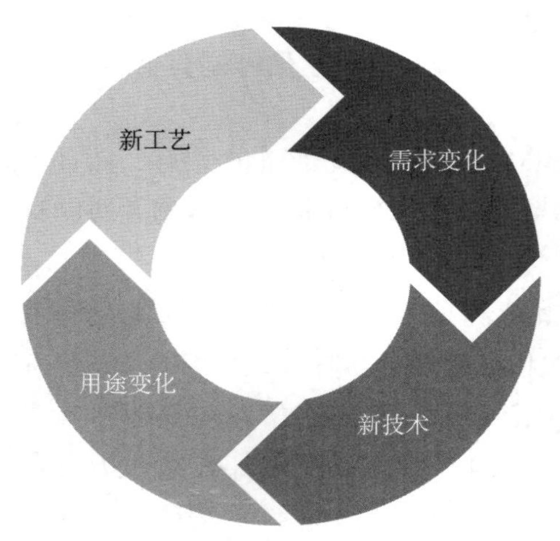

图 10−1 创新周期

让我们以用户需求的变化为出发点。一个创新者发现了用户需求，开发了一种新技术来回应这种需求。新技术导致了使用模式的变化，这本身会刺激新的流程和后期的新需求。

谷歌地图的发展说明了这个循环关系。谷歌地图最早的形式只是桌面地图的数字版本。尽管可以更快地导航地图和搜索位置，但我们过去使用谷歌地图就像使用纸质地图一样。

随着智能手机和位置识别的出现，谷歌地图可以根据我们的实际位置提供动态导航。后来通过与公共交通时间表和交通报告的链接，这个功能又得到了改善。

然而，最具创新性的一步是通过用户模式的反馈进行的。例如，谷歌交通分析由手机用户传输给谷歌的 GPS 定位，从而为其他谷歌地图用户提供当前交通状况的实时模拟。

现在，使用谷歌地图应用程序可以搜索特定类型的商店，比如说我要搜索一家鞋店，谷歌会提供各种信息来帮助我决定要去哪里。首先，它会根据我当前的位置显示最近的商店。另外，也会向我显示这个商店是否繁忙。一旦我决定了要去哪家商店，谷歌将为我提供最优的路线选择。

谷歌地图的例子体现了从需求、技术、使用到流程的整个开发周期。它已演变成了一个我们每天都在使用的强大的、动态的、交互式的导航工具。

BIM 正站在这个过程的起点。技术的开发已经满足了感观或真实的需求。这些技术将如何运用，哪些新的工作流将从中产生以及我们的需求将会因此如何变化，在很大程度上都是未知的。然而，有许多重大的新兴趋势可以引导事物的发展方向。

10.3 未来趋势

10.3.1 大数据与物联网

数字技术正在产生大量的数据。大多数基于网络的设备都会收集有关我们使用模式的信息。未来，更多的通用电器将联网并且更直接地相互通信（所谓的“物联网”）。通过这种方式，我们产生的数据将会超过我们消耗的数据！对于建筑行业来说也是如此。

物联网
指物理设备互联互通的网络，例如汽车、家用电器等。

即使是传统的项目也不得不处理增加的数据负载。我们已经在努力管理、分类和消化拥有的项目信息。那在项目环境中，我们将如何管理大数据呢?

当前的问题是项目数据的形式不易访问（比如打印的计划和报告）。BIM 实现了数据的全面数字化，使其具有可访问性、动态性和可搜索性。借助 BIM，我们可以在需要时搜索所需数据。我们可以摆脱传统的 PUSH（“这是我的报告”），用动态 PULL 系统（“我将过滤和搜索我需要的信息”）取而代之。

数字化最强大的功能是数据是动态的和可搜索的。从这个意义上说，大数据不会是淹没我们的信息浪潮，而是一个被挖掘的信息源。我们可以根据需要打开和关闭信息源头。

10.3.2 数据分析

数据分析是一项庞大的工作，它正在改变着企业的运营方式。谷歌分析是零售组织证明其客户信息的强大工具。当我点击一个网站时，拥有该网站的公司可以知道我的位置、年龄段和兴趣爱好（基于我可能访问过的其他网站）。

报表一直是企业的重要组成部分。然而，随着流程变得更加数字化，我们可以获得关于工作各个方面的指标：正在开展哪些活动，正以何种效率进行。我们可以在问题出现之前就了解其概况，并可以制订相应策略来缓解问题。

分析的强大之处还在于，我们可以过滤信息，然后根据需要进行深入挖掘，提取对我们有意义的数据。

一个实际的例子是现在许多银行为其客户提供的分析。以前，我们收到银行的对账单只是简单地包含支出（或收入来源）记录，而不是对支出方式的分析。随着我们越来越多地使用银行卡或进行线上购物时，银行可以根据商家的类型对付款类型进行分类（例如，水电费与商店衣服消费）。

大多数银行现在都以分析汇总付款和收入类别的形式向客户提供这些信息。我们很快就能大致了解我们的支出是如何分配的，并且可以根据需要深入了解个人消费情况（图 10–2）。

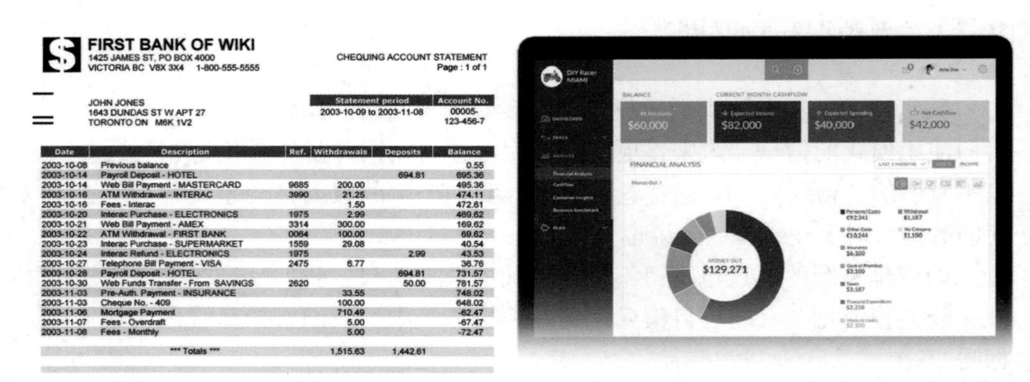

FIRST BANK OF WIKI
1425 JAMES ST, PO BOX 4000
VICTORIA BC V8X 3X4 1-800-555-5555

CHEQUING ACCOUNT STATEMENT
Page : 1 of 1

JOHN JONES
1643 DUNDAS ST W APT 27
TORONTO ON M6K 1V2

Statement period	Account No.
2003-10-09 to 2003-11-08	00005-123-456-7

Date	Description	Ref.	Withdrawals	Deposits	Balance
2003-10-08	Previous balance				0.55
2003-10-14	Payroll Deposit - HOTEL			694.81	695.36
2003-10-14	Web Bill Payment - MASTERCARD	9685	200.00		495.36
2003-10-16	ATM Withdrawal - INTERAC	3990	21.25		474.11
2003-10-16	Fees - Interac		1.50		472.61
2003-10-20	Interac Purchase - ELECTRONICS	1975	2.99		469.62
2003-10-21	Web Bill Payment - AMEX	3314	300.00		169.62
2003-10-22	ATM Withdrawal - FIRST BANK	0064	100.00		69.62
2003-10-23	Interac Purchase - SUPERMARKET	1559	29.08		40.54
2003-10-24	Interac Refund - ELECTRONICS	1975		2.99	43.53
2003-10-27	Telephone Bill Payment - VISA	2475	6.77		36.76
2003-10-28	Payroll Deposit - HOTEL			694.81	731.57
2003-10-30	Web Funds Transfer - From SAVINGS	2620		50.00	781.57
2003-11-03	Pre-Auth. Payment - INSURANCE		33.55		748.02
2003-11-03	Cheque No. - 409		100.00		648.02
2003-11-06	Mortgage Payment		710.49		-62.47
2003-11-07	Fees - Overdraft		5.00		-67.47
2003-11-08	Fees - Monthly		5.00		-72.47
	*** Totals ***		1,515.63	1,442.61	

图 10–2　传统银行对账单与账户分析的比较

来源：左—wikipedia；右—finance.strands

在 BIM 的背景下，我们从通用数据环境中生成项目概览和数据分析。通过建立一个可进行所有沟通交流、数据交换和决策发生的平台，我们拥有了一个宝贵的信息来源（项目大数据），就可以根据需要对数据进行过滤、搜索和分析。

10.3.3　云计算

云计算与其说是一种趋势，不如说是一种现实。每次我们在谷歌上搜索或访问智能手机上的应用程序时，都会使用到云计算。

云计算将成为我们处理大量项目数据以及数据模拟和分析的手段（图 10–3）。基于云计算的工具支持真正的协同，允许无限量的用户从多个位置访问相同的数据。这对问责也同样重要。通过使用基于云计算的项目平台，我们可以详细了解谁在何时做了什么，这对于项目管理至关重要，而且对于支持分散的项目团队也很重要，特别是对那些在办公室和施工现场之间进行沟通的团队。

很明显，这种发展将继续下去。让我们完全从基于桌面的软件脱离，转向几乎具有无限运算能力的基于云计算的应用程序。

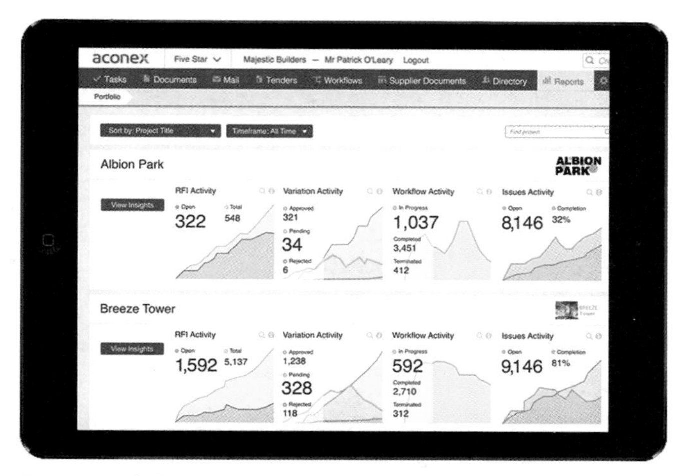

图 10–3　来自 CDE 的基于云计算的项目报告和分析
来源：Aconex

10.3.4　应用程序

与云计算的发展齐头并进的是“应用程序”的激增。这些轻量级和易于使用的应用程序为日常所需提供了工具，在我们的智能手机和平板电脑上触手可及。

我个人的预测是，会有越来越多基于应用程序的建筑信息模型。我们不会受限于单一的软件系统，而是会使用小型的、专用的应用程序来完成我们需要执行的单项活动（例如，能耗分析、成本预算）。

为实现这一目标，我们需要一个通用的操作系统和交换标准。许多标准已经制定出来，包括 IFC、BCF 和 IFD。我认为通用数据环境提供了 BIM 操作系统，是承载项目数据和我们需要的各种应用程序的基础。

BIM 应用程序将为我们的日常工作提供极大的灵活性，还将有助于使软件开发大众化，这将使我们不再依赖大型软件公司。初级开发人员（甚至是具有一些编程知识的高级用户）能够根据需要制作小型工具。这些工具的成功不会取决于开发者的营销能力，而是基于与普通用户的相关性。我们有权利选择喜欢的应用程序以及未来的工作方式。

大数据、数据分析、云计算和基于应用程序这四大趋势在网络系统层面将我们行业的碎片化联系在一起，与此同时这也可以被看作是一种行业进化。当然，随着新趋势的出现，其他趋势可能逐渐退居幕后。然而，这表明了未来发展的明确方向，我们可以为此做好准备。

11 中国案例研究

11.1 民建篇

北方新高 BIM 助造——天津周大福金融中心项目 BIM 介绍

案例编写：中国建筑第八工程局有限公司

项目城市：天津

所获奖项：2016 年中国勘察设计协会“创新杯”最佳总承包管理 BIM 应用奖；2016 年中国建筑业协会中国建设工程 BIM 大赛卓越工程项目奖一等奖；2016 年中国安装协会“安装之星”全国 BIM 应用大赛一等奖（民用建设机电安装工程）；2016 年中国安装协会“安装之星”全国 BIM 应用大赛一等奖（钢结构工程）；2017 年全球工程建设业卓越 BIM 大赛（AEC Excellence Awards）施工组第一名；2018 年中国 BIM 认证联盟全国首批 BIM 认证荣誉白金级

业　　主：香港周大福集团

总 包 方：中国建筑第八工程局有限公司

项目规模：总建筑面积 390 000 m^2

项目状态：已竣工

竣工时间：2019 年

项目概况

天津周大福金融中心项目（简称“周大福项目”）由香港周大福集团投资兴建，总建筑面积 390 000 m^2，由 4 层地下室、5 层裙房以及 100 层塔楼（不含夹层）组成，涵盖甲级办公、豪华公寓、超 5 星级酒店等多种业态。建筑高度 530 m，为中国北方建成第一高楼。项目效果图见图 11-1，项目现场见图 11-2。

图 11-1 项目效果图

图 11-2 项目现场

项目难点

周大福项目在工程设计、工程环境、合同条件等方面存在诸多特殊性，为工程建造提出了一系列技术与管理难题，具体见表 11-1。

表 11-1 项目难点

序号	项目难点	技术与管理难题
1	结构超高、超深、超厚	垂直运输、消防疏散、风载影响、安全防护、地下水控制、施工质量管控难度大
2	造型独特，结构转换多变	复杂节点的深化设计、制造、施工方案优选难度大
3	业态多、机电工程系统复杂、管线密集	机电工程管线综合、交叉预留预埋、材料以及精装方案优选难度大
4	参与方众多且分布各地	参与方众多（仅设计工作就涉及 10 家设计院），协调面广，协调难度大
5	体量庞大、节点工期紧	成本合约管控、工期履约风险管控难度大
6	地处闹市区、场地狭小	场地规划难度大
7	LoD 500 等级 BIM 数据交付	全专业、全过程、高等级 BIM 数据的创建、聚合、动态维护与交付难度大

openBIM 的典型应用

openBIM 是基于开放的数据标准与工作流程，助力环境复杂、结构复杂建筑设计、施工、运营的一种新理念、新方法。2015 年以来，在

builidngSMART 中国分部的支持下，周大福项目对 openBIM 理念和方法进行了系统应用。主要体现在以下三个方面。

1. 标准的编制与应用

周大福项目聚焦设计 BIM 与施工 BIM 的差异与关联，适合于施工生产与管理的 BIM 数据的创建、聚合、动态维护与交付，BIM 数据与项目管理流程的关联等角度，深度参与了《建筑信息模型设计交付标准》（GB/T 51301—2018）、《建筑信息模型施工应用标准》（GB/T 51235—2017）及《建筑工程设计信息模型制图标准》（JGJ/T 448—2018）的编制。在此基础上，基于 openBIM 理念和方法以及参编的国家标准，对全专业、全过程、高等级 BIM 数据的创建、聚合、动态维护与交付进行了实践（图 11-3），为最终整体 LoD 400 等级、局部 LoD 500 等级 BIM 数据的顺利交付夯实了基础。

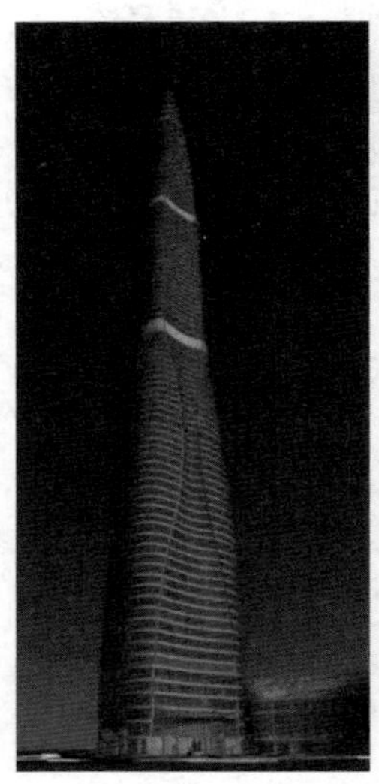

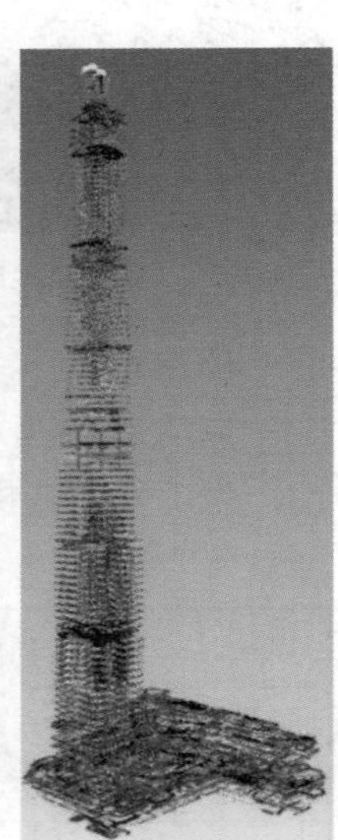

图 11-3　建筑、结构、钢构、机电 BIM 数据图

2. 以融入管理为核心的大型工程 BIM 实施体系建设

在融入管理方面，周大福项目开启了多个“中建八局 BIM 第一次”。

（1）第一次借助 BIM 技术，对项目管理流程、项目管理表单进行了优化；同时，组织 IT 人员驻场，依托优化后的项目管理流程、项目管理表单开发了“项目 BIM 协同管理平台”。目前，该平台已经升级为企业层级，中建八局有 2 000 余个工程依托该平台进行项目辅助管理。

（2）创新性地探索了 BIM 助力大计划管控。周大福项目工期紧、计划复杂，前后共经历了 10 版总进度计划更迭，各类分包计划调整百余版。为此，周大福项目创新性地探索并坚持了 BIM 助力大计划管控策略，上述百余版总分包计划更迭全部依托 BIM 技术辅助管控，助力关键里程碑节点完成率 100% 达标（图 11-4）。

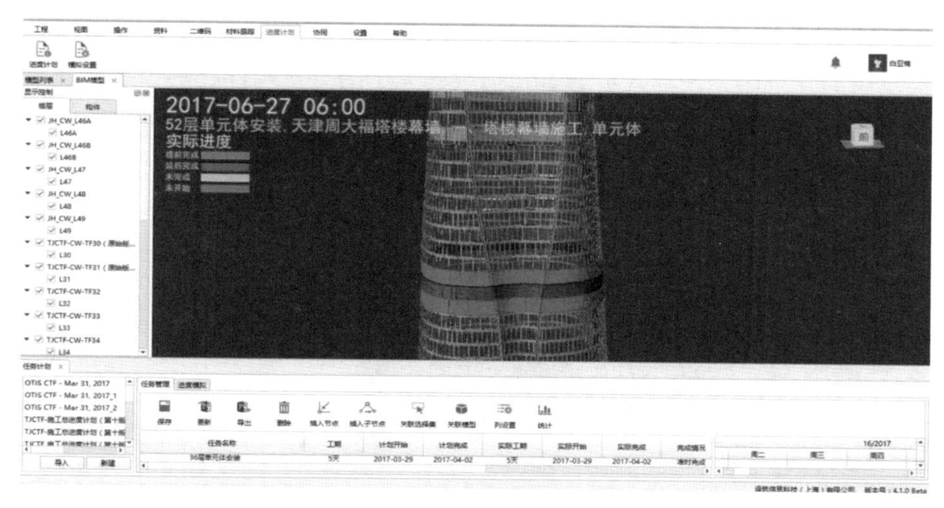

图 11-4 4D 进度分析

（3）第一次系统实施了“BIM 辅助项目创效铁三角”机制。周大福项目进场后，商务经理从商务角度出发，提出需要重点关注的创效方向，如投标时的亏损项等。之后，BIM 人员协助设计管理人员、项目总工分别从设计角度、施工工艺角度综合考量优化方案，如果三方（商务、设计、技术）能够形成优化共识，由项目经理牵头、设计管理人员配合，争取实现设计方案优化，以节省项目成本，缩短项目工期。

3. 自主可控计算机辅助建造工具研发与实践

这里，对前述的“项目 BIM 协同管理平台”特色功能进行介绍。

（1）设计管理功能

目前，越来越多的传统施工企业，从 EPC 工程总承包管理的角度出发，成立了相应的设计管理部门、招募了设计管理人员。在这一背景下，周大福项目在“项目 BIM 协同管理平台”中探索并尝试开发了设计管理功能，具体包括设计计划管理和设计成果管理两部分。设计计划管理包括对设计图纸、设计 BIM、设计交底文件、设计会议记录等工作的状态进行追踪，对设计计划和实际完成情况进行对比分析；设计成果管理包括对设计图纸、设计 BIM、设计交底文件、设计会议记录等各种设计成果进行汇集、校核、归档这一全过程的闭环管理。通过这一方式，助力设计工作、深化设计工作与施工工作的紧密衔接。

（2）工程数据与项目管理业务的集成探索

基于数据轻量化技术，周大福项目将轻量化后的 BIM 数据与项目管理流程、项目管理表单相结合，通过工程数据与项目管理业务进行“静态聚合、动态关联、双向交互”，夯实了 BIM 辅助建造的数据基础。

（3）基于物联网的物料管理功能探索与实践

除常规的物料生产、运输、出入场、库存、清点、现场检验等环节的辅助管理外，基于物联网的物料管理功能的技术特色在于，借助虚拟与真实复用的二维码，现场人员通过扫描现场完工的真实构件上的二维码，与之对应的 BIM 构件的状态就会同步更新。通过这一方式，在辅助物料管理的同时，实现 BIM 数据与现场形象进度的同步关联（图 11-5），进而筑实进度计划与现场形象进度之间的数字孪生基础。

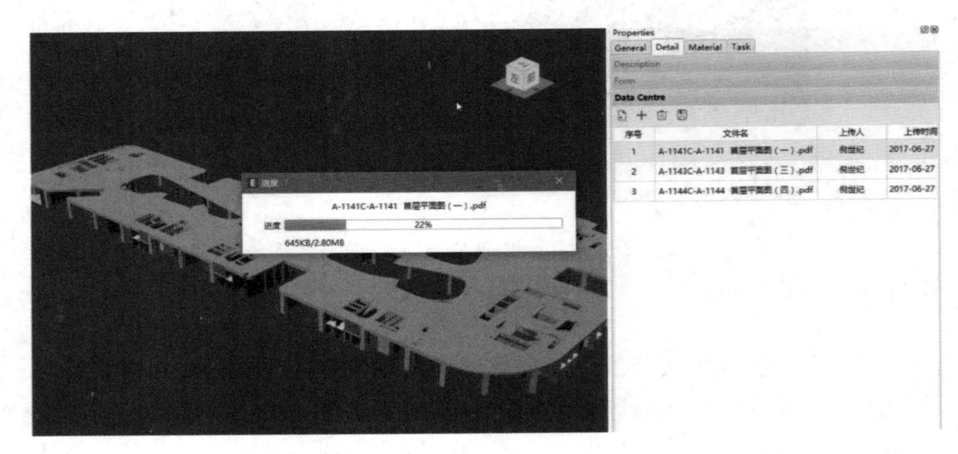

图 11-5　BIM 数据与现场形象进度的同步关联

openBIM 应用效果总结

基于 openBIM 理念和方法，2016 年，周大福项目成为国内首个包揽同年三大 BIM 赛事（中勘协、中建协、中安协）一等奖的项目；2017 年，在拉斯维加斯荣获全球工程建设业卓越 BIM 大赛（AEC Excellence Awards）施工类桂冠，这是中国施工企业首次获得这一荣誉（图 11-6）；2018 年，首批获得中国 BIM 认证联盟荣誉白金级（Honorary Platinum）认证。

图 11-6　全球工程建设业卓越 BIM 大赛颁奖典礼

1. 理论素养上的收获

中建八局依托周大福项目 BIM 实施经验，深度参与了多部国家标准以及行业标准的编制。更为重要的是，依托上述标准的编制经验，中建八局（设计管理总院、总部 BIM 工作站、地产公司）系统编制了涵盖设计、施工、交付与运维的《企业 BIM 作业指导手册》，从“设计引领、规则统一、数据拉通”的角度，夯实了 BIM 技术助力 EPCO 工程高效建造的标准基础。

2. 技术能力上的收获

中建八局以周大福项目的计算机辅助建造工具研发为契机，开始尝试企业自有 IT 人员的招募，在 BIM 成果的自主可控方式上，从传统的“整体外包”逐步走向“核心自研”，相继开发了“基于国标的 BIM 高效建模平台”“基于 GB 50500 的 BIM 辅助工程算量平台”“基于企业技术规程的 BIM 施工工艺仿真平台”等系列自主可控成果，从标准、规范、经验做法的程序化嵌入的角度，夯实了 BIM 辅助建造的技术基础。目前，上述成果已经在中建八局 2 000 余个在建项目中得到广泛应用。

3. 管理方式上的收获

依托周大福项目凝练出的以融入管理为核心的大型工程 BIM 实施体系建设已在中建八局推行多年，越来越多的分（子）企业领导，在投标阶段就主动要求“必须要有 BIM 人员参与投标”；越来越多的营销体系领导指出，“八局的 BIM 业绩是助力我们市场开拓的又一利器”；越来越多的项目经理提出，“我的项目，没有 BIM 做不好，甚至是做不了，请领导帮忙协调总部专家早日进场指导”。

专家热议

短短几十年内，中国建造在建造能力和管理水平方面得到了巨大提升，为国家新型城镇化建设做出了巨大贡献。中国建造的未来之路仍有诸多挑战，坚持“绿色化建造、精益化建造、智能化建造、国际化建造”是中国建造的未来发展之路。现代工程对信息技术的依赖无处不在，周大福项目 BIM 与智能建造实施经验，对助力民族建筑企业积极抢占工程建造领域数字化珠峰，有着重要的示范和引领意义。

——肖绪文　中国工程院院士、中国建筑股份有限公司首席专家

对于 BIM 来说，周大福项目是教科书式的先行实践，其中所总结的方法和经验，包括全方位协同、“一墙一图”等，都对 BIM 国家标准和行业标准提供了重要的参考。

——魏来　中国建筑标准设计研究院副总建筑师、
buildingSMART 中国分部秘书长

中国尊项目 BIM 实施案例

案例编写：欧特克软件有限公司
项目城市：北京
所获奖项：2014 年度中国建筑业建筑信息模型（BIM）邀请赛“卓越 BIM 工程项目奖”一等奖；首届中国建设工程 BIM 大赛单项奖一等奖；第八届“创新杯”建筑信息模型（BIM）应用大赛“最佳工程全生命周期应用奖”一等奖；第六届“龙图杯”全国 BIM 大赛施工组一等奖；全球工程建设业卓越 BIM 大赛（AEC Excellence Awards）建设组第二名
业　　主：中信和业投资有限公司
总 包 方：中国建筑股份有限公司 / 中建三局集团有限公司（联合体）
项目规模：总建筑面积 437 000 m^2
项目状态：已竣工
竣工时间：2019 年

项目概况

北京中央商务区核心区的标志性超高层建筑项目——中国尊大厦是集超高超大于一体的超级工程，总投资为人民币 240 亿元。项目位于北京 CBD 核心区中轴线上，总占地面积约 1.15 公顷，总建筑面积为 437 000 m^2，地上 350 000 m^2、地下 87 000 m^2，高度达到 528 m，建成后将成为北京第一高楼，成为北京新的地标性建筑。施工从 2013 年 7 月开始，至 2018 年 10 月完成。主要建筑功能为办公、观光和商业。该塔楼地上 108 层，地下 7 层（局部设夹层），外轮廓尺寸从底部的 78 m × 78 m 向上渐收紧至 54 m × 54 m，再向上渐放大至顶部的 59 m × 59 m，似古代酒器“樽”而得名，建筑效果图如图 11-7 所示。

图 11-7　中国尊建筑效果图

项目难点

1. 工期紧张

项目工期仅为62个月，在同类超高层项目中工期最短。建筑功能复杂且专业单位众多，对工程的进度计划管理提出非常高的要求。

2. 工艺复杂

土建、钢结构、装饰装修、机电专业等都存在设计复杂节点的问题，施工工艺超常规且存在多专业间的相互影响。

3. 参建方多、协调难度大

作为超高大型项目，施工过程多专业、多工种的交叉设计、施工管理、立体作业情况十分普遍，给施工总承包单位的协调管理工作带来较大难度。

4. 品质要求高

考虑大厦未来的用途和定位，建设方对品质要求非常高。在满足功能的基础上，对细节的高标准使得大厦设计和施工过程优化工作量大大增加，并需要采用预制化的手段提高品质。

UC 的典型应用

为加快建设进度、缩短工期、降低成本，也为大楼的运维管理提供数据基础，中国尊项目建设全过程中，对 BIM 用例的使用深度、广度和系统性均达到国际领先水平。

1. 形成 BIM 执行计划（BEP）

为保障中国尊项目在建设全周期内各参与方应用 BIM 技术，在深入调研和征询了各参与方意见后，编制了《中国尊项目 BIM 实施导则》(以下简称《实施导则》)，作为中国尊项目所有参与方共同遵循的 BIM 行动准则和依据，并融合在工程合同中。《实施导则》随着项目推进及 BIM 应用经验的积累，逐步深化和完善。《实施导则》主要包括组织架构与分工职责、BIM 工作流程、BIM 模型标准、BIM 协作管理、BIM 成果交付标准、BIM 质量控制等几部分内容。

（1）设计阶段全面介入

业主方与设计方达成共识，确定了 BIM 技术应用目标：搭建 BIM 模型及其完整数据库，持续应用于建筑的全生命周期。以二维与三维相结合的设计原则，应用 BIM 技术辅助设计，达到高完成度目标的同时，确保模型及其数据库的可延续性，满足施工和运营维护阶段的需要。

（2）施工阶段深度应用

作为建设项目生命周期中至关重要的施工阶段，BIM 的运用将为施工方的生产带来深远的影响。中国尊项目施工招标过程中，业主方经过反复调整，最终在项目管理和技术标准方面提出了明确的 BIM 要求：施工总包负责在施工阶段对设计阶段的 BIM 模型进行继承、深化、更新和维护，并全程管理、协调、整合和应用各分包方的 BIM 工作。

（3）协同平台管理增值创效

中国尊项目设计方经过了方案设计阶段的磨合，形成以 BIM 模型为基础的协同设计模式，逐渐填平“第一条鸿沟”。在设计方已建立系统完善、与设计图纸一致的 BIM 模型的前提下，施工方分阶段接收设计模型，沿用设计阶段的 BIM 模型架构、系统标准继续施工深化设计，基于 BIM 协助填平“第二条鸿沟”。

经过业主方几年的部署与调整，设计方、施工方形成了完善的 BIM 协同工作流程，BIM 技术在设计、施工的过程中贯穿始终。除各参与方内部的 BIM 应用外，在业主方牵头组织的设计施工协调例会上，利用 BIM 可视化平台进行问题沟通的模式已形成常态。

2. 模型深化设计

在深化设计过程中，专业团队将三维模型与二维图纸充分融合，形成高标准的深化设计成果文件。项目深化设计图纸超过 10 万张，信息数据超过 5 000 GB，钢结构、装饰、幕墙、机电等主要专业模型精度超过 LoD 400。

（1）结构深化

钢结构所有构件均采用三维设计，并且精度达到加工级别。同时将钢结构与钢筋的复杂交叉节点进行了完整模拟，在现场施工前，快速得到设计单位的认可，将节点优化方案通过图纸会审的形式进行表达。深化成果直接用三维形式表现在图纸会审中，并用于施工三维可视化施工交底，帮助参建人员理解复杂工艺和节点。

（2）机电深化

在设计单位提供的机电模型基础上进行深化设计，利用 BIM 可视化的优势，在三维环境中对机电不同系统展开综合排布。设备构件按《实施导则》要求统一命名，并根据模型信息详表将信息完整导入模型，在实现机电设备合理排布的基础上，为未来大厦的智慧运维提供数据基础。机电深化成果见图 11-8（a）。

（3）装饰装修深化

项目部建立了大量的装饰族文件，并以此完成了所有楼层的地面、墙面、吊顶模型。过程中对每一层吊顶吊杆、石膏板墙分缝、地板板块排布等进行统一的三维设计和调整，并且直接输出综合排布底图。在大堂等精装修区域，采用 Rhino 进行多曲面造型参数化设计，并辅助方案选型。大量异形构件可通过 BIM 模型输出数据，直接进行工厂预制化加工。

3. 碰撞检测

利用高精度的深化设计模型，业主方组织施工方开展覆盖全专业的综合协调，提前预判因设计不合理可能影响后续施工以及运维管理方面的潜在风险，包括机电设备末端与精装修定位、结构梁洞口位置对机电管线排布产生影响、机电管线排布过密影响检修空间、机电管井空间利用情况梳理及优化等。协调采用软件自动计算与专业工程师综合审查相结合的方式，将硬碰撞和影响施工或运维的软碰撞保存视点并记入报告文件中，最终落实修改［图 11-8（b）］。施工过程中共完成 52 次大型综合协调，解决了 2 129 项（类）综合施工问题，使得大型设备的吊装、就位及配套管线施工得以顺利进行。

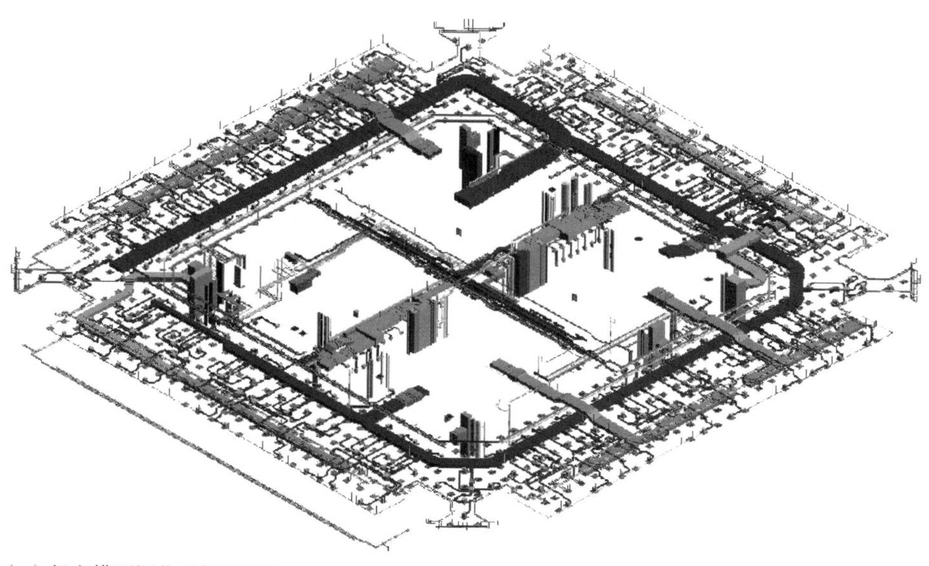

（a）机电模型深化（标准层）

（b）大堂全专业碰撞检测

（c）根据预制立管深化模型加工构件

图 11-8 应用成果展示

4. 数字化加工

中国尊项目全力推进工厂预制化步伐，实现节能环保、绿色建造。工程钢结构用量 14 万吨，所有构件全部使用 BIM 完成深化设计，并通过定制的钢结构全生命周期信息化管理平台对构件的下料、运输、安装进行全过程追踪管理。优化排版取料顺序，实时更新材料精确位置，减少材料浪费，显著提高加工速度［图 11-8（c）］。

5. 三维激光扫描应用

使用高精度三维激光扫描仪，在每层结构施工完成后，对其开展扫描工作，数据精度达 2 mm。在扫描过程中使用现场坐标进行定位，获得的点云数据可以直接转换到 BIM 模型坐标系中。深化设计团队运用“数字孪生”概念，使用“虚拟”的 BIM 模型与“真实”的点云数据对深化设计成果进行再校核，完善深化设计成果，降低施工误差可能对下道工序造成的影响（图 11-9）。三维点云数据经过轻量化处理后，供精装修单位和机电总包继续使用。

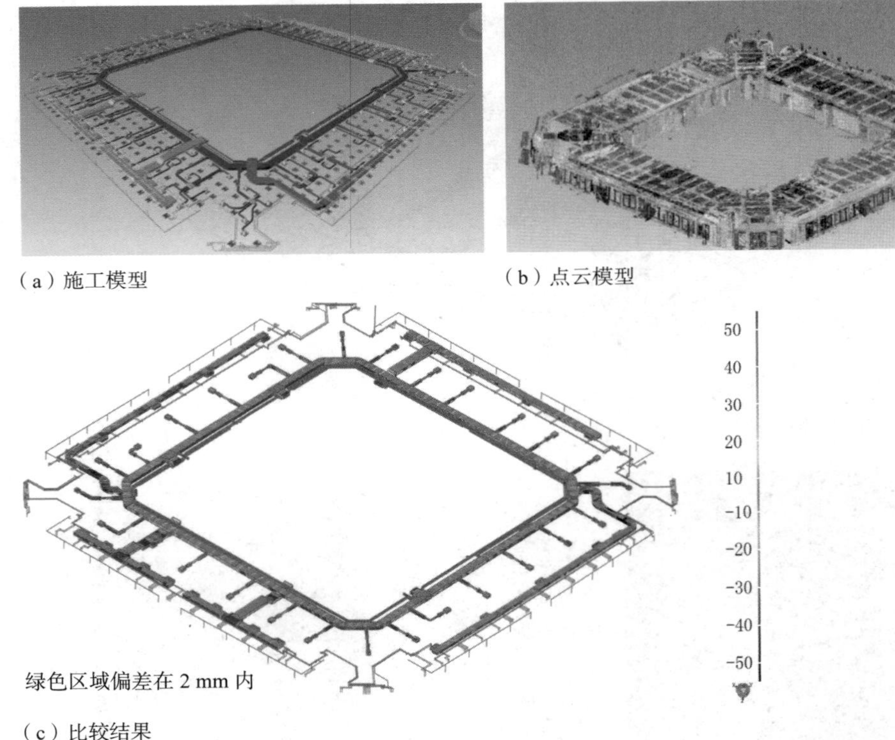

（a）施工模型　（b）点云模型

（c）比较结果

图 11-9　点云数据对深化设计成果的校核

6. BIM+ 物联网技术的智慧运维

为了延续 BIM 模型的生命周期，使其在物业管理、设备运维、应急事件处置等方面发挥作用，继续推进 BIM 运维管理模式，建立以 BIM 模型及其代表的空间作为基础的建筑数据库。在此基础上，将 BIM 中的所有信息通过 BIM 模型中的对象的唯一 ID 标识与物联网系统中的数据点、物业及设施管理系统中的信息点，以及人的身份建立联系，将设备、空间、信息、人之间的连接全部打通。二维码编码示例见图 11-10。

序号	项目编号（可自定义）	专业名称	设备编号	运维编码	参数信息
1	Z15	暖通系统（HVAC）	CH-1-1	C01##Z15##HVAC##CH-1-1##XXXX	参数信息
2	Z15	给排水系统（HVAC）	DAV-B1-4	C01##Z15##PD##DAV-B1-4##XXXX	参数信息
3	Z15	消防系统（FS）	PAV-B3-4	C01##Z15##FS##PAV-B3-4##XXXX	参数信息
4	Z15	智能化系统（ELV）	RT-1-1	C01##Z15##ELV##RT-1-1##XXXX	参数信息
5	Z15	强电系统（EL）	AL-M4-LMZMZ-2-1	C01##Z15##EL##AL-M4-LMZMZ-2-1##XXXX	参数信息
6	Z15	擦窗机系统（BMU）	NS3543	C01##Z15##BMU##NS3543##XXXX	参数信息

图 11-10　二维码编示例（设备）

通过 BIM+FM 的运维管理方法解决传统物业管理的弊端，降低了对运维人员的整体要求（包括技术水平、培训难度等）、文件的管理要求（包括存储要求、管理难度等），减少了运维成本，提高了整体运维的管理水平。

UC 应用效果总结

1. 制定各级标准

严格执行项目制定的各项数据和管理标准之后，项目 BIM 人员认真总结，之后参与了多项地方标准、行业间数据融合标准、企业级管理标准等 BIM 标准的制定工作，将中国尊项目 BIM 应用过程中的经验和成果融入其中，为整个行业的精细化管理升级做出贡献。

2. 形成适用于项目管理的 BEP 文件

中国尊项目在 BIM 践行过程中，逐步发展出一套基于 BIM 的超高层管理流程和方法，在多单位协同、标准化模型传递、解决项目痛点问题等方面起到突出作用。《实施导则》最终升级至第 6 版，其中不仅包含全专业的技术指标规定，更有一套适用于中国尊项目的 BIM 实施流程，详细规定 BIM 模型在不同阶段应完成的操作和具体成果。经过不断地实践和优化，整套 BEP 文件已成为其他类似项目普遍使用的 BIM 管理方法。

3. 全专业模型交叉应用，减少设计问题出现

项目各参与方全面应用 BIM 技术，实现中国尊项目全过程应用 BIM 信息传递的连续性，在国内首次实现 BIM 模型从设计到施工再到运维的流转和传递，避免了多次建模的资源浪费。采用 BIM 进行设计和校核，在设计及施工阶段累计发现 12 500 余个冲突问题，大量减少了施工现场可能发生的拆改和返工。据估算，现场变更数量较同类超高层降低 70%～80%（被动变更占比更低）。

4. 高精度模型创建，解决复杂工艺实施难题

将 BIM 技术全面应用在复杂施工工艺和方案编制过程中，在超厚底板施工、智能顶升钢平台安拆、超高层塔冠安装、零场地预制构件吊装等综

合方案编制过程中，执行“BIM 模拟先行，在模拟过程中发现、论证和优化特殊空间、工序”的原则，克服施工难题，保证了工程的如期交付，其建造速度达到国内同类超高层的 1.4 倍。

5. 全过程数据流转，实现运维阶段增值提效

在项目实施过程中，各参建方利用 BIM 技术具有可视、协调、完整的优势，全面提高设计质量和效率，提升项目管理水平，促进项目节能减排、绿色环保工作的开展。据初步测算，结合 BIM 对建筑空间进行的优化，为大厦增加了超过 7 200 m^2 的使用面积；优化了超过 20 个大型设备用房的整体空间排布，使物业运维更加便捷；大量构件实现场外加工或预制生产，有效减少了现场扬尘及污染，产生建筑垃圾仅为 LEED 金级评定标准的 10%。

专家热议

BIM 技术的使用给施工管理人员带来了全新的工作体验。作为一项信息化的工具，使管理人员跳出了二维图纸的局限，站在三维的视角思考问题。面对这样一座结构超高、造型独特、功能复杂的地标性建筑物，我们的所有专业工程师全部使用 BIM 技术开展深化设计，这种直观可视化的工作模式再加上软件碰撞检测的功能，使得深化设计合理可靠，完全可以作为现场实施的依据。除了深化设计工作，我们在项目管理中也推行 BIM 应用。项目的主要建造部门全部设置 BIM 专员，负责日常工作中的 BIM 推广和使用。比如利用 BIM 轻量化模型进行施工指导、使用三维扫描数据分析质量偏差等。正是依靠 BIM 的信息集成优势，管理人员将传统的复杂图纸信息集中到模型上，提升了整体的工作效率。

——许立山　中国尊项目总包方执行总工程师

2011 年 11 月中信和业第一次召开中国尊项目 BIM 技术应用启动会，为项目 BIM 应用的目标定下基调，即不为 BIM 而 BIM，而是确实要提高项目增值，真正在项目全过程中系统地应用推广 BIM。在中国尊项目的开发建设中，BIM 技术的引入是从业主方的项目管理需求开始的，并完成了设计阶段的 BIM 成果，转入施工深化设计和施工应用阶段。从 BIM 技术在中国尊项目的应用实践看，在技术与管理的协同层面，更加容易理解 BIM 的价值。

——罗能钧　中国尊项目业主方副总经理

成都东安湖木棉花酒店项目中的 BIM 技术应用

案例编写：天宝莅德电子科技（上海）有限公司
项目城市：成都
所获奖项：第三届中装协建筑装饰 BIM 大赛酒店类一级 BIM 应用奖；
第十届“龙图杯”全国 BIM 大赛综合组三等奖
业　　主：成都华润置地驿都房地产有限公司
室内 BIM 深化设计方：北京奥易联合装饰设计有限公司
项目规模：总建筑面积 61 000 m^2
项目状态：已竣工
竣工时间：2021 年

项目概况

成都东安湖木棉花酒店项目（图 11-11、图 11-12），位于成都龙泉驿区东安湖体育公园内，南邻东安湖，东邻体育公园“一场三馆”，总建筑面积 61 000 m^2，包括 3 栋塔楼、裙房、宴会厅及地下室。酒店客房数量总计 351 间。该项目是为 2021 年举办成都大运会而建设的，采用了天宝

图 11-11　木棉花酒店效果图

图 11-12　木棉花酒店实景图

SketchUp 正向设计的 BIM 工作流，结合天宝三维扫描与天宝 BIM 放样机器人技术，是华润置地第一个全过程 BIM 应用的酒店项目、第一个 BIM 全体系技术落地项目。

项目难点

1. 建设周期紧

木棉花酒店为 2021 年成都大运会的重要配套项目，工期压力巨大。酒店 351 间客房有上百个户型尺寸，对施工精准度要求高，施工难度大，非常耗时。酒店的外形呈弯弧水纹状，同一层相同户型的管井做法也是不尽相同，在工期时间短的压力下，需要提前优化设计，从而做到有效施工。

2. 施工难度大

木棉花酒店的形状不规则、结构复杂，按照传统施工方式会有误差大的弊端，面临需要探寻更为精准的施工方法的问题。传统工作流中需要大量的沟通协调工作，而现场施工情况复杂多变，会产生诸多的变更与返工问题，如何在建设周期紧的情况下保证施工的节点无疑是个大难题。

UC 的典型应用

1. 点云扫描与误差报告

如何保证模型与现场的一致性？土建阶段导致的小变更往往不会落实到图纸上，装修如果按照原图纸去设计、下料、安装，很多天花标高无法保证，会引发更多的变更，从而在时间上超出预期工期。该项目利用点云扫描，将实际修建的尺寸落实更新到模型上（图 11–13），再进行深化设计，确保了模型与现场的一致性。室内精装施工前期完成了项目全部的点云扫描数据收集工作。

图 11–13　依据扫描数据完善主体 SketchUp BIM 模型

点云扫描后交付所有区域点云误差报告，与建筑图、精装作对比（图 11–14），并提交 BIM 优化设计。例如宴会厅有大量的铝板及不锈钢，钢结构做完后，会有一个伸缩变形的过程，点云扫描可以提前考虑变形情况，并将分析呈现在计算书里。按传统步骤，该空间需要 7～8 个月完成施工，实际只用了不到 4 个月，时间成本节约近一半。

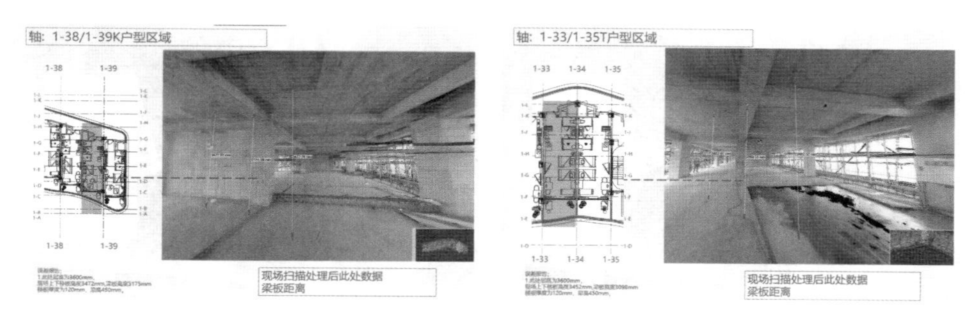

图 11-14 楼板高度对比：现场楼板高度与结构图纸存在偏差

利用点云数据提前发现现场问题，其中发现建筑结构偏差500多处，进行设计优化调整200多处。正是有了点云扫描以及误差报告的助力，得以实现工厂的生产时间与现场的施工时间几乎同步，有效节省了工期。

2. BIM 精准放样

应用天宝的BIM放样机器人（图11-15），把所有的主控线全部落到施工现场。基于BIM模型，无纸化放线，提高砌筑精度，减少后期精装施工拆改，提高饰面材料加工标准化精度，确保现场与模型一致，另外还有放线尺寸图及移动端可视化放线VR辅助。

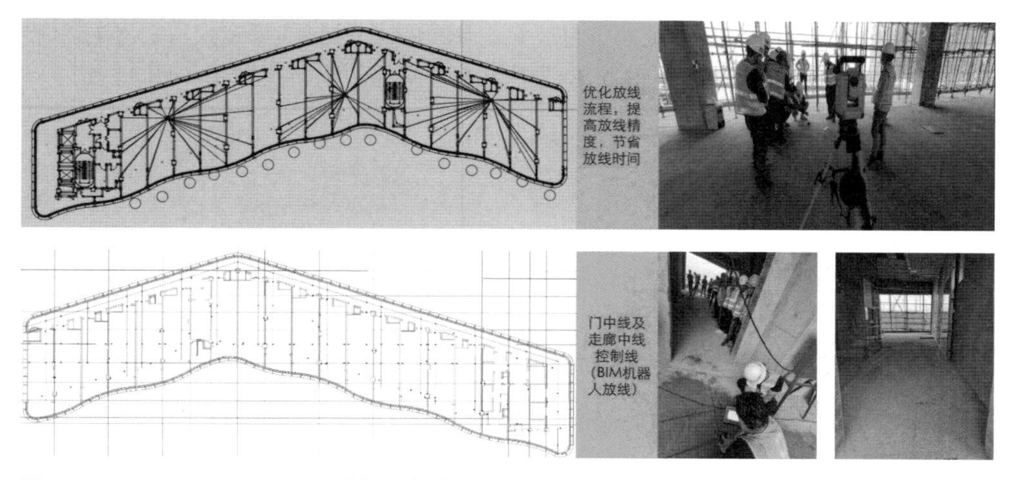

图 11-15 天宝 RTS771 BIM 放样机器人放线

3. 碰撞检测

将现场碰撞在设计阶段前置发现，前置解决在BIM深化中。碰撞检测是BIM很好的应用点，每一个专业进来，都要检测碰撞。如图11-16所示，点云扫描的建筑结构与精装BIM、机电BIM进行碰撞检测，结合剖面分析，使机电管线整体满足精装标高需求。

图 11-16　碰撞检测

4. BIM 模型编码算量指导施工

本项目基于国家标准《建筑信息模型分类和编码标准》（GB/T 51269）做了一套企业标准，梳理了算量的从属关系。在建模过程中，通过 SketchUp 的动态组件赋予信息，结合编码固化材料的算量尺寸，不同材料对应不同算法，最终一键导出适用于施工使用的物料表清单（图 11-17）。

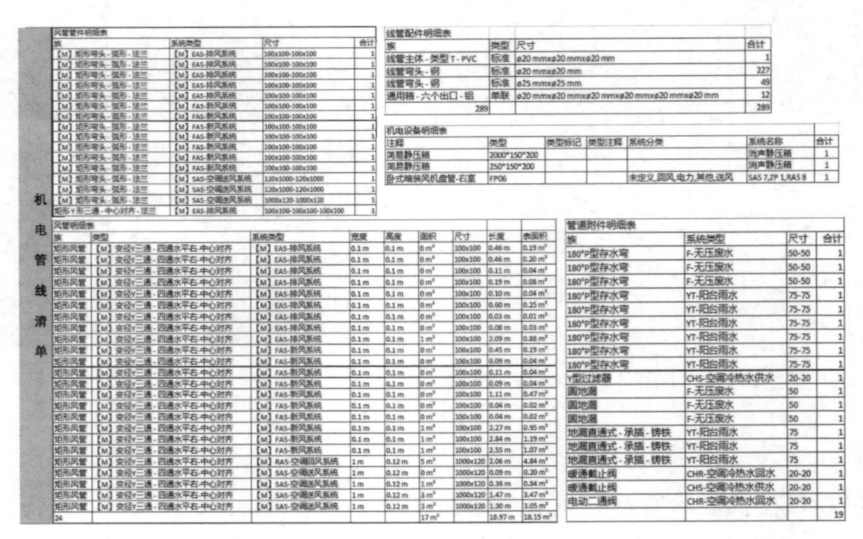

机电管线清单

风管管件明细表

族	系统类型	尺寸	合计
【M】矩形弯头 - 弧形 - 法兰	【M】EAS-排风系统	100x100-100x100	1
【M】矩形弯头 - 弧形 - 法兰	【M】EAS-排风系统	100x100-100x100	1
【M】矩形弯头 - 弧形 - 法兰	【M】EAS-排风系统	100x100-100x100	1
【M】矩形弯头 - 弧形 - 法兰	【M】EAS-排风系统	100x100-100x100	1
【M】矩形弯头 - 弧形 - 法兰	【M】EAS-排风系统	100x100-100x100	1
【M】矩形弯头 - 弧形 - 法兰	【M】FAS-新风系统	100x100-100x100	1
【M】矩形弯头 - 弧形 - 法兰	【M】FAS-新风系统	100x100-100x100	1
【M】矩形弯头 - 弧形 - 法兰	【M】FAS-新风系统	100x100-100x100	1
【M】矩形弯头 - 弧形 - 法兰	【M】FAS-新风系统	100x100-100x100	1
【M】矩形弯头 - 弧形 - 法兰	【M】FAS-新风系统	100x100-100x100	1
【M】矩形弯头 - 弧形 - 法兰	【M】FAS-新风系统	100x100-100x100	1
【M】矩形弯头 - 弧形 - 法兰	【M】FAS-新风系统	100x100-100x100	1
【M】矩形弯头 - 弧形 - 法兰	【M】SAS-空调送风系统	120x1000-120x1000	1
【M】矩形弯头 - 弧形 - 法兰	【M】SAS-空调送风系统	120x1000-120x1000	1
【M】矩形弯头 - 弧形 - 法兰	【M】SAS-空调送风系统	1000x120-1000x120	1
矩形 Y 形三通 - 中心对齐 - 法兰	【M】EAS-排风系统	100x100-100x100-100x100	1

线管配件明细表

族	类型	尺寸	合计
线管主体 - 类型 T - PVC	标准	ø20 mmxø20 mmxø20 mm	1
线管弯头 - 钢	标准	ø20 mmxø20 mm	227
线管弯头 - 钢	标准	ø25 mmxø25 mm	49
通用箱 - 六个出口 - 铝	单联	ø20 mmxø20 mmxø20 mmxø20 mmxø20 mmxø20 mm	12
289			289

机电设备明细表

注释	类型	类型标记	类型注释	系统分类	系统名称	合计
简易静压箱	2000*150*200				消声静压箱	1
简易静压箱	250*150*200				消声静压箱	1
卧式暗装风机盘管-右室	FP06			未定义,回风,电力,其他,送风	SAS 7,ZP 1,RAS 8	1

风管明细表

族	类型	系统类型	宽度	高度	面积	尺寸	长度	表面积
矩形风管	【M】变径Y三通 - 四通水平右-中心对齐	【M】EAS-排风系统	0.1 m	0.1 m	0 m²	100x100	0.46 m	0.19 m²
矩形风管	【M】变径Y三通 - 四通水平右-中心对齐	【M】EAS-排风系统	0.1 m	0.1 m	0 m²	100x100	0.46 m	0.20 m²
矩形风管	【M】变径Y三通 - 四通水平右-中心对齐	【M】EAS-排风系统	0.1 m	0.1 m	0 m²	100x100	0.11 m	0.04 m²
矩形风管	【M】变径Y三通 - 四通水平右-中心对齐	【M】EAS-排风系统	0.1 m	0.1 m	0 m²	100x100	0.19 m	0.08 m²
矩形风管	【M】变径Y三通 - 四通水平右-中心对齐	【M】EAS-排风系统	0.1 m	0.1 m	0 m²	100x100	0.10 m	0.04 m²
矩形风管	【M】变径Y三通 - 四通水平右-中心对齐	【M】EAS-排风系统	0.1 m	0.1 m	0 m²	100x100	0.60 m	0.25 m²
矩形风管	【M】变径Y三通 - 四通水平右-中心对齐	【M】EAS-排风系统	0.1 m	0.1 m	0 m²	100x100	0.03 m	0.01 m²
矩形风管	【M】变径Y三通 - 四通水平右-中心对齐	【M】EAS-排风系统	0.1 m	0.1 m	0 m²	100x100	0.08 m	0.03 m²
矩形风管	【M】变径Y三通 - 四通水平右-中心对齐	【M】EAS-排风系统	0.1 m	0.1 m	1 m²	100x100	2.09 m	0.88 m²
矩形风管	【M】变径Y三通 - 四通水平右-中心对齐	【M】FAS-新风系统	0.1 m	0.1 m	0 m²	100x100	0.45 m	0.19 m²
矩形风管	【M】变径Y三通 - 四通水平右-中心对齐	【M】FAS-新风系统	0.1 m	0.1 m	0 m²	100x100	0.09 m	0.04 m²
矩形风管	【M】变径Y三通 - 四通水平右-中心对齐	【M】FAS-新风系统	0.1 m	0.1 m	0 m²	100x100	0.11 m	0.04 m²
矩形风管	【M】变径Y三通 - 四通水平右-中心对齐	【M】FAS-新风系统	0.1 m	0.1 m	0 m²	100x100	0.09 m	0.04 m²
矩形风管	【M】变径Y三通 - 四通水平右-中心对齐	【M】FAS-新风系统	0.1 m	0.1 m	0 m²	100x100	1.11 m	0.47 m²
矩形风管	【M】变径Y三通 - 四通水平右-中心对齐	【M】FAS-新风系统	0.1 m	0.1 m	0 m²	100x100	0.04 m	0.02 m²
矩形风管	【M】变径Y三通 - 四通水平右-中心对齐	【M】FAS-新风系统	0.1 m	0.1 m	0 m²	100x100	0.04 m	0.02 m²
矩形风管	【M】变径Y三通 - 四通水平右-中心对齐	【M】FAS-新风系统	0.1 m	0.1 m	1 m²	100x100	2.27 m	0.95 m²
矩形风管	【M】变径Y三通 - 四通水平右-中心对齐	【M】FAS-新风系统	0.1 m	0.1 m	1 m²	100x100	2.84 m	1.19 m²
矩形风管	【M】变径Y三通 - 四通水平右-中心对齐	【M】FAS-新风系统	0.1 m	0.1 m	1 m²	100x100	2.55 m	1.07 m²
矩形风管	【M】变径Y三通 - 四通水平右-中心对齐	【M】RAS-空调回风系统	1 m	0.12 m	5 m²	1000x120	2.06 m	4.84 m²
矩形风管	【M】变径Y三通 - 四通水平右-中心对齐	【M】SAS-空调送风系统	1 m	0.12 m	0 m²	1000x120	0.09 m	0.20 m²
矩形风管	【M】变径Y三通 - 四通水平右-中心对齐	【M】SAS-空调送风系统	1 m	0.12 m	1 m²	1000x120	0.36 m	0.84 m²
矩形风管	【M】变径Y三通 - 四通水平右-中心对齐	【M】SAS-空调送风系统	1 m	0.12 m	3 m²	1000x120	1.47 m	3.47 m²
矩形风管	【M】变径Y三通 - 四通水平右-中心对齐	【M】SAS-空调送风系统	1 m	0.12 m	3 m²	1000x120	1.30 m	3.05 m²
24					17 m²		18.97 m	18.15 m²

管道附件明细表

族	系统类型	尺寸	合计
180°P型存水弯	F-无压废水	50-50	1
180°P型存水弯	F-无压废水	50-50	1
180°P型存水弯	F-无压废水	50-50	1
180°P型存水弯	YT-阳台雨水	75-75	1
180°P型存水弯	YT-阳台雨水	75-75	1
180°P型存水弯	YT-阳台雨水	75-75	1
180°P型存水弯	YT-阳台雨水	75-75	1
180°P型存水弯	YT-阳台雨水	75-75	1
180°P型存水弯	YT-阳台雨水	75-75	1
Y型过滤器	CHS-空调冷热水供水	20-20	1
圆地漏	F-无压废水	50	1
圆地漏	F-无压废水	50	1
圆地漏	F-无压废水	50	1
地漏直通式 - 承插 - 铸铁	YT-阳台雨水	75	1
地漏直通式 - 承插 - 铸铁	YT-阳台雨水	75	1
地漏直通式 - 承插 - 铸铁	YT-阳台雨水	75	1
暖通截止阀	CHR-空调冷热水回水	20-20	1
暖通截止阀	CHS-空调冷热水供水	20-20	1
电动二通阀	CHR-空调冷热水回水	20-20	1
			19

图 11-17　BIM 模型量清单

根据 BIM 模型生成的物料表、清单表及算量可得出施工计划。施工单位按材料拆分下单、加工再到现场安装。由 SketchUp 建立的 BIM 模型可通过与 SketchUp 3D 模型联动的 LayOut 2D 出图工具直接导出图纸

（图 11-18），做到图模一致。将模型交付厂家，可指导厂家进行材料的定制与加工（图 11-19），实现现场零切割零损耗、低碳环保无粉尘，形成部件体系，提升预制率，减少施工现场手工劳动，提高工期。

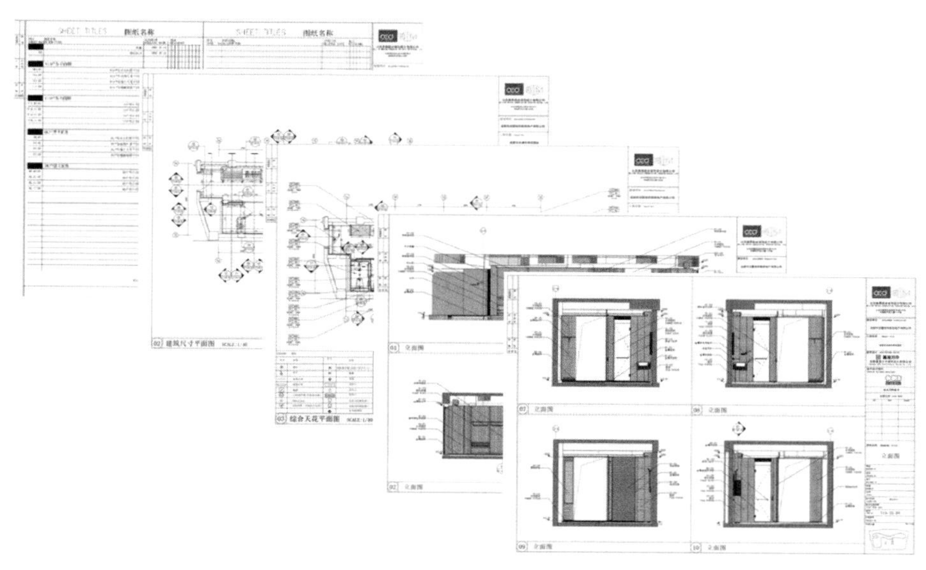

图 11-18 SketchUp + LayOut 由模型直接导出图纸

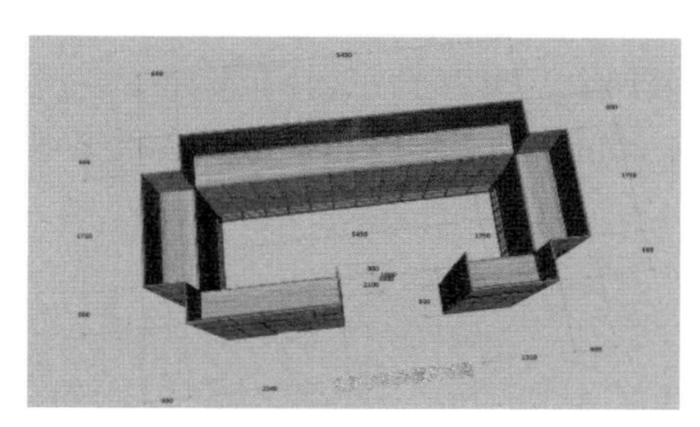

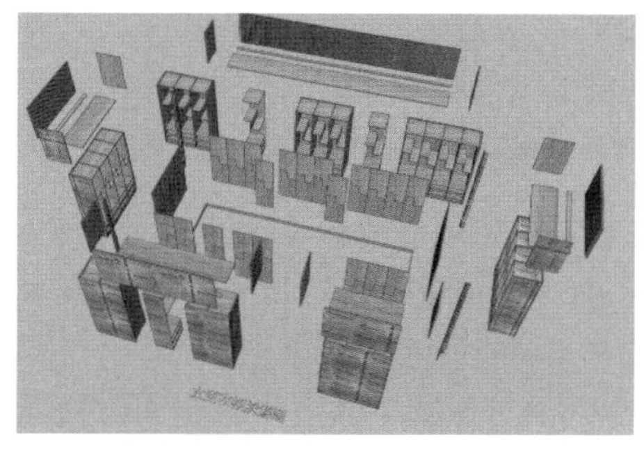
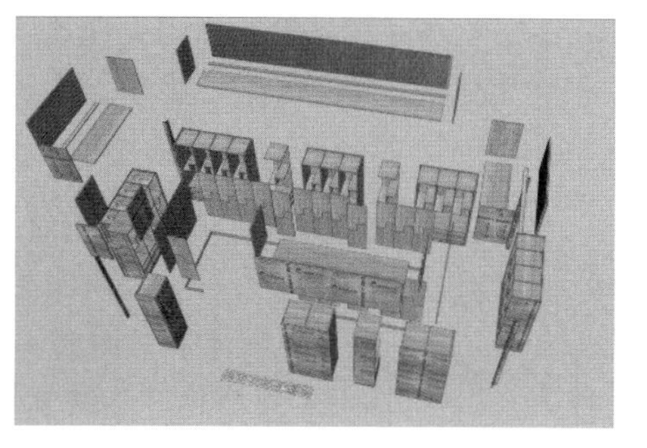

图 11-19 SketchUp 模型指导工厂施工

5. BIMfor 云端协同设计

通过 BIMfor 云端协同设计平台与 SketchUp 插件交互，不需要文件下载、拷贝，通过 SketchUp 插件可以直接将模型文件上传至云端，节省大量时间，实现了过程的沟通、数据信息的共享及传递，减少了传统施工图的错漏碰缺。全专业设计过程中高度协调，提高了专业间设计会签效率，更高效地把控项目设计的进度和质量。

UC 应用效果总结

1. 显著缩短工期，提升效率

该项目从 2019 年 12 月基坑施工作业开工至 2021 年 5 月底精装施工竣工，合计 17 个月的总建设周期，相比以往同类规模的酒店项目建设周期约为 32 个月，项目总建设周期节省近 50%。

2. BIM 模型指导施工

通过编码体系赋予模型信息，一键生成物料表清单。根据 BIM 模型生成的物料表、清单表及算量，直接导出施工计划。物料进场管理完全打破传统分工，基于模型排工序，指导工厂施工，形成部件体系，提升预制率，降低施工现场手工劳动，缩短工期，减少材料的损耗率，减少现场安全隐患，满足建筑的装配率要求。

3. BIM 平台全专业协同

全专业应用 BIM，所有参与方在云端协同设计，通过线上数字化平台完成 BIM 全过程的管理和落地工作。不让数据成“断路”，一模用到底，从上游到下游，做到信息的对称和共享。上游使用 SketchUp 深化设计、拆分材料出清单，下游根据 SketchUp 模型加工，成为了一个闭环链条。从设计到算量再到施工，积累下来的模型，交付给运维做数据清洗，真正实现了一模应用建筑的全生命周期。

专家热议

与规模相比，BIM 的价值更体现在深度上。东安湖木棉花酒店的 BIM 应用是这方面的样板，无论是模型精细度、编码使用、工程量控制，还是多方协同等，都“恰到好处”。

——魏来　buildingSMART 中国分部秘书长

东安湖木棉花酒店项目的 BIM 应用实现了酒店建设全过程的数字化，实现了酒店数字孪生设计及精装装配式施工，创造了酒店建设工期与成本的标杆，是中央企业数字化转型道路上一次成功的尝试。

——刘德建　华润置地总部酒店旅游与健康事业部副总经理

在东安湖木棉花酒店项目中，OCD 提供了围绕业主需求点的 BIM 技术支持及服务，协助我们使用新技术实现了工期与成本的目标，达到了“降本、提质、增效”目标。

——何威　华润置地总部酒店旅游与健康事业部 BIM 负责人

吉林北山四季越野滑雪场项目中的 BIM 技术应用

案例编写：中国建筑东北设计研究院有限公司
项目城市：吉林
所获奖项：第九届“创新杯”建筑信息模型（BIM）应用大赛基础设施工程建设类 BIM 应用第一名；第二届工程建设行业 BIM 大赛一等成果；第七届“龙图杯”全国 BIM 大赛综合组二等奖；2020 年“金标杯”BIM/CIM 应用成熟度创新大赛最具匠心力奖
业　　主：文投吉林市体育产业投资发展有限公司
设 计 方：中国建筑东北设计研究院有限公司
项目规模：滑雪道总长约 1 300 m
项目状态：已竣工
竣工时间：2018 年

项目概况

为全面贯彻落实习近平总书记考察北京冬奥会筹办工作时的重要指示精神，恶补雪上项目短板，推动我国冰雪运动跨越式发展，弥补越野滑雪、冬季两项等运动项目以及场地设施不足等问题，国家体育总局决定把吉林北山人防工程改建为四季越野滑雪场。项目建成后将成为世界第四座、亚洲首座室内四季越野滑雪场地，也是世界第一座真正意义上的四季越野滑雪隧道，是国家备战 2022 北京冬奥会的重点项目。

隧道式四季滑雪场位于吉林市北山公园内，同时布置了射击场、处罚圈、雪道等多个场地。隧道主体采用复合衬砌结构，是在既有人防隧道基础上改扩建的四季滑雪基地。

吉林市北山人防工程始建于 1965 年，1971 年至 1984 年陆续完成，总建筑面积 25 244 m^2，总使用面积 19 425 m^2，总延长米为 1.8 km。隧道改扩建后，滑雪道总长约 1 300 m，宽度约 12 m，高度约 9 m，最大洞室平面尺寸为 32 m × 56 m（图 11–20、图 11–21）。

图 11–20　滑雪场出发大厅效果图

图 11-21 项目整体鸟瞰图

项目难点

1. 既有工程工况复杂

既有隧道年代久远，设计施工图纸等原始资料缺失，导致设计复核工作难度增加。隧道本身具有线路曲折、标高变化大、断面种类多、多支线与主线连接等特点，导致隧道主体钢筋形式多样、数量众多，造成精确下料和计量的困难。

项目所在地域部分岩体节理裂隙较为发育，需要将现有隧道洞室截面通过爆破开挖扩大至满足滑雪和设备运行需要的尺寸，且存在部分大跨度洞室（暴露面积可达 2 000 m^2 以上），存在一定的地质灾害隐患。

2. 设计难度大

该工程设计具有缺少专业规范参考、施工案例借鉴、隧道转弯半径极小、隧道内设有高大空间、造型曲面复杂等诸多难点，设计师无法用常规的概念和方法进行设计，必须针对项目的工程特点建立一个科学合理的设计体系。

3. 传统 BIM 手段支撑力不足

由于隧道本身具有线路曲折、标高变化大、断面种类多、多支线与主线连接等特点，在三维数字化设计过程中如何精准、高效地进行隧道主体和钢筋模型的创建成为难点。而针对此处难点，传统的 BIM 手段明显存在支撑力不足的问题。

openBIM 的典型应用

改造工程工况复杂，为了获取原始洞室信息，采用三维激光扫描技术，得到既有人防洞室的点云模型，将地勘信息、洞室稳定性信息，以及周边温度、位移变化链接置入模型中。将不同条件的洞室进行色块区分，之后再根据方案确定模型，对应力区范围进行确定，为进一步的支护工作提供依据，同时也可对支护方式进行验证（图 11–22）。

图 11–22 既有洞室点云模

综合各项因素，设计师对线路方案所使用的既有洞室进行优化。利用 BIM 模型每 5 m 间距截取断面，与设计断面进行比较分析，进一步优化线路方案及线路竖向设计。针对建筑的使用功能进行专项分析，据此调整优化设计。

该工程工况复杂，隧道内不仅平面和竖向的变化较大，雪洞的设计截面也形式多样，钢筋布置的深化更是多样，因此传统的建模方法难以支撑。通过 BIM 技术解决了既有人防隧道改建及其规划设计中的难点，利用 Dynamo 参数化方法创建复杂隧道三维模型，解决项目基础模型的难点，提升建模效率，提高建模精细度，且该方法适用于所有隧道类模型的创建；同时，利用 Dynamo 参数化方法批量创建隧道钢筋模型（图 11–23）。

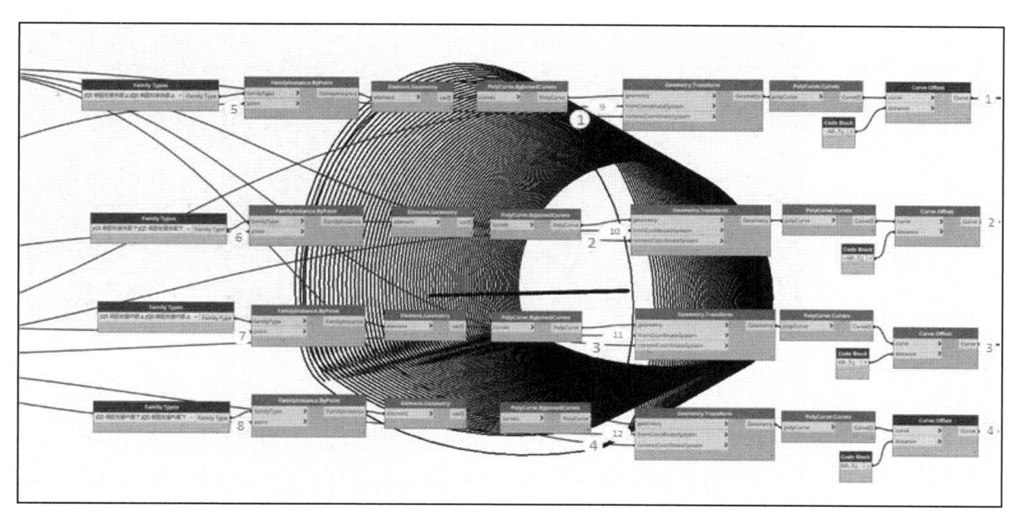

图 11–23 参数化生成钢筋

实现 Dynamo 创建参数化模型，首先需要基础数据库的支撑，而这一基础数据库由 Excel 文件、Revit 图元、点云文件等信息构成；其次，通过基础数据库的导入，实现了将数据信息大批量导入 Dynmao 平台中，经过节点程序的转化，将数据信息应用在模型创建上，最后导出到 Revit 中，生成具有构件信息的三维模型（图 11–24、图 11–25）。

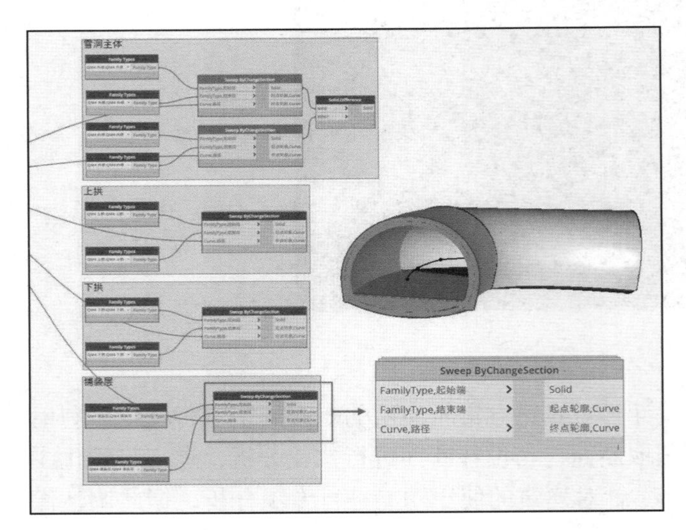

图 11–24 参数化生成混凝土隧道某截面

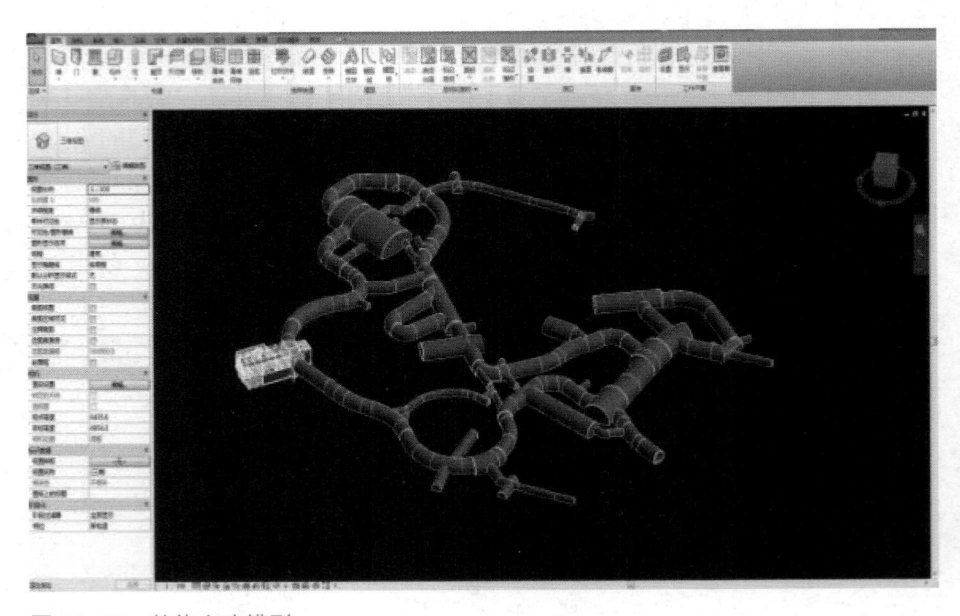

图 11–25 整体土建模型

国家冬季滑雪运动对隧道的空间要求严格，因此设计上将建筑、结构、给排水、暖通、电气电讯、装修等多专业进行设计协同；利用 BIM 的可视化特点，有利于最终效果的把控、各专业间的协调、及时发现设计问题并进行科学的调整，保障高标准的使用需求。

openBIM 应用效果总结

三维激光扫描的 BIM 应用，精确地还原既有工程的实际情况，大幅提升了设计的准确性和工作效率；针对特殊工程的 BIM 专项设计为设计最终的完成保驾护航；参数化的 BIM 应用，极大程度地提升了设计效率，为工程的顺利开展提供有力的技术支撑。

多手段的 BIM 技术集成应用，科学高效地解决了工程的多个技术痛点和难点，有效地打通项目上下游。多方面、多阶段的 BIM 应用，基于国际统一的数据标准格式，有效地提高模型在项目建设各阶段传递的准确性和稳定性，是保证项目顺利开展的基础。

专家热议

吉林北山四季越野滑雪场国家雪上项目训练基地的揭牌，标志着我国越野滑雪项目进入了新阶段，标志着备战 2022 北京冬奥会迈上了新台阶。该基地的落成使四季滑雪变成了现实，为队伍备战大赛实现跨越式超常规的发展提供了基础，使训练手段和场地有了更多选择，对普及冰雪运动有极大帮助。

——丁东　国家体育总局冬季运动管理中心常务副主任

吉林北山四季越野滑雪场项目是为备战 2022 年冬季奥运会而筹建的，该滑雪隧道建成后将填补国内滑雪系统的空白，肩负为国家输送优质运动员的使命。吉林北山四季越野滑雪场是世界第四座、亚洲首座室内四季越野滑雪场地，也是世界第一座真正意义上的四季越野滑雪隧道。该工程具有设计无专业规范、施工无案例借鉴、隧道转弯半径极小、隧道内设有高大空间、造型曲面复杂等难点，利用 BIM 技术及 Dynamo 参数化方法解决了滑雪隧道在设计上的问题，提高了设计质量，并加快了设计和施工进度，提升了效率。

——中国建筑东北设计研究院有限公司

上海博物馆东馆新建工程项目中的 BIM 技术应用

案例编写：同济大学建筑设计研究院（集团）有限公司

项目城市：上海

所获奖项：2018 年第九届“创新杯”建筑信息模型（BIM）应用大赛文化旅游类 BIM 应用第一名；2019 年全球工程建设业卓越 BIM 大赛“最佳应用—建筑设计—大型项目”第三名；2021 年“浦发杯”BIM 特色应用项目方案赛、地方组项目赛一等奖

业　　主：上海博物馆

设 计 方：同济大学建筑设计研究院（集团）有限公司

项目规模：总建筑面积 104 997 m²

项目状态：在建中

竣工时间：预计 2023 年年底

项目概况

上海博物馆东馆位于浦东新区杨高南路、世纪大道、丁香路交汇处的 10 街坊地块北侧（10-03A）地块（图 11-26、图 11-27），总用地面积 4.6 公顷。该区域配套设施齐全，景观条件良好，人文气息浓厚，交通便捷，未来将与上海科技馆、东方艺术中心、世纪公园共同形成具有国际影响力的文化设施集群，成为“上海东部文化中心”，与人民广场地区形成“文化双中心”。

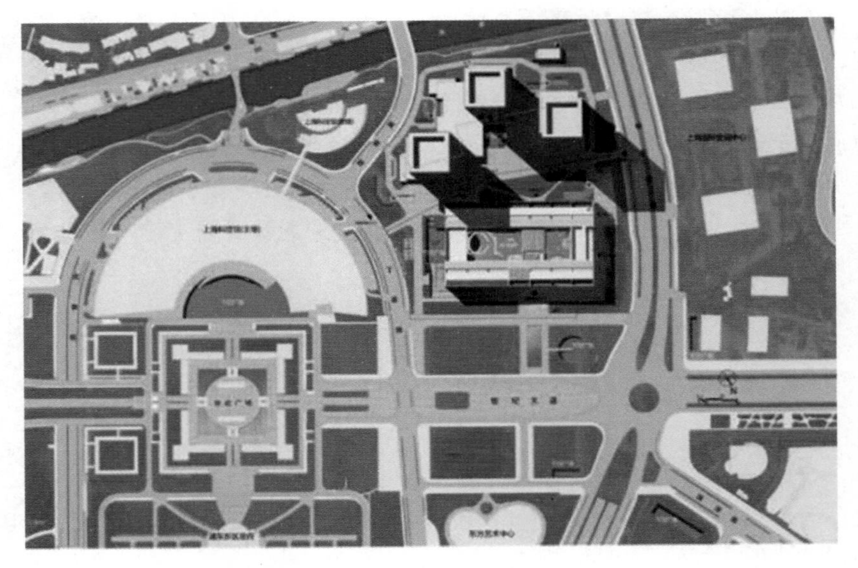

图 11-26　上海博物馆东馆总平布置图

图 11–27 上海博物馆东馆立面效果图

项目难点

1. 体量大

上海博物馆东馆新建工程为一类高层，总建筑面积 104 997 m^2，地上 6 层，地下 2 层。东西长约 185.6m，南北宽约 108.75m。建筑主要檐口高度 44.95 m，外立面以及各专业 BIM 模型如图 11–28 所示。

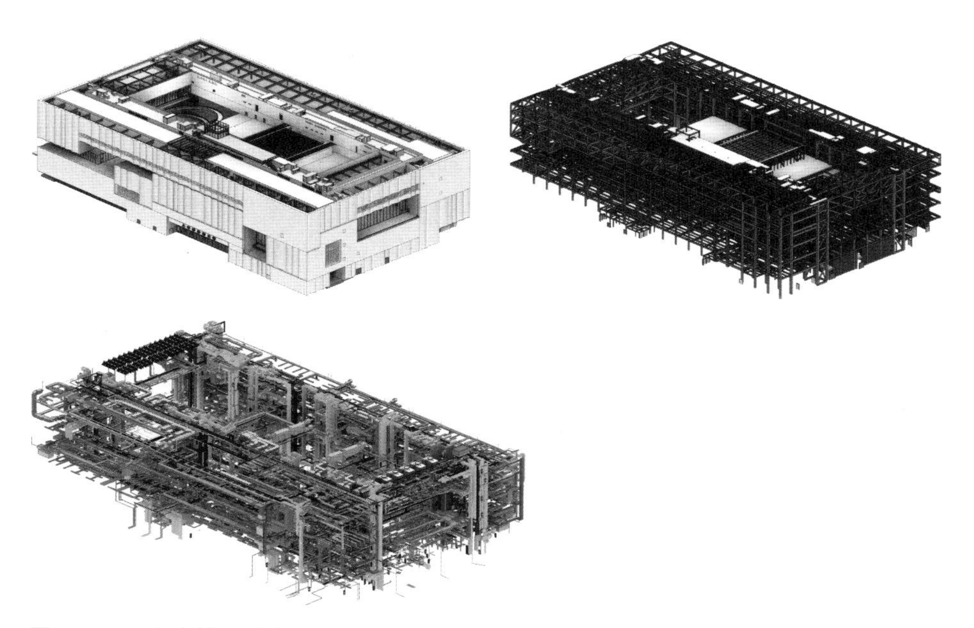

图 11–28 上海博物馆东馆各专业 BIM 模型

2. 结构复杂

上部结构采用钢框架结构体系，计算结果表明地震作用下，结构基底剪力、层间位移角较大，鉴于博物馆特殊的使用功能，布置黏滞阻尼墙降低地震作用，提高结构性能，详见图 11–29。由于整体结构的变形为剪切变形，该结构体系有利于充分发挥黏滞阻尼墙的耗能特性，且有利于减小构件的截面尺寸。另外，该项目由于建筑功能需求，局部大跨度屋面采用大跨度钢桁架体系。

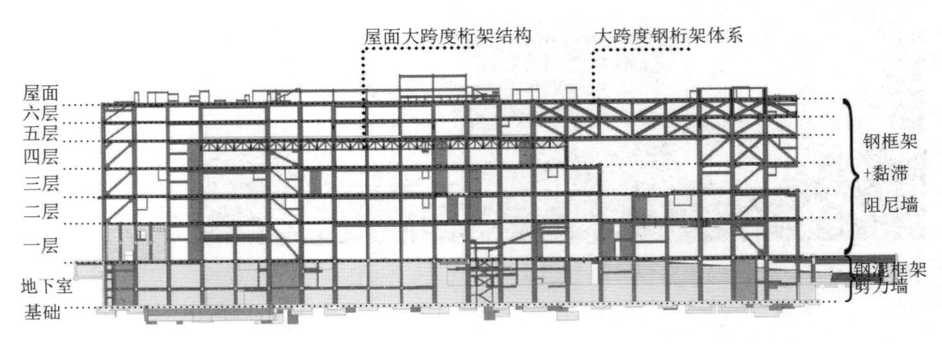

图 11-29　上海博物馆东馆结构体系

3. 多工种协同设计

由于项目自身特性，空间相当复杂，需要多专业的数十名工程师跨部门协调配合。在基于 BIM 的环境下，有效整合了各方设计数据，为项目的稳步推进打下了良好的基础。

openBIM 的典型应用

1. 指标分析与方案比选

方案设计阶段的 BIM 技术应用主要目的是验证项目策划阶段提出的各项指标，进一步推敲、优化设计方案。利用 BIM 技术对建筑项目所处的场地环境进行必要的分析，基于建筑单体方案设计阶段模型，进行设计方案比选、建筑性能优化分析以及造价估算等应用，为初步设计阶段的 BIM 技术应用及项目审批提供可靠的数据基础。详见图 11-30、图 11-31。

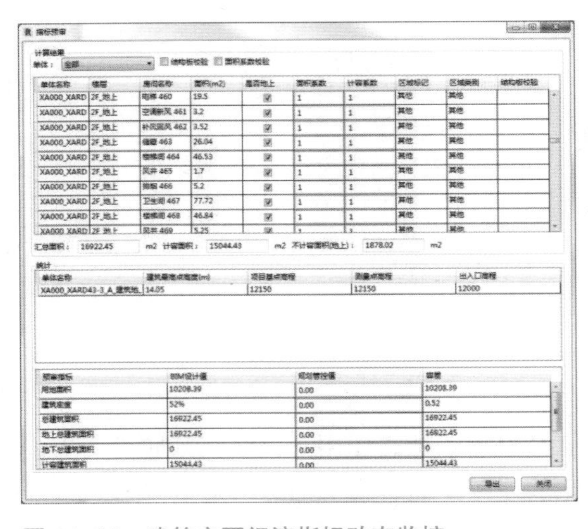

图 11-30　建筑主要经济指标动态监控

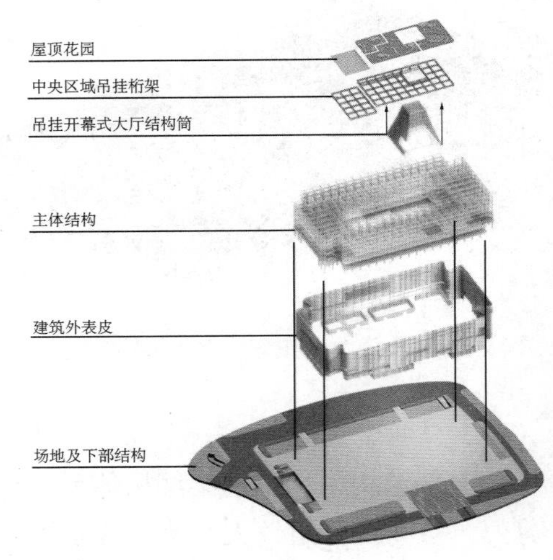

图 11-31　方案分析图

在方案设计阶段通过建筑三维立体分析图，综合分析各专业的匹配性和交通流线的合理性，方便主创建筑师及其团队及时做出决策。

在前期建筑结构的方案推敲方面，项目团队对复杂的钢构节点进行了局部的三维重现，用于设计过程中的节点推敲，直观、有效地传递了复杂的结构理念。上海博物馆东馆的中央庭院钢结构和相关复杂节点，通过BIM三维设计，方便项目各参与方了解节点的构造，明确复杂的传力路径。

通过三维方案比选，对上海博物馆3F文博大厅东侧的螺旋坡道进行了三维等比例还原，给出了两套螺旋坡道的方案——桁架结构和壳体结构（图11-32）。最终经过多算对比、三维定位、专业互拍，选定方案二。

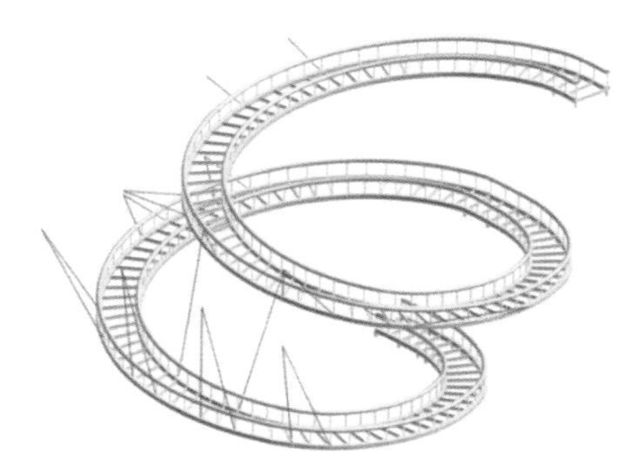

（a）方案一桁架体系螺旋坡道结构　（b）方案二壳体螺旋坡道结构

图 11-32　螺旋坡道 BIM 方案对比

2. 三维碰撞检测 + 协同优化

BIM设计过程中发现夹层、设备机房、展厅、报告厅以及约束屈曲支撑、防火卷帘、机械车位、螺旋坡道等都是比较容易出问题的区域。

建筑、结构BIM模型合模主要梳理的是平面图纸上很难发现的空间问题，一方面梳理建筑自身的设计在空间上是否存在问题，另一方面梳理结构能否满足建筑对造型、空间、功能使用的要求，详见图11-33。

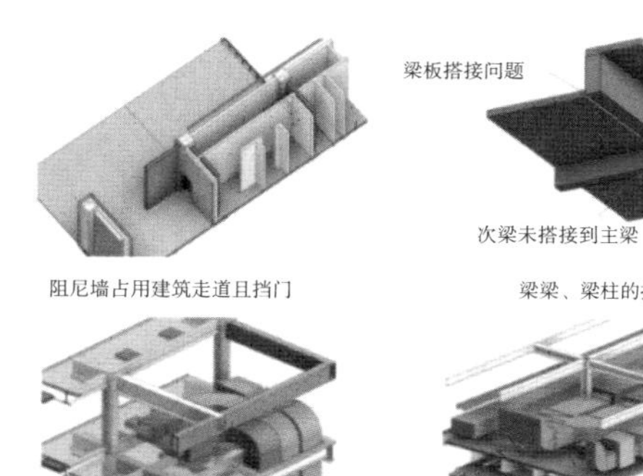

阻尼墙占用建筑走道且挡门　梁梁、梁柱的搭接问题　防火卷帘与结构柱碰撞，影响卷帘安装

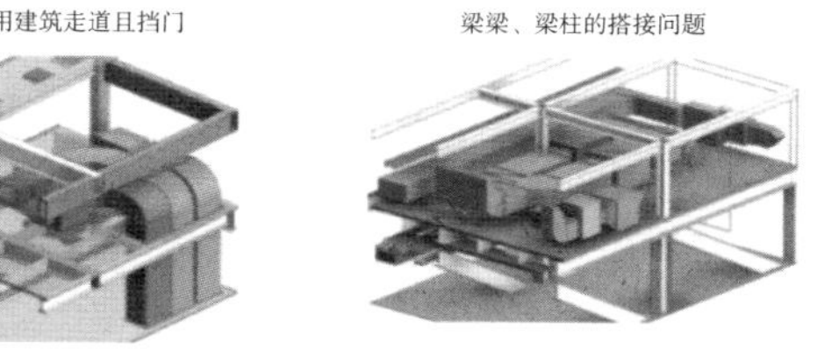

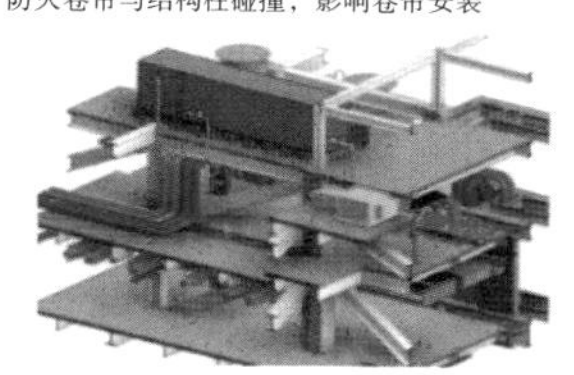

机电管线穿越结构桁架导致管线下方净高不足　屋面设备管线与结构构件的空间协调（管井留洞太小，影响管线安装）　设备管线在钢桁架穿越验证（避免与钢桁架碰撞，也可辅助设备管线施工）

图 11-33　施工图阶段部分碰撞案例示意

3. BIM 模型质量自动审查

为了全面把控 BIM 模型质量，同济大学建筑设计研究院（集团）有限公司根据近几年的项目积累，编写了《BIM 模型审核要点》。另外，为了更好地校核问题，项目团队将 BIM 模型审核要点进行了转译，通过计算机智能校核，协助项目经理或者专业负责人进行 BIM 模型质量的把控，进而提高模型校核的效率和精确率，详见图 11-34。

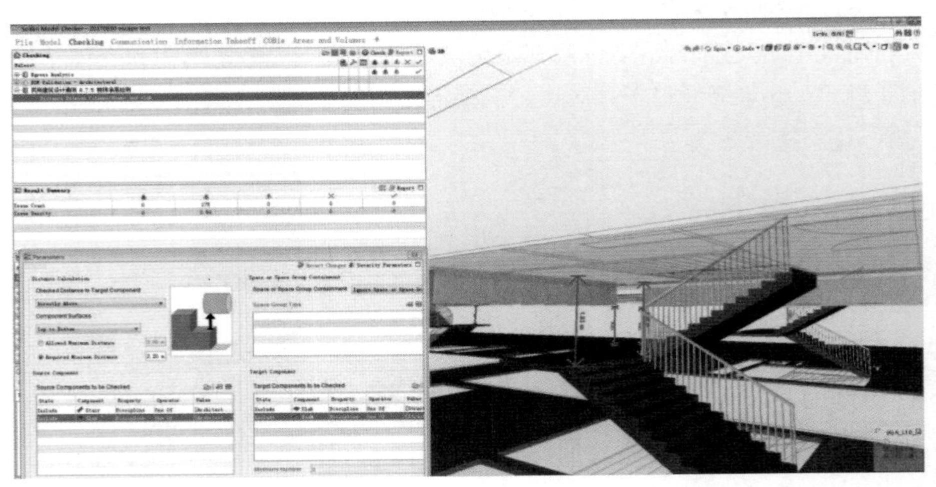

（a）地上楼梯间净高验证

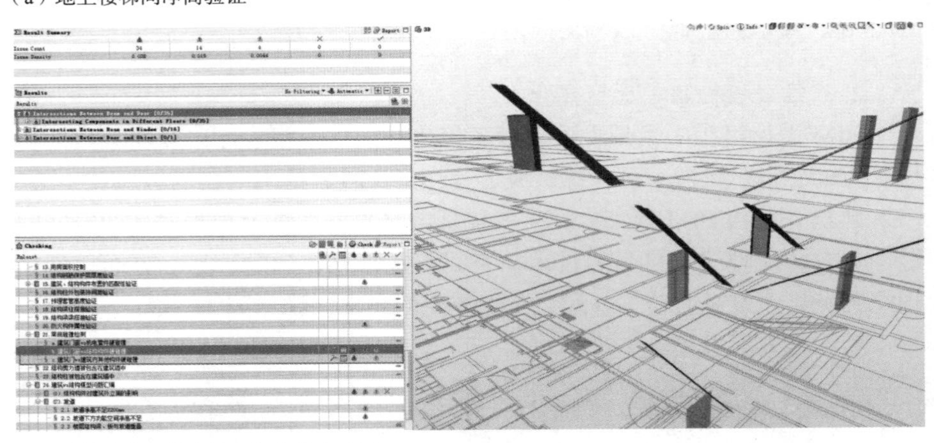

（b）结构约束屈曲支撑和门窗综合验证

图 11-34 各专业部分碰撞点自动验证

4. BIM 模型设计合规审查

BIM 技术的应用，除了专业间三维层面的几何拍图，还应充分应用 BIM 模型的信息，复核设计模型是否满足规范要求。上海博物馆东馆项目在设计过程中对模型进行了 BIM 合规性综合检测，不仅关注几何形体的碰撞问题，更注重各项规范指标是否满足要求。

整个合规检测的流程大致分为以下几大步骤：需求的提取、规范转译、验证执行、协同交流，最终根据相关验证结果进行修改调整，详见图 11-35。

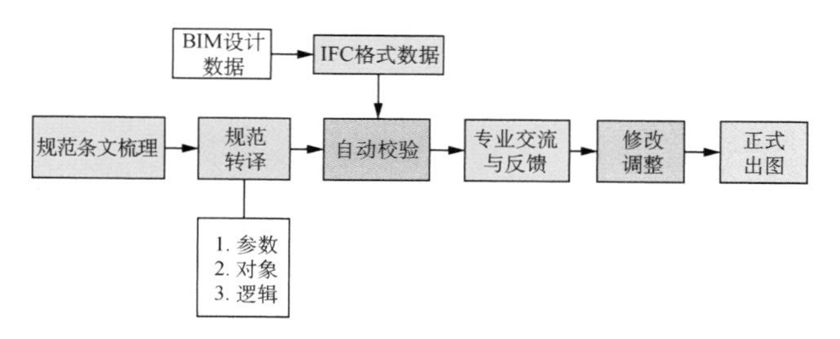

图 11-35　基于 openBIM 合规审查工作流

项目团队在合规检测方面主要针对建筑防火设计规范（部分）进行了转译研究和项目应用。防火规范中，主要就防火分区的面积、商业类安全疏散的距离、疏散门的布置要求、公共场所安全出口的宽度要求等方面进行了规范的转译工作。

在该项目中，主要对建筑消防疏散部分展厅进行了疏散合规检测。工程内部全部设置自动喷水灭火系统，疏散距离增加 25%，展厅及公共大空间区域室内任一点双向疏散时至楼梯的最大距离不超过 37.5 m。

在施工图设计阶段，对大展厅、国际绘画厅进行了疏散合规验证，详见图 11-36。

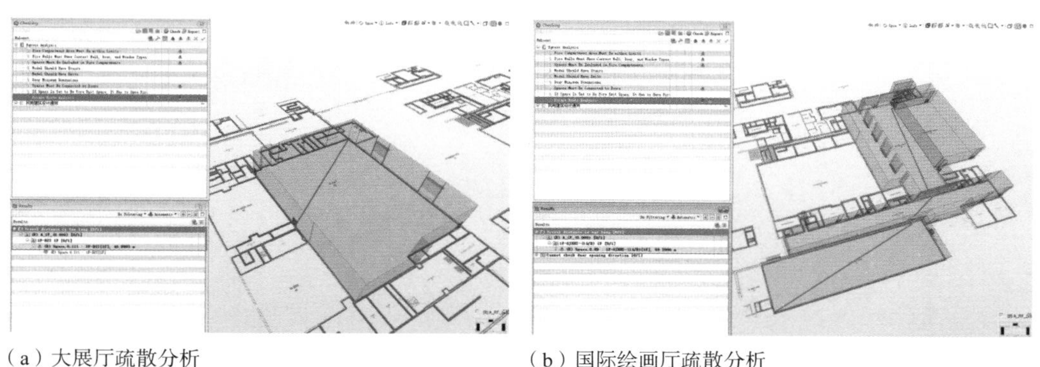

（a）大展厅疏散分析　　（b）国际绘画厅疏散分析

图 11-36　消防疏散合规分析

openBIM 应用效果总结

（1）BIM 技术在方案阶段应用，针对不同类型的项目，设计方应结合自身要求，有的放矢地将 BIM 工具应用到设计中，进而最大限度发挥 BIM 的价值。同时借助 BIM 的优势，打通专业间数据流，提高协同设计的效率。

（2）大型公建项目中，BIM 阶段应用主要在于复杂空间的梳理，特别是设备管线综合。由于建筑空间和结构形式都相对复杂，净高要求高，因此应充分利用建筑实际空间，结合相关规范要求和施工需要合理进行布置。

（3）基于 BIM 的合规检测技术将随着智能设计技术的逐步推广，合规检查将是必须经历的一个环节。合规检查技术，数据是根本、算法是支撑，该技术的深入研究有助于进一步提升行业信息化水平。

专家热议

BIM 实质就是在计算机中虚拟建造建筑，计算机的架构决定了设计思维的数字化过程。因此，在计算机中的任何阶段进行设计都是 BIM 的建构过程，只是每个阶段的侧重点不同而已。BIM 架构的重点是信息，而信息在各个阶段的自由流动是 BIM 的核心。在项目设计过程中，涉及和应用的 BIM 相关技术很多，BIM 在不同阶段解决了设计中的不同需求。也就是说，在不同阶段应该采用适当的 BIM 软件，更加有助于设计，而不同软件技术间信息的衔接尤为重要。

——陈继良　同济大学建筑设计研究院（集团）有限公司
集团副总裁、BIM 技术事业部主任

BIM 是技术升级过程中的一个节点，最终结果是建筑信息化。如今，智能设计的发展还在酝酿之中，市场中的实际情况与智能设计的终点还有距离。计算机可以更好地帮助设计人员进行规划和分析，未来的建筑设计可以依靠计算生成，但智能设计的市场接受度如何还有待检验。

——张东升　同济大学建筑设计研究院（集团）有限公司
BIM 技术事业部副主任

EPC 模式下的设计 BIM 实践——北京副中心行政办公区 160 地块项目设计应用

案例编写：中国建筑设计院有限公司
项目城市：北京
所获奖项：北京市 BIM 示范工程
业　　主：北京城市副中心工程建设管理办公室
设 计 方：中国建筑设计院有限公司
项目规模：总建筑面积 175 693.91 m^2
项目状态：在建中
竣工时间：2023 年

项目概况

北京副中心行政办公区 160 地块位于北京市通州区，项目北侧为达济路，南侧为运河东大街，西侧为清风路，东侧为胡各庄路，紧邻一期启动区，具有良好的通达性。项目设计更注重与现状西侧委办局建筑的关系，采用院落式布局，各主要界面守齐，以达到整体布局上的协调统一。副中心二期启动区 160 地块项目是行政办公区工程首批实施 EPC 的项目之一，各参建单位充分发挥 EPC 的优势，积极开展设计优化，多次在副中心月度综合考评中名列前茅。

项目总用地面积为 38 362.566 m^2，总建筑面积为 175 693.91 m^2，建筑层数为地上 9 层、地下 3 层，建筑高度为 38.15 m，地上建筑面积为 991 53.4 m^2，地下建筑面积为 76 540.51 m^2；地上建筑功能为办公、会议、接待等，地下建筑功能为餐厅、厨房、设备用房、汽车库、附属库房、活动室、自行车库等。

北京副中心行政办公区 160 地块项目示意见图 11-37。

(a)

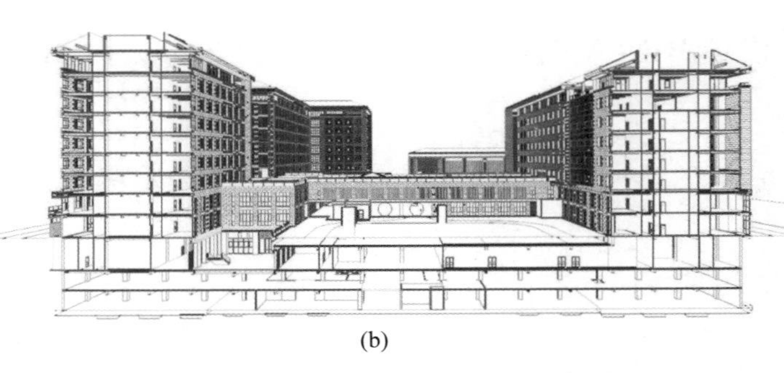

(b)

图 11-37　北京副中心行政办公区 160 地块项目示意图

项目难点

1. 工程总承包模式及北京市建筑师负责制试点项目

作为工程总承包模式，并且是北京市建筑师负责制试点项目，该项目开展前期与设计及总包单位进行了大量的沟通工作，重点探寻在这两种模式下的 BIM 实施方案。

2. 项目复杂性高

该项目在设计方面充满了复杂性。施工方面对成本的严格控制、项目在专业上的分包多、总包单位的管理难度大、建设工期紧张、施工质量要求高、对于信息化的建设要求更为严格以及绿建三星的建设要求、疫情的影响等方面的挑战都成为项目建设的不利因素。

3. 技术要求高

该项目属于北京副中心行政办公区二期项目中非常重要的一个项目，工期紧，难度大，并且对施工质量要求很高，需要实现 BIM 全面覆盖，加之同期存在其他项目的同时进行，给项目增大了难度。同时，EPC+BIM 的项目模式对人才要求较高，需要懂设计、施工、后期运维的人员，BIM 管理人员既要专又要全。

openBIM 的典型应用

1. BIM 实施管理与应用

（1）开始阶段：提前拟定好 BIM 应用标准及 BIM 应用流程，划分好 BIM 工作界面，使 BIM 数据可以顺利传递到下游单位。

（2）数据准备阶段：在初步设计图纸达到一定深度时，收集整体图纸资料。

（3）全专业模型搭建阶段：各专业 BIM 工程师根据图纸搭建 BIM 模型，在搭建的过程中检查图纸的错漏碰缺问题，并组织项目团队解决问题。

（4）管线综合阶段：搭建模型检查出来的问题解决后，更新模型并进行三维管线综合，存在的问题实时与设计师沟通解决，在三维模型中进行调整。

（5）各专业出图阶段：三维模型解决各专业问题后，辅助出相关图纸。为按时完成图纸，采用部分图纸从 BIM 模型中出，部分图纸使用二维出，BIM 设计的作用更多是审查、验证、优化图纸（图 11–38）。

2. BIM 协同管理展示平台

在施工阶段，总包单位利用专为项目研发的智慧决策平台（图 11–39），对现场施工的人员、物料、设备、施工安全以及项目进展进行了严谨且高效的管控，起到了积极有效的作用。同时，BIM 模型在决策平台上的成功应用，也为后续的数字化运营与管理奠定了基础及提供了宝贵的经验。

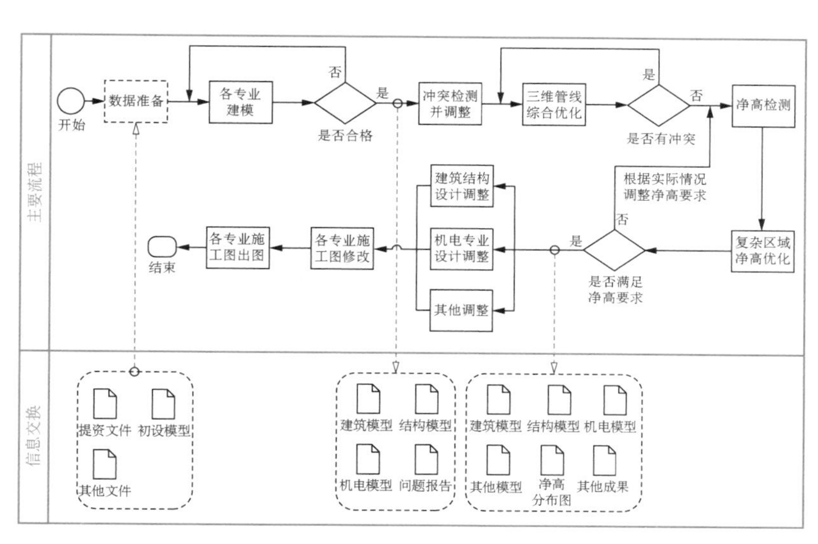

图 11–38　BIM 实施管理与应用

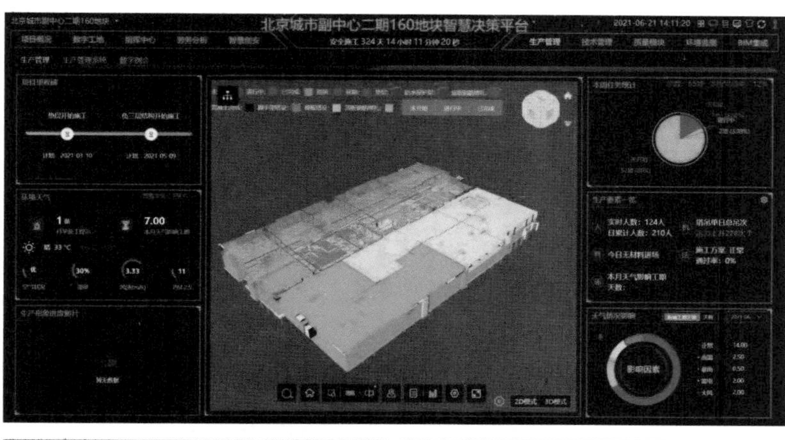

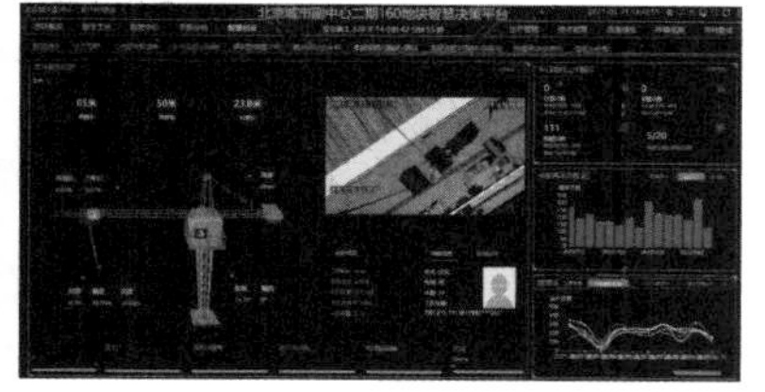

图 11–39　BIM 协同管理展示平台

openBIM 应用效果总结

在中国，BIM 技术仍处于飞速发展的状态，国家标准已发布，相应的地方政府规定也已经陆续出台，现阶段越来越多的项目将 BIM 技术纳入项目的招投标以及报审中。BIM 技术的应用得益于国家的推行与支持，也离不开软硬件的发展，这些外部和内在的有利条件共同促进了 BIM 应用的蓬勃发展。

BIM 技术在北京副中心行政办公区 160 地块项目投标、设计、施工阶段的成功应用，得到了业主方的一致认同，这也是对中国建筑设计院有限公司近年来努力发展 BIM 应用落地的认可。此次项目 BIM 的应用主要是贯穿了投标、设计、施工三大板块，让 BIM 成果有效地传递到最终收益方——业主手中，使得 BIM 模型不再是只停留在设计阶段，使用 BIM 模型将设计与施工有效串联起来，为 BIM 模型与项目实际的一致性提供保障。在未来，BIM 技术会更加着力于设计与施工的紧密结合，在设计方法上、建筑方式上将有更为出色的展现。

专家热议

北京副中心行政办公区 160 地块项目的 BIM 全过程应用，对于设计优化、设计落地起到了重要作用，BIM 的工作流程结合 EPC 项目“建筑师负责制”与“工程总承包制”的特点，在整个设计和施工周期中发挥了 BIM 重要的管理价值。该项目是一个真正的 BIM 设计落地项目，也是北京城市副中心数字化建造过程中的一个标杆案例。

——张炜　北京城市副中心工程建设管理办公室规划设计部部长

项目团队在设计初期充分考虑了项目难点，搭建了设计 + 施工的 BIM 应用流程，将机电二次深化融入了施工图设计阶段，并在施工阶段通过三维模型进行多方协同工作与施工验证，达到了利用 BIM 成果指导施工这一目标。这是一个体现“价值 BIM”的优秀案例，实现了从设计到施工的三维数据信息的无损传递。

——郭伟峰　中国建筑设计研究院北京分公司 BIM 所长

openBIM 在武汉数字城市档案馆项目的应用

案例编写：中设数字技术股份有限公司
项目城市：武汉
业　　主：武汉中设众安房地产开发有限公司
设 计 方：中设数字技术股份有限公司
项目规模：总建筑面积 11 450 m^2
项目状态：在建中
竣工时间：2024 年

项目概况

武汉数字城市档案馆项目位于武汉大半岛区域，紧邻后官湖，是武汉城市建设与城市管理的数据中心与科技展厅，支撑当地政府基础设施与数字城市空间管理的数字化、网络化、可视化、智慧化需求。项目地上 9 层，地下 1 层，总建筑面积 11 450 m^2，其中地上建筑面积 8 000 m^2，地下 3 450 m^2，包括数字展厅、数据机房、办公等功能。项目定位于数字、绿色、科技、共享、工业化的数字城市档案馆；立体绿化结合多项节能措施打造低碳环保型建筑；利用新兴技术智能化管理和服务城市和居民；建筑与城市共享公共活动空间，内部共享办公空间（图 11–40）。

图 11–40　武汉数字城市档案馆

项目为全专业 BIM 正向设计，采用箱板式钢结构装配体系，探索 BIM+ 装配式的工业化建造方式，力图实现建筑设计标准化、构配件生产工厂化、组织管理科学化。在工程设计、建设、管理、运维全过程覆盖 BIM 应用，打造工程数字资产，为智慧运营奠定基础。

项目难点

1. 新型结构体系

项目采用箱板式钢结构装配体系，借鉴船舶上层建筑，以带肋钢板作为基本的结构构件，自重轻、材料可回收，具有优良的抗震性能。该体系创新性地在民用建筑中应用，需解决新体系应用的防火、防腐、保温、舒适性等多项技术难点，实现以造船的先进技术造房子。箱板式钢结构单元如式图 11−41 所示。

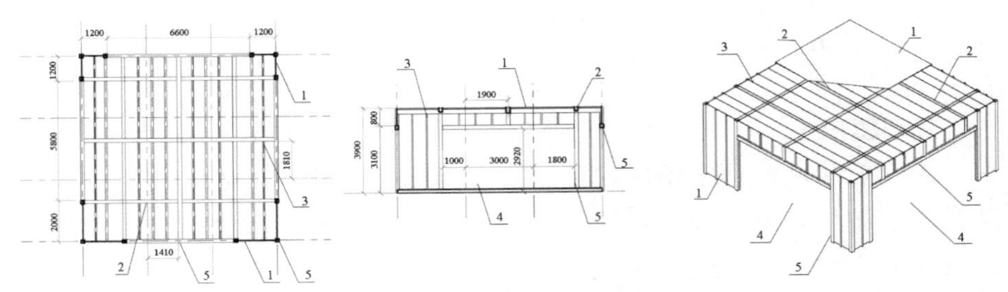

1—钢板；2—U 形加劲肋；3—T 形加劲肋；4—洞口；5—矩形加劲肋

图 11−41　箱板式钢结构单元

2. 建筑产品化设计及生产建造

项目需结合结构体系性能合理地进行空间模块化设计（图 11−45），同时进行构件标准化设计优化，实现少构件、多组合、可复制（图 11−46）。在项目全生命周期需综合考虑设计、生产、运输、安装等多环节问题，对于加工精度、施工质量、运输可行性都有较高的标准要求。借鉴高端制造业数据驱动的信息化生产模式，探索建筑产业化的全新路径，实现“BIM 数字化设计 + 建筑工业化 + 全周期项目管理 + 智慧建筑的闭环建筑产业化”的生态圈。

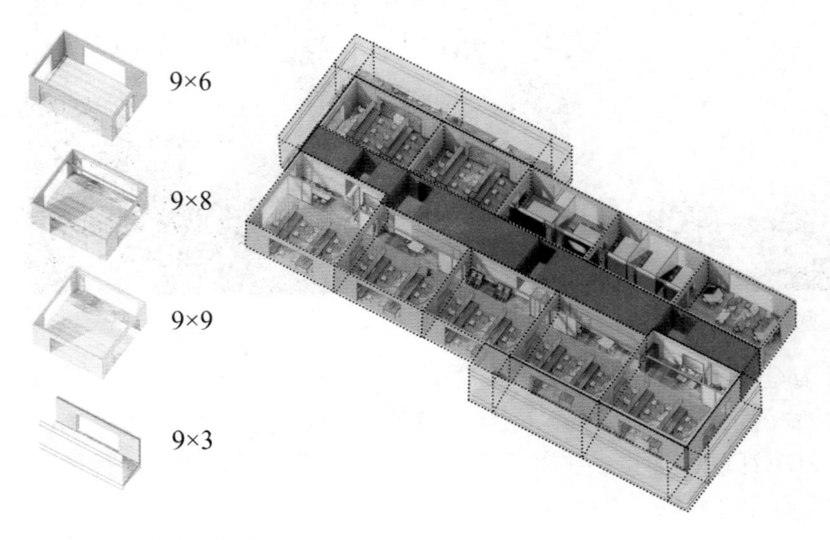

图 11−42　空间模块化组合

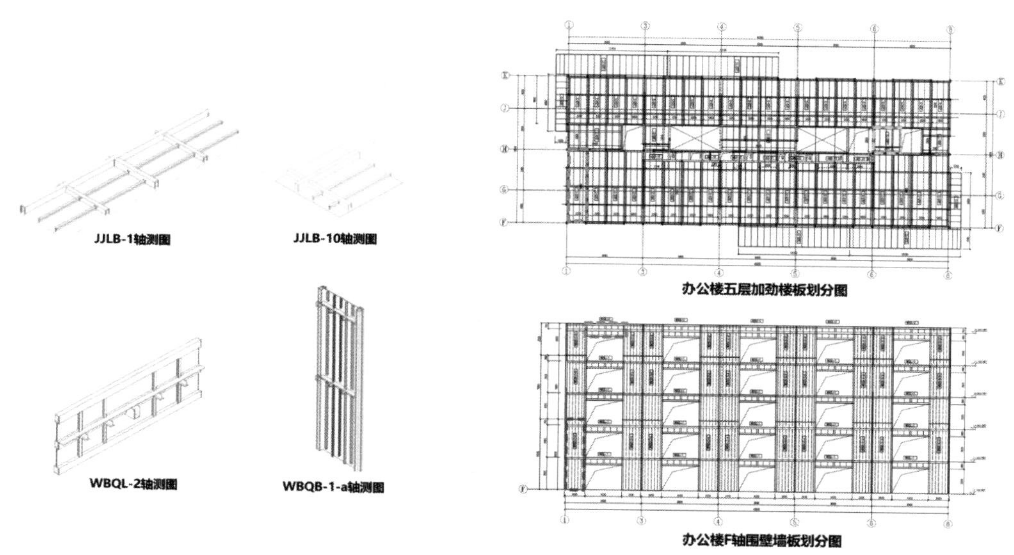

图 11-43 标准化构件

openBIM 的典型应用

1. BIM+ 装配式

项目基于 BIM 平台进行模块化的设计，标准化构件数量与规格，将 BIM 设计信息传递到深化设计和生产加工环节，转化成机械设备可读取的生产数据信息，并用于后期运营维护（图 11-44）。

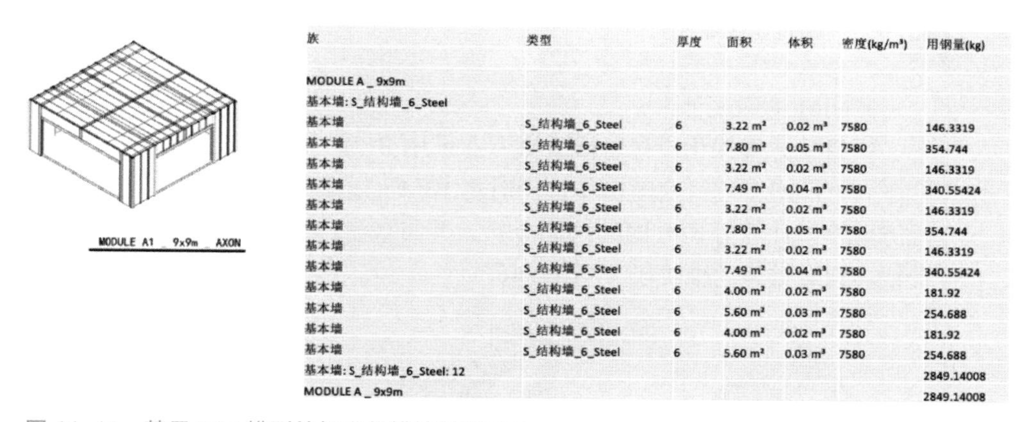

族	类型	厚度	面积	体积	密度(kg/m³)	用钢量(kg)
MODULE A _ 9x9m						
基本墙: S_结构墙_6_Steel						
基本墙	S_结构墙_6_Steel	6	3.22 m²	0.02 m³	7580	146.3319
基本墙	S_结构墙_6_Steel	6	7.80 m²	0.05 m³	7580	354.744
基本墙	S_结构墙_6_Steel	6	3.22 m²	0.02 m³	7580	146.3319
基本墙	S_结构墙_6_Steel	6	7.49 m²	0.04 m³	7580	340.55424
基本墙	S_结构墙_6_Steel	6	3.22 m²	0.02 m³	7580	146.3319
基本墙	S_结构墙_6_Steel	6	7.80 m²	0.05 m³	7580	354.744
基本墙	S_结构墙_6_Steel	6	3.22 m²	0.02 m³	7580	146.3319
基本墙	S_结构墙_6_Steel	6	7.49 m²	0.04 m³	7580	340.55424
基本墙	S_结构墙_6_Steel	6	4.00 m²	0.02 m³	7580	181.92
基本墙	S_结构墙_6_Steel	6	5.60 m²	0.03 m³	7580	254.688
基本墙	S_结构墙_6_Steel	6	4.00 m²	0.02 m³	7580	181.92
基本墙	S_结构墙_6_Steel	6	5.60 m²	0.03 m³	7580	254.688
基本墙: S_结构墙_6_Steel: 12						2849.14008
MODULE A _ 9x9m						2849.14008

图 11-44 基于 BIM 模型的标准化模块数据统计

2. BIM 辅助智能设计

项目应用自主研发的 BIM 智能设计工具提高设计效率和设计质量，使数据信息与 BIM 模型进行智能关联，实现了“数据”与“模型”的统一，让设计信息更加精确，设计修改更加高效（图 11-45）。

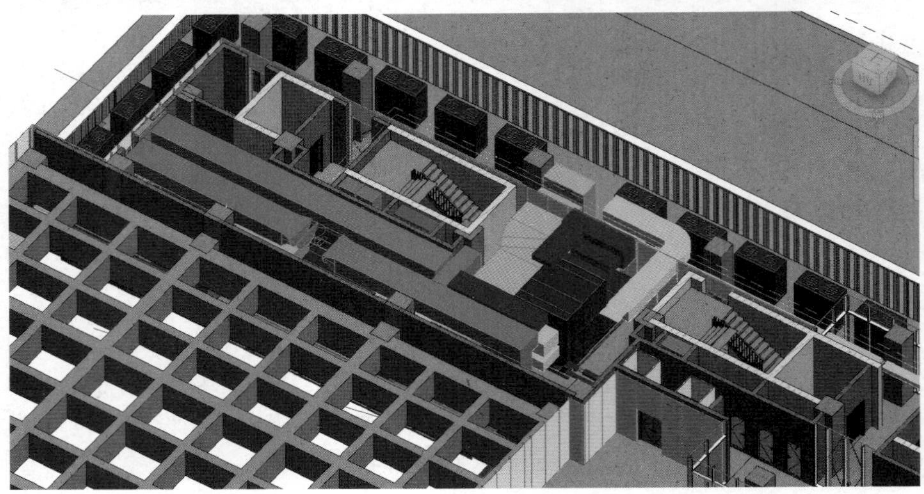

图 11-45　智能管线综合

3. BIM 协同设计

项目从方案深化设计阶段就全专业采用 BIM 三维建模，不同的参与人员在一个模型上进行实时协作，同时将 BIM 信息在不同软件之间传递，进行仿真模拟计算等多方面的协同分析，并将模型作为生产和施工的依据一直延续到交付和运维阶段（图 11-46）。

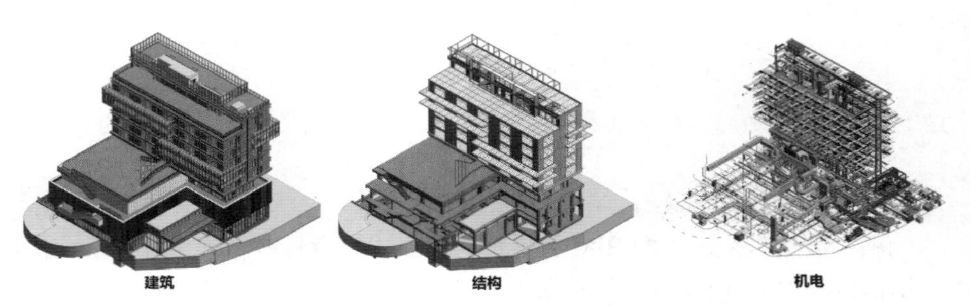

图 11-46　全专业 BIM 协同

4. BIM 进度管理

项目利用自主研发的以 BIM 为基础，内嵌设计流程、标准、知识、工具的建设工程项目协同管理平台，将项目全部数据汇聚云端，完成项目立项—设计管理—项目结项全过程管理，解决项目设计进度和成果管理及管理决策问题（图 11–47）。

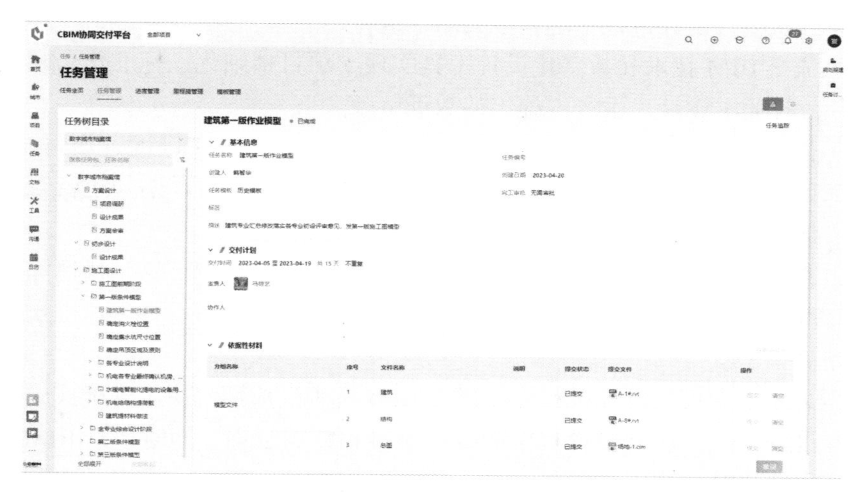

图 11–47 协同管理平台

5. BIM 设计审查

项目依托中设数字自主研发的本地段 BIM 审查设计工具（图 11–48），将原始设计模型文件进行规整后导出轻量化模型文件，上传至中设数字的云端 BIM 审查平台，在规划报建阶段和施工图审查阶段进行 BIM 智能审查。规划报建审查主要针对规划条件、总图、经济技术指标和建筑单体等指标进行智能审查。在施工图阶段，针对建筑、结构、设备专业进行消防专项审查，提高设计质量。

图 11–48 BIM 设计审查

openBIM 应用效果总结

openBIM 在武汉数字城市档案馆项目应用成果显著，在效益、满意度等方面都有良好成效。

1. openBIM 的应用成就

（1）openBIM 的使用为武汉数字城市档案馆项目带来了便利的可视化数据沟通，在项目设计过程中起到极大的推进作用。

（2）依托 BIM 技术和数字化设计工具实现了项目精细化、标准化、模块化设计，打通了设计、生产、施工的数据链条。

（3）依托 BIM 技术和基于 BIM 的项目管理，使项目在进度、质量、造价上都得到了合理的管控，同时形成的数字化成果资产为后期的运营管理奠定了基础工作。

（4）云端 BIM 智能审查，通过强大规则算法进行智能化计算，快速完成多专业审查。

2. 用户满意度

业主表示，在项目设计过程中，通过 BIM 技术的应用解决了装配式建筑模块在设计、生产、施工过程中的数据流转和数据管理，同时通过 BIM 技术的应用，成功实现了项目的进度管控、成本管控，避免了进度延误和成本超支等问题，并为项目智慧运营提供了数据资产。

寺右万科中心项目中的 BIM 技术应用

案 例 编 写：万翼科技有限公司
项 目 城 市：广州
所 获 奖 项：第五届中国建设工程 BIM 大赛一类成果；第九届“龙图杯”全国 BIM 大赛三等奖；中国施工企业管理协会主办首届工程建设行业 BIM 大赛二等成果
业　　　主：世家国际有限公司、广州市天河区寺右经济发展公司、广州市建瓴房地产开发有限公司
BIM 咨询方：万翼科技有限公司
项 目 规 模：总建筑面积 130 000 m^2
项 目 状 态：已投入使用
竣 工 时 间：2021 年

项目概况

寺右万科中心项目位于广州市天河区珠江新城 CBD，毗邻广州大道与临江大道，俯瞰珠江（图 11–49）。项目占地面积 13 431 m^2，总建筑面积约 13 万 m^2，地下 3 层，地上含 2 栋超高层写字楼，分为南塔和北塔。北塔 56 000 m^2，地上 34 层，高 162.6 m；南塔 29 000 m^2，地上 26 层，高 133.2 m。其中北塔的 1—2 层为商业裙楼，3—34 层为办公空间；南塔的 1—3 层为商业裙楼，4—26 层为办公空间。建筑的造型以层叠的水平线条为主表现力，顶部和裙楼的退台都在最大化地强调场地面向珠江的一线景观。

图 11–49　寺右万科中心实景效果图

项目难点

1. 商业项目需求灵活

商业项目体量大、需求更灵活、易变动，BIM 应用全过程需面临反复调整的风险，且商业项目实施周期长，各阶段分项多，协调单位数量多，信息及数据沟通存在一定的传递障碍。

2. 核心城区施工管理难度大

项目位于核心城区，紧靠临江大道及广州大道，南望珠江及广州塔（图 11–50）。项目施工场地狭小，且质量、安全要求高，工期要求紧。

图 11–50　寺石万科中心区位示意

3. 净空要求高

项目定级为超甲级、超高层写字楼，建成后将作为广州万科的总部办公大楼。该项目核心筒管线密集，净空要求高，管线综合深度优化难度大。

4. 工程技术难度高

项目含大型复杂钢斜柱、钢吊柱、SRC 梁、墙内钢斜撑等复杂钢结构，地下室采用全逆作法，工程技术难度高。

UC 的典型应用

项目以 AI 和 BIM 技术为核心，利用“1 个平台（开发协同平台）+ 4 个工具（AI 审图、云建模、云算量和图形引擎）”，贯穿设计、工程建造和物业运营环节，实现图纸数字化贯穿全流程，打造广州数字化转型技术应用场景试点项目。项目全过程 BIM 应用见图 11–51。

图 11–51　寺石万科中心 BIM 应用全流程示意图

1. 准备阶段

项目在前期进行 BIM 全过程应用准备工作，包含地产开发协同平台开通与培训、全过程 BIM 实施规划及应用规则制定、硬件环境以及软件环境的筹备工作。

传统 BIM 应用从设计到运维移交各阶段由不同单位开展 BIM 实施工作，各阶段工作相对独立，造成各方成果数据格式、信息标准等各不相同，不利于模型信息传递和复用。万翼科技 VBIM 团队通过收集国家、地方和行业标准，调研业主方 BIM 实施目标，综合考虑制定出 BIM 全流程实施标准，规范各方 BIM 工作成果，界定各方工作职责，确保模型数据格式统一（表 11–2）。

表 11–2　项目标准体系

标准维度	标准名称	标准主要内容
顶层	建筑信息模型标准总则	使用范围、标准体系、标准清单
基础	建筑信息模型管理标准	建筑信息模型以规范流程为主，明确模型管理体系及文件的管理体系等内容
	建筑信息模型标准	模型规划、模型组织、命名规则、模型表达、验收交付
	建筑信息模型构件编码标准	三维模型构件分类规则，构件数据和成本、计划、质监、运维管理等业务信息的关联关系
	BIM 标准模块及工艺库	针对万科集团内部需要，编制每个标准构件 / 部位的 BIM 建模模板，阶段性出图标准文件；编制满足万科施工管理要求的工艺工法
执行	建筑信息模型造价应用指南	规定项目在概算、预算、决算各阶段的 BIM 造价应用实施方法，包括造价应用实施依据、造价应用实施流程及造价应用成果要求等内容
	建筑工程信息模型设计交付标准	设计模型的构建、表达、交付等相关规定
	建筑信息模型设计应用功能指南	设计阶段应用总览、各项应用策划、数据准备、应用管理、操作流程及成果内容
	建筑信息模型施工应用功能指南	施工阶段应用总览、各项应用策划、数据准备、应用管理、操作流程及成果内容
	建筑信息模型设计审核、验收及交付指南	设计阶段成果审核、验收及交付内容；模型精度、信息颗粒度和构件分类编码；模型构件要求；成果验收要求
	建筑信息模型施工审核、验收及交付指南	施工阶段成果审核、验收及交付内容；模型精度、信息颗粒度和构件分类编码；模型构件要求；成果验收要求
	建筑信息模型运维模型手册	从运维角度，对前期搭建的 BIM 模型进行交付验收；针对运维端口的诉求，提出运维的 BIM 模型标准；模型规划、模型组织、命名规则、模型表达、验收交付
	建筑信息模型运维审核、验收及交付指南	运维阶段成果审核、验收及交付内容；模型精度、信息颗粒度和构件分类编码；模型构件要求；成果验收要求

2. 设计阶段

项目在设计阶段采用地产开发协同平台中的设计协同模块，打破传统管理界面，搭建高效能管理平台，数据云共享，实现多方同平台协作；依托科技赋能，图纸自动整理，提高设计条线管理效率；同时协同平台嵌入 AI 智能底线审查，严控设计红线。

项目在设计阶段采用各种 BIM 技术应用点，提升设计质量。BIM 应用点包含如下：

（1）AI 审图。使用 AI 审图，进行整套图纸万科设计底线要求及国家规范标准要求的 AI 智能审图服务，效率相比人工审查提升 7.3 倍。该项目经 AI 审查图纸 424 张，发现设计风险 28 条，涉及图纸问题 213 个。

（2）云建模快速建模。使用万翼云建模，基于 AI 算法自动识别图纸内容，按照施工顺序及专业规则云端自动建模，整体建模效率提升 510 倍。

（3）图模会审。项目建立可靠的图模会审机制，开展多专业工程师及设计师共同浏览深化设计模型工作，对设计问题及时提出有效解决方案。

（4）管线综合优化。基于施工图模型，通过管线综合及设计院论证审核，最终形成机电施工模型。

（5）净空分析。根据不同功能区划分净高分析区，并读取模型净高完成净高分析图，提供优化建议，结合优化方案调整各区域净高不利位置，最后完成净空优化报告。

（6）预留预埋。依据优化管综模型后结合现场实际需求出具相应的预留孔洞图，确保预埋套管尺寸位置准确，减少后期不必要的返工。

（7）机电深化出图。根据管线综合优化后的模型，实现从模型直接出图，包含平面图、剖面图及节点详图等机电施工详图。

3. 成本和招采阶段

项目使用云算量，在线维护模型的算量信息，根据所选的清单规则和钢筋规则，快速提取工程清单量以及钢筋工程量。同时，项目使用地产开发平台招采系统，云算量对接招投标清单，输出采购策划。

4. 施工阶段

项目在施工阶段采用 BIM 技术，实现施工场地“数字孪生”。工地现场场地布置的信息化模型具备三维展示功能，实现智慧工地设备信息在场地布置模型上直观展示。根据总平面图，建立项目不同建设阶段场地布置模型。BIM 应用点包含如下：

（1）深化设计。施工单位基于 BIM 技术，结合各专业图纸、模型及施工现场实际情况，对设计阶段移交的模型进行细化、补充和完善。实现指导现场施工，确保实施效果更加美观合理。

（2）方案演练。基于 BIM 技术进行施工现场布置方案模拟，使用三维动画仿真模拟技术仿真 BIM 施工现场布置图纸中的施工过程，优化 BIM 施工现场布置。项目采用全逆作法的工程设计，利用 BIM 技术进行逆作法工序模拟。同时项目包含大型复杂钢斜柱、钢吊柱、SRC梁、墙内钢斜撑等复杂钢结构，利用BIM技术模拟吊装工序。

（3）三维交底。利用BIM所见即所得的优势，更全面更直观地进行施工现场技术交底。

（4）进度管理。项目采用4D模拟施工，将模型与进度计划关联，按计划模拟施工进程，检查施工流程、材料供应及进度计划的合理性。同时针对未完成和即将到期的工作任务，系统智能生成工期报警，为赶工的资源组织提供了依据，有效控制了工期进度。项目还采用三维激光扫描技术，可以高效、完整地记录施工现场的复杂情况，与设计BIM模型进行对比，可以校核现场放线与定位、及时复核建筑形体的完成误差以便改正，为工程实测实量、质量检查、工程验收带来巨大帮助。

（5）质量/安全管理。现场管理人员发现质量/安全隐患问题后，通过手机端App创建协作，传至协作平台并关联责任人员，相关人员及时进行质量/安全隐患排除，云端协同平台跟进质量/安全问题整改情况，并自动形成检查记录。

（6）质量信息录入与查询。通过扫描构件表面二维码，可从手机端录入构件的生产质量信息、施工（安装）质量信息、维修信息，实现了构件质量信息化管理、过程有迹可循。另可查询检查验收的构件质量信息，为项目后期运维管理提供了基础。

（7）安全策划。通过BIM模型对施工过程进行模拟，提前发现安全隐患，如临边洞口、预留洞口、临时用电、消防等，策划临时安全防护措施布置，并对隐患位置进行标记，作为安全巡检的重点关注对象。

5. 运营阶段

项目采用万科自研产品——智慧园区进行运营阶段高效智能运营维护管理。智慧园区基于“平台+生态”架构，构筑无限的科技生态满足不同业务需求，连接园区的人、物和服务，提升园区智慧体验，构建园区开放生态。项目基于BIM的建筑物物业运营维护，包括监控、通信、通风、照明和电梯等系统，通过相关管理平台，结合项目BIM数据，可以及时了解项目运营维护过程中的隐患，并对突发事件做出快速应变和处理，准确掌握建筑物的运营情况，减少人力成本，提高运营效率。

竣工验收后，向业主方移交相关电子资产信息，作为后续智能化运营维护的数字财产数据库的基础。

UC应用效果总结

在项目全过程中，推广AI审图进行底线审查以及国家、地方规范性审查，极大提高了审查效率以及质量。BIM技术应用利用BIM所见即所得的优点，充分发挥碰撞检测、净高分析、管线综合、三维场布、深化设计、方案演练等应用点，提升项目质量，为项目管理带来便利，为企业经营带来效益（表11-3）。

表 11-3　寺右万科中心项目 BIM 应用成果

BIM 应用点	成果输出
AI 审图	AI 审查图纸 424 张，发现设计风险 28 条，涉及图纸问题 213 个。提前发现和解决问题，避免设计原因导致的无效整改成本、货值损失、客户投诉处理成本等，预计可节省无效成本和货值漏损约 200 多万元
云端自动建模	利用云建模产品进行模型快速建立，共生成模型 50 余次，效率提升 5～10 倍
图模会审	建立可靠的图模会审流程，开展多方图模会审 8 次。该项目设计施工图图纸印发前累计解决结构问题 179 份、建筑问题 144 份、机电问题 505 份，共 828 份。将问题规避到施工前，减少现场拆改，预计节约工期 2 个月
净高分析	进行净高分析，发现并解决净高不满足功能要求共计 74 处
深化设计	基于 BIM 模型的施工方案深化设计，共计 14 份方案，出图 6 套共计 2 000 余张
施工方案模拟	基于 BIM 模型进行施工方案模拟，共生成 8 个方案
BIM 算量	利用云算量产品实现 BIM 模型自动计算清单工程量，实现缩短成本算量时间。依据钢筋平法和规范进行钢筋计算，自动生成三维钢筋和钢筋明细
三维交底	项目三维交底 56 次，对于现场施工质量管理和安全管理有较好的促进作用

专家热议

寺右万科中心是广州万科在珠江新城临江商务收官之作，天河中央商务区重要商务楼宇代表，打造成为现代服务业与金融总部集群。BIM 以及相关科技手段在建造全过程的应用，为这颗珠江明珠增色不少。

——曹江巍　广州万科公司首席合伙人

数字化时代和信息化时代有很大的不同，不再是以项目为主的方式来组织、参与者按部就班执行。数字化时代要从单点突破，通过 BIM 从某一个点挖掘价值创造，然后随着项目进行不停地深化，慢慢做成一个产品，最终走向市场化。

——谢志方　万翼科技有限公司总经理

从最早的“沃土计划”开始，万科经历了信息化时代，现在正在全面拥抱数字化。配合万科的业务节奏，万翼科技聚焦二维到三维、人工到智能、计划到预测等方面核心技术突破。我们不是在进入未来，我们是在与行业一起创造未来。

——管金华　万翼科技有限公司副总经理

11.2 基础设施篇

openBIM 在京张高铁上的应用

案例编写：中国铁道科学研究院集团有限公司
项目地点：北京、河北
所获奖项：2021 年 buildingSMART openBIM 国际大奖赛施工类大奖
业　　主：京张城际铁路有限公司
BIM 咨询方：中国铁道科学研究院集团有限公司
项目规模：正线全长 174 km
项目状态：已竣工
竣工时间：2019 年

项目概况

京张高铁是一条连接北京市与河北省张家口市的城际高速铁路，是中国第一条采用自主研发的北斗卫星导航系统、设计速度 350 km/h 的智能化高速铁路，也是世界上第一条最高设计速度 350 km/h 的高寒、大风沙高速铁路（图 11−52）。正线全长 174 km，其中北京市境内 71 km，河北省境内 103 km。全线共设 10 个车站，分别为北京北、清河、沙河、昌平、八达岭长城站（地下站）、东花园北、怀来、下花园北、宣化北、张家口南。项目投资额为 535.4 亿元，2016 年 3 月开工，2019 年 12 月底开通运营，工期为 46 个月。

图 11−52　京张高速铁路

项目难点

1. 施工难度大

京张高铁由于其特殊地理位置，施工难度大。其中，清华园隧道并行城铁 13 号线，下穿地铁 10 号线，上穿地铁 15 号线；八达岭隧道两次下穿八达岭长城，隧道洞身最小埋深 4 m，最大埋深 432 m。这些施工特点都为工程建设带来巨大挑战。

2. 项目复杂性高

施工控制难点众多，建设工期紧张，施工质量要求高，参建单位众多，对于信息化的建设要求更为严格。大规模的跨专业设计、巨大的基础设施设计、多工序的交叉施工等方面的挑战都成为项目建设的不利因素。

3. 控制性工程多

项目控制性工程多，其中无砟轨道长度为 107 km，路基总长 59 km，桥梁总长 66 km，隧道总长 49 km，桥隧比例为 66%，主要控制性工程包括清华园隧道、新八达岭隧道及八达岭长城站、官厅水库特大桥等，这给项目的实施提出了更高的要求。

openBIM 的典型应用

1. BIM+GIS 服务

通过提供 BIM+GIS 服务，将工程建设信息与模型进行关联集成，完成了对进度信息的三维形象化管理、对安全和质量信息构件级管理，提高了工程的质量和安全，实现了对建造阶段工程的精细化管理。提供多种工具集，包含元素全局搜索、图层权限控制、飞行浏览等功能，满足用户 BIM+GIS 的场景可视化需求（图 11-53、图 11-54）。

图 11-53　openBIM+GIS 模型

图 11–54 BIM+GIS 一张图

2. 隧道三维激光扫描技术

采用隧道三维激光扫描技术，形成点云模型与 BIM 设计模型进行轮廓计算，分析判识初支平整度、二衬厚度及超欠挖情况，指导优化后续工序（图 11–55、图 11–56）。

图 11–55 隧道三维激光扫描示意图

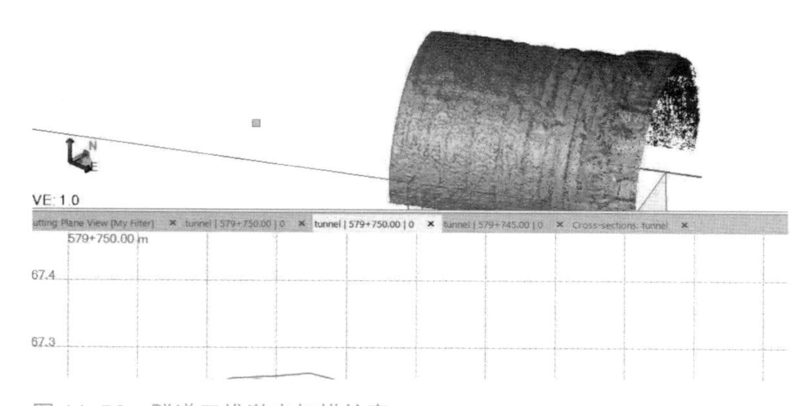

图 11–56 隧道三维激光扫描轮廓

3. 数字化加工

一方面，利用 NC 加工模块在 BIM 三维设计模型上添加加工制造信息，可以生成数控加工程序，并直接被数控加工设备识别使用，实现钢结构数字化加工（图 11-57）。

图 11-57　钢结构数字化加工

另一方面，开发了基于 BIM 模型的钢筋智能加工数据云平台，完善 BIM 模型与钢筋加工设备数据接口，将 Planbar、钢筋智能制造 MES 管理系统和钢筋数字化加工设备进行联合应用，实现基于 BIM 的自动化加工（图 11-58）。

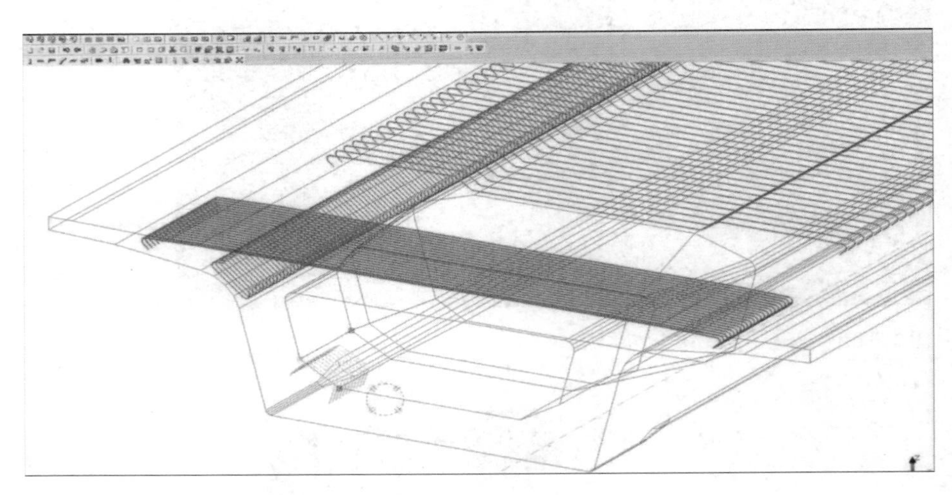

图 11-58　钢筋数字化加工

4. 工点级施工管理平台

工点级施工管理平台，基于数字孪生的隧道工程精益建造理念，通过搭建工点级管控模块，以最小施工单元为突破点，实现隧道循环工序的进度优化，实现了工点级信息精准管控、指导性班前准备、工单自动化管理、循环工序信息管理、自动生成安全质量报告、班后总结统计分析等功能（图 11-59）。

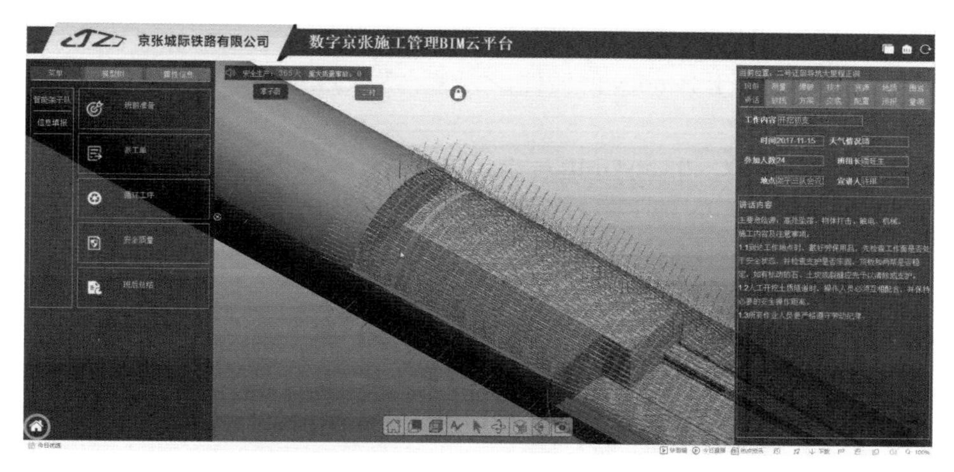

图 11-59 工点级施工管理平台

5. 基于 BIM 的盾构施工安全风险管理和可视化监控

通过盾构施工智能安全保障技术研究，全方位监控盾构机施工状态，帮助施工单位在提高基层设备管理能力和施工效率的同时，又能广泛应用于所有盾构项目的盾构机远程监控管理。不仅实现盾构施工进度安排、地质条件、地层及周边建（构）筑施工监测数据等信息的综合统计管理，且充分考虑施工参数和施工措施对于地层变形和周边建（构）筑物的安全的影响。采用力学分析、经验公式以及人工智能的手段实现盾构工程的“监测—预测—反馈”的施工响应动态控制，为远程实时查看监控、协同管理提供便利，对保证工程施工和周边环境的安全具有重要意义。盾构施工系统界面见图 11-60。

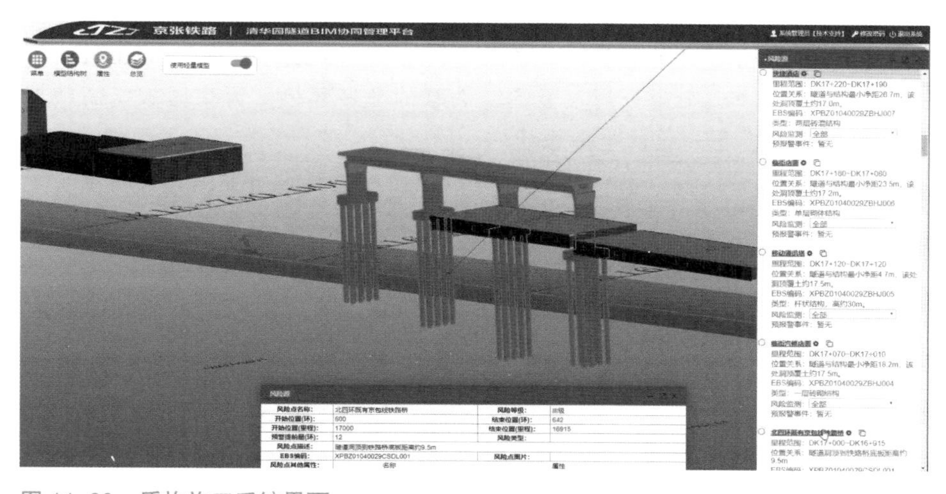

图 11-60 盾构施工系统界面

openBIM 应用效果总结

（1）openBIM 的使用为京张高铁项目带来了便利的互操作性和数据沟

通，在项目建设过程中起到极大的推进作用。

（2）研发基于 Bentley 的插件，实现了对铁路 IFC 对象和属性的自定义扩展。

（3）基于 IFC 和 CityGML 标准，实现了长大线形工程的 BIM 模型与地理实景信息（GIS）的融合应用，提升了多领域协同工作能力，并为可视化管理提供技术手段。

（4）采用 mvdXML 格式，实现了路、桥、隧、轨等多专业的 openBIM 模型应用的信息交换。

（5）在能源及供电工程施工中应用 ISO 19650 标准，取得了良好的收益，为后续铁路项目应用 ISO 19650 标准提供了经验。

（6）在施工期向运维期交付时，并行交付符合 IFC 标准的模型和符合 COBie 标准的属性数据，实现三维数字资产从建设向运营的转移。

（7）使用 openBIM，可以在 BIM 模型中发现施工过程中存在的问题，可以加强不同施工方彼此之间的联系，也能加强与业主之间的沟通，大大减少了沟通不畅的情况。

专家热议

openBIM 改变了传统的点对点工作流程，打破了数据孤岛。这提供了更好的项目结果，拓展了更广泛的可预测性，并降低了风险。同时 openBIM 的技术路线可极大调动工程技术人员的主动性与参与度，大幅提升数据产生速度，快速提升 BIM 的应用推广率。

——沈智　京张城际铁路有限公司综合部副部长

京张高速铁路全面应用了 openBIM 技术，构建了铁路智能建造基础方案，是我国智能高铁典范工程。京张高铁的应用实践，证明了 openBIM 可以更好地建立一个全生命周期互通、共享的数字环境，为中国智能高铁建设创造更便捷、更高效的生态系统。

——王万齐　中国铁道科学研究院集团有限公司电子计算技术研究所党委书记、副所长

深圳市埔地吓水质净化厂三期工程项目中的BIM技术应用

案例编写：上海市政工程设计研究总院（集团）有限公司
项目城市：深圳
所获奖项：第三届“市政杯”BIM应用技能大赛一等奖；第二届工程建设行业BIM大赛二等奖；“智水杯”BIM应用大赛银奖
业　　主：深圳市环境水务集团有限公司
设 计 方：上海市政工程设计研究总院（集团）有限公司
项目规模：总规模50 000 m^3/d
项目状态：已竣工
竣工时间：2022年

项目概况

深圳市埔地吓水质净化厂三期工程（图11-61）位于深圳市龙岗区南湾街道丹平路以西，红棉路以南，西沙河以东，占地面积1.95公顷，工程服务范围主要为水官高速以南区域，总服务面积约9.6 km^2。三期工程设计总规模50 000 m^3/d，采用全地下形式建设，总变化系数为1.5。污水处理工艺采用“消能井＋粗格栅＋细格栅＋曝气沉砂池＋三段式AO生物池＋矩形周进周出沉淀池＋高密度沉淀池＋精密过滤器＋紫外消毒”，污泥处理工艺采用“板框压滤＋低温干化”。出水水质达到《地表水环境质量标准》（GB 3838—2002）中准Ⅳ类标准（其中SS ≤ 8 mg/L，TN ≤ 10 mg/L），出厂污泥含水率不大于40%。臭气排放达到《城镇污水处理厂污染物排放标准》（GB 18918—2002）一级标准；噪声执行《工业企业厂界环境噪声排放标准》（GB 12348—2008）中的Ⅱ类标准，白天≤ 60 dB（A），夜间≤ 50 dB（A）。

图11-61　项目效果图

项目难点

1. 高度集约设计

与传统的分散布局占地大、具有众多灰色的地上处理设施、敞开的水处理池体影响周边环境的地上式污水处理厂不同，该工程是水务工程布局形式创新变化的典型，处理设施从地上全部转移到地下，红线内地块占地面积狭小，为 1.95 公顷，基坑占比较大，20 多个处理单元、1 600 多台设备、150 多 km 管线集合于一个平面为 132 m × 94 m、高度为 17.3 m 的全地下箱体内（图 11–62）。应对此项挑战，项目借助创新的 BIM 技术手段进行了高度集约的布局设计（图 11–63），力求最大限度节约宝贵的城市用地、减少对周边环境的影响。

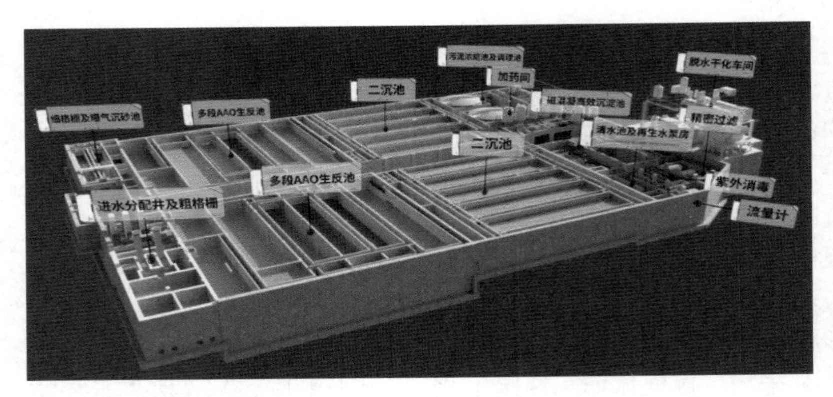

图 11–62　全地下箱体结构

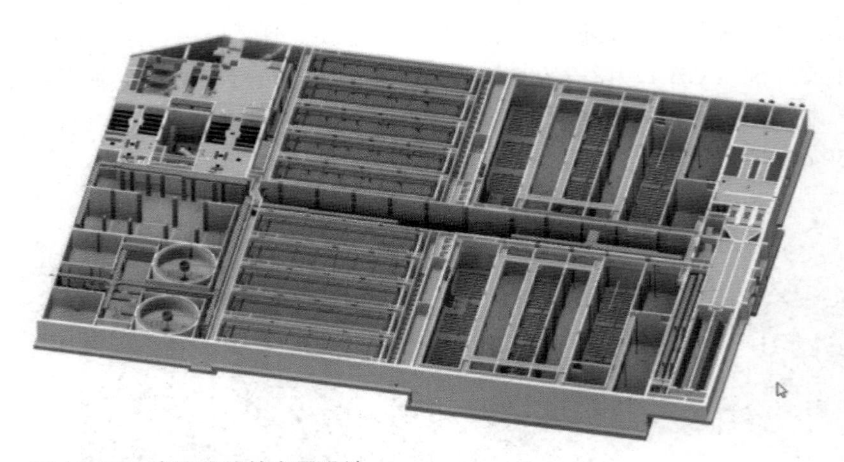

图 11–63　高度集约的布局设计

2. 山形条件全地下厂站施工，作业难度大

项目所在区域地形条件比较复杂，北侧和东侧为河道，南侧为山地，红线范围内主要由两个高差约 10 m 的平整地块组成，两块平地间通过放坡过渡。地形因素对于施工过程场地整平标高、厂区未来设计地面标高、厂区四周挡墙或护坡处理都有重要影响。

openBIM 的典型应用

1. IDM 数据交付与交换促进设计表达与性能分析一体化

项目采用标准化信息模板，进行高效率性能参数数据交换。通过照明采光分析，确定自然采光和人工照明相结合的照明方案，达到节能的目的。利用 Pathfinder 模拟人员疏散情况（图 11-64），合理安排地下空间的安全出口。利用 Autodesk CFD 进行臭气仿真分析（图 11-65），计算臭气收集量的均匀性和流场平衡。通过 Biowin 进行水处理工艺模拟，验证出水满足深圳最严标准。此外，利用 PKPM 软件精确分析验证结构方案，确保方案安全可靠。通过 BIM+ 智慧化设计切实提升设计质量，助力工程全生命周期精细化管理。

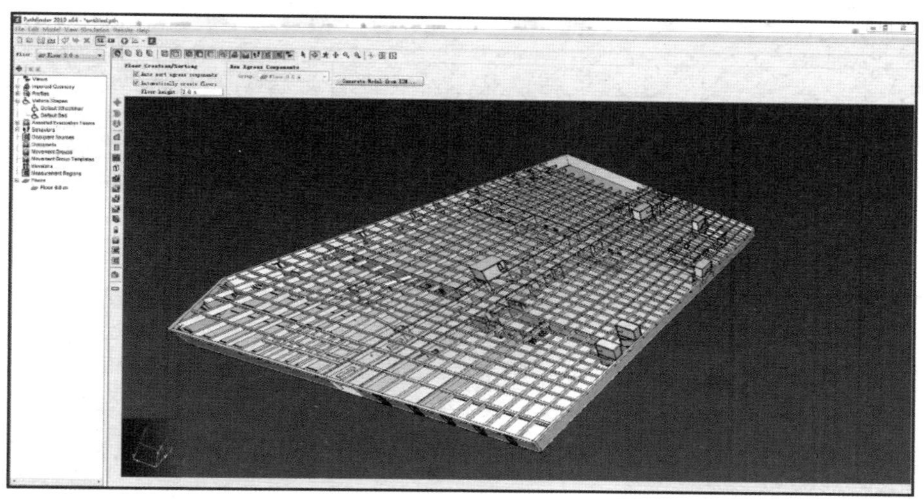

图 11-64 人员疏散模拟

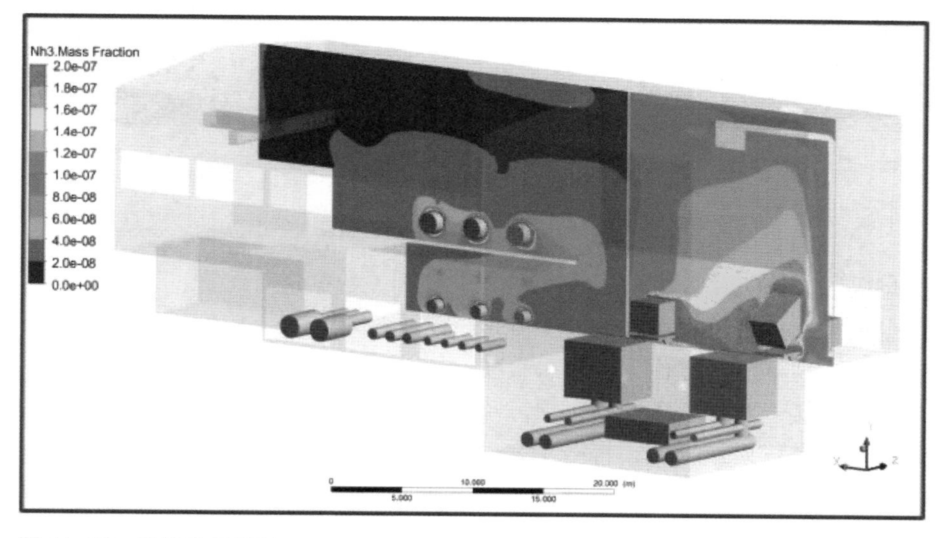

图 11-65 臭气分析模拟

2. openBIM 标准体系保障全面、精准的施工管控

为提升建设阶段管理协同效率，项目基于 ISO 19650 系列标准，利用自主研发的 SMEDI-CBIM 平台对施工文档、进度、质量、安全等进行协同管理，助力全面、精准的施工管控（图 11-66、图 11-67）。

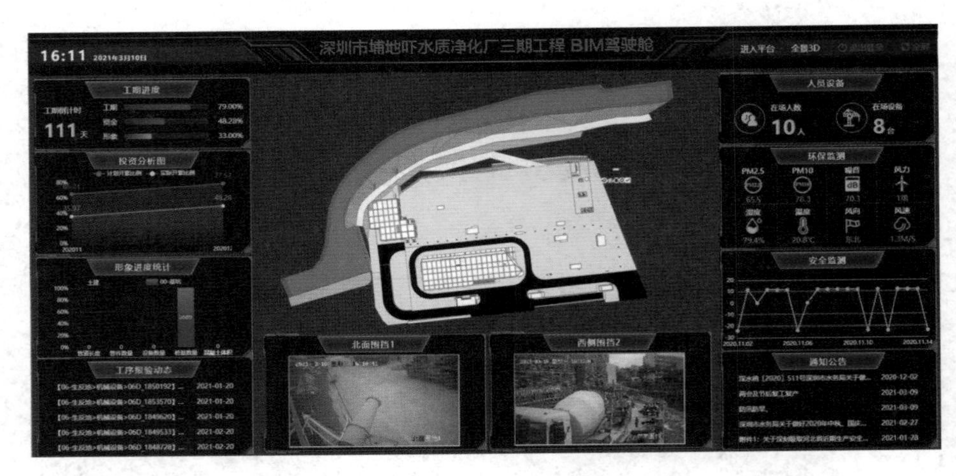

图 11-66　BIM 平台驾驶舱

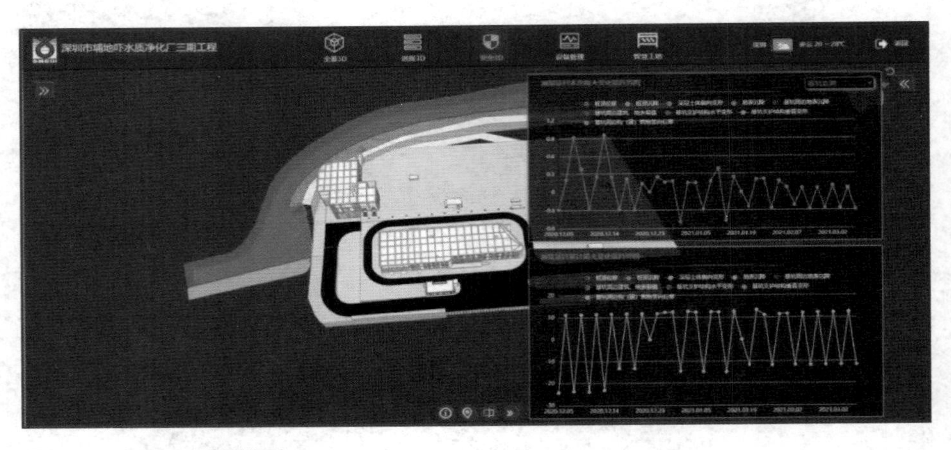

图 11-67　BIM 平台模型

通过自发的 Revit 插件，将模型轻量化处理后导入平台，实现模型与信息关联。施工进度方面，将项目与进度相关数据进行统计，通过形象化信息展示，体现工程进展的各个维度。结合进度计划，模拟构筑物的建造全过程；现场安全方面，安全看板实时同步现场监测设备数据，安全监控与模型对接，实现全天监管，保障项目安全生产；质量方面，利用网页端和移动端进行质量管理，将施工文件进行分类归档，便于追本溯源；设备管理方面，通过打造项目产品库，将设备模型与设备信息绑定，进行设备全生命周期精准管控。

3. openBIM 数据融合构建绿色文明的智慧工地

结合深圳市进一步推进建设工程智能监管平台工作的要求，工程开展了基于 SMEDI–CBIM 平台的智慧工地建设。基于智慧工地硬件数据集成和数据交换协议，利用 IoT、5G、大数据对工程建设中的“人、机、料、法、环”动态信息进行自动采集，通过智能预判，实现施工全过程的一网统管。

通过构建智慧工地全对象分类和编码，对工程进行精确设计和模拟，围绕施工过程建立信息化生态圈，挖掘分析工程信息数据，提供过程趋势预测及预案，实现工程可视化智能管理，以提高工程管理信息化水平，从而实现绿色建造和生态建造，达到智慧工地的要求。

4. 基于 openBIM 标准化流程的数字化交付

本项目在设计、施工、运营应用 BIM 技术，实现全生命周期 BIM 技术应用。设计阶段，对模型、模型应用成果进行集成；施工阶段，对模型资源管理、标准库维护、平台一体化管理等成果进行整合，并将施工阶段模型信息和成果应用于运维阶段，实现工程建设全阶段数字存档与交付。

5. openBIM 理念赋能安全低碳的数字化运维

依托设计和建造阶段 BIM+ 智慧化技术应用路线，在运营阶段设计采用智慧化、精细化的运维手段满足安全低碳的运维要求。项目定制了一套智慧化的水质净化厂整体运维解决方案，通过打造多维度系统管控平台，为生产运营中数据及业务提供可视化场景支撑，助力运维智慧化管理（图 11–68）。

图 11–68 智慧运维平台

openBIM 应用效果总结

openBIM 在深圳市埔地吓水质净化厂三期工程上的应用成果显著，在效益、满意度等方面都有良好成效。

（1）openBIM 的使用为埔地吓水质净化厂三期项目带来了便利的互操作性和数据沟通，在项目建设过程中起到极大的推进作用。

（2）研发基于 Revit 的插件，实现了对市政工程 IFC 对象和属性的自定义扩展。

（3）基于 IFC 和 CityGML 标准实现了厂站工程的 BIM 模型与地理实景信息（GIS）的融合应用，提升了多领域协同工作能力，并为可视化管理提供了技术手段。

（4）采用 FBX 格式、openBIM 分类编码、数据模板实现了工艺、结构、电气、暖通等多专业模型应用的信息交换。

（5）在水务工程施工中应用 ISO 19650 标准，取得了良好的收益，为后续污水厂项目应用 ISO 19650 标准提供了经验。

（6）在施工期向运维期交付时，并行交付符合 IFC 标准的模型和符合 COBie 标准的属性数据，实现三维数字资产从建设向运营的转移。

（7）本项目解决了建筑全生命周期各阶段、各专业领域 BIM 相关系统之间的相互操作性问题，实现了数字化交付，通过使用 openBIM 的系列标准，打造了一个供多方协作及信息共享的生态系统。

专家热议

应用 BIM 技术提高设计质量、增效绿色建造、赋能运维管控，逐步回归数据与业务融合的价值体系；BIM 与 GIS、物联网、云计算等数字技术集成应用，逐步形成多元要素虚实融合的工程数智化孪生体系。BIM 技术以高维度手段加速工程领域数字化转型。

——张吕伟　上海建筑信息模型技术应用推广中心专家

基于 BIM 技术形成的工程协同管理体系，构建“一张蓝图，共同协作”的数字生态模式，为规划、审批、设计、建设、运维各方构建起全生命周期、全要素数字化的信息共享平台。在市政基础设施建设中，以通向运维的 BIM 技术应用为导向，让 BIM 技术不止于建造，更服务、活跃、升华于运营。

——杨颂　深圳市环境水务集团有限公司水环境事业部副总经理

京张高铁项目中的 BIM 技术应用

案例编写：中铁工程设计咨询集团有限公司
项目地点：北京、河北
所获奖项：2018 全球基础设施光辉大奖
业　　主：京张城际铁路有限公司
设 计 方：中铁工程设计咨询集团有限公司
项目规模：正线全长 174 km
项目状态：已竣工
竣工时间：2019 年

项目概况

京张高铁是北京至西北地区快速通道和京津冀地区城际铁路网的重要组成部分，既是支撑成功举办 2022 年冬奥会的交通保障线，也是促进京津冀一体化发展的经济服务线，既是传承京张铁路百年历史的文化线，也是全面展示中国铁路建设尤其是中国高铁建设成果的示范线，更是落实“一带一路”引领中国高铁走出去的政治使命线（图 11–69）。

图 11–69　京张高铁

项目难点

1. 北京城区段外部环境复杂，工程风险高

线路紧邻城铁 13 号线走行，下穿学院南路、知春路等在内的 7 条主要市政道路和 88 条重要市政管线，近距离穿越地铁 10 号线、12 号线以及 15 号线，其中 15 号线两隧道净距仅不足 2 m，是国内穿越底层最复杂、重要建（构）筑物最多的国铁单洞双线大直径盾构高风险隧道。

2. 线路跨越多条繁忙干线铁路，安全要求高

京张高铁跨越大秦线、京包线、唐包线等多条繁忙干线铁路，跨越点处桥梁施工需要确保运营线路的安全。京张高铁跨越既有铁路处均采用了

连续梁墩顶转体施工新技术。该技术解决了桥梁常规墩底转体大吨位球铰加工难度大、高墩转体施工稳定性差等技术难题，对于跨越既有铁路线路的安全性有较大提高。

3. 工程参与方多、流程复杂，管理难度大

京张高铁作为大型综合铁路项目，具有线长、点多、分布广、参与单位多、投资多、资源消耗体量大、质量要求高、安全风险大等特点。传统的图纸设计和文档工作方式数据离散、语义表达不统一、互操作性差、协作和沟通效率不高。本项目应用智能化、数字化技术助力工程实施，达到工程数据资产化，使数据易分析、易管理。BIM 技术具有数字化、可视化、多维化、协同性、模拟性等特点，可贯穿设计、施工、运营、维护整个铁路生命周期。

openBIM 的典型应用

1. 标准落地及应用

（1）标准落地

在具体项目实施时，铁路设计企业需要根据自己的设计习惯和设计特点在行业标准的框架下进行企业级定制和扩展。主要涉及三个方面：一是数据存储与交互标准的统一；二是数据表达方式的统一；三是数据交互方式的统一。

（2）标准应用

铁路 BIM 技术标准在实际工程中的应用主要体现以下几个方面：一是在协同平台的建设过程中有大量的标准集成过程（例如模型建设及交付的文件命名与编码、设计单元划分与命名等）；二是在设计软件中集成铁路 BIM 标准；三是多源数据融合平台用于对各类数据进行管理，按照标准重新组织数据源。

（3）IFC 标准验证

根据铁路工程建设信息化总体方案的部署，以及国铁集团建设管理信息化要求，在铁路 BIM 标准框架指导下，在 IFC4x1 的基础上进行扩展，制定《铁路工程信息模型数据存储标准（1.0 版）》(以下简称“铁路 IFC 标准”)。中铁设计结合京张高铁 BIM 实施经验，对隧道工程进行工程分解，创建基于铁路 1.0 标准的隧道构件库，完成现阶段《铁路工程信息模型数据存储标准（1.0 版）》的验证工作。

（4）验证 IFD 编码

通过京张高铁项目对“铁路 BIM 联盟”所制定的 IFD 标准进行验证并提出补充建议：在专业建模及模型附加属性过程中，发现铁路相关 BIM 标准中的部分专业构件分解不准确、IFD 编码缺失等问题，通过与工管中心及铁科院的多次对接，对标准进行了修正及补充。

2. 协同管理平台应用

协同管理平台基于统一标准环境，集中管理设计资源，集中控制设计流程，开展计划管理、人员权限及组织机构建设、设计文件命名及版本控

制等成果文件标准化管理，以及设校审及会签等流程控制、设计成果全要素数字化移交的勘察设计管理工作。

京张高铁 BIM 设计是全路首个全线全专业大型 BIM 技术应用综合性项目，涉及专业领域广、参与人员多，为解决工作关系繁复、工作流程和文档庞杂，以及协调管理难度大等问题，项目组对全专业 BIM 协同设计技术展开了研究，搭建了协同管理平台（图 11-70）。通过各个专业人员对 BIM 软件的应用，完成项目的三维协同设计，内容包括多专业三维模型的建立、二三维设计校验、编码标准验证。

图 11-70　协同管理平台

3. 设计工具研发实践

为满足铁路工程多专业本地化协同设计需求，自主研发协同设计软件基础框架，结合项目和专业设计特点研发铁路多专业设计软件。框架提供基础动态及静态数据模板定制、图形及设计逻辑解析、专业工程对象组织管理等功能；利用数字化协同设计手段，开展数据级协同作业，提升设计效能；提供工程信息模型施工深化设计方法、工程信息模型到地理信息平台转换软件，方便设计向施工、运维进行数字化移交。

（1）统一的项目资源管理

创建项目工作空间，配合设计软件，针对不同专业、不同的项目对设计资源进行分层级管理。工作空间托管在协同管理平台上，同时提供离线使用工作方式。软件配套的工作空间中包含种子文件、资源文件（线形、字体、材质、图层等）、构件库以及其他类型的标准文件。工作空间按照层级进行设置，逐步对设计资源进行深化配置。

（2）专业设计工具研发

铁路作为大型基础设施，涉及专业多、学科多、子系统多，属于典型复杂系统工程，且专业差异性大，与周边地理环境结合紧密，目前商业化 BIM 软件无法满足综合铁路工程设计的需求。依托京张高铁项目需求，在既有软件基础上融合 openBIM 的理念深化软件研发，不仅满足了信息交互准确、模型的多需求表达（图 11-71），同时以信息模型为依托融合业务需求，重塑生产流程。

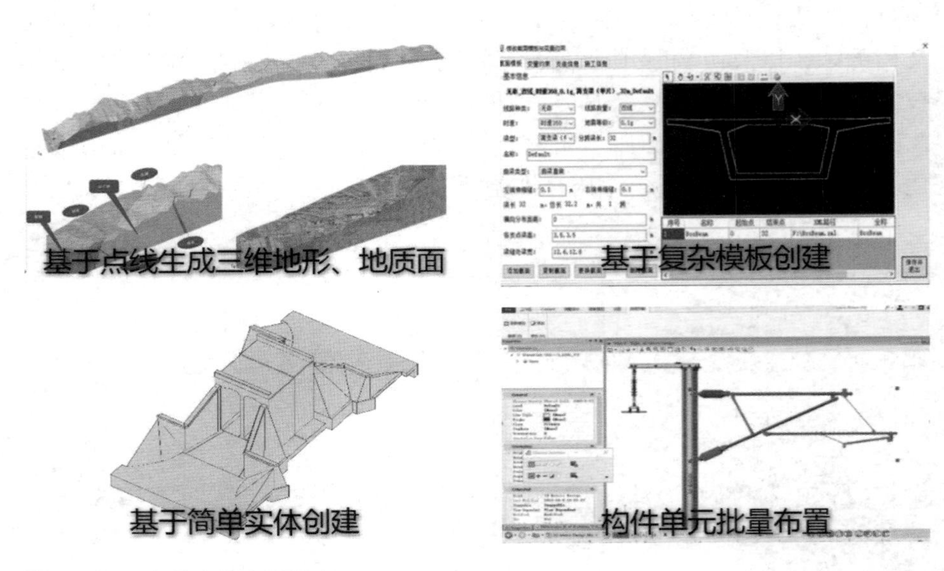

图 11-71　多种建模方法示意

openBIM 应用效果总结

京张高铁作为国内第一条以 BIM 技术进行的全线、全专业、全生命周期为目标的高速铁路项目，为中国智能高铁技术框架的建立提供了很好的基础。总结京张高铁项目中 BIM 应用的创新亮点主要有以下几个方面。

1. 方法创新

（1）借助数字孪生，建设了第一条与周边地理环境深度融合且与实体铁路多物理特征保持一致的虚拟仿真铁路，开启了智能设计的新篇章，为智能建造及运维提供数据基础。

（2）利用工程信息模型结合分析计算功能，在复杂节点设计中进行多专业可视化分析，打破了传统平面图纸表达的局限性。

（3）研发了大量融合 BIM 标准的专业设计软件，实现桥梁、隧道、路基、接触网等专业的参数化建模及三维出图等功能，提高工作效率的同时也改变了设计方式。

（4）应用协同管理平台，全专业在同一平台、同一工作环境下开展协同设计，形成了一套创新性的 BIM 管理体系。

2. 理论创新

（1）从标准研究、融合标准的软件研发、设计协同体系建设，实现设计向施工的全要素信息交付，形成了一套全新的技术体系。

（2）BIM 设计有别于传统二维设计，设计过程中在方法的可行性、专业的协同关系、单元划分的结构逻辑、交付的内容及方法方面都遇到了诸多困难。中铁设计组织大量专业设计人员，邀约行业内外相关专家，进行多次研讨与实践，形成了一套切实可行的解决方案，为未来BIM设计排除了众多阻碍。

3. 管理创新

（1）打破了传统工程项目中的管理模式，将建设单位作为管理核心，让设计单位与施工单位通过平台的方式进行数据交互应用，也使设计单位在设计时将施工阶段需求进行整合，将传统工程中大量的变更设计最大限度地解决在设计及设计交底阶段。

（2）原有施工流程中，竣工验收需要大量人力在现场通过肉眼与图纸核对，这种方法进行工程核对并不准确，容易产生错误遗漏。在本项目中，通过BIM系统的数据与施工现场现状进行比对分析，可快速、精准定位工程问题，基于BIM系统的竣工验收为“智能京张”打下了坚实的基础。

专家热议

“智能京张”的建设，开启了中国智能高铁的新篇章。未来，中国高铁将在数字化、网络化、智能化方向上继续开拓进取，全面推进高铁技术创新，积极与世界各国分享智能高铁的成功经验。不仅为冬奥会旅客提供便捷、舒适、安全的京张高铁智能出行服务，形成一批高水平、标志性成果，还将建立我国高铁智能化服务示范，为新一轮高铁产业增长提供技术动力，进一步提高中国高铁在全球的品牌地位，助力“一带一路”倡议的实施，引领低碳、环保、绿色的高铁出行趋势，促进环境可持续发展。

——王同军　中国国家铁路集团有限公司副总经理、党组成员，
中国铁道建设协会理事长

铁路行业将依托“智能京张”建设经验，探索推动人工智能在建设管理等方面的转化应用，实现云计算等先进技术与高铁建设的深度融合。探索构建基于BIM技术的全生命周期智能管理信息系统，实现铁路工程设计、施工、运营三个阶段信息的传递、接入、共享、开放。

——盛黎明　中国国家铁路集团有限公司
工程管理中心原副主任兼总工程师，
铁路BIM联盟常务副理事长、秘书长

数字工程认证在铁路建设全生命周期中的研究与应用

案 例 编 写：中铁第一勘察设计院集团有限公司
所 获 奖 项：第三届“联盟杯”铁路工程 BIM 应用大赛 BIM 应用软件组一等奖；第三届“联盟杯”铁路工程 BIM 应用大赛铁路工程项目 BIM 应用多阶段组二等奖
BIM 咨询方：中铁第一勘察设计院集团有限公司

项目概况

由铁路 BIM 联盟牵头，中建协认证中心、铁科院及铁一院共同开展铁路数字工程认证研究工作。铁一院依托某铁路在建项目，以四电工程为先导，建立了完善的铁路数字工程认证体系，打通了铁路数字工程认证流程。

在建设方的组织下，铁一院检测机构及中建协认证中心对设备厂家提供的数字设备、设计单位提供的设计期数字工程、施工单位提供的施工期数字工程进行检测认证，使其符合铁路数字工程认证体系，进而实现数字标准化建设。本项目依托 openBIM 技术路线，基于开放的 IFC 标准及多元软件平台工作模式，实现了设计期、施工期、运维期等工程建设全生命周期数字设备模型、数字工程模型的交付、流转及应用。试点项目内容为通信室内数字工程、无线通信基站数字工程、10 kV 配电所通信数字工程、信号室内数字工程四个数字样板工程，施工单位依据数字样板工程指导施工，运维单位依据数字样板工程进行验收，建设管理、设备制造、设计、施工、运维等多方依据数字样板工程实现协同建造，同时数字样板工程为后期实现智能化、数字化运维预留数据接口并奠定重要基础（图 11–72）。

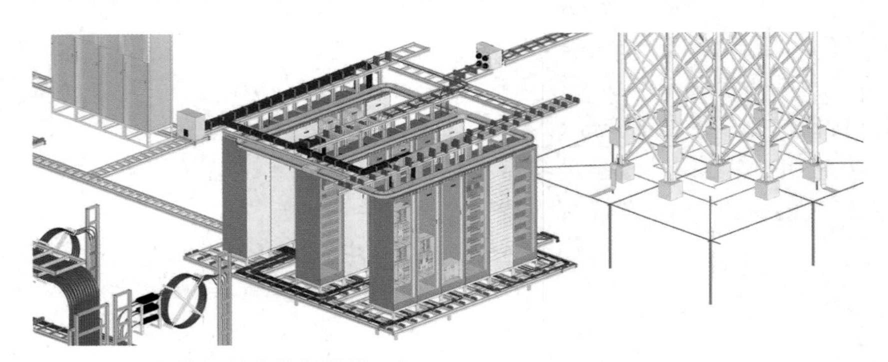

图 11–72　通信机械室数字样板工程

项目难点

1. 认证体系创新

目前中国尚无完备的铁路数字工程认证标准体系来评判数据交付成果是否满足要求，也无对数字工程安全性、适用性、规范性的评价体系。本项目在铁路数字工程领域引入认证制度，通过对现有铁路 BIM 标准优化落地，建立完善的铁路数字工程认证体系。同时建立铁路数字工程标准库，基于 MicroStation 研发相应检测认证手段，以保障数字资产安全，提高数字工程质量。

2. 数字协同

铁路建设在发展区域经济、完善路网结构等方面意义重大，在工期紧、任务重的双重挑战下，高标准、高质量按期完成工程建设难度较大。本项目依托数字工程认证体系，利用机柜自动布设、线缆无交叉排布等算法，基于四电数字工程创建系统自动布放机柜模型、快速生成线缆模型，进而指导施工、提高施工效率。同时基于应用系统实现数字化配料、验收等应用，最终达到设计、施工、运维等各方的协同建造，实现标准化、数字化建设。

3. 检测算法突破

当前行业内缺乏数字产品检测平台，本项目通过分析及提炼铁路四电相关规范，归纳铁路四电数字设备、数字工程模型创建及检测所需的几何空间信息、属性信息、架构层次信息等，建立满足创建及检测要素的数学模型。为突破数字工程检测技术，探索性应用基于 MicroStation 的 C#、C++ 混合编程，根据范围查询构建空间索引，创建空间树，进而快速计算相关构件位置关系，实现了数字工程几何信息、空间位置信息检测。

openBIM 的典型应用

1. 线缆模型无交叉排布

基于铁路数字工程认证体系，实现线缆空间形态数据化。研发线缆参数化建模工具，实现线缆模型最优路径规划的无交叉快速排布（图 11–73），提高线缆模型排布准确率至 96%。

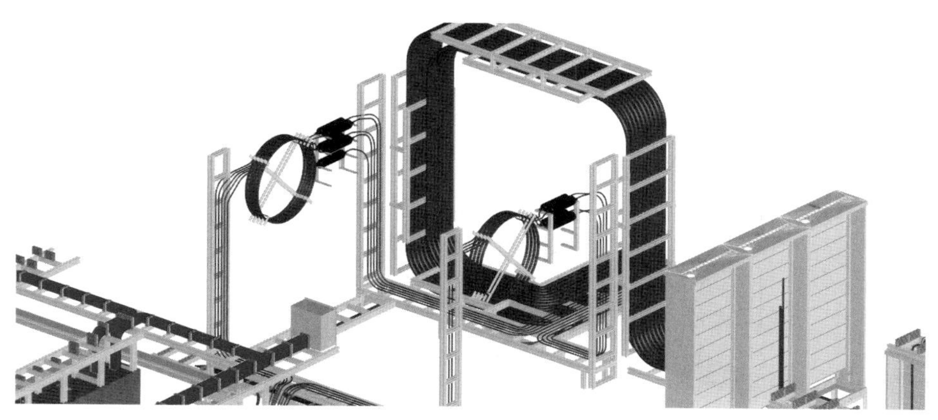

图 11–73 线缆排布

2. 数字设备模型及数字工程模型检测

本项目基于指南、检测标准及检测细则，自主研发数字设备模型及数字工程模型检测软件（图 11–74），对数字设备及数字工程以静态检测及逻辑检测两个层面，结合人工检测，从类别、属性、几何、空间等维度开展检测。类别检测用于保证模型内容的全面性以及必备构件的存在性；属性检测用于保证模型携带信息能够满足全生命周期应用的需求；几何检测保证模型符合真实情况；空间检测保证模型所处位置满足标准要求，减少出现错误的概率。对模型中设备、板卡、端口、线缆等信息进行检测（图 11-75），判断信息模型是否满足施工应用需求，将通过检测后的数字工程作为样板工程指导施工，可节约成本约 20%。

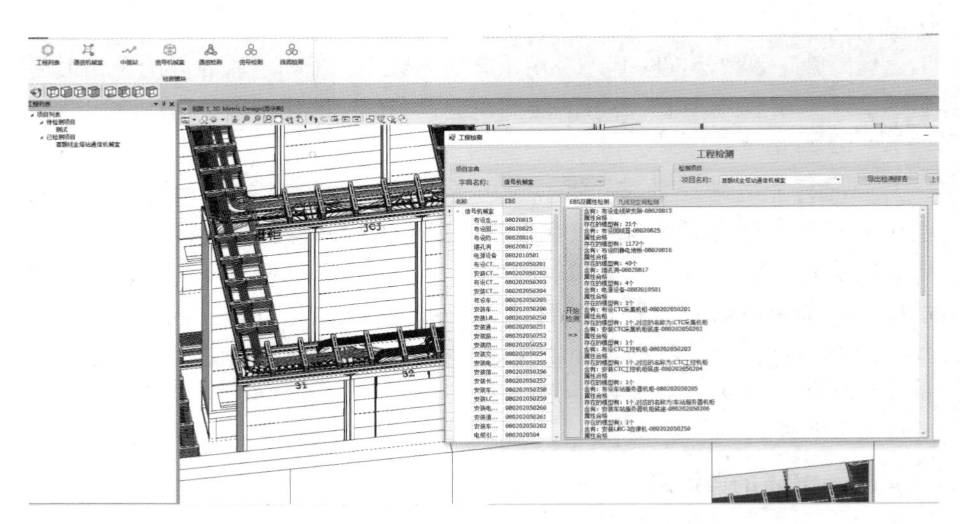

图 11-74　检测软件

图 11-75　检测中发现的线缆相交情况

3. 数字设备及数字工程在工程建设全生命周期中的流转及成果交付

本项目依托 openBIM 技术路线，基于开放的 IFC 标准和工作流程，采用多元软件平台实现数字设备及数字工程创建与应用。通过搭建四电专业数据体系，建立模型层次结构，并接轨 IFC 标准，实现多元软件、工程多阶段的数据交换，打通数字设备及数字工程在工程建设全生命周期中的流转，并实现了设计期给施工期、施工期给运维期的数字工程成果交付。

4. 协同建造

在设计单位创建的设计期数字工程基础上，施工单位技术管理人员可以在应用系统中绘制线缆布设规划草图，并上传至服务器。施工单位模型创建人员根据规划草图完成线缆模型的创建，并上传至应用系统。运维单位验收人员在应用系统中对线缆布设进行验收，施工单位作业人员在应用系统上（iPad 等终端）查看数字工程并作为施工依据（图 11-76），实现多方协同建造，有效提高工程质量和建设效率（提高工效 3 倍以上，减少物料消耗 70% 左右）。

图 11-76　数字工程施工现场应用——线缆施工指导

5. 智能运维

本项目突破性地将线缆端口数据化、端口间连接关系数据化，在后期运维阶段，可将实时数据信息加载至预留数据接口，用以实现线缆智能化运维管理。项目基于铁路四电数字工程应用，将数字工程转化为数字资产（图 11-77），并在全生命周期流转，为智能运维提供了强有力的支撑。

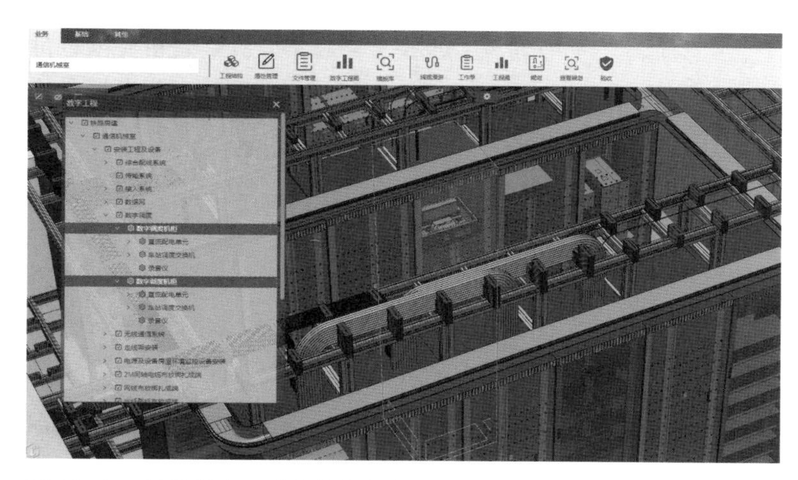

图 11-77　基于数字工程的数字资产

openBIM 应用效果总结

1. 降低工程风险及成本，增效提质

铁路数字工程创建、检测、认证在铁路建设项目中的应用，取得了一系列经济与社会效益。通过创新应用 BIM 技术，数字工程创建效率提高 3 倍以上，创建准确率达 96%，颗粒度细化至备品备件及端口级。

2. 数字工程全生命周期应用，走先行之路

本项目依托数字样板工程实现数字资产全生命周期流转，其中数据存储符合 IFC 标准，模型分类符合 IFD 标准及 EBS 标准，模型属性符合 IDM 标准。

3. 建立数字工程认证体系，保障数字工程可用性

本项目以数字工程落地应用为目标，建立了一整套数字工程认证体系。通过研究、编制检测标准，规定铁路四电数字工程应用所需要的要素及接口，明确技术指标及相关参数，使铁路四电数字工程的应用需求明确化、精细化。

专家热议

通过数字工程的创建及认证将数字工程无限逼近现实场景变为了一种可能，通过 XR、AI、云计算及存储、图像分析、大数据、区块链等技术加持，将数字工程的几何、空间、连接、逻辑关系转化为在全生命周期，尤其是运营维护期的运用有着巨大的应用前景，数字工程的“元宇宙”已开始向我们逐步展现。

——薛东　中铁第一勘察设计院集团有限公司通信信号设计院院长

BIM 技术作为数字化转型核心技术，融合其他数字技术将成为推动铁路数字化转型升级的核心技术支撑，而铁路工程数字认证则是保证数字化交付资产的质量和可应用性，进一步推动数字信息更好地融入铁路建设全生命周期中，最终实现数字资产的应用落地。

——马强　中铁第一勘察设计院集团有限公司
通信信号设计院技术开发所所长
铁路四电数字工程认证技术负责人

openBIM 在首都机场西跑道大修系列工程的应用

案 例 编 写：中设数字技术股份有限公司
项 目 城 市：北京
所 获 奖 项：2021 年北京市优秀工程勘察设计奖建筑信息模型（BIM）设计单项奖三等奖
业　　　主：北京首都国际机场股份有限公司
BIM 咨询方：中设数字技术股份有限公司
项 目 规 模：近 500 000 m^2
项 目 状 态：已竣工
竣 工 时 间：2020 年

项目概况

首都机场西跑道始建于 1977 年，2000 年进行了沥青混凝土加铺，至今已连续运行 20 余年。为给广大旅客提供更加安全顺畅的出行体验，并确保首都机场持续安全运行，根据机场整体运行情况和跑道维修计划，首都机场对西跑道实施了道面大修，西跑道 FOD 探测系统与中线灯、禁止进入排灯加装，C 滑道面工程大修及灯光站改迁等系列工程。项目为飞行区不停航施工工程（实施周期 2 个月）。项目旨在探索“数字孪生”西跑道建设实施目标（图 11–78），开展“全过程、全专业”BIM 技术应用，以场道工程的进度管理及成本管理应用作为重点，借助 BIM 技术加强工程进度和质量控制，提升管理效能，以新技术应用打造精品工程，形成基于 BIM 的数字化基础设施数据资产底盘，为后期“智慧机场”运营提供模型及数据基础。

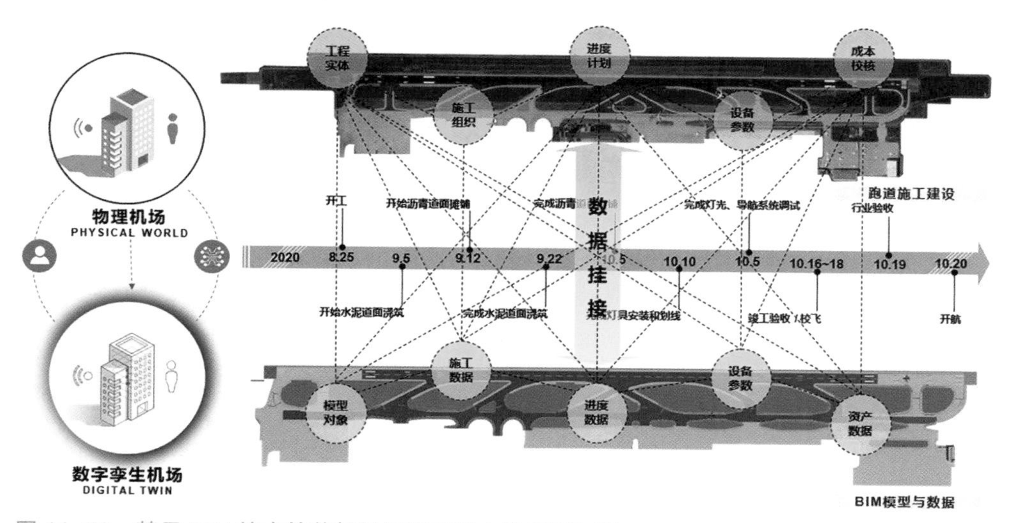

图 11–78　基于 BIM 技术的首都机场西跑道大修系列工程

项目难点

首都机场是国内最大的航空枢纽之一，西跑道作为首都机场重要的组成部分，属于重要基础设施，并带有很强的窗口示范意义；项目建设周期紧（不停航施工）、施工控制难点多、专业协作难度大、多工序交叉施工，并且对施工质量要求很高；对于信息化的建设要求更为严格，需要实现 BIM 全覆盖。

openBIM 的典型应用

为统筹西跑道大修系列工程 BIM 应用与数据资产建设工作，首都机场西跑道大修系列工程 BIM 实施规划及整体解决方案由项目规划、标准体系、BIM 协同管理平台、技术方案及伴随式咨询服务等内容组成，确保 BIM 模型能够在设计、施工、运营各阶段信息流转与应用，确保降低风险及不停航实施周期内的效率和质量。

1. 顶层规划与数据体系建设

① 项目 BIM 实施规划与合同约定。项目的所有阶段使用 BIM 模型作为评审、评估的基础进行协作；使用 BIM 模型进行工作管理，以支持评估、调度、物流和调试；通过将数据从一个公共数据环境（CDE）分发给各方，使用 BIM 模型以及跨所有功能和规程的相关工作信息；在整个项目生命周期中，所有团队向模型贡献工程数据资产信息，以建立一个完整的项目信息资源。

② 项目 BIM 实施计划（BEP）制订。明确项目目标、项目实施范围、BIM 应用点、项目成员在项目的不同阶段使用建筑信息模型（BIM）时的角色和职责以及各阶段工作内容、方法和流程、时间节点、成果交付物等。

③ 项目 BIM 实施技术标准制定。对模型结构、模型结构分类编码（BIM 对象编码、定额编码、分部分项编码、工序编码、工作流水号编码、合同编码等）、模型管理、模型精度等都进行了极为细致的规定。

2. BIM 协同管理系统建设

为充分协调、监督及推进建设工作，由项目团队建设项目组负责项目资源和工作规程的相关技术与数据管理工作，并部署西跑道大修 BIM 协同管理系统与展示大屏，集成 BIM 模型、现场监控视频、施工日志、进度分析等功能，为现场管理问题提供一致化、可视化交流平台（图 11-79）。

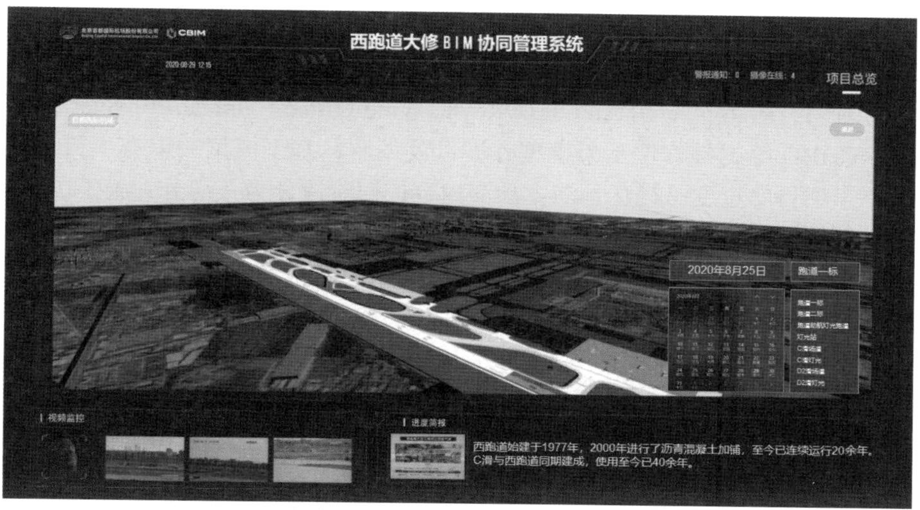

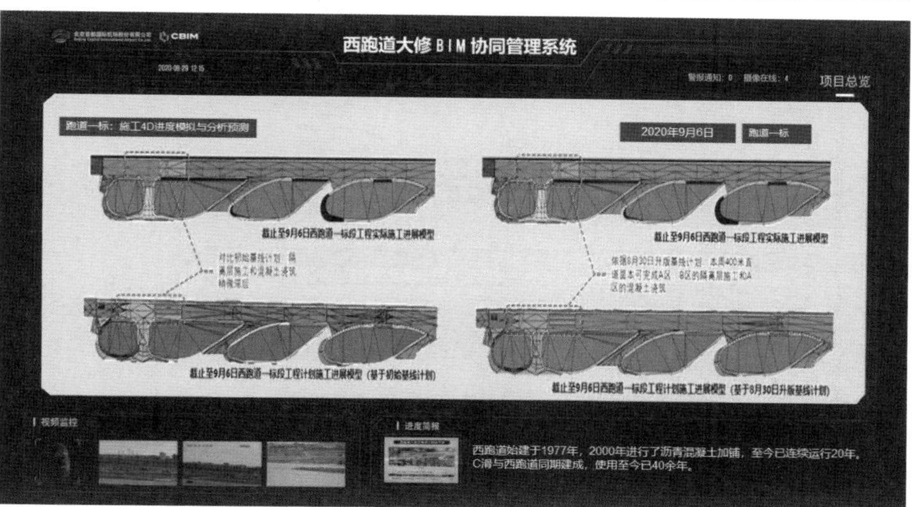

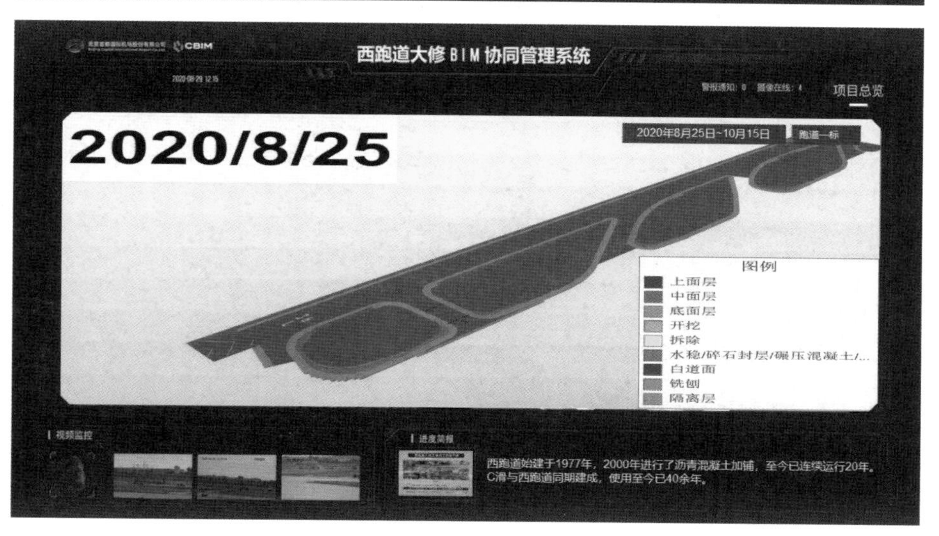

图 11-79 BIM 协同管理平台

3. BIM 实施管理与应用

（1）进度、成本、资源管理

项目团队采用Autodesk Revit、Vico Office、Oracle Primavera P6、SYNCHRO 等工具软件基于模型开展进度编制，基于模型去审查项目，进行整个项目的进度可视化预演。预演内容按照阶段分为三部分：施工准备、施工计划、现场控制。

① 施工准备阶段主要是模型与基准计划的准备，把模型与基准计划关联，实现前期的准备工作（图 11-80）。

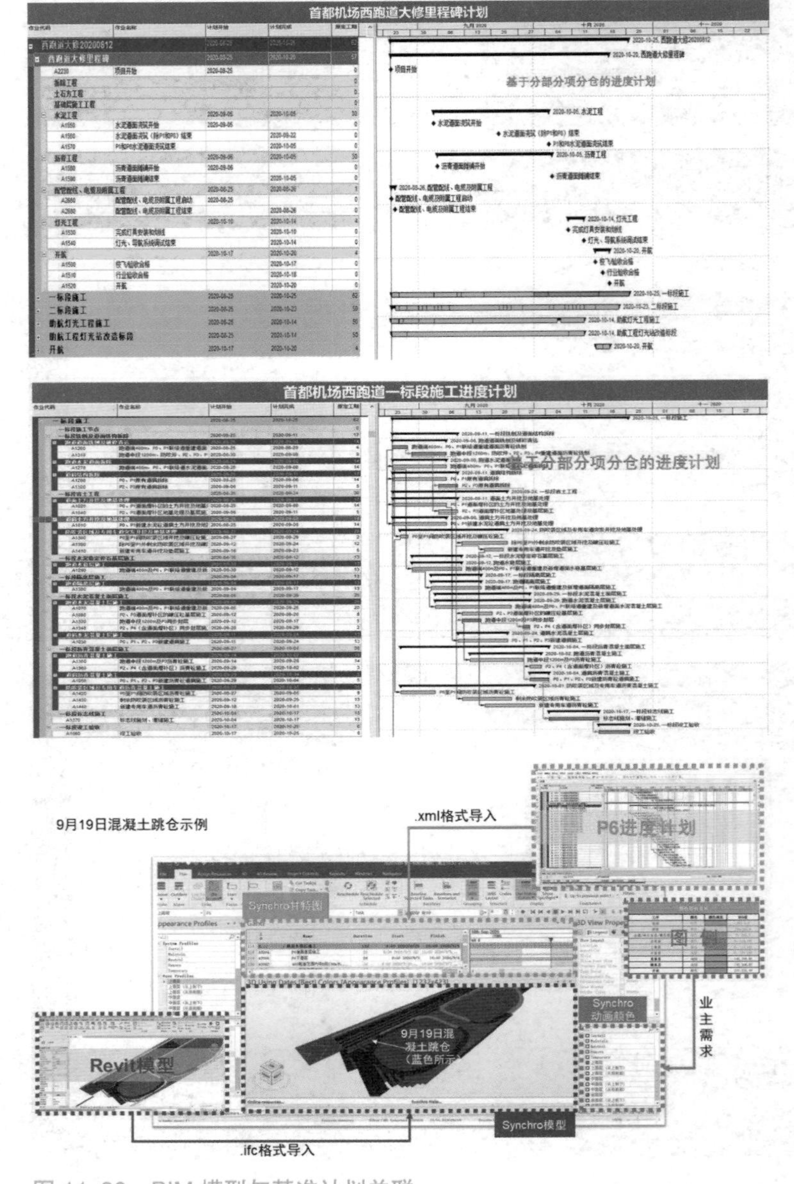

图 11-80　BIM 模型与基准计划关联

② 施工计划管理，主要完成成本概算、进度细化和优化。每个任务都对应着计划成本信息和实际成本信息，包括人工、设备、材料、风险等，并且通过 EVA 经济增加值模型（Economic Value Added），对计划成本和实际成本进行比较分析，将项目经济指标的 EVA 图与进度甘特图相关联，方便管控施工阶段的各项成本信息（图 11-81、图 11-82）。

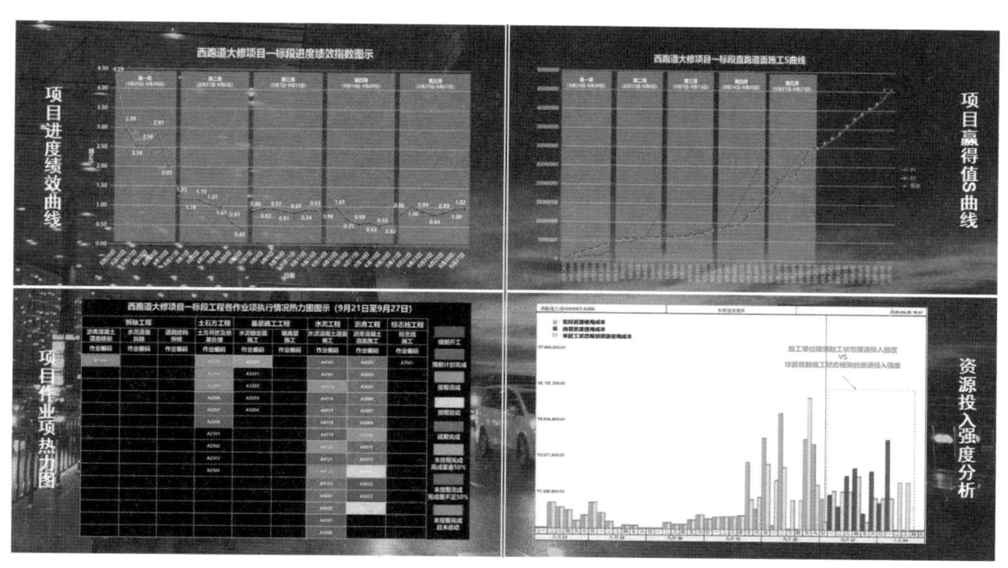

图 11-81　基于 BIM 技术的项目进度绩效、项目作业热力、资源投入强度分析

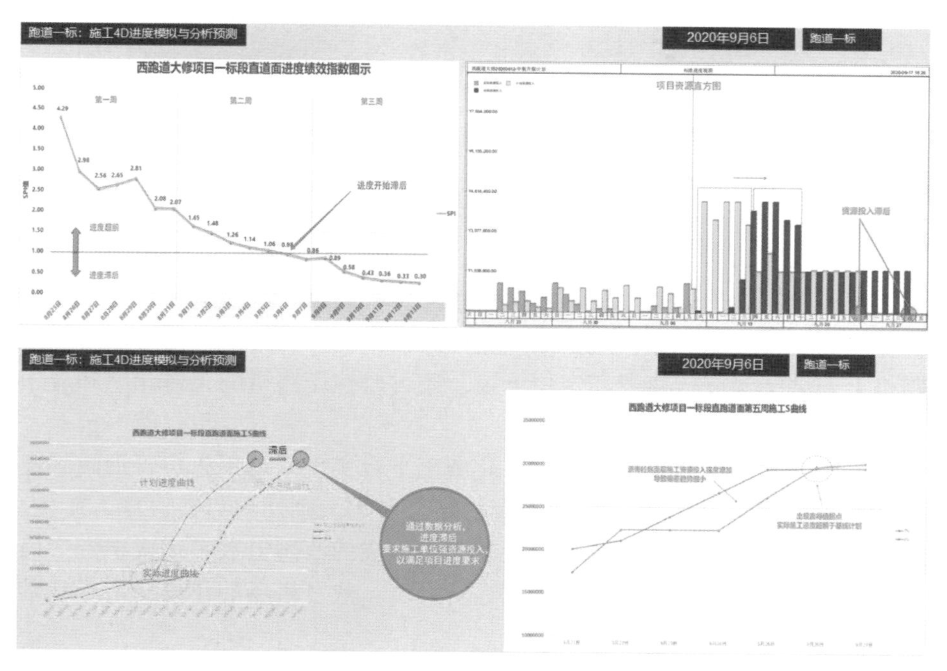

图 11-82　BIM 模型的进度、成本、资源数据抓取与分析

③ 现场控制阶段作为应用核心，是对任务变更、模型变更、调度管理、进度控制、成本控制等的管理，针对关键指标对比分析，以报表的形式统计，同时把计划任务与施工现场联系起来，将现场采集的照片导入软件中，可以对现场进行进度指导，也可以实现计划与现场实际施工情况对比。

（2）质量与变更管理

在项目实施管理中，西跑道实施指挥部各部门之间、各合作团队之间的联动是项目顺利实施的基础。基于 BIM 技术的可视化协同管理平台，项目各方在模型中解决可预见的问题，平衡各部门、各合作团队之间的信息差；基于现场调度和安全规划可视化，分析潜在施工难点，对不同方案的可行性进行比对，制订施工组织设计方案（图 11–83）。

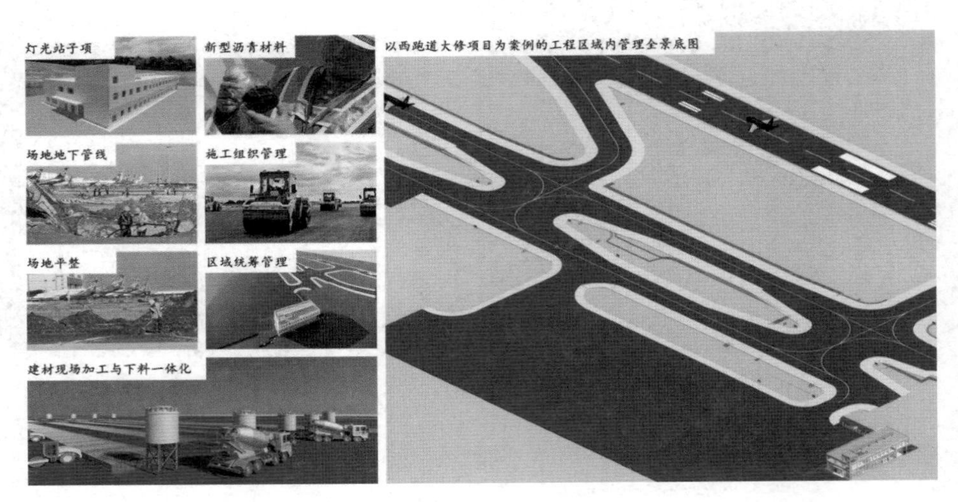

图 11–83 施工现场工序及质量核查与分析

（3）数据资产与运行维护

项目团队对接数字化施工设备数据，校核模型与西跑道施工工程数据，建设西跑道数字孪生 BIM 模型与数据资源库。在施工现场，施工机械顶部或者车辆的一侧都装有数据传感探头，通过摊铺机上安装的卫星定位导航系统可接收北斗导航信号，监控摊铺机的摊铺情况。另外，通过压路机上安装的温度传感器和定位天线，还可监控压路机的工作状态和碾压遍数。

从拌料到运输再到摊铺，数字化施工平台实现了足不出户管理施工现场。而 BIM 技术和数字化施工平台的结合应用，则使项目在进度、质量、造价上都得到了合理的管控。在此基础上形成的西跑道数字化成果资产通过流程延伸，为后期的机场数字化运营管理、数字机场的建设奠定了基础（图 11–84）。

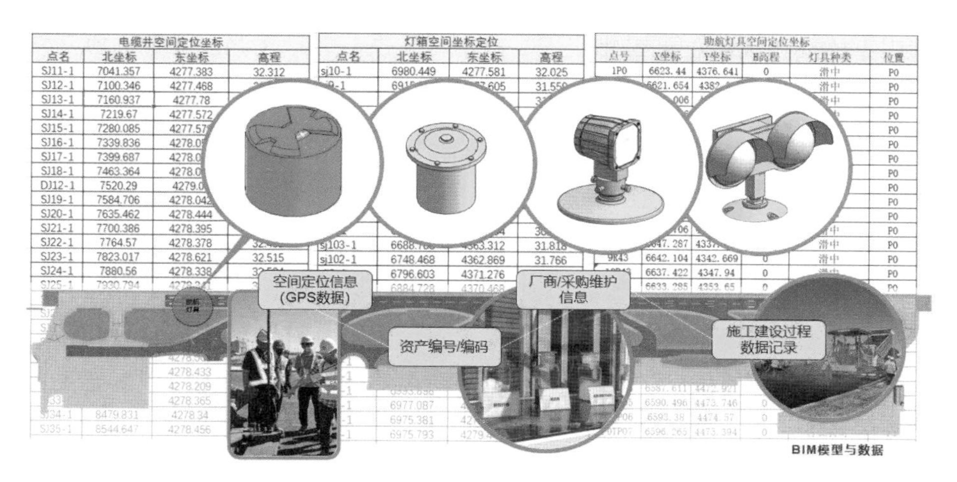

图 11–84　西跑道“孪生”数字资产

openBIM 应用效果总结

（1）openBIM 的使用为首都机场项目带来了便利的互操作性和数据沟通，在项目建设过程中起到极大的推进作用。

（2）通过“公共数据环境（CDE）”“BIM 协同管理系统”项目建设，实现了项目管理的可视化；集成 BIM 模型、现场监控视频、施工日志、进度分析等功能，为现场管理问题提供一致化、可视化交流平台，实现了基于数据的建设实施协调、监督及推进 BIM 工作。

（3）通过基于 IFC 标准规范化模型创建，借助半自动工具软件解析任务信息（几何模型、材料、结构性能、进度、成本以及运行状况等设计、施工信息）和现场管理数据同步挂载方式，成功实现了西跑道 BIM 模型数据和业务数据相结合，获得项目建设进度、成本、质量管理等多项科学预测分析，为缩短项目建设周期、优化资源配置、提高项目管理效率和质量，提供了可视化、科学化的决策依据。

（4）依托数字孪生技术，实现了 BIM 技术和数字化施工平台的结合应用（标准化规范、可视化监控、数字化建模、场景化调度、统筹协同管理），使项目在进度、质量、造价上都得到了合理的管控。同时，在此基础上形成的西跑道数字化成果资产，通过流程延伸，为后期的机场数字化运营管理、数字机场的建设奠定了基础。

专家热议

首都机场作为“中国第一国门”，承担着“打造世界一流大型国际枢纽”的使命。基于首都机场打造“四型机场示范标杆”的愿景目标及通过首都机场西跑道的改造工作，为集团项目数据资产逐步转化为国家城市数字资产，打造国内领先的机场投资建设运营集团具有重要意义。

——于洁　中设数字技术股份有限公司总经理

项目团队创新工程管理理念，通过规范化模型创建和现场管理数据同步挂载方式，成功实现了西跑道 BIM 模型数据（包括准确的空间位置定义、精确的工程量提取）和业务数据（包括实时每日更新具有时效性的工效数据与每日工程施工记录）相结合，获得项目建设进度、成本、质量管理等多项科学预测分析，为缩短项目建设周期、优化资源配置、提高项目管理效率和质量，提供了可视化、科学化的决策依据。同时，在此基础上形成的西跑道数字化成果资产，通过流程延伸，为后期的机场数字化运营管理、数字机场的建设奠定了难得的基础。

——石磊　中设数字技术股份有限公司咨询总监

绍兴智慧快速路 BIM 全生命周期大数据管理平台项目

案 例 编 写：上海城建信息科技有限公司
项 目 城 市：绍兴
所 获 奖 项：第十一届“创新杯”工程全生命周期 BIM 应用特等成果；首届“物联杯”IoT+BIM 设计运维大赛基础设施类综合市政一等奖；第九届“龙图杯”市政公用类一等奖
业　　　主：绍兴市城市建设投资集团有限公司
BIM 咨询方：上海城建信息科技有限公司
项 目 规 模：约 120 km
项 目 状 态：在建中
竣 工 时 间：2024 年

项目概况

绍兴智慧快速路工程是浙江省重点工程，包括越东路、二环北路、G329 国道、二环西路、二环南路等快速路，全长约 120 km，主线设计速度 80 km/h，双向六车道，是绍兴市城市快速路网布局中的重要组成部分。BIM 全生命周期大数据管理平台是为智慧快速路建设所打造的、基于 BIM+ 互联网的新一代信息化平台，以实现快速路全生命周期的数字化管理。

项目难点

由于绍兴快速路多标段同时开工，具有参与方多、时间紧、任务重等特点。其中，G329 国道、越东路、二环北路智慧快速路位于绍兴主城区，建设体量大、施工难度极高。特别是在建设期，外部单位众多导致协调难度大，存在着无法信息共享和协同工作，设计、施工与运行维护中信息应用和交换不及时、不准确的问题，造成了大量人力物力的浪费。具体表现如下。

1. 管理割裂问题

各类工程建设过程中，管理割裂的问题始终存在，投资、设计、施工、运维、监理等角色往往只关注自己本职的业务，在各自作业过程中记录的信息也无法有效交互沟通。究其原因，在于没有一个有效的系统串联各方职能。在多项目并行、多部门协同的过程中，数据不能有序流通、信息不能共享，将给行业和企业带来巨大的经济损失。

2. 信息可靠性问题

在工程建设行业，很多场合的信息传播依然采用的是较为低效的模式，如口头告知、手写材料等。而在工程建设过程中，信息的时效性至关重要，非第一手的信息，其可靠性往往会打一定折扣；资料后补、伪造等情况也时有发生。只有通过信息化和智能化的手段，才能最大程度保障信息的可靠性。

3. 信息可视化问题

互联网时代，人们不仅要求用信息化的方式采集数据、传输数据，还要求以可视化的方式呈现数据。数据的可视化程度，直接决定了信息的可识别和可理解程度，如用统计图方式呈现安全事件的发生频率，就要比用文字或表格的方式更加直观。在环境复杂、要素众多的工程现场，用 BIM 等三维可视化的方式来表现业务信息，比起传统方式来，直观度显然要大为提升。

UC 的典型应用

1. 数字孪生

BIM 大数据管理平台纳入 10 个在建标段，共计 120 km 的全线道路模型和周边环境以及 100.5 km 的管线模型，数据量达 390 GB。各类数据通过三维引擎无缝融合，模型可查询、可互动、可更新，并将进度、安全、预制生产等重要信息与模型相挂接，通过三维可视化手段形象表达业务内容（图 11-85）。

图 11-85　BIM+GIS 三维数字孪生平台

2. 业务数字化管控

项目搭建了进度、质量、安全、预制生产、跟踪审计等多个模块（图 11-86、图 11-87），覆盖了项目建设期间的重点业务内容，具有进度管理、质量报验、安全巡更、预制排产、跟审记录等功能。将上述业务以数字化的方式进行统一管理，实现流程的在线推进闭合，将信息与 BIM 绑定，借助 BIM 实现资产沉淀。

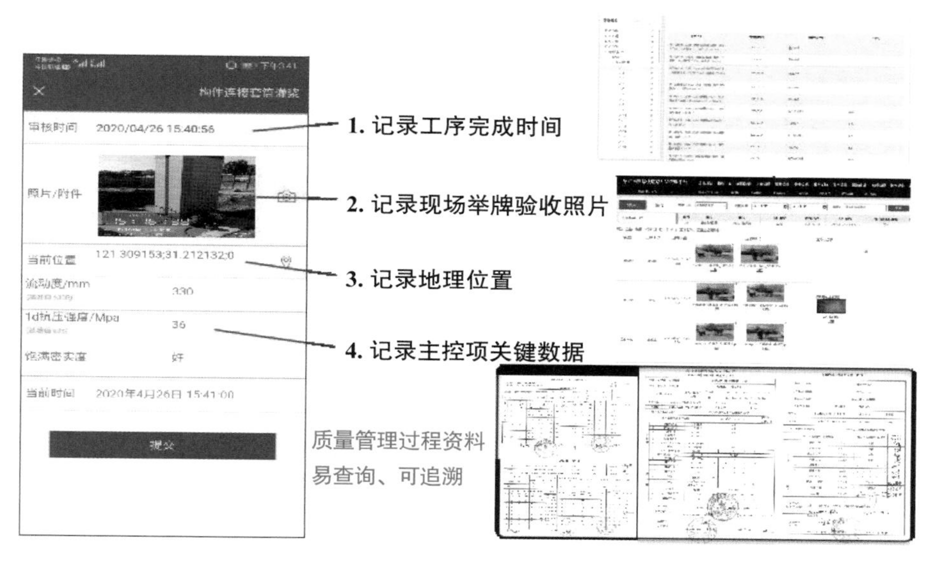

图 11-86 App 质量管理模块

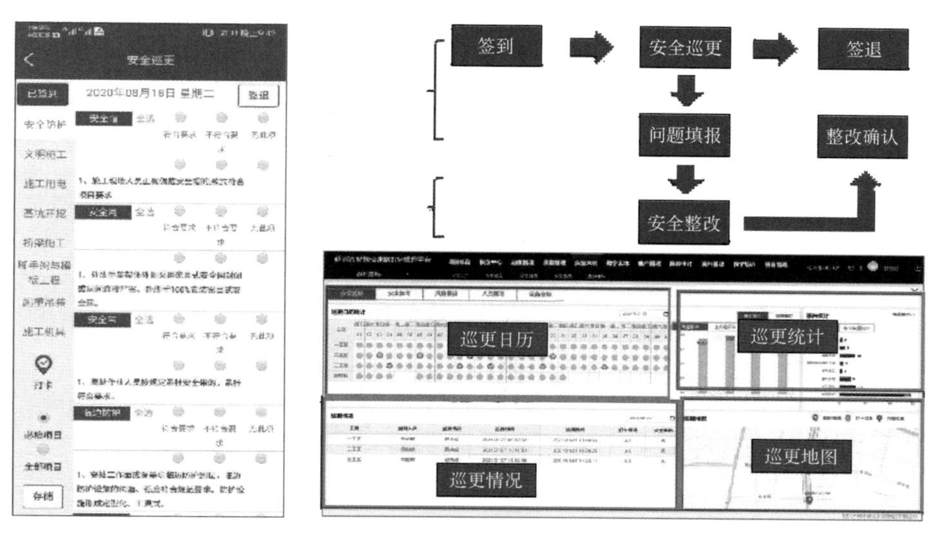

图 11-87 App 安全管理模块

3. 物联网在线监管

BIM 大数据管理平台借助物联网技术，将视频监控、环境监测、结构监测、无人机巡检等内容接入，使业主能够借助平台进行精准而到位的远程监管。平台对物联网数据进行实时分析，实现超限报警和趋势预判，从而进一步保障施工过程的安全性（图 11-88）。

图 11-88　智慧工地监控模块

4. 智能辅助决策

BIM 大数据管理平台将各类数据进行汇集和分析，将业主所关注的重点内容，如项目进度、质量管控、人员履职、现场环境等，通过驾驶舱、三维等可视化手段进行展示表达，有利于业主对项目总体态势、工作计划等做出更准确的判断和决策（图 11-89、图 11-90）。

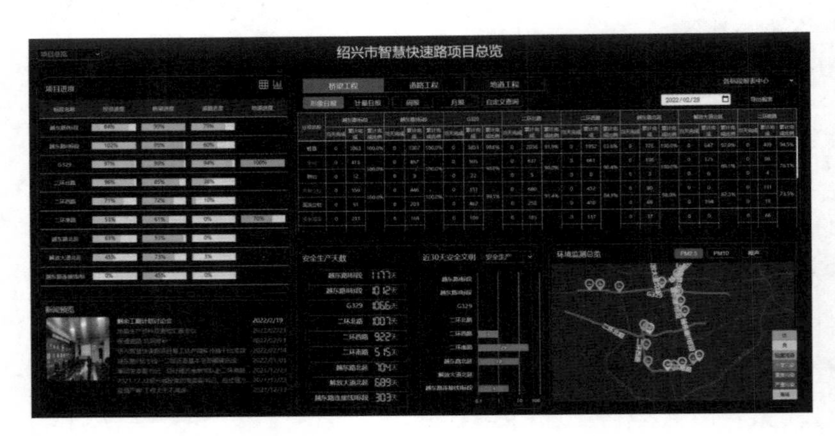

图 11-89　多项目管理驾驶舱

图 11-90　可视化进度总览

UC 应用效果总结

1. 资料的有效沉淀

BIM 大数据管理平台借助信息化方式，在移动端实现资料报送，确保第一手资料在第一时间得到记录。以 BIM 作为信息载体，可确保不同项目、不同单位以统一方式记录所有资料。目前，BIM 大数据管理平台已经累计收集工程各方面资料达 943 GB，形成了极具价值的数字资产。业主在日常工作中，已形成通过 BIM 大数据管理平台进行资料查阅、信息追踪的模式，有力提升了管理效率。

2. 信息的形象可视

设计阶段的方案评审、施工前期的管线搬迁、施工过程中的进度管控等，都需要以合适的方式进行描述，便于管理者准确掌握信息。BIM 大数据管理平台采用 BIM+GIS 融合技术，以空间可视化的方式呈现信息，不仅带来更加真实形象的视觉体验，也有助于管理者做出正确的判断和决策。

3. 多方的高效协同

BIM 大数据管理平台建立了统一而完善的多方协同工作模式，以工作流技术驱动流程的自动流转，从而保证不同参建方各司其职、高效协同。

4. 管理的统一规范

通过 BIM 大数据管理平台，对质量、安全等重要业务中的流程、数据格式、上传时间、参与人员等内容进行设置，以数字化方式驱动管理的规范化和制度的落地性。

5. 监管的精准到位

目前 BIM 平台接入各标段监控视频 84 处、环境监测点 27 个、结构安全监测点 1 800 多个、无人机巡检视频超过 500 个，累计发送环境超限报警短信 787 条。借助物联网技术与 BIM 的结合，平台对监控中出现超出警戒值的情况进行自动化识别和提示，并向责任人发送信息，督促及时整改，为工程建设期中的安全文明保驾护航。

专家热议

物联网、云计算、大数据、人工智能等现代化技术的飞速发展，为工程建设过程中的智慧化管理平台提供了强力的技术保障。广泛采用多种先进技术，显著提高了工程项目建设过程中的管理效率。

——杨海涛　上海市城市建设设计研究总院（集团）有限公司数字中心主任

该平台的先进性和落地性处于全国领先水平，落地性应用首屈一指。提供智能的决策辅助、科学的风险预测分析、便捷的协同应用，全面赋能项目建设，实现质效双优。

——段创峰　上海城建信息科技有限公司副总经理

神农湖大桥 BIM 正向设计应用

案例编写：同济大学建筑设计研究院（集团）有限公司
项目城市：山西长治
所获奖项：第九届“龙图杯”全国 BIM（建筑信息模型）大赛一等奖；第十二届“创新杯”建筑信息模型（BIM）应用大赛一等奖；第三届“市政杯”BIM 应用技能大赛一等奖
业　　主：长治市国家城市湿地公园事务中心
设 计 方：同济大学建筑设计研究院（集团）有限公司
项目规模：主跨径 2×130 m/ 总长 520 m/ 桥宽 47 m
项目状态：已通车
通车时间：2021 年

项目概况

神农湖大桥位于山西省长治市滨湖区，桥位西侧为漳泽水库，东侧为神农湖公园，桥梁所在区域是未来城市行政中心、城市阳台等城市开放空间的汇聚之地。因而，项目定位按地标建筑和湿地公园的名片进行方案设计，最终的方案设计效果图见图 11-91、图 11-92。主桥设计为独塔双索面斜拉桥，索塔在顺桥向为“人”字形，横桥向为纺锤形。跨径布置为（4×32.5）+（2×130）+（4×32.5）m，桥宽 47 m。索塔除下塔柱由预应力混凝土节段和钢混结合段组成外，其余为钢结构；主桥主梁为全钢结构；引桥为预应力混凝土连续梁。项目设计时间为 2019 年，并于 2021 年通车，项目造价 3.37 亿元。

图 11-91　神农湖大桥方案日景效果图

图 11-92 神农湖大桥方案夜景效果图

项目难点

神农湖大桥采用了“人”字形曲线塔，在满足结构受力的同时，还需满足景观需求。如何协调二者关系，是本项目首先需要解决的难点。其次，在有限尺寸的索塔空间内完成空间索面的锚固构造设计，并预留施工作业空间，亦是本项目设计的关注点。另外，“人”字形索塔两肢合并段、塔梁结合段、下塔柱钢混结合段均为项目设计难点。

openBIM 的典型应用

在设计过程中，整个团队通过多软件、多平台协作的模式，在项目全生命周期中贯彻实现 openBIM 理念，完成了正向出图、有限元计算、工程量统计、设计效果表现、移动端模型浏览等 openBIM 应用。

1. 制订 BIM 执行计划（BEP）

神农湖大桥索塔为曲线塔，采用了主体受力钢结构即为造型外观的景观结构一体化设计思路，造型设计与结构受力需求密切相关，从而保障了索塔的轻盈感。采用 CATIA 3DE 软件进行三维参数化设计则是景观结构一体化设计思路的实际践行，有效解决了本项目结构景观协调设计的难点。CATIA 3DE 中通过基于历史的参数化建模方法和骨架-模板设计方法在三维可视的设计环境下实现了项目的优质设计，完成了锚固构造、塔梁结合段等关键构造的设计重点。最终完成高精度、全构件、可修正的数字模型交付。

在项目过程中，根据项目需求，明确 BIM 目标、BIM 应用并定义 BIM 工作流程。BIM 的设计和应用流程见图 11-93。

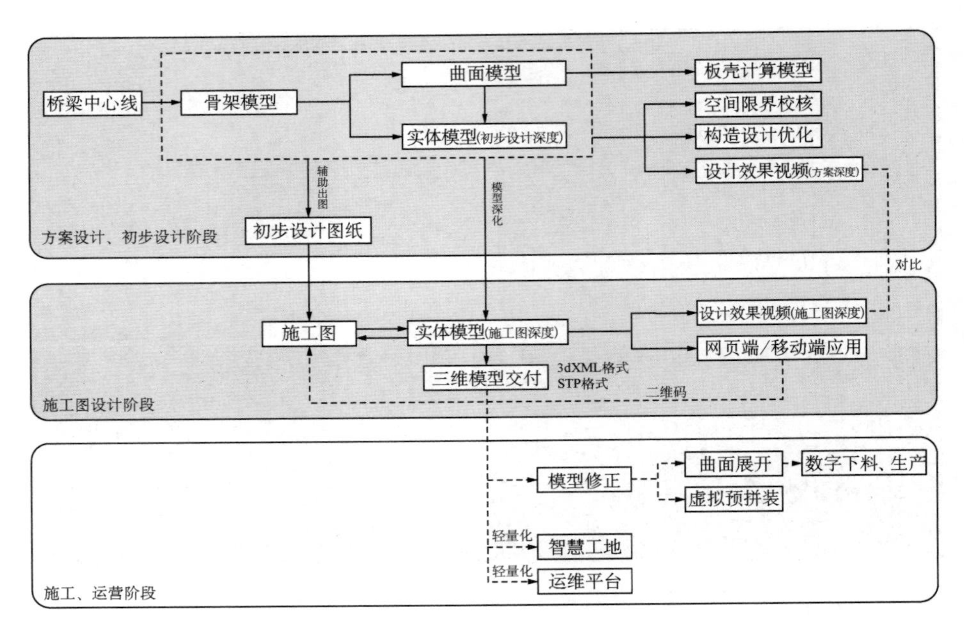

图 11–93　神农湖大桥 BIM 设计和应用流程

2. 开放数据交换及数字化交付

通过中立格式完成模型的信息传递，以实现多软件间的协作，应用于设计效果表现、辅助出图和计算、网页端 / 移动端的浏览展示。

（1）设计成果数据流转

通过 CATIA 模型转换为 Fbx 标准格式传递至 Lumion 软件，可使 BIM 设计完成的模型应用于设计效果表现。神农湖大桥控制截面在设计过程中有相应调整［图 11–94（a）］，通过 BIM 模型完成的渲染视频对调整前后景观效果进行对比，可知该调整对景观影响［图 11–94（c）］。通过 CATIA 模型转换为 STL 格式，则可将 BIM 模型应用于 3D 打印，其成果也可辅助决策［图 11–94（b）］。

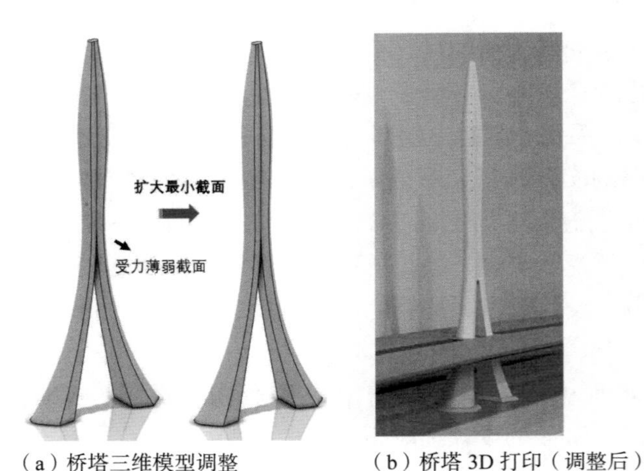

（a）桥塔三维模型调整　　（b）桥塔 3D 打印（调整后）

（c）桥塔调整的景观效果变化

图 11-94 神农湖大桥索塔调整的景观效果

（2）中立格式实现协作工作流

在辅助出图方面，通过 igs 或 Stp 标准格式，可实现将三维模型导入二维绘图软件 Autodesk 中进行二维绘图。在有限元计算方面，三维软件和有限元软件则一般依据有限元软件的不同选择不同的中立格式进行协作。CATIA 3DE 和 Midas FEA 软件可通过 igs 标准格式实现模型传递（图 11-95）。

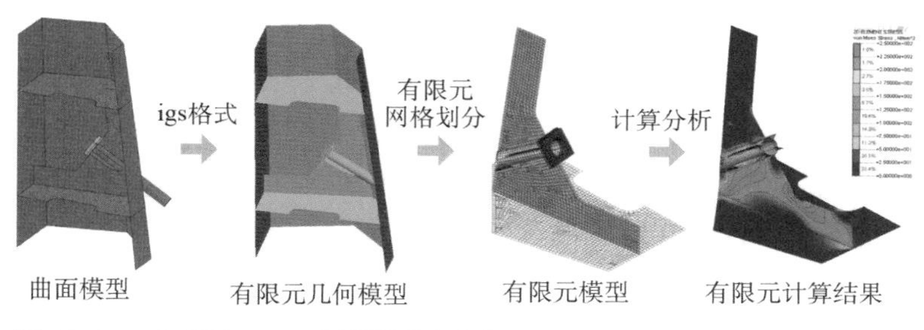

图 11-95 CATIA-FEA 有限元联合分析

（3）打破数据孤岛，实现二三维协同交付

通过软件和 BIM 网页平台的协作，将 BIM 设计完成的模型应用于网页端和移动端的浏览。协作方式则取决于此类网页平台对各类标准格式的支持力度。传统施工图是抽象表达，有图面信息量大、尺寸清晰的优势，缺点是复杂结构难以表达清楚，或不能直观表达。三维模型虽然欠缺尺寸表达能力，但胜在具象直观。通过 WebGL 技术和二维码技术的结合，可以实现通过扫描图纸上的二维码的方式，在移动端打开网页进行三维模型浏览（图 11-96）。这种方式可以充分发挥二维施工图和三维模型的优势。就施工图层面，通过在图纸上附加二维码这种简单有效的方式，丰富二维图纸的表达能力，提高读图人员的识图效率，降低沟通成本。

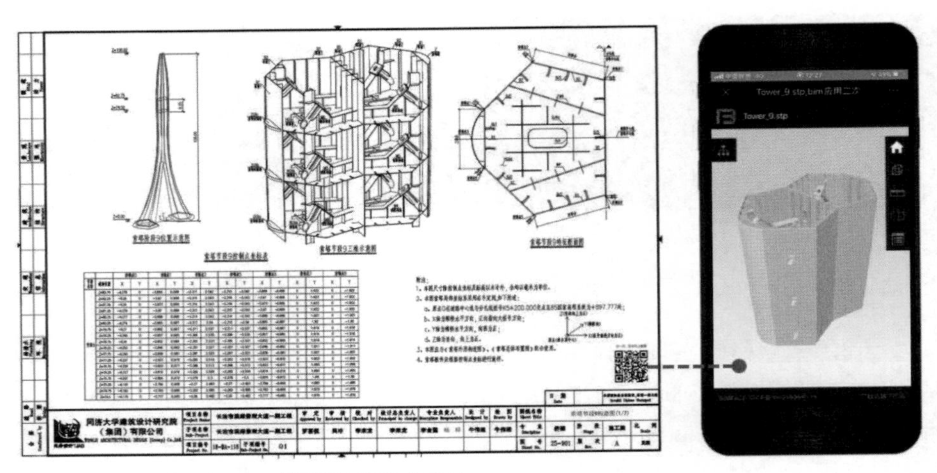

图 11-96　二维图纸和三维模型的联合表达

openBIM 应用效果总结

神农湖大桥通过采用 CATIA 3DE 实现三维参数化 BIM 正向设计，发挥三维的直观性和参数化便捷调整的优势，在模型的创建过程中动态设计、持续修正，减少设计错误，避免碰撞。在设计阶段将 openBIM 的概念贯穿整个项目进行过程，有效连接人员、流程和数据，精准控制项目的实施效果，是对复杂桥梁景观结构一体化设计思路的充分践行。在设计过程中，通过开放和中立标准格式实现多种格式数据的流转，形成 BIM 模型和多软件、多平台协作的数字工作流，打破数据孤岛，基于三维模型完成辅助出图和计算、设计效果表现、网页端 / 移动端模型展示等多用途应用，提高设计效率和项目品质。伴随设计完成产生的高精度、全构件、可修正的 BIM 模型交付，是 BIM 模型传递到制造、施工单位后进行数字化加工制造的前提，为全周期 BIM 应用提供了核心基础。

专家热议

当 BIM 正向设计成为习惯时，工程师逐渐发现：设计的乐趣和惊喜在全过程中随处可见，创造力得到了前所未有的激发。神农湖大桥是工程师创新精神与先进工具的碰撞，也是未来工程师创新路径的宝贵探索。

——阮欣　同济大学桥梁工程系教授

参数化 BIM 技术运用与复杂造型钢结构桥梁设计及施工有着天然的结合优势，不但使非线性曲面结构动态设计与精密持续修正变得简单易行，还提供了建设、运管各方更直观理解复杂桥梁结构并在此基础上进行便捷沟通的共同平台。

——邓青儿　同济大学建筑设计研究院（集团）有限公司副总工程师

BIM技术解决了二维图纸太抽象、靠想象的问题，真正做到了所见即所得。对于神农湖大桥这类景观桥，确定设计原则后通过不断变化各部分的尺寸，最终得到满意的外观效果；通过三维的表达将细部构造问题直观地呈现出来，发现问题和解决问题的效率直线提升；设计的BIM模型交付建设单位、施工单位和养护单位后，大大提高图纸理解、施工组织、运营维护的效率。随着BIM技术越来越成熟，必将推动建筑行业又一次历史性的变革。

——李来龙　同济大学建筑设计研究院（集团）有限公司
神农湖大桥项目负责人

术　语

2D Linework（二维线条）：BIM 软件中的常规绘图方式。

3D Printing（3D 打印）：一种将数字模型转换成三维物理模型的技术，通过机器将材料（液体或颗粒）进行逐层叠加。

4D（四维）：一种建筑信息模型的应用，其几何模型融合了时间进度信息从而生成施工进度模拟。

5D（五维）：一种建筑信息模型的应用，其几何模型融合了成本数据从而制订成本计划。

Actor（角色 / 专职人员）：指公认的项目专业或角色，如建筑师、项目经理、业主或造价师。

API（应用程序接口）：一套允许软件被定制的程序功能接口，例如访问另一个软件或外部数据库。

Apps（应用程序）：基于网络的软件应用程序，其处理过程是在云端（数据中心）进行的，而不是在个人电脑中进行。

As-built Models（竣工模型）：反映施工后竣工状况的模型。它们通常采用激光扫描或摄影测量等数据采集方法构建。

Asset Information Requirements（资产信息需求）：明确项目团队在项目交付时要提供的信息（用于运维和设施管理）。

Asset Information Model（资产信息模型）：用于基于模型的设施运营和维护，资产信息模型由带有设施和设备信息的竣工几何模型组成。

Auditor/quality manager（审核人或质量控制经理）：通常由外部顾问担任，向业主进行交付，并支持对项目需求进行定义和提交。

BCF（BIM 协作格式）：一个用于在不同软件应用之间进行问题交流和信息传递的标准，特别是在 IFC 格式和原生环境之间。

BCF Server（BCF 服务器）：一个在线应用程序，使 BCF 的 REST API 可以在各种兼容 BCF 的软件之间直接通信，而不需要传输单个 BCF 文件。

BIG BIM：在项目范围内基于模型中心文件（模型交换）进行的协同 BIM 工作流。

Big Data（大数据）：大量而复杂的数据集。

BIM（建筑信息模型）：一种使用数字模型来支持建设设施的设计、施工和运维的方法。

BIM Author（BIM 创建者）：任何参与创建模型数据的人。

BIM Champion（BIM 驱动者）：组织内部（通常指甲方）在战略层面的 BIM 驱动者。

BIM Coordinator（BIM 协调员）：在操作层面具有质量控制功能的职能，他们的主要工作是协调模型和解决协调问题。

BIM Execution Plan（BIM 执行计划，BEP）：由项目团队撰写的文件，用于定义他们在特定项目上用 BIM 成熟度矩阵交付 BIM 的方法。BIM 成熟度矩阵是一种自我评估 BIM 能力的方法。

BIM Guideline（BIM 指南）：定义术语和流程并为 BIM 交付提供实际指导的文件。

BIM Guideline（Company or Project）(公司或项目的 BIM 指南)：关于在组织或项目中如何进行 BIM 交付的技术或操作手册。

BIM Manager（BIM 经理）：组织内执行 BIM 的主管。

BIM Maturity Model（BIM 成熟度模型）：是衡量 BIM 能力的指标。英国模型划分为 level 0 到 level 3。

BIM Project Coordinator（BIM 项目协调员）：项目团队的主要 BIM 联系人，通常负责项目全过程协调和控制。

BIM Specification（BIM 规范，也称为 BIM 工作任务书或信息交换需求）：从业主的角度描述 BIM 项目需求。

BIM Strategy（BIM 战略，也称为 BIM 路线图）：描述组织内 BIM 的愿景、目标和动力的文件。

bSDD（buildingSMART 数据字典）：一种将 BIM 内容翻译成多种语言和分类系统的应用程序。

BS/PAS 1192：描述了包括信息传递、规划设计、施工和运维、数据安全和 FM（FacilitiesManagement 设施管理）移交等一系列 BIM 方法的英国标准和公开可用规范（PAS）。

buildingSMART：引领 openBIM 标准发展的国际组织。

CAD（计算机辅助设计）：使用数字工具进行绘图和设计。CAD 通常指二维绘图工作，但也可以包括三维空间建模。

CAM（计算机辅助制造）：使用数字工具实现机器控制制造。

CEN（法语：ComitéEuropéen de Normalisation）：欧洲标准化委员会。一个公共标准组织，负责制定和发布欧洲标准（EN）。

CGI（计算机生成图像）：一种生成三维图形进行可视化的方法，常用于电影制作领域。

Class（Object）[类（对象）]：建筑（模型）对象的最高分类级别。例如墙壁、窗户等。

Classification（分类）：用于识别和构建单元的标准化系统（例如，对项目中的对象进行分类）。

closedBIM（也称为 nativeBIM）：完全基于专有系统和商业文件格式（例如 .rvt、.skp、.dgn 或 .pln）的协同过程（即数据交换）。

Cloud Computing（云计算）：在数据中心而非个人电脑上远程完成的数据处理过程。个人计算机和移动设备通过互联网访问应用程序，而实际计算则在“云”端进行。

CNC（计算机数控）：一种使用计算机控制机器制造物体的技术，通常是用于加工工艺，例如车切、铣切材料。

COBie（施工运营建筑信息交换）：与项目移交相关，支持资产管理与设施管理。是一种将有关设施的信息从运营传递到 FM（Facilities Management 设施管理）的技术标准，COBie 可以被描述为 IFCMVD。

Collaborative Environment（协同环境）：模型发布、协调和审查的地方，通常是 CDE 的一部分。

Common Data Environment（通用数据环境，CDE）：共享的项目环境，用于存储和交换所有项目信息，即模型、计划、文档和其他数据源。

Compliance Programme（认证项目）：特指提供行业认证的 building SMART 项目（目前适用于软件和人员）。

Coordination View（协调视图）：作为 IFC2x3 最常用的 MVD（模型视图定义），适用于通用协调和模型交换。

Cost Estimation（成本核算）：一种成本估算的被动方法，不集成在设计迭代中，但能反映设计阶段的更新。

Cost Planning（成本预算）：一种成本估算的主动方法，从项目早期阶段开始，即将成本与其他要素集成在设计中（也称为“按成本设计”）。

Data Drops（数据交付）：向业主交付项目信息预先约定的节点。

Data Validation（数据验证 / 审核）：属于质量控制活动，旨在确保项目数据的完整性、正确性和一致性。

Design Transfer View（设计传输视图）：IFC4 中的一个详细 MVD（模型视图定义），用于表达复杂的几何图形和高精度的信息内容。

ERP 系统（Enterprise Resource Planning）：用于管理核心业务流程的软件解决方案，尤其在财务、物流和人员规划领域。

Exchange Environment（交换环境）：导出和传输模型的环境，通常是 CDE（通用数据环境）的一部分。

Exchange Information Requirements（信息交换需求，EIR）：指定在项目规划和建设过程中需要交换和传递的信息。

Exchange Requirements（交换需求，ER’s）：定义了为完成特定 BIM

应用点需要进行交换的数据集。

Federated model（集成模型）：由多个单独模型（通常一个模型代表一个委托项）组成的项目模型。

gbXML：一种专门用于能耗分析的开放数据交换格式。

Generic Objects（通用对象）：已定义但尚未明确规定产品制造商的模型单元（例如，双层玻璃屋顶、枢轴窗）。

GUID（全局唯一标识符）：唯一生成的编号，用于标识计算机系统中的模型单元。在 BIM 中，通常指的是 IFC-GUID。

IDM（信息交付手册）：一种描述标准 BIM 工作的方法。

IFC（工业基础标准）：一个开放标准，用于在不同软件的应用程序之间交换模型数据。

IFC2x3：IFC 架构早期最常用的版本。

IFC4：首个作为 ISO 标准（ISO 16739：2013）的 IFC 架构。

IFC Software Certification（IFC 软件认证）：该认证过程由 building SMART International 牵头，认证软件的 IFC 输入、输出功能。

IFC-SPF：是 IFC 最为广泛使用的格式，它是 EXPRESS 数据建模语言中的一种文本格式。

IFC-XML：是较新的一种 IFC 格式。它使用更常见的可扩展标记语言（XML）。

IFC-ZIP：IFC-SPF 文件的压缩格式。

Individual Qualification（专业人员评价—基础类）：这里指 building SMART 专业人员认证项目的第一阶段。

Industry4.0（工业 4.0，第四次工业革命）：指制造业的数字化、自动化和数据交换，包括“物联网”和云计算等概念。

Information Exchange（信息交换）：信息从一方到另一方的传递。在 BIM 中，通常意味着模型或模型数据的交付。

Instance（Object）[实例（对象）]：项目模型中对象类型的单个引用。

Internet of Things（物联网，IoT）：物理设备互联互通的网络，如汽车、家用电器等。

ISO：制定和发布国际标准的国际标准化组织。

ISO 19650：描述 BIM 方法的一系列国际标准（于 2018 年发布）。

little bim：在有限的环境中使用建筑信息建模，特别是在单个组织内，不与其他合作伙伴进行模型交换。

Line of Balance（平衡线，LoB）：流程图流线，主要用于施工场地规划中的重复性工作，特别是在资源调动、进度管理和成本管理方面的流程控制。

LoD（模型精细度等级）：描述模型单元的表达深度等级。

LoG（几何表达精度）：模型单元的几何精度级别。

Level of Information Need（信息需求水平）：委托方明确其所需信息需求的范围及精度，例如受托方需交付满足信息需求水平的几何数据或文档。

LoI（信息深度）：描述模型单元的非几何信息深度（元数据）的级别。属于 LoD 定义的一部分。

Manufacturer Objects（制造商对象）：代表明确特征的制造商产品的模型单元（例如，VELUX GGL）。

Maturity Model（成熟度模型）：即 BIM 成熟度模型。

Model Checking（模型检查）：一种用于 BIM 模型质量检查的应用，一般指碰撞检测，或者是针对建筑规范、其他要求进行更复杂的检查。

Model Content Management（模型内容管理，MCM）：组织和管理项目信息的工作，通常与基础几何模型分离。

Model（data）creation［模型（数据）创建］：是在项目模型制作过程中，BIM 的首要工作。

Model exchange and coordination（模型交换与协调）：指所有涉及项目信息传递的 BIM 协同工作。

Model Production Delivery Table（模型交付表，MPDT）：一个项目特定的信息统计表，定义了各个建筑（模型）单元的几何级别和信息深度。

MVD（模型视图定义）：用于特定目的的 IFC 过滤视图，例如能耗分析。

mvdXML：一种描述模型视图定义内容的格式，用于软件应用程序之间进行通信。

Native（or authoring）**environment**［原生（或创建）环境］：创建和修改模型与数据的环境。

Object libraries（对象库）：可以在多个项目模型中使用的数字模型对象（建筑单元）的目录。

Object-oriented（面向对象）：来自软件开发的一个术语，指的是在软件应用程序中使用预定义的元素。不一定是指物理对象，可能只是某概念。在 BIM 中，面向对象通常指一类软件，他们将建筑单元识别为独特实体或对象。

openBIM：使用中立和公开可用标准的协作过程（即数据交换），例如 IFC（工业基础标准）和 BCF（BIM 协作格式）。

Organisational Information Requirements（组织信息需求，OIR）：描述业主管理其建筑系列产品和相关服务的需求。

Parametric（参数化）：基于参数实现实体的变量或属性，参数通常用于定义或修改几何对象，但参数（也称为材质或属性）也可以是非几何的，例如材质或防火等级属性。

Phase（阶段）：这里指的是一个具体定义的项目阶段，如英国 CIC（Construction Industry Council 建造产业协会）定义的阶段，或德国的 HOAI（德国建筑师和工程师酬金条例）定义的工作阶段。

Process Maps（流程图）：一种以标准化方式记录工作的方法。

Product Data Templates（产品数据模板，PDT）：定义特定对象类或类型应包含的完整属性列表的系统。

Product Data Sheets（产品数据表，PDS）：根据适当的标准产品数据模板描述对象特定属性的系统。

Professional Certification（专业人员认证项目）：指支持 BIM 培训和专业人员认证的 buildingSMART 国际项目。

Project Information Model（项目信息模型，PIM）：用于项目设计和施工阶段的基础模型工作。

Project Information Requirements（项目信息需求，PIR）：描述业主对特定设施管理的需求。

Project coordination（项目协调）：是指影响整个项目团队的项目协调工作。

Proprietary format（专有格式）：由商业公司开发和拥有的数据结构。专有格式的数据交换称为 nativeBIM 或 closedBIM。

Provision for Void（开洞提资，PfV）：一个 IFC 实体，用于标识结构单元上的一个开洞需求，以便建筑机电管线穿过。

Quantity Take-Off（工程量统计，QTO）：从项目模型中提取建筑单元数量统计表的过程。

Record Models（记录模型）：（设计方）根据竣工状况更新的设计模型。

Reference View（参考视图）：IFC4 的主要 MVD（模型视图定义），用于通用模型交换和协调。

Room Data Sheets（房间数据表，RDS）：建筑内特定房间或房间类型的信息明细表。

Simulation/model analysis（仿真模拟或模型分析）：这里指使用数字模型来计算建筑物或建筑单元的性能（例如，能耗性能或结构完整性）。

Standards（标准）：通常指国家或国际层面公认的、有约束力的规则。

Standards Programme（标准项目）：指支持 openBIM 标准开发的 buildingSMART 项目。

Sun-shadow calculation（日照阴影分析）：一种建筑分析指标，分析拟建建筑物在日照下产生的阴影物对邻近建筑或开放空间的影响。

trade model（子规程或子模型）：由特定规程或专业（例如管道或立

面）生成的模型，仅包含与该专业相关的信息。

Transition BIM（过渡 BIM）：使用 BIM 时，项目中发生的某种模型交换，没有具体项目导则，更多是自愿应用 BIM。

Type（Object）[类型（对象）]：模型对象的子类。例如，铝框窗扇是窗这一类中的特定类型。

Use-Cases（BIM）(BIM 应用点，简称“UC”)：是指建筑信息模型的可能应用。模型创建、能耗分析、碰撞检测和工程量统计都是 BIM 应用。

User Programme（用户计划）：指利用 openBIM 吸引行业用户的 buildingSMART 项目。

Visualisation（可视化）：这里理解为 BIM 应用点之一，可从建筑模型生成渲染视图或动画。